# 非常规油气储层压裂力学

赵海峰　著

石油工业出版社

## 内 容 提 要

本书主要探讨以页岩气、煤层气、碳酸盐岩储层等为主的非常规储层，在地质工程一体化压裂改造过程中涉及的力学参数、各种裂缝起裂和扩展模型、多裂缝干扰扩展机理、体积压裂及典型非常规储层压裂实践中常见的力学问题。本书主要阐述了水力压裂力学概论；分析了水力压裂过程中的岩石断裂和水力裂缝起裂、扩展机理；详述多种经典裂缝模型几何、力学关系的建模，求解过程；详细分析了压裂诱导应力与裂缝干扰等相关热点问题。

本书可供从事水力压裂研究的高校师生、科研人员和矿场工程师参考。

## 图书在版编目（CIP）数据

非常规油气储层压裂力学 / 赵海峰著. — 北京 ：
石油工业出版社，2023.12
ISBN 978-7-5183-6253-0

Ⅰ. ①非… Ⅱ. ①赵… Ⅲ. ①储集层-压裂-力学-
研究 Ⅳ. ①TE357.1

中国国家版本馆 CIP 数据核字（2023）第 168519 号

出版发行：石油工业出版社
　　　　　（北京安定门外安华里 2 区 1 号楼　　100011）
　　　　　网　　址：www.petropub.com
　　　　　编辑部：（010）64523537　　图书营销中心：（010）64523633
经　　销：全国新华书店
印　　刷：北京中石油彩色印刷有限责任公司

2023 年 12 月第 1 版　　2023 年 12 月第 1 次印刷
787×1092 毫米　　开本：1/16　　印张：22.25
字数：500 千字

定价：100.00 元
（如出现印装质量问题，我社图书营销中心负责调换）

　　应用力学问题往往来源于工程实践，这些从工程技术中提炼出的力学问题的解答和分析方法，一方面拓展了力学学科的内涵，为其发展注入了活力，另一方面促进了工程问题的解决和工程技术的进步。

　　石油钻采是与应用力学紧密关联的系统工程问题，其中广泛应用于非常规油气开发的水力压裂技术涉及多个力学分支学科，包括岩石力学、断裂力学、多相流体力学及渗流力学等，笔者统称其为水力压裂力学。随着非常规油气开发工程技术的迅速发展，水力压裂力学面临诸多工程科学新问题，例如多层合压裂缝扩展力学模型建立、水力裂缝在地层界面的扩展行为表征、体积压裂的动力学机理揭示、高效数值求解方法发展、缝网形态规模优化以及复杂裂缝压裂诱导应力场实验监测等。目前国内外已经出版的水力压裂专著种类较多，但大多数是教科书性质，即以介绍经典裂缝模型为主，较少涉及水力压裂力学面临的工程科学新问题。部分反映学术动态水力压裂的专著以具体区域地质工程特点为背景，存在明显的区域局限性。因此，系统介绍水力压裂力学理论基础并将其应用于非常规油气开发的专著非常必要，具有重要的学术价值及应用价值。

　　该书的核心内容来自笔者多年来从事水力压裂力学的科研经验和成果，包括理论创新成果、水力压裂新数值模拟方法及新型实验方法等。虽然基础内容中的力学原理源自基础教材，但笔者将系统的力学原理与非常规油气压裂的实际相结合，分析给出具有指导性和业内参考价值的理论模型。该书的出版将是水力压裂力学理论与应用的有益补充，将对应用力学理论在非常规油气压裂工程实践中的成功应用起到促进作用。

　　　　　　　　　　　　　　　北京大学教授

　　　　　　　　　　　　　　　中国科学院院士

　　水力压裂技术作为非常规油气田勘探开发中的有效增产增注解堵措施，已与钻井工程、地球物理勘探并列为勘探开发三大关键工程技术。水力压裂是一项复杂的系统工程，主要包括压裂设计、压裂工具和压裂液三大部分。其中压裂设计是对不同地质工艺参数下地层压裂的施工压力裂缝形态导流能力等进行预测，从而优选压裂"甜点"和工艺参数。压裂设计的核心算法是力学，涉及岩石力学、断裂力学、多相流体力学及渗流力学，可以统称为水力压裂力学。

　　本书核心内容来自笔者数十年来从事水力压裂力学方向的科研成果积累，包括理论创新成果、水力压裂新的数值模拟方法及新型实验方法等。全书共分为七章，第一章系统阐述水力压裂力学的发展由来，总结水力压裂力学包含的内容；第二章介绍与水力压裂紧密相关的岩石断裂力学理论，并结合科研成果给出煤层气、页岩气应用前沿情况；第三章在经典裂缝模型的基础上，重点介绍近年在非常规油气压裂中广泛涉及的多层合压裂缝模型、复杂裂缝闭合压力确定方法、转向裂缝在地层界面扩展行为、天然裂缝的建模及有限元法在复杂裂缝扩展中的应用前沿；第四章在理想裂缝诱导应力场的基础上，阐述多裂缝干扰的力学控制方程和解法，并结合科研前沿给出其在重复压裂和分段分簇压裂中的应用方法；第五章针对裂缝性致密油气储层压裂形成体积缝的实际情况，系统阐述缝网形成动力学机理和天然裂缝激活机理，给出缝网优化的力学理论和实例，系统介绍了全局嵌入黏聚力单元法和能量方法用于模拟复杂缝网的扩展，两种方法都是相关领域先进的模拟方法，其中能量法是笔者首次创立；第六章和第七章依据笔者从事煤层气压裂和碳酸盐岩酸化压裂的研究积累，较为全面地介绍了水力压裂力学如何运用到煤层气压裂和碳酸盐岩酸化压裂。

全书采用富媒体，重要章节和理论模型等均有配套讲解视频，读者可扫描二维码观看。

本书由笔者与其研究生共同完成，史宏伟博士、刘志远博士、张旺博士参与完成部分章节，硕士生刘长松、药文杰、王超伟、何亚龙、孙琰琦、张先凡和王董辰豪参与书稿绘图和文字校对工作，药文杰还承担了大量视频录制和富媒体制作工作，在此向他们表示感谢！在本书的写作过程中很荣幸得到了笔者的博士导师、北京大学工学院魏悦广院士和中国石油大学（北京）石油工程学院高德利院士指点，在此向两位老师致敬！

Contents 目录

第1章　水力压裂力学概论 ……………………………………………………（ 1 ）

　1.1　力学与石油工程 ………………………………………………………（ 1 ）

　1.2　水力压裂力学的由来 …………………………………………………（ 3 ）

　1.3　水力压裂力学主要内容 ………………………………………………（ 4 ）

　参考文献 ……………………………………………………………………（ 9 ）

第2章　岩石断裂和裂缝扩展 ………………………………………………（ 12 ）

　2.1　岩石断裂力学参数 ……………………………………………………（ 12 ）

　2.2　岩石脆性和储层可压性 ………………………………………………（ 27 ）

　2.3　裂缝类型 ………………………………………………………………（ 30 ）

　2.4　水力裂缝起裂 …………………………………………………………（ 39 ）

　2.5　支撑剂运移与裂缝导流能力 …………………………………………（ 48 ）

　2.6　孔隙弹性和滤饼 ………………………………………………………（ 64 ）

　2.7　水力压裂曲线 …………………………………………………………（ 68 ）

　参考文献 ……………………………………………………………………（ 81 ）

第3章　裂缝模型 ……………………………………………………………（ 84 ）

　3.1　经典水力压裂模型 ……………………………………………………（ 84 ）

　3.2　多层合压裂缝模型 ……………………………………………………（103）

　3.3　复杂裂缝闭合压力 ……………………………………………………（107）

　3.4　天然裂缝建模 …………………………………………………………（115）

　3.5　水力裂缝在地层界面的扩展行为 ……………………………………（118）

　3.6　黏聚力模型和 FEM ……………………………………………………（125）

　参考文献 ……………………………………………………………………（135）

**第 4 章　压裂诱导应力与裂缝干扰** ···················· （139）

　4.1　理想裂缝诱导应力场 ···························· （139）

　4.2　裂缝干扰 ································· （147）

　4.3　重复压裂 ································· （152）

　4.4　水平井分段分簇优化 ···························· （164）

　4.5　压裂应力场的实验室监测 ·························· （174）

　参考文献 ···································· （177）

**第 5 章　体积压裂** ······························· （178）

　5.1　缝网形成的动力学机理 ·························· （178）

　5.2　天然裂缝激活 ······························ （184）

　5.3　基于全局嵌入 Cohesive 单元的裂隙网络模拟 ·············· （191）

　5.4　能量方法及其在体积压裂模拟中的应用 ·················· （199）

　5.5　缝网形态和规模 ····························· （212）

　参考文献 ···································· （218）

**第 6 章　煤系地层压裂** ·························· （221）

　6.1　煤岩组成及力学特性 ·························· （221）

　6.2　煤层应力场 ······························ （228）

　6.3　煤层压裂有限元模型 ·························· （239）

　6.4　煤系地层合压设计 ··························· （269）

　6.5　顶板水平井压裂 ····························· （275）

　6.6　煤层压裂物理模拟实验 ·························· （292）

　参考文献 ···································· （305）

**第 7 章　碳酸盐岩酸化压裂** ························ （309）

　7.1　酸化溶蚀数学模型及其数值解法 ····················· （309）

　7.2　缝洞型碳酸盐岩酸压控制方程及其数值解法 ················ （315）

　7.3　碳酸盐岩酸化压裂物理模拟方法 ····················· （323）

　7.4　诱导应力实验监测方法 ·························· （340）

　参考文献 ···································· （345）

# 第1章 水力压裂力学概论

水力压裂是一项复杂的系统工程，压裂设计是对不同地质、工程参数下储层压裂施工压力、裂缝形态、导流能力等关键指标预测，从而优选工艺参数、工程"甜点"。水力压裂设计的核心算法是力学，涉及多种工程学科。本章主要探讨了石油工程与力学研究的关系、水力压裂力学的由来以及水力压裂力学的核心研究内容。

## 1.1　力学与石油工程

力学是每个人学生时期最会接触到的自然科学，称之为研究物体机械运动的科学，可见其涉及面之广泛。从中学物理学科中的力学部分到大学的理论力学、材料力学、流体力学、渗流力学都是经典力学的范畴，所有工程学科中经典力学都是必修内容。工程学科研究生阶段还会进一步学习弹塑性力学、断裂损伤力学、多相流体力学等通用力学，以及根据专业特点进一步学习岩石力学、流变学、振动力学、爆炸冲击力学等。大家熟悉的数值计算方法，例如有限元法、离散元法、各种CFD(计算流体力学)软件都是源自力学领域的研究成果。因此，可以说力学是工程学科发展的基石。

油藏工程，是根据油气和储层特性建立适宜的流动通道并优选举升方法，经济有效地将深埋于地下的油气从油气藏中开采到地面所实施的一系列工程和工艺技术的总称，包括油藏、钻井、采油和石油地面工程等，这些方面都与力学关系甚为紧密(图1.1.1)。油藏工程研究的对象就是开发过程中油、气、水的运动，渗流力学和多相流体力学是研究的基本手段。

石油钻井中的力学尤为重要。钻头破岩过程钻头和岩石的相互作用，岩石破碎采用岩石力学手段分析，钻头的磨损通过弹塑性力学和冲击动力学等分析，钻井液辅助破岩还涉及流体射流的流固耦合力学问题。钻具管串与井眼之间相互作用，产生挤压力和摩擦力，同时管串也是传递扭矩的轴，计算从钻头到转盘整个管串的轴力、剪力、弯矩、扭矩，进而分析应力变形分布是管柱力学的主要内容。钻开井眼之后，开挖造成的地应力释放以及钻井液侵入地层有可能造成井壁失稳垮塌，就需要借助岩石力学和渗流力学进行井壁稳定性研究(图1.1.2)。采油工程中涉及的井筒流动是多相流和传热传质范畴，注水主要涉及油气水在地层的渗流顶替机理，主要的研究手段也是力学。地面工程中最重要的一块是油气管道输运，这里面管道在各种工况下的受力和变形是优先考虑和研究的。因此，力学同样是石油工程的基石。

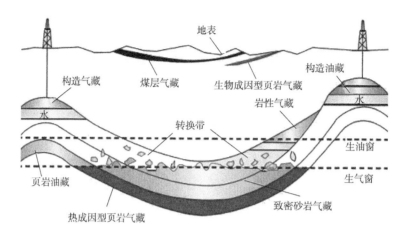

图 1.1.1　油藏工程研究对象

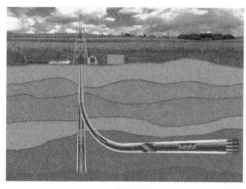

（a）管柱受力

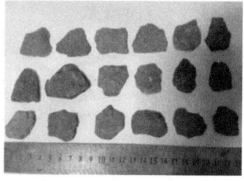

（b）井壁坍塌掉块

（c）井壁稳定分析软件

图 1.1.2　油藏管柱相关井壁稳定性研究

## 1.2　水力压裂力学的由来

水力压裂是连接钻井和采油的一个工程环节，它是通过高压泵组向井筒内注入压裂液流体，憋压直至地层破裂产生裂缝，提供高速油气渗流通道达到提高产能的目的。1947年美国 Kansas 州的 Houghton 油田成功进行世界第一口井压裂试验，此后70多年压裂技术得到广泛深入的发展，特别是美国的页岩气革命极大地推动了压裂理念深入人心。

水力压裂
力学的由来

美国的页岩气革命始于20世纪90年代末，其核心是采用水平井+分段大规模体积压裂技术改造页岩储层，大幅度提高单井产能，使得原本不具有开采价值的页岩储层获得丰硕开采效益(图1.2.1)。经过多年的发展，已经开始改变美国乃至世界的能源市场格局。十多年之内，美国的页岩气干气产量从2000年的 $0.39×10^{12}ft^3$ 提高到2019年的 $850×10^{12}ft^3$。页岩气在美国天然气产量中的比例已由2%上升至47%。如今，美国已经超越俄罗斯成为全球最大的天然气生产国。目前水力压裂技术作为油气田勘探开发中的有效增产增注解堵措施，已与钻井工程、地球物理勘探并列为勘探开发三大关键工程技术。2020年中华人民共和国国家科学技术部把水力压裂列入国家重点研发计划"变革性技术关键科学问题"。

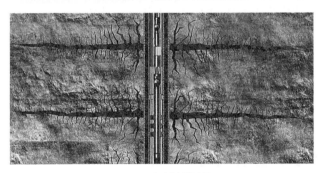

(a) 水力压裂原理　　　　　　　　　　　(b) 页岩气水平井体积压裂

图 1.2.1　水力压裂技术原理图

页岩气革命的成功得益于水平井分段分簇体积压裂技术。而如今体积压裂技术使得诸多传统认为没有开采价值的非常规储层进入商业勘探开发阶段。例如新疆油田吉木萨尔页岩油勘探的突破是采用大型体积压裂技术；煤层气压裂在中国石油、中国海油取得长足发展，包括煤层重复压裂技术、顶板压裂技术等；缝洞型碳酸盐岩深穿透酸化压裂、靶向酸压技术、纤维通道压裂等蓬勃发展；天然气水合物水力切割、体积压裂技术等都取得了快速的发展(图1.2.2)。所以说，水力压裂让非常规油气开发成为可能，水力压裂技术未来在油气开发工程中必将发挥更加重要的作用。

水力压裂技术经过了近半个世纪的发展，特别是自20世纪80年代末以来，在压裂设计、压裂液和添加剂、支撑剂、压裂设备和监测仪器以及裂缝检测等方面都迅速发展，使水力压裂技术在缝高控制技术、高渗透层防砂压裂、重复压裂、复杂结构井压裂、深穿透

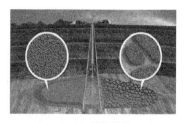

| (a) 页岩油压裂 | (b) 煤层气压裂 | (c) 通道压裂 |

图 1.2.2　各种储层水力压裂现场施工示意图

压裂以及大砂量多级压裂等方面都出现了新的突破。现在水力压裂技术作为油气井增产增注的主要措施，经过数年我国油田企业的不断优化和完善，已经逐步形成了一套成熟完善的压裂工艺体系。水力压裂技术由简单、低液量、低排量压裂增产技术发展成为一项高度成熟的采油采气工艺技术，并已广泛应用于低渗透油气田的开发中。水力压裂技术的广泛应用和深入研究给石油工业注入新的活力和生机。

水力压裂是一项复杂的系统工程，主要包括压裂设计、压裂工具和压裂液三大部分。压裂设计对不同地质工艺参数下地层压裂的施工压力、裂缝形态、导流能力等进行预测，从而优选压裂"甜点"和工艺参数，常用的压裂设计软件有 PT、Meyer、FracMan、ABAQUS等，压裂设计的核心算法是力学，故称之为水力压裂力学。近年来，地质—油藏—工程一体化开发理念要求在部署开发井网前就考虑水力裂缝的方位、尺寸、形态和导流能力等对油气藏生产动态可能造成的影响，通过优化开发井网和水力裂缝系统的组合，获得最佳的经济效益和采收率。因此，揭示复杂裂缝形成机制、准确预测复杂裂缝形态对低渗透、非常规、难动用油气资源的高效开发具有重要意义，水力压裂力学逐渐发展成为石油工程界引人注目的研究领域。

## 1.3　水力压裂力学主要内容

水力压裂力学主要内容

水力压裂力学主要研究的问题包括理论研究、数值模拟、室内实验和现场试验等方面。

### 1.3.1　理论研究

水力压裂裂缝形态是压裂设计的关键之一，也是影响水力压裂效果的重要因素。能否准确预测水力裂缝形态，是储层压裂改造成功与否的关键。因此，开展水力压裂裂缝扩展形态的研究具有重要意义。目前理论方面主要集中在裂缝模型，支撑剂运移及分布，水力裂缝的起裂与扩展、转向等问题。

（1）裂缝模型。目前经典的水力压裂裂缝理论模型主要包括 KGD 模型、PKN 模型和 Penny 模型等二维裂缝模型，以及拟三维裂缝模型和全三维裂缝模型（图 1.3.1）。裂缝模型就是对裂缝在地下扩展遵循的几何、力学关系进行建模，随着计算技术进步，人们倾向于减少裂缝模型的假设性约束，例如采用 CZM 黏聚力单元进行裂缝数值建模，使得裂缝模型最大可能逼近真实的裂缝形态。这些经典理论模型在一定程度上反映了储层中水力裂缝的扩展形态，能够为压裂设计和优化提供指导。

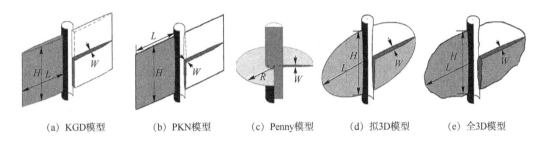

(a) KGD模型　　　(b) PKN模型　　　(c) Penny模型　　　(d) 拟3D模型　　　(e) 全3D模型

图1.3.1　水力压裂裂缝模型

（2）裂缝起裂和破裂压力。借助岩石力学方法对直井或斜井井壁围岩应力分布进行计算，一般采用拉伸准则计算破裂压力和起裂方向。

（3）裂缝扩展和转向。研究射孔微裂缝在压裂过程中的连通贯穿，裂缝扩展过程中各参数的变化规律、水平井二维裂缝的非对称生长以及水力压裂裂缝的转向等，在重复压裂技术、靶向酸压技术中具有非常重要的应用价值。

（4）支撑剂的运移和分布问题。支撑剂在压裂液浮力、拖曳、重力、壁面摩擦等作用下进行运移和沉降，然而希望支撑剂输送到裂缝远端形成高导流的长缝。

### 1.3.2　数值模拟

水力裂缝扩展的数值模拟方法主要包括有限元法（FEM）、离散元法（DEM）、边界元法（BEM）、数值流形法（NMM）、非连续变形分析（DDA）和无网格法（MLM）等，可模拟单条水力裂缝在层状地层间的扩展，也可模拟水力裂缝与天然裂缝形成分支缝和裂缝网络等复杂裂缝的扩展。数值模拟方法能够对复杂的裂缝扩展行为进行较好的描述，因此得到广泛应用。数值模拟方法应用于复杂地层条件下水力裂缝扩展规律研究主要集中在以下方面。

（1）缝网压裂。水力裂缝在天然裂缝性地层、砾岩、非均匀水合物储层等非均质岩石中延伸时，由于水力裂缝与天然裂缝、砾石、水合物结晶物等相互作用，发生穿透、捕获、止裂等行为形成复杂裂缝网络，需要进行复杂裂隙网络模拟，考虑天然裂缝、砾石等对水力裂缝的影响等。

（2）分段压裂和裂缝干扰问题。裂缝扩展过程中会改变周边的应力场，形成应力阴影，如果两组裂缝间距过小则会发生强烈的排斥效应，对压裂不利，但是裂缝间距过大储层改造就不能达到重复压裂的效果，这涉及分段分簇优化问题。两条平行裂缝和两组复杂裂缝网络之间都有相互作用，往往需要进行数值模拟研究。

（3）暂堵转向压裂。水力压裂过程中，缝内暂堵转向指水力裂缝缝内形成致密暂堵体，缝内净压力增大，转向激活天然裂缝。缝内暂堵转向形成复杂缝网的力学机理复杂，影响因素较多。此外，常规水平井段内多簇暂堵压裂与近井暂堵转向压裂主要探讨先压裂缝对后压裂裂缝的影响。在储层改造过程中常出现多裂缝非均匀扩展的现象，降低了储层改造效果。水平井暂堵压裂工艺可促进裂缝均匀扩展、提升储层改造效果的可行性。

### 1.3.3 室内实验

室内实验是水力压裂力学研究的重要手段，基于真三轴水力压裂模拟实验系统，对预制多层、裂缝、溶洞等试样开展水力压裂裂缝扩展模拟实验，实现压裂过程裂缝各参数实时物理测量，记录压裂泵注曲线，压裂后进一步分析裂缝形态和扩展机理。大型真三轴水力压裂物理模拟实验是探究不同非常规油气在地质及工程条件下水力压裂裂缝扩展规律主要技术手段。水力压裂物理模拟实验是采用储层岩石或性质相近的材料，并通过压裂实验相似准则确定室内实验参数，并采用声发射和CT、核磁共振（NMR）等手段监测压裂过程中裂缝起裂和扩展的一种研究方法。实验可模拟实际储层条件下，不同工程因素影响下裂缝扩展的形态、支撑剂分布等关键裂缝指标，从而掌握地质工程因素对裂缝扩展的影响规律，指导优化压裂方案设计。室内实验的投入使用将解决目前压裂方案设计的科学依据不足、实际效果难以准确预测的问题。

实验装置由真三轴模拟压裂实验架、声发射仪、计算机信息采集和智能控制系统、携砂液泵注系统、伺服增压器、多通道型液压稳压源和其他辅助装置构成（图1.3.2）。

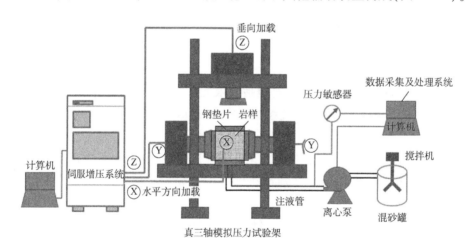

图1.3.2　实验装置结构图

（1）试样制备模块：制取300mm×300mm×300mm或400mm×400mm×400mm的煤层水力压裂试样，伺服压板制样系统可制取不同压力状态下的人工试样，以制备满足不同物性参数（渗透率）、力学参数的储层，最大限度模拟真实储层性质参数。

（2）伺服加载模块：稳压源通过向放置在岩样周围的扁千斤顶施加刚性载荷来模拟垂向地应力、最大水平主应力和最小水平主应力，模拟储层受压状态，并在实验状态下完成水力压裂物理模拟实验。

（3）携砂液泵注系统：混砂罐用于搅拌适当比例的支撑剂和压裂液，以形成充分搅拌的携砂液。输砂离心泵将搅拌好的携砂液注入岩样内部形成高压以实施压裂作业，其注入速率可由控制器控制。

（4）声发射监测定位系统：采用 DISP 声发射测试系统，采样时间间隔 0.1s。该声发射仪具有声源定位功能，可以定位试样中变形、断裂等活动的位置，对真三轴水力压裂实验全过程声发射监测。在水平地应力方向对应的 4 个端面对角放置 2 个声发射探头并配备相应的前置放大器。采用凡士林作为耦合剂，使得探头与试件紧密贴合，以减少声波损失，更准确地收集声波信号。全面反映试件内部裂缝的萌生和扩展过程，以满足煤层气压裂水力裂缝形态的刻画、测量，实现不同地质、工程参数条件下的煤层气水力压裂人工裂缝定量描述及评价。

### 1.3.4　现场试验

水力压裂力学是理论联系实际的研究领域，各方面研究成果及优化设计结果最终须经受现场试验检验。研究的问题来源于压裂现场，最终研究的成果也是应用于压裂现场。所以说水力压裂力学从理论到实践大有可为。基于室内实验及数值模拟研究基础上，举例分析 TP-01 煤层气水平井分段分簇压裂施工效果分析。采取水平井分段压裂工艺试验，经改造的煤层气水平井大幅度提高了煤层气的开发效果。采用煤层顶板水平井井眼轨迹控制技术，验证顶板水平井的开发效果。

#### 1.3.4.1　水平井钻进情况

TP-01 井主要在 5-2-1#、5-2-2#煤层及上下夹矸中钻进。煤层 GR 为 15~75API，横波时差为 82~170μs/ft，纵波时差为 170~250μs/ft，气测全烃峰值为 50%~76%；根据录井岩屑、气测和测井 GR、声波时差综合判断水平段纯煤层进尺 868m，非煤层总进尺 149m（上夹矸进尺 82m，顶板进尺 37m，下夹矸进尺 30m），煤层钻遇率 85.34%，如图 1.3.3 所示。

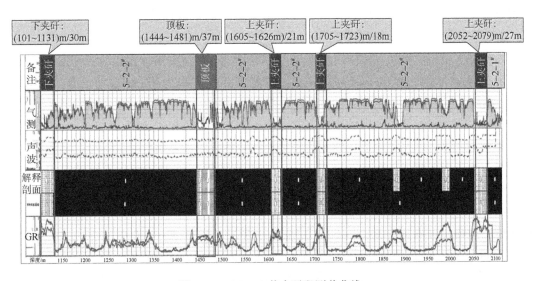

图 1.3.3　TP-01 井水平段测井曲线

### 1.3.4.2 分段压裂情况

分段原则选择：

（1）GR 值小于 50API、气测值高的煤层段；

（2）优选煤层中上部；

（3）每个压裂段射孔两簇，每簇射孔 2.0m；

（4）每簇间隔距离小于 20.0m，最大射孔位置偏差正负 0.5m；

（5）考虑固井质量、避开接箍点位置；

（6）各压裂段之间的距离大于 60.0m；

（7）第一个压裂段距阻流环距离大于 20m。

每个压裂段射开 2 簇，每簇射孔 2m，第三段和第七段射孔 1 簇 4m；采用定向射孔，只射水平井眼的下面的 180° 范围，采用 60° 相位角，孔密 12 孔/m。

### 1.3.4.3 施工参数

（1）压裂要点。

① 压裂分 10 段进行，第一段压裂前进行小型测试压裂。

② 射孔：定向分簇射孔+速钻桥塞联作。

③ 注入方式：光套管注入。

④ 压裂液：复合压裂液。

⑤ 支撑剂：20~40 目石英砂。

⑥ 压裂规模：每段总液量 320~800m³，总砂量 20~58m³。

⑦ 施工排量：7.0~9.0m³/min。

⑧ 工艺流程：通洗井、井筒准备完毕后对第一段采用油管传输射孔，进行小型测试压裂、第一段主压裂。压裂完成后采用电缆泵送桥塞坐封与分簇射孔联作，对第一段封隔和对第二段射孔，再对第二段进行压裂，依次完成 10 段射孔压裂。

（2）压裂液体系、支撑剂体系。

本次施工采用活性水与清洁压裂液配合使用的"复合"压裂液体系。前置液采用活性水压裂液，配方为：1.5% KCl+0.025% J313，对煤心伤害率为 18.3%，摩阻较清水减少 80%。携砂液采用清洁压裂液，配方为：0.4% ZL-1+0.12% JL-1+0.4% FP-1，黏度为 20mPa·s，对煤心伤害率为 24.09%。在前置液中前 150~200m³ 加入 0.08% PJ-1，顶替液中加入 1% PJ-1，保证清洁压裂液彻底破胶。前置液段塞采用粒径 20~40 目石英砂，用于打磨裂缝，降低滤失，用量 3.0~5.0m³。携砂液采用粒径 20~40 目石英砂，用于支撑主裂缝，用量 17.0~55.0m³。

结合 TP-02 井压裂施工排采情况及 TP-03 井施工模拟情况（表 1.3.1）确定 YP-01 井压裂施工参数，每段加砂量 20~58m³，每段压裂液准备量 320~800m³，施工排量 7.0~9.0m³/min，前置液比例 47%~52%。预计入井总液量 4460~5000m³，总支撑剂量 319~350m³。实施过程中，根据前一段压裂作业分析，可能要对后一段施工参数做调整。

表1.3.1　YP-01井各段压裂施工规模

| 压裂段 | 总砂量/m³ | 总液量/m³ | 施工排量/(m³/min) | 前置液比例 |
|---|---|---|---|---|
| 第一段 | 25 | 360 | | |
| 第二段 | 25 | 358 | | |
| 第三段 | 25 | 356 | | |
| 第四段 | 28 | 396 | | |
| 第五段 | 28 | 394 | 7~9 | 47%~52% |
| 第六段 | 28 | 392 | | |
| 第七段 | 20 | 280 | | |
| 第八段 | 24 | 330 | | |
| 第九段 | 48 | 660 | | |
| 第十段 | 58 | 796 | | |

#### 1.3.4.4　生产情况分析

2016年1月9日投产，投产后表现出见气快、产量高的特点。该井投产后，日均产气5000m³以上，目前为5015m³/d，日产气与套压保持稳定，展现出较强的稳产、上产潜力(图1.3.4)。从TP-01水平井产气能力分析，水平井试采展现出较好的高产潜力，也为进一步开展煤层气水平井分段压裂先导试验奠定了信心。

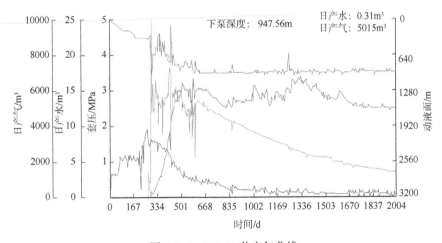

图1.3.4　TP-01井产气曲线

**参 考 文 献**

[1] 金春伟. 断裂问题分析近场动力学并行算法研究[D]. 大连：大连理工大学，2021.

[2] 黄旭超. 多煤层压裂裂纹竞争起裂扩展特征分析[J]. 采矿与安全工程学报，2022，39(1)：184-191.

[3] 杨秀夫，刘希圣，陈勉，等. 国内外水力压裂技术现状及发展趋势[J]. 钻采工艺，1998(4)：4，27-31.

［4］王博，刘雄飞，胡佳，等. 缝内暂堵转向压裂数值模拟方法［J］. 石油科学通报，2021，6（2）：262-271.

［5］石俊. 致密砂岩气井体积压裂的动力学机理及设计方法研究［D］. 北京：中国石油大学（北京），2016.

［6］侯振坤，杨春和，王磊，等. 大尺寸真三轴页岩水平井水力压裂物理模拟试验与裂缝延伸规律分析［J］. 岩土力学，2016，37（2）：407-414.

［7］王博. 暂堵压裂裂缝封堵与转向规律研究［D］. 北京：中国石油大学（北京），2019.

［8］何生厚. 水力压裂技术学术研讨会论文集：2004［M］. 北京：中国石化出版社，2004.

［9］蒋廷学，周珺，廖璐璐. 国内外智能压裂技术现状及发展趋势［J］. 北京：石油钻探技术，2022，50（3）：1-9.

［10］王冬梅. 影响水平井分段多簇压裂技术的主要因素［J］. 化学工程与装备，2021（5）：78，81.

［11］何右安，高武彬，路敏. 水平井分段多簇压裂裂缝扩展数值模拟［J］. 中国矿业，2021，30（5）：200-206.

［12］李德旗，朱炬辉，张俊成，等. 页岩气水平井选择性分簇压裂工艺先导性试验——以昭通国家级页岩气示范区为例［J］. 天然气工业，2021，41（S1）：133-137.

［13］苏良银，常笃，杨海恩，等. 低渗透油藏侧钻水平井小井眼分段多簇压裂技术［J］. 石油钻探技术，2020，48（6）：94-98.

［14］王峻源，王文，弋山，等. 页岩气水平井智能压裂监测技术研究［C］. 第 32 届全国天然气学术年会（2020），中国重庆，2020.

［15］钟思洋. 水平井分段多簇压裂技术影响因素探讨［J］. 化学工程与装备，2020（7）：64-65.

［16］陈铭. 水平井分段多簇压裂多裂缝竞争扩展数值模拟研究［D］. 北京：中国石油大学（北京），2020.

［17］李见龙，孙艾茵. 水平井分段多簇压裂裂缝扩展数值模拟［J］. 内江科技，2019，40（10）：58，68-70.

［18］蒲谢洋. 页岩气藏复合分区分段多簇压裂水平井产能模型［J］. 石化技术，2019，26（9）：148-149.

［19］徐加祥，丁云宏，杨立峰，等. 致密油藏分段多簇压裂水平井复杂缝网表征及产能分析［J］. 油气地质与采收率，2019，26（5）：132-138.

［20］王雨霞. 复合暂堵转向压裂工艺在低渗透油田中的应用［J］. 化学工程与装备，2020（2）：6，101-102.

［21］李春月，房好青，牟建业，等. 碳酸盐岩储层缝内暂堵转向压裂实验研究［J］. 石油钻探技术，2020，48（2）：88-92.

［22］金智荣，吴林，何天舒，等. 转向压裂用复合暂堵剂优选及应用［J］. 钻采工艺，2019，42（6）：4，54-57.

［23］周德华，戴城，方思冬，等. 基于嵌入式离散裂缝模型的页岩气水平井立体开发优化设计［J］. 油气地质与采收率，2022，29（3）：113-120.

［24］位云生，王军磊，于伟，等. 基于三维分形裂缝模型的页岩气井智能化产能评价方法［J］. 石油勘探与开发，2021，48（4）：787-796.

［25］张玖. 页岩储层水平井压裂多裂缝竞争扩展规律研究［D］. 大庆：东北石油大学，2022.

［26］张冕，池晓明，刘欢，等. 我国石油工程领域压裂酸化技术现状、未来趋势及促进对策［J］. 中国石油大学学报（社会科学版），2021，37（4）：25-30.

［27］龙敏. 非常规储层定向压裂水力裂缝起裂及扩展规律研究［D］. 大庆：东北石油大学，2021.

［28］刘合，刘伟，王素玲，等. 水平井体积压裂套管失效机制研究现状及趋势初探［J］. 中国石油大学学报（自然科学版），2020，44（6）：53-62.

［29］刘统亮，施建国，冯定，等. 水平井可溶桥塞分段压裂技术与发展趋势［J］. 石油机械，2020，48（10）：103-110.

［30］胡凯. 中国煤层气开采工程技术发展趋势及关键技术需求分析［D］. 北京：中国石油大学（北京），2020.

［31］李小刚，廖梓佳，杨兆中，等. 压裂用低密度支撑剂研究进展和发展趋势［J］. 硅酸盐通报，2018，37（10）：3132-3135.

# 第 2 章　岩石断裂和裂缝扩展

在石油工程中，岩石断裂和裂缝扩展的研究旨在优化石油开采过程，提高石油产量。岩石断裂特性主要取决于自身力学属性，裂缝扩展作为岩石断裂的特定形式，在油气工程和采煤采气工程等地下工程较为常见。明确岩石断裂过程中的裂缝扩展的内在联系有助于确定合适的石油和煤炭等资源开采方法，避免产能损失和环境风险。裂缝扩展的研究可以指导水力压裂技术的应用，提高油田开发效率。

通过综合考虑抗拉强度、应力强度因子、断裂韧性、表面能和断裂过程区，以及裂缝类型与导流能力和水压压裂曲线等因素，可以更好地理解岩石的断裂和裂缝扩展行为。通过分析岩石的抗拉强度和应力强度因子，可以预测出断裂可能发生的位置和方向。此外，断裂韧性和表面能的研究对于评估岩石的破裂过程和稳定性至关重要。了解岩石断裂的韧性水平可以确定适当的压裂参数，以控制裂缝扩展并避免非预期的裂缝闭合。表面能的分析有助于评估裂缝的闭合能力，以确定能否保持稳定的裂缝通道。综合岩石断裂相关参数可以对岩石脆性和储层可压性进行评估，进而对 I 型、II 型和 III 型裂缝的应力场和位移场特征进行解析。而对于水力压裂技术而言，裂缝扩展行为的研究是关键。通过了解不同井型裂缝的导流能力，可以确定最佳的压裂液配方和注入参数，以实现最大的裂缝扩展和油水的有效流动。此外，水力压裂曲线的分析可以帮助优化压裂施工过程，确保压裂液的注入速度和压力控制在合适的范围内，以避免破坏岩石储层和提高水力压裂的效果。

## 2.1　岩石断裂力学参数

水力压裂过程中涉及岩石复杂的破坏行为，描述岩石的破坏过程一直是科研及现场人员攻关的重点，本节主要介绍岩石的拉伸强度、应力强度因子、断裂韧性、动态断裂韧性、表面能等关键断裂参数以及断裂过程区。

### 2.1.1　抗拉强度

#### 2.1.1.1　计算方法

在试样的拉伸过程中，材料经历屈服阶段，进入强化阶段后横向截面积持续减小，通常定义拉断时所承受的最大拉力（$F_b$）除以试样原横截面积（$S_0$）所得的拉应力（$\sigma$），称为抗拉强度($\sigma_b$)，单位为 N/mm²(MPa)。它表示材料在拉力作用下抵抗破坏的最大能力。计算公式为：

$$\sigma_b = \frac{F_b}{S_0} \tag{2.1.1}$$

式中　$\sigma_b$——抗拉强度，MPa；

　　　$F_b$——试样拉断时所承受的最大力，N；

　　　$S_0$——试样原始横截面积，mm²。

### 2.1.1.2 抗拉强度测试方法

目前较为常用的抗拉强度测定方法主要有单轴抗拉、巴西劈裂以及轴向压裂等方法。单轴抗拉试验可以直接测出材料的拉伸强度，巴西劈裂和轴向压裂方法为间接法测量抗拉强度。直接拉伸试验虽然可直接测得结果，但由于其岩样制备困难、岩样不易于拉力机固定且在岩样固定处附近往往有应力集中现象等原因，很少用直接拉伸试验进行抗拉强度的测试。间接拉伸是给圆柱体岩样的直径方向施加集中载荷，使之沿着受力的直径劈裂。以巴西劈裂法为例，产生的裂纹要沿着直径的方向扩展，这样测出的抗拉强度与理论公式一致以求得测试材料的抗拉强度，如图 2.1.1 所示。

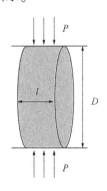

岩石抗拉强度
测定室内实验

(a) 巴西实验装置简图　　　　　　　　　(b) 岩样破裂简图

图 2.1.1　巴西实验装置及岩样破裂简图

岩石间接抗拉强度计算公式为：

$$\sigma = \frac{2P}{\pi D l} \tag{2.1.2}$$

式中　$\sigma$——抗拉强度，MPa；

　　　$P$——作用载荷，N；

　　　$D$——试件直径，mm；

　　　$l$——试件厚度，mm。

图 2.1.2 为各向同性岩石材料圆盘试样的任意圆截面在巴西劈裂试验加载条件下的受力示意图，$P$ 为上下两端沿直径方向施加的线荷载，分别作用在 B 点和 C 点，荷载 $P$ 的作用线经过圆盘中心 $O$。根据平面应力问题的弹性力学解析解，圆盘面内任意一点 A 的应力

状态可用如下方程描述：

$$\sigma_x = \frac{2P}{\pi l}\left(\frac{\sin^2\theta_1\cos\theta_1}{r_1}+\frac{\sin^2\theta_2\cos\theta_2}{r_2}\right)-\frac{2P}{\pi Dl} \tag{2.1.3}$$

$$\sigma_y = \frac{2P}{\pi l}\left(\frac{\cos^3\theta_1}{r_1}+\frac{\cos^3\theta_2}{r_2}\right)-\frac{2P}{\pi Dl} \tag{2.1.4}$$

$$\tau_x = \frac{2P}{\pi l}\left(\frac{\cos^2\theta_1\sin\theta_1}{r_1}+\frac{\cos^2\theta_2\sin\theta_2}{r_2}\right) \tag{2.1.5}$$

式中，$\theta_1$、$\theta_2$、$r_1$以及$r_2$的含义如图 2.1.2 所示。

以直径为 50mm，圆盘厚度和荷载均为单位 1 的巴西圆盘试样为例，根据式(2.1.3)和式(2.1.4)可绘出二维的巴西圆盘平面内的应力等值分布图，如图 2.1.3 所示。从图 2.1.3 中可以看出，对于各向同性岩石材料的巴西圆盘，在试样的加载点两端附近为压应力，试样中心处为拉应力。对于抗拉试验，主要考察圆盘中心垂直于加载力的方向，即 $x$ 轴方向的受力情况。

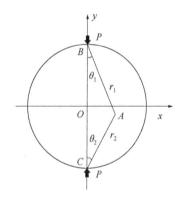

图 2.1.2 各向同性岩石材料巴西
劈裂试验圆盘示意图

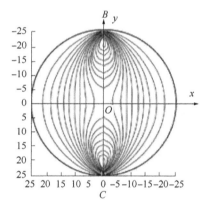

图 2.1.3 巴西圆盘平面内
水平应力图

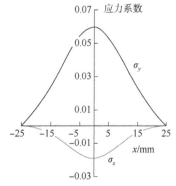

图 2.1.4 各向同性岩石材料
圆盘试样 $x$ 轴方向受力示意图

由图 2.1.2 中几何关系可知，在 $x$ 轴方向上有 $r_1=r_2$，$\theta_1=\theta_2$，且 $r_1^2=R^2+x^2$。其中 $R$ 为圆盘半径，$r_1$ 为施加载荷点到任意一点的距离，$x$ 为轴上某一点到原点的距离。将上述几何关系代入式(2.1.3)和式(2.1.4)中，可绘出拉应力 $\sigma_x$ 在 $x$ 轴方向和正应力 $\sigma_y$ 在 $x$ 轴方向上的大小分布，如图 2.1.4 所示，其中拉应力用负值表示，压应力用正值表示。由图 2.1.4 可知，正应力和拉应力的最大值均处于圆盘中心 $O$ 点处。将 $O$ 点处的坐标参数代入式(2.1.3)和式(2.1.4)中，可以得到中心处的拉应力 $\sigma_x$ 和压应力 $\sigma_y$ 分别为：

$$\sigma_x = -\frac{2P}{\pi Dl} \tag{2.1.6}$$

$$\sigma_y = -\frac{6P}{\pi Dl} \tag{2.1.7}$$

由式(2.1.6)和式(2.1.7)可知,圆盘中心点的压应力值是拉应力的3倍,而对于岩石材料,岩石的抗压强度一般为抗拉强度的8~10倍,通过对比可以发现,岩石的中心点处压应力在远未达到岩石材料抗压强度之前试样就已经发生破坏,因此可以认为圆盘试样是受拉破坏。将破坏时的荷载代入式(2.1.6)的$P$中,即可得到圆盘试样的抗拉强度(BTS)。

### 2.1.2 应力强度因子

#### 2.1.2.1 应力强度因子的计算

1978年,Awaji和Sato首先提出使用圆盘形试件测试Ⅰ型和Ⅱ型断裂韧性,如图2.1.5所示,圆盘的半径为$R$,厚度为$B$,初始裂缝的长度为$2a$。1982年,Atkinson给出圆盘形试件应力强度因子计算公式:

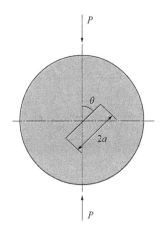

$$K_{\mathrm{I}} = \frac{P\sqrt{a}}{\sqrt{\pi}RB}N_{\mathrm{I}} \tag{2.1.8}$$

$$K_{\mathrm{II}} = \frac{P\sqrt{a}}{\sqrt{\pi}RB}N_{\mathrm{II}} \tag{2.1.9}$$

图2.1.5 巴西圆盘断裂韧性试验试件

式中 $N_{\mathrm{I}}$,$N_{\mathrm{II}}$——无量纲应力强度因子;

$P$——施加的径向载荷,N。

$N_{\mathrm{I}}$和$N_{\mathrm{II}}$的大小与无量纲切口长度和预制裂缝与加载方向的夹角$\theta$有关。

对于$a/R = 0.1 \sim 0.6$,Atkinson给出了$N_{\mathrm{I}}$和$N_{\mathrm{II}}$的公式:

$$N_{\mathrm{I}} = \sum_{i=1}^{n} T_i(\alpha)^{2i-2} A_i(\theta) \tag{2.1.10}$$

$$N_{\mathrm{II}} = 2\sin 2\theta \cdot \sum_{i=1}^{n} S_i(\alpha)^{2i-2} B_i(\theta) \tag{2.1.11}$$

其中$T_i$和$S_i$是数值化因子,而$A_i(\theta)$和$B_i(\theta)$则是角度参数。$\alpha = \dfrac{a}{R}$,为无量纲切口长度。

对于$a/R = 0.1 \sim 0.6$,Atkinson给出了$T_i$、$A_i(\beta)$的数值和数值解析式,见表2.1.1和表2.1.2。对于满足$a/R$小于等于0.3的微小裂缝,Atkinson给出了近似多项式:

$$\begin{cases} N_{\mathrm{I}} = 1-4\sin^2\beta+4\sin^2\beta\left(1-4\cos^2\beta\right)\left(\dfrac{a}{R}\right)^2 \\[3mm] N_{\mathrm{II}} = \left[2+8\cos^2\theta-5\left(\dfrac{a}{R}\right)^2\right]\sin2\theta \end{cases} \tag{2.1.12}$$

**表 2.1.1  Atkinson 给出的 $T_i$ 和 $S_i$ 的 5 个数值**

| $a/R$ | $T_i$ | | | | | $S_i$ | | | | |
|---|---|---|---|---|---|---|---|---|---|---|
| 0.1 | 1.015 | 0.504 | 0.377 | 0.377 | 0.314 | 1.010 | 0.502 | 0.376 | 0.376 | 0.314 |
| 0.2 | 1.060 | 0.515 | 0.382 | 0.383 | 0.318 | 1.040 | 0.510 | 0.380 | 0.381 | 0.316 |
| 0.3 | 1.136 | 0.533 | 0.392 | 0.394 | 0.325 | 1.089 | 0.522 | 0.386 | 0.387 | 0.321 |
| 0.4 | 1.243 | 0.560 | 0.405 | 0.409 | 0.335 | 1.161 | 0.540 | 0.395 | 0.397 | 0.327 |
| 0.5 | 1.387 | 0.595 | 0.422 | 0.428 | 0.348 | 1.257 | 0.564 | 0.407 | 0.411 | 0.336 |
| 0.6 | 1.578 | 0.642 | 0.445 | 0.455 | 0.365 | 1.391 | 0.578 | 0.424 | 0.430 | 0.349 |

**表 2.1.2  Atkinson 给出的 $A_i(\beta)$ 的 5 个角度常数**

| $A_i$ | $A_i(\beta)$ |
|---|---|
| $A_1$ | $1-4\sin^2\theta$ |
| $A_2$ | $8\sin^2(1-4\cos^2\theta)$ |
| $A_3$ | $-4\sin^2(3-36\cos^2\theta+48\cos^4\theta)$ |
| $A_4$ | $-16\sin^2\theta(-1+24\cos^2\theta-80\cos^4\theta+64\cos^6\theta)$ |
| $A_5$ | $-20\sin^2\theta(1-40\cos^2\theta+240\cos^4\theta-448\cos^6\theta+256\cos^8\theta)$ |

对于 $a/R$ 等于 0.3，为了与 Atkinson 数值计算公式相比较，利用 Atkinson 近似公式进行计算；通过比较，可以看出当 $a/R$ 小于等于 0.3 时，近似公式与数值计算公式误差很小，误差不大于 5%。

#### 2.1.2.2  权函数法计算应力强度因子

（1）Ⅰ型应力强度因子。

权函数法是一种计算应力强度因子的常用方法，当相应裂缝模型的权函数已知时，将该函数与完整试样虚拟裂缝面处的应力分布相乘，然后再将该乘积沿着裂缝长度进行积分即可得应力强度因子。由于其只与模型的几何形状和裂缝类型有关，与荷载作用情况无关，权函数法被广泛应用于计算复杂荷载作用下的应力强度因子，见式（2.1.13）和式（2.1.14）：

$$K_{\mathrm{I}} = \int_0^a \sigma(x,\ \beta)m(x,\ a)\mathrm{d}x \tag{2.1.13}$$

$$m(x,\ a)=\frac{2}{\sqrt{2\pi(a-x)}}\left[1+M_1\left(1-\frac{x}{a}\right)^{\frac{1}{2}}+M_2\left(1-\frac{x}{a}\right)+M_3\left(1-\frac{x}{a}\right)^{\frac{3}{2}}\right] \tag{2.1.14}$$

式中 $\sigma(x, \beta)$——完整试样虚拟预制裂缝面处正应力分布；

$m(x, a)$——权函数；

$x$——沿预制裂缝面长度的变量，$0 \leqslant x \leqslant a$；

$a$——预制裂缝长度，m；

$\beta$——预制裂缝倾角，(°)；

$M_1$，$M_2$，$M_3$——与模型和裂缝形状有关的权函数系数。

通过分析可知，利用权函数法计算应力强度因子，确定权系数中的相关参数是首要任务。对于含井筒单射孔模型(图2.1.6)，式(2.1.14)中权函数的相关系数可以表达为：

$$\begin{cases} M_1 = -0.8331\, x_1^5 - 3.5081\, x_1^4 - 1.142\, x_1^3 - 4.378\, x_1^2 - 10.908\, x_1 - 2.7537 \\ M_2 = -1.9652\, x_1^5 - 8.3756\, x_1^4 - 3.1033\, x_1^3 - 10.294\, x_1^2 - 24.599\, x_1 + 5.7047 \quad (2.1.15) \\ M_3 = -0.9826\, x_1^5 - 4.1883\, x_1^4 - 1.5516\, x_1^3 - 5.1469\, x_1^2 - 12.3\, x_1 - 2.3524 \end{cases}$$

其中

$$x_1 = \lg\left(\frac{a}{R}\right), \quad 0.001 \leqslant a/R \leqslant 100$$

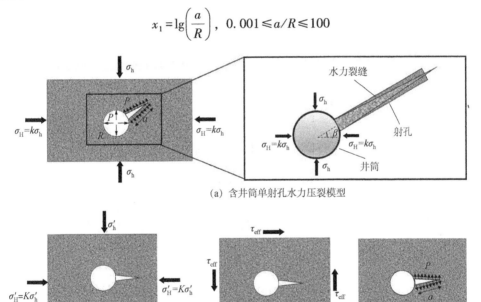

(a) 含井筒单射孔水力压裂模型

(b) 等效正应力　　　　(c) 等效切应力　　　　(d) 注水压力和孔隙水压

图2.1.6　含井筒单射孔水力压裂模型荷载条件

采用权函数法可以方便地获得如图2.1.6(a)所示模型在地应力、孔隙压力和注水压力荷载共同作用下的应力强度因子。基于弹性力学理论，首先假定模型只有井筒存在而无预制裂缝存在，则在虚拟预制裂缝位置处垂直于裂缝面的正应力可以表达为：

$$\sigma(x, \beta)_P = P\left(\frac{R}{R+x}\right) + \lambda P \tag{2.1.16}$$

$$\sigma(x, \beta)_p = a_1 p \qquad (2.1.17)$$

$$\sigma(x, \beta)_\sigma = \frac{\sigma_H + \sigma_h}{2}\left[1 + \left(\frac{R}{R+x}\right)^2\right] - \frac{\sigma_H - \sigma_h}{2}\left[1 + 3\left(\frac{R}{R+x}\right)^4\right]\cos 2\beta \qquad (2.1.18)$$

$$\sigma'(x, \beta) = \sigma(x, \beta)_P + \sigma(x, \beta)_p + \sigma(x, \beta)_\sigma \qquad (2.1.19)$$

式中　$\sigma(x, \beta)_P$，$\sigma(x, \beta)_p$，$\sigma(x, \beta)_\sigma$——由注入水压、孔隙压力和地应力引起的虚拟预制裂缝面处正应力，MPa；

$\sigma(x, \beta)$——作用在虚拟预制裂缝面处的总正应力，MPa；

$\beta$——射孔倾角，(°)；

$P$——注入水压，MPa；

$p$——孔隙水压，MPa；

$\lambda$——射孔内水压和井筒内水压的比值，称为"水压系数"；

$a_1$——比奥系数；

$\sigma_h$，$\sigma_H$——最小主应力，最大主应力，MPa。

荷载作用情况如图 2.1.6(a) 所示。

将式(2.1.15)至式(2.1.19)代入式(2.1.13)和式(2.1.14)可知，裂缝尖端 I 型应力强度因子的表达式为：

$$K_{IP} = \int_0^a \left[ P\left(\frac{R}{R+x}\right) + \lambda P \right] m(x, a)\mathrm{d}x \qquad (2.1.20)$$

$$K_{Ia_1p} = \int_0^a a_1 p \, m(x, a)\mathrm{d}x \qquad (2.1.21)$$

$$K_{I\sigma} = \int_0^a \left\{ \frac{\sigma_H + \sigma_h}{2}\left[1 + \left(\frac{R}{R+x}\right)^2\right] - \frac{\sigma_H - \sigma_h}{2}\left[1 + 3\left(\frac{R}{R+x}\right)^4\right]\cos 2\beta \right\} m(x, a)\mathrm{d}x$$

$$(2.1.22)$$

$$K_I = K_{IP} + K_{Ia_1p} + K_{I\sigma} \qquad (2.1.23)$$

式中　$K_{IP}$——注水压力引起的 I 型应力强度因子；

$K_{Ia_1p}$——孔隙水压引起的 I 型应力强度因子；

$K_{I\sigma}$——地应力引起的 I 型应力强度因子。

在如图 2.1.6(a) 所示的压缩荷载状态下，由地应力引起的 I 型应力强度因子（$K_{I\sigma}$）为负值。

井筒半径为定值时，裂缝尖端 I 型应力强度因子与射孔长度和水压系数之间的关系如图 2.1.7 所示，代表井筒和射孔内注入等量的水压（$\lambda=1$）和仅在井筒内注入（$\lambda=0$）两种不同的注水情况。由图 2.1.7 可知，在第一种注水情况下，I 型应力强度因子沿井筒到射孔端部的距离的增加而逐渐增大；在第二种注水情况下，I 型应力强度因子随射孔长度的变

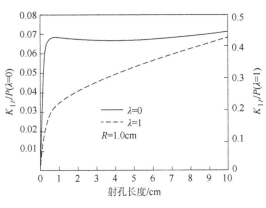

图 2.1.7　归一化的 Ⅰ 型应力强度因子

化曲线存在一个临界距离值，在未超过该临界值时应力强度因子沿着射孔长度增加而迅速增大，但是在超过该临界值后应力强度因子将近似保持为恒定值；同时水压系数 $\lambda = 0$ 时的 Ⅰ 型应力强度因子值远小于水压系数 $\lambda = 1$ 时的。因此当使用高黏性压裂液时，由于压裂液的流动速度相对较慢，这时则需要通过增大注入压力或注入量来增大裂缝尖端应力强度因子，确保达到材料断裂韧度以产生裂缝。

（2）Ⅱ 型应力强度因子。

根据应力叠加原理可知，倾斜射孔模型的受力状态可以利用图 2.1.6（b）至图 2.1.6（d）进行应力叠加获得，其中图 2.1.6（b）和图 2.1.6（c）分别为水平射孔在等效正应力和等效剪应力条件下的荷载状态；图 2.1.6（d）为在孔隙水压和注水压力的共同作用条件下的荷载状态。在射孔倾角为 0° 的条件下，图 2.1.6（b）和图 2.1.6（d）所示荷载作用条件下的 Ⅱ 型应力强度因子值等于 0；只有图 2.1.6（c）所示的等效剪应力荷载能够引起 Ⅱ 型应力强度因子。Hus 基于映射函数法研究含圆孔单裂缝无限大板在拉伸荷载条件下的 Ⅱ 型应力强度因子，得到 Ⅱ 型应力强度因子的无量纲参数 $F_{\text{Ⅱ}}$ 与 $a/R$ 的关系，见表 2.1.3，其中无量纲参数 $F_{\text{Ⅱ}}$ 只与模型和裂缝的几何尺寸有关。但其计算方法及公式较为复杂，并且未计算 $a/R < 0.1$ 条件下的 Ⅱ 型应力强度因子值。本节基于有限单元法计算了含圆孔单裂缝模型在 $a/R < 0.1$ 条件下的 Ⅱ 型应力强度因子，得到无量纲参数 $F_{\text{Ⅱ}}$，在表 2.1.3 中用星号（*）标记。

表 2.1.3　含井筒单射孔模型 Ⅱ 型应力强度因子无量纲参数 $F_{\text{Ⅱ}}$ 与 $a/R$ 的关系

| $a/R$ | 0 * | 0.01 * | 0.02 * | 0.03 * | 0.04 * | 0.05 * | 0.06 * | 0.07 * |
|---|---|---|---|---|---|---|---|---|
| $F_{\text{Ⅱ}}$ | 0 | 0.0320 | 0.0785 | 0.1580 | 0.2041 | 0.2411 | 0.2941 | 0.3391 |
| $a/R$ | 0.08 * | 0.09 * | 0.10 | 0.15 | 0.20 | 0.30 | 0.40 | 0.50 |
| $F_{\text{Ⅱ}}$ | 0.3700 | 0.4000 | 0.4200 | 0.5820 | 0.7060 | 0.8860 | 1.0050 | 1.0860 |
| $a/R$ | 0.60 | 0.80 | 1.00 | 1.50 | 2.00 | 3.00 | 4.00 | 5.00 |
| $F_{\text{Ⅱ}}$ | 1.1300 | 1.1800 | 1.2000 | 1.1780 | 1.1320 | 1.0500 | 0.9920 | 0.9480 |
| $a/R$ | 6.00 | 8.00 | 10.00 | 20.00 | ∞ | | | |
| $F_{\text{Ⅱ}}$ | 0.9160 | 0.8720 | 0.8420 | 0.7780 | 0.7070 | | | |

注：* 为笔者采用有限单元法计算。

根据数值计算结果和 Hus 的结果（表 2.1.3），通过数据拟合方法得到如图 2.1.6（c）所示等效剪应力荷载条件下的 Ⅱ 型应力强度因子无量纲参数 $F_{\text{Ⅱ}}$ 表达式为：

$$F_{\text{Ⅱ}} = -0.649\,x_2^4 + 3.9675\,x_2^3 - 8.2675\,x_2^2 + 5.862\,x_2 - 0.0296, \quad R^2 = 0.9999 \quad （2.1.24）$$

其中

$$x_2 = \frac{a}{a+R}$$

根据弹性力学和岩石断裂力学理论，在远场地应力荷载作用下的裂缝尖端任意射孔方位II型应力强度因子可以通过式(2.1.25)求得：

$$K_{II} = \tau_{eff} F_{II} \sqrt{\pi a} \qquad (2.1.25)$$

式中　$F_{II}$——II型应力强度因子；

　　　$\tau_{eff}$——由远场地应力引起的等效剪应力，MPa。

$\tau_{eff}$可以通过式(2.1.26)求得：

$$\tau_{eff} = 0.5\sigma_h(1-k)\sin2\beta \qquad (2.1.26)$$

式中　$k$——侧压系数，$k = \sigma_H/\sigma_h$。

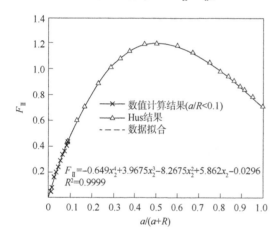

图 2.1.8　II型应力强度因子无量纲参数 $F_{II}$

无量纲参数 $F_{II}$ 与圆孔半径和裂缝长度比值之间的关系如图 2.1.8 所示。数值计算结果用叉号(×)标记；Hus 所得理论计算结果用空心三角形(△)标记。通过对图 2.1.8 的分析可知，通过数值拟合得到的计算公式具有较高的精度（$R^2 = 0.9999$）。通过式(2.1.24)至式(2.1.26)可知，这种计算II型应力强度因子的方法形式简单且便于应用，同时适用于任意射孔方位条件。由于 Hus 是在拉伸荷载条件下进行的研究，对于如图 2.1.6(a)所示的压缩荷载作用条件，式(2.1.26)中等效剪应力的符号由所承受的荷载作用条件决定，因此II型应力强度因子可能为正值或负值。

### 2.1.2.3　有限元法计算应力强度因子

根据盘形试件几何形状以及边界条件，采用网格划分有限元模型，根据每个试件的实际尺寸、所受围压和对应的破坏压力使用 ANSYS 等软件计算试件的应力场。

采用 $J$ 积分求解应力强度因子，$J$ 积分是沿着包围裂纹尖端的某路径的一个线积分，其定义是：

$$J = \int_{\Gamma} \left( w\mathrm{d}y - \boldsymbol{T} \cdot \frac{\partial \boldsymbol{u}}{\partial x}\mathrm{d}s \right) \qquad (2.1.27)$$

式中　$w$——应变能密度；

　　　$\boldsymbol{T}$——积分路径 $\Gamma$ 的外法线方向的面力矢量；

　　　$\boldsymbol{u}$——位移矢量；

ds——沿积分路径 $\Gamma$ 的弧长。

有限元模型计算应力强度因子可以考虑复杂的几何形态和边界条件(图2.1.9),但需要在裂尖附近构造奇异单元(图2.1.10)。

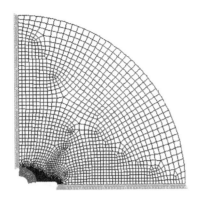 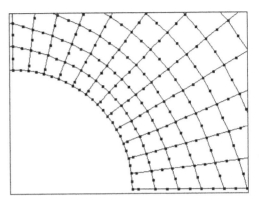

图 2.1.9　计算应力强度因子的有限元模型　　　图 2.1.10　裂尖附近的奇异单元

### 2.1.3 断裂韧性

#### 2.1.3.1 基本断裂韧性

随着断裂力学的发展,尤其是断裂韧性试验测试技术的发展,以断裂韧性为判据的强度理论逐步发展起来。断裂韧性是表征材料阻止裂纹扩展的能力,是度量材料的韧性好坏的一个定量指标。在断裂力学发展早期建立的 Griffith 理论及其修正和推广,从表达形式上看还类似于经典强度理论,采用应力判据。

根据线弹性断裂力学理论,通常用以下两种方法进行裂纹前端不发生大范围屈服时的裂纹扩展规律研究。第一种方法最早由 Griffith 提出,即分析裂纹的能量平衡。借此可定义裂纹能量释放率或裂纹扩展阻力 $G$,当 $G$ 达到某一临界值 $G_c$ 时,裂纹处于临界平衡状态,一旦 $G$ 大于 $G_c$ 裂纹将发生失稳扩展。于是可按裂纹能量释放率建立断裂判据:

$$G(W, U) = G_c \tag{2.1.28}$$

第二种方法最早由 Irwin 提出,即求解裂纹尖端应力场。许多学者借助复变函数、积分变换、保角映射等数学方法对裂纹尖端的应力场计算进行了深入研究,结果通常可表示为:

$$\sigma_{ij}(r, \theta) = K(Y, a, \sigma) \cdot F(r, \theta), \quad i=1, 2, 3 \tag{2.1.29}$$

其中 $F$ 为坐标的函数,系数 $K$ 与坐标无关,它综合反映了裂纹形状 $Y$、裂纹尺寸 $a$ 和远场应力 $\sigma$ 这些因素对裂纹尖端应力场强度的影响,具有驱动裂纹开始扩展的作用,被称为应力强度因子(SIF)。当 $K$ 达到某一临界值 $K_c$ 时,裂纹发生失稳扩展。于是可按应力强度因子建立断裂判据:

$$K(Y, a, \sigma) = K_c \tag{2.1.30}$$

早期的断裂韧性强度理论往往是基于单一形式裂纹(即Ⅰ型、Ⅱ型或Ⅲ型)建立的,而实际裂纹往往是复合裂纹,因此有关复合裂纹的扩展判据被加以探讨。这些复合判据一般是对各型裂纹的组合,可概括表示为:

$$f(G, K) = g(G_c, K_c) \tag{2.1.31}$$

1974年Sih提出了应用于复合裂纹的应变能密度因子理论,将注意力转移到裂纹端部周围应变能密度场的奇异性上,这个能量场具有1/r阶的奇异性,幅度大小可用应变能密度因子$S$来表示临界值$S_c$。可反映裂纹初始扩展的方向及材料的断裂韧性,即:

$$S = a_{11}K_{\mathrm{I}} + 2a_{12}K_{\mathrm{I}}K_{\mathrm{II}} + a_{22}K_{\mathrm{II}}^2 + a_{33}K_{\mathrm{III}}^2 = S_c \tag{2.1.32}$$

为了考虑应变能密度梯度的影响,在此基础上又提出了等$w$线上的最大拉应力理论($w = S/r$)。对于Ⅰ型,Ⅱ型复合加载可建立:

$$\left(\frac{K_{\mathrm{I}}}{K_{\mathrm{IC}}}\right)^m + \left(\frac{K_{\mathrm{II}}}{K_{\mathrm{IIC}}}\right)^n = 1 \tag{2.1.33}$$

经常采用的形式是:

$$\left(\frac{K_{\mathrm{I}}}{K_{\mathrm{IC}}}\right)^2 + \left(\frac{K_{\mathrm{II}}}{K_{\mathrm{IIC}}}\right)^2 = 1 \tag{2.1.34}$$

夏熙伦等学者给出了如下形式:

$$K_{\mathrm{II}} = f_1 K_{\mathrm{I}} + K_{\mathrm{IIC}} \tag{2.1.35}$$

在实际应用中,由于岩石中裂纹扩展方式的复杂性,想要计算岩石在外载作用下的应力强度因子$K$或裂纹能量释放率$G$是比较困难的,许多情况下需要借助有限元、边界元等各种数值计算方法,而且岩石断裂韧性$K$或$G$的测定也比较复杂,因此岩石断裂韧性强度理论在工程应用中还面临一些困难,这些困难的解决有赖于相关数值计算软件的发展以及岩石断裂韧性测试技术的发展。

### 2.1.3.2 Ⅰ型和Ⅱ型断裂韧性的计算

通常采用圆盘形试件来测试断裂韧性。由于油田通过取心得到的深部地层的岩石通常都是圆柱体,因此圆柱体的试件更适合对深部地层岩石断裂韧性进行测试,同时可减少对试件的加工,并且可以避免对岩石组织的破坏,可以有效反映岩石的真实属性。通过圆盘断裂韧性测试可同时实现测试Ⅰ型和Ⅱ型以及Ⅰ-Ⅱ复合型的断裂韧性。

在纯剪切状态平面,正应力$\sigma$为零,也就是说无量纲应力强度因子$N_{\mathrm{I}}$应该为零。在纯剪切平面,对于$a/R = 0.1 \sim 0.6$,Atkinson给出的$N_{\mathrm{I}}$和$N_{\mathrm{II}}$的公式就转变为:

$$N_{\mathrm{I}} = \sum_{i=1}^{n} T_i (\alpha)^{2i-2} A_i(\theta) = 0 \tag{2.1.36}$$

$$N_{\mathrm{II}} = 2\sin2\theta \cdot \sum_{i=1}^{n} S_i (\alpha)^{2i-2} B_i(\theta) \tag{2.1.37}$$

通过式(2.1.36)，对于给定的 $\alpha$，可以计算出发生纯剪切状态时预制裂缝与加载方向需要的夹角 $\theta$。这样就可以按照这个角度来加工预制裂缝，使 I 型无量纲应力强度因子 $N_I$ 为零，从而 I 型应力强度因子为零，通过使用岩样破坏压力实验数据计算出来的 II 型应力强度因子 $K_{II}$ 就等于岩石的 II 型断裂韧性 $K_{IIC}$，即 $K_{II} = K_{IIC}$。

同样，对于 I 型断裂韧性，可以使 II 型无量纲应力强度因子 $N_{II}$ 和 $K_{II}$ 等于零，进一步计算得到 $K_{IC}$，即：

$$N_I = \sum_{i=1}^{n} T_i (\alpha)^{2i-2} A_i(\theta) \qquad (2.1.38)$$

$$N_{II} = 2\sin2\theta \cdot \sum_{i=1}^{n} S_i (\alpha)^{2i-2} B_i(\theta) = 0 \qquad (2.1.39)$$

可以计算出 $a/R = 0.1 \sim 0.6$ 时所对应预制裂缝与加载方向需要的夹角 $\theta$，见表2.1.4。

表 2.1.4 试件处于 II 型状态不同 $a/R$ 所对应夹角 $\theta$

| $a/R$ | 0.1 | 0.2 | 0.3 | 0.4 | 0.5 | 0.6 |
|---|---|---|---|---|---|---|
| $\theta/(°)$ | 30.0 | 29.7 | 27.3 | 25.4 | 23.3 | 21.3 |

## 2.1.4 表面能

表面能是创造物质表面时对分子间化学键破坏的度量。在固体物理理论中，表面原子比物质内部的原子具有更多的能量，因此，根据能量最低原理，原子会自发地趋于物质内部而不是表面。表面能的另一种定义是，材料表面相对于材料内部所多出的能量。把一个固体材料分解成小块需要破坏它内部的化学键，所以需要消耗能量。

例如东西放时间长了会发现有灰尘附着，就是因为灰尘附着降低了物体的表面积，间接降低了物体的表面能，物质能量都有自动趋向降低并保持稳定的特点。影响产品表面能的主要因素有表面的粗糙度、表面的杂质成分、表面元素的分布情况等。通常用接触角测量仪测量材料表面的接触角和表面能。

### 2.1.4.1 接触角测量仪的基本原理

将一液体滴到一平滑均匀的固体表面上，若不铺展，则将形成一个平衡液滴，固、液、气三相交界处任意两相间的夹角将决定其平衡时的形状，通常规定在三相交界处自固液界面经液滴内部至气液界面之夹角为平衡接触角，以 $\theta$ 表示。接触角与三个界面张力之关系为如下所示的 Young 方程：

$$\gamma_{sg} - \gamma_{sl} = \gamma_{lg}\cos\theta \qquad (2.1.40)$$

式中 $\gamma_{sg}$，$\gamma_{sl}$，$\gamma_{lg}$——固—气、固—液和液—气界面张力，N/m。

由式(2.1.40)知：只有当 $\gamma_{lg} > \gamma_{sg} - \gamma_{sl}$ 时，才有明确的三相交线，即有一定的值；而 $\gamma_{lg} = \gamma_{sg} - \gamma_{sl}$ 时，$\theta$ 为零；$\gamma_{lg} < \gamma_{sg} - \gamma_{sl}$ 时，不存在平衡接触角。

Young 方程也称为润湿方程，它是界面化学基本方程之一。将 Young 方程与三个润湿过程的定义相结合，得到判断润湿过程的公式：

沾湿：

$$W_a = \gamma_{sg} + \gamma_{lg} - \gamma_{sl} = \gamma_{lg}(\cos\theta + 1) \qquad (2.1.41)$$

浸湿：

$$W_i = \gamma_{sg} - \gamma_{sl} = \gamma_{lg}\cos\theta \qquad (2.1.42)$$

铺展：

$$S = \gamma_{sg} - \gamma_{sl} + \gamma_{lg} = \gamma_{lg}(\cos\theta - 1) \qquad (2.1.43)$$

式中  $W_a$——黏附功，$J/m^2$；

$W_i$——浸润功，$J/m^2$；

$S$——铺展系数。

由式（2.1.41）至式（2.1.43）可知：平衡接触角 $\theta$ 越小（$\cos\theta$ 越大）时，相应的 $W_a$、$W_i$ 和 $S$ 越大，即润湿性越好。因而，平衡接触角可作为润湿性能的度量指标。

接触角即液—气表面张力与固—液表面张力之间的夹角。将液滴 L 放在一理想平面 S 上。若有一相是气体，则接触角是气—液界面通过液体而与固—液界面所夹的角。如图 2.1.11 所示。

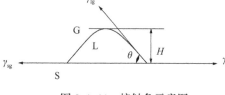

图 2.1.11  接触角示意图

### 2.1.4.2  通过接触角计算表面能及其极性分量、色散分量

若设固—液接触面积为单位面积，在恒温恒压下，此过程引起体系自由能的变化为：

$$\Delta G = \gamma_{SL} - \gamma_{SV} - \gamma_{LV} \qquad (2.1.44)$$

式中  $\Delta G$——体系自由能变化，$J/mol$；

$\gamma_{SL}$——单位面积固—液自由能，$J/mol$；

$\gamma_{SV}$——固—气自由能，$J/mol$；

$\gamma_{LV}$——液—气的界面自由能，$J/mol$。

沾湿的实质是液体在固体表面上的黏附功，定义表示为：

$$W_a = \gamma_{SV} + \gamma_{LV} - \gamma_{SL} \qquad (2.1.45)$$

又有 Young 方程：

$$\gamma_{SV} = \gamma_{SL} + \gamma_{LV}\cos\theta \qquad (2.1.46)$$

由式（2.1.45）和式（2.1.46）得：

$$W_a = \gamma_{LV}(1 + \cos\theta) \qquad (2.1.47)$$

同时，黏附功又可以用两相中各自的极性分量和色散分量来表示：

$$W_a = 2\sqrt{\gamma_{SV}^d \gamma_{LV}^p} + 2\sqrt{\gamma_{SV}^p \gamma_{LV}^p} \tag{2.1.48}$$

式中   $W_a$——黏附功，$J/mol$；

        $\gamma_{SV}^p$——固体表面自由能的极性部分，$J/mol$；

        $\gamma_{LV}^p$——液体表面自由能的极性部分，$J/mol$；

        $\gamma_{SV}^d$——固体表面自由能的色散部分，$J/mol$；

        $\gamma_{LV}^d$——液体表面自由能的色散部分，$J/mol$。

由式(2.1.47)和式(2.1.48)联立得：

$$\gamma_{LV}(1+\cos\theta) = 2\sqrt{\gamma_{SV}^d \gamma_{LV}^d} + 2\sqrt{\gamma_{SV}^p \gamma_{LV}^p} \tag{2.1.49}$$

式(2.1.49)中有$\gamma_{SV}^p$和$\gamma_{SV}^d$两个未知数，但只要找到两种已知$\gamma_{LV}^p$和$\gamma_{LV}^d$的探测液体，测两种液体在固体表面的接触角，分别把液体的表面张力和接触角的数据代入式(2.1.49)，即可得两个独立的方程，解此方程组即得$\gamma_{SV}^p$和$\gamma_{SV}^d$。

则固体的表面自由能为：

$$\gamma_{SV} = \gamma_{SV}^p + \gamma_{SV}^d \tag{2.1.50}$$

## 2.1.5 断裂过程区

断裂力学主要研究的是裂纹尖端的应力奇异性，进而给出裂纹扩展的临界条件，建立断裂判据。但实际上，岩石中并不存在严格意义上的应力奇异性，为此许多学者提出了断裂过程区的概念，也称为断裂损伤过程区。断裂损伤过程区是指由于损伤及不均匀性，在宏观裂缝尖端存在一个卸载的应变软化区，并不存在线弹性断裂力学提出的应力奇异场。

目前有关断裂过程区研究的模型主要有虚拟裂纹模型、钝化带模型、等效裂缝长度模型等。这些模型的相同特点是假设在裂纹的尖端过程区内为一存在损伤的应变软化区。断裂损伤过程区概念的提出被许多学者接受，并应用于岩石损伤断裂的研究。周维垣等采用非均质体的统计断裂力学模型及数值模拟方法进行了研究，研究了断裂微裂纹损伤过程区的扩展过程以及对岩石宏观断裂破坏的影响。

岩石断裂损伤过程区揭示了岩石损伤断裂的特点，这实际上是将损伤力学应用于裂尖一个微区来修正断裂理论。在断裂损伤过程区内的损伤机制，以及由此产生的屏蔽作用机理还须通过进一步的细观损伤理论加以研究。至于断裂理论没有很好解决的裂纹间相互作用问题，也必须通过细观损伤模型加以探讨。大量学者采用损伤的方法研究了裂纹间的相互作用，取得一些突破性的成果。

在研究包含原生裂纹或存在缺陷的固体材料裂纹扩展问题中，线弹性断裂力学（LEFM）被证明是一种有效的理论工具。运用线弹性断裂理论进行材料中裂纹扩展分析时，通常忽略裂纹尖端处非线性区域。但在实际情况中，由于外界应力作用下固体中裂纹尖端处会发生应力集中，使得裂纹尖端附近区域内可能发生微裂纹扩展、材料塑性变形等一系列非线性行为。而对于多数固体材料，诸如塑性金属，自然条件或人工合成胶结材料（天然岩石、混凝土等），该非线性区域相对于原有裂纹尺寸来说不可被忽略，固体材料中裂纹尖端前这一特殊区域被定义为断裂过程区（FPZ）。

断裂过程区也被称为非线性软化区域，用于表征材料中裂纹尖端前一定区域内渐进软化的特征行为。断裂过程中，在断裂过程区内发生微裂纹扩展、材料非线性变形、裂纹面的接触和摩擦等一系列非线性现象，能量为耗散状态，材料发生不可逆非线性损伤直至破坏。同时，根据裂纹尖端前非线性断裂过程区尺寸大小将材料断裂行为区分为不同的类型。

图2.1.12描绘了发生不同类型断裂行为的材料中断裂过程区的特征，以及所对应的应力—位移曲线变化特征。如图2.1.12所示，黄色区域表示固体材料，浅蓝区域代表裂纹尖端断裂过程区，深蓝色区域代表非线性硬化区域。

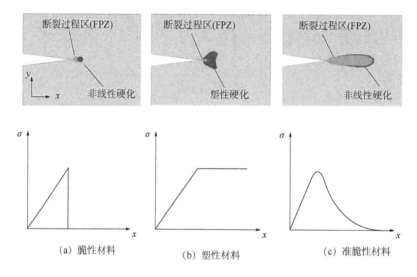

图2.1.12　断裂行为的分类

在第一种断裂类型中，如图2.1.12（a）所示，材料裂纹尖端处断裂过程区与非线性硬化区域的范围很小，相对于裂纹尺寸可以忽略。当裂纹开裂时，能量会瞬间快速释放，应力陡然降低，这种断裂形式称为脆性断裂，符合该种断裂规律的材料属于脆性材料，例如有机玻璃、脆性金属等。

在第二种断裂模式中，如图2.1.12（b）所示，裂纹尖端前塑性硬化区范围较大，而断裂过程区域相对较小，当裂纹扩展时材料发生较大塑性变形。该种断裂形式对应的固体材料为延性（或塑性）材料，例如塑性金属、橡胶等。

在第三种断裂模式中，如图2.1.12（c）所示，裂纹尖端前断裂过程区域尺寸相对很大，随着裂纹扩展，该区域内材料不断发生非线性损伤，峰后应力值呈非线性下降，其非线性硬化区域很小，可被忽略。由于相对较大的断裂过程区的存在，将影响裂纹尖端的应力场重新分布，材料的结构失稳强度不仅取决于材料自身强度，还与材料整体结构尺寸有关。这种材料被定义为准脆性材料，诸如混凝土、多种岩石等。

本节符号及含义：

| 符号 | 含义 | 符号 | 含义 | 符号 | 含义 |
|---|---|---|---|---|---|
| $F_b$ | 最大拉力 | $P$ | 作用荷载 | $R$ | 圆盘半径 |
| $S_0$ | 横截面积 | $D$ | 试件直径 | $B$ | 圆盘厚度 |
| $\sigma$ | 拉应力 | $l$ | 试件厚度 | $a$ | 初始裂缝长度 |
| $\sigma_b$ | 抗拉强度 | $\sigma_x$ | 拉应力 | $N_{\mathrm{I}}$ | Ⅰ型应力强度因子 |
| $F_{\mathrm{II}}$ | Ⅱ型应力强度因子 | $\sigma_y$ | 正应力 | $N_{\mathrm{II}}$ | Ⅱ型应力强度因子 |
| $\tau_{\mathrm{eff}}$ | 等效剪应力 | $K_{\mathrm{I}P}$ | 注水压力Ⅰ型应力强度因子 | $\alpha$ | 无量纲切口长度 |
| $k$ | 侧压系数 | $K_{\mathrm{I}a_1p}$ | 孔隙水压Ⅰ型应力强度因子 | $K_{\mathrm{I}}$ | Ⅰ型应力强度因子 |
| $\Gamma$ | 积分路径 | $K_{\mathrm{I}\sigma}$ | 地应力Ⅰ型应力强度因子 | $K_{\mathrm{II}}$ | Ⅱ型应力强度因子 |
| $T$ | 面力矢量 | $w$ | 应变能密度 | $Y$ | 裂纹形状 |
| $\gamma_{\mathrm{sg}}$ | 固—气界面张力 | $\gamma_{\mathrm{sl}}$ | 固—液界面张力 | $\gamma_{\mathrm{lg}}$ | 液—气界面张力 |
| $\gamma_{\mathrm{SL}}$ | 固—液界面自由能 | $\gamma_{\mathrm{SV}}$ | 固—气界面自由能 | $\gamma_{\mathrm{LV}}$ | 液—气界面自由能 |
| $W_a$ | 黏附功 | $W_i$ | 浸润功 | $S$ | 铺展系数 |
| $K_{\mathrm{I}C}$ | Ⅰ型断裂韧性 | $K_{\mathrm{II}C}$ | Ⅱ型断裂韧性 | $K_{\mathrm{III}C}$ | Ⅲ型断裂韧性 |

# 2.2 岩石脆性和储层可压性

脆性是评价岩石可压裂性的重要参数。关于脆性目前还没有统一的定义。在材料科学中，脆性材料定义为在应力作用下，不发生明显形变就发生断裂的材料，即在断裂前基本不因形变吸收能量，比如陶瓷；材料科学中对脆性的研究较为深入，评价方法也较多，这类方法基本都是根据实验室测量的强度(抗压强度，抗拉强度)、硬度、坚固性数据定义脆性，其中基于强度的脆性主要利用抗压和抗拉强度的差异评价脆性，认为抗压强度和抗拉强度差异越大，脆性越强；基于硬度或坚固性的脆性评价方法，其原理是考虑岩石在宏观硬度、微观硬度、坚固性方面的差异。

对于油气勘探，由于地下岩石及储层的非均质性，以及岩心的昂贵，使得针对性的实验室脆性测量研究效率低下；地球物理学家建议使用岩石中脆性矿物含量及弹性参数来构建脆性评价参数并表征储层的相对脆性程度，这种办法实用性强，应用效果也较好。其中，利用脆性矿物含量评价岩石脆性的理论依据是不同的矿物具有不同的脆性程度，脆性矿物含量高的岩石其脆性程度亦高；弹性参数表征脆性的理论依据则是材料的应力—应变关系，即利用表征径向形变量的弹性模量和表征横向形变量的泊松比表征脆性，高的弹性模量与低的泊松比代表高的脆性程度。

## 2.2.1 岩石脆性

### 2.2.1.1 基于岩石矿物组成的脆性评价方法

利用脆性矿物含量评价岩石脆性的理论依据是不同的矿物具有不同的脆性程度，脆性矿物含量高的岩石其脆性程度亦高，相关的评价方法见表 2.2.1。

**表 2.2.1　矿物含量法表征的脆性指数**

| 方法 | 公式 | 变量说明 | 实验方法 | 研究学者 |
|---|---|---|---|---|
| 矿物组成分析法 | $B_{28} = W_{QZT}/W_{TOT}$ | $W_{QZT}$ 为石英含量，$W_{TOT}$ 为矿物总含量，$W_{DOL}$ 为白云岩含量，$W_{CAR}$ 为碳酸盐含量，$W_{CLA}$ 为黏土含量，$W_{QFM}$ 为石英、长石和云母含量，$W_{FILD}$ 为长石含量 | 矿物含量测井或 XRD 测试 | Jarvie |
| | $B_{29} = \dfrac{W_{QZT} + W_{DOL}}{W_{TOT}}$ | | | Wang |
| | $B_{30} = \dfrac{W_{QZT} + W_{CAR}}{W_{QZT} + W_{CAR} + W_{CZA}}$ | | | 李钜源 |
| | $B_{31} = \dfrac{W_{QZT} + W_{CAR} + W_{FILD}}{W_{QZT} + W_{CAR} + W_{CLA}}$ | | | 陈吉 |
| | $B_{32} = \dfrac{W_{QFM} + W_{CAR}}{W_{TOT}}$ | | | Xiaochun Jin |

### 2.2.1.2　基于岩石力学参数的脆性评价方法

基于岩石力学参数表征的脆性指数评价方法见表 2.2.2。

**表 2.2.2　岩石力学参数表征的脆性指数表**

| 方法 | 公式 | 变量说明 | 实验方法 | 研究学者 |
|---|---|---|---|---|
| 弹性参数法 | $B_1 = (H_m - H)/K$ | $H_m$ 和 $H$ 为宏观硬度和微观硬度，$K$ 为体积模量 | 硬度测试 | Honda |
| | $B_2 = q\sigma_c$ | $q$ 为粒度比例，$\sigma_c$ 为抗压强度 | 冲击试验 | Protodyakonov |
| | $B_3 = \dfrac{\sigma_c - \sigma_t}{\sigma_c + \sigma_t}$ | $\sigma_c$ 为单轴抗压强度，$\sigma_t$ 为单轴抗拉强度 | 单轴抗压抗拉 | Huckand Das |
| | $B_4 = \sigma_c/\sigma_t$ | | | |
| | $B_5 = \sigma_c\sigma_t/2$ | | | Altindag |
| | $B_6 = \sqrt{\sigma_c\sigma_t/2}$ | | | |
| | $B_7 = \sin\phi$ | $\phi$ 为岩石内摩擦角 | 抗剪强度 | Huckand Das |
| | $B_8 = 45° + \phi/2$ | | | |
| | $B_9 = H/K_{IC}$ | $H$ 为硬度，$K_{IC}$ 为断裂韧性 | 硬度和断裂韧性 | Lawn |
| | $B_{10} = HE/K_{IC}^2$ | $H$ 为硬度，$K_{IC}$ 为断裂韧性，$E$ 为杨氏模量 | | Quinn |
| | $B_{11} = A_F/A_E$ | $A_F$ 和 $A_E$ 为岩石破碎前耗费的总功和弹性变形功 | 压入硬度 | 陈庭根 |
| | $B_{12} = P_{inc}/P_{dec}$ | $P_{inc}$ 为平均载荷增量，$P_{dec}$ 为平均载荷减量 | 贯入实验 | Copur |
| | $B_{13} = F_{max}/P$ | $F_{max}$ 最大载荷，$P$ 贯入深度 | | Yagiz |
| | $B_{14} = (E_n + \nu_n)/2$ | $E_n$，$\nu_n$ 为归一化的杨氏模量和泊松比 | 密度和声波测井 | Rickman |
| | $B_{15} = E_n/\nu_n$ | | | 刘致水 |
| | $B_{16} = E/\nu$ | $E$ 为杨氏模量，$\nu$ 为泊松比 | | Guo |

#### 2.2.1.3 基于应力应变曲线法计算脆性指数

关于应力应变曲线法的方法见表2.2.3。应力应变曲线反映了岩石变形破坏过程的特征，是室内脆性评价的重要方法。

表 2.2.3 应力应变曲线法表征的脆性指数

| 方法 | 公式 | 变量说明 | 研究学者 |
|---|---|---|---|
| 应力应变曲线法 | $B_{17} = (\tau_p - \tau_r)/\tau_p$ | $\tau_p$ 为峰值强度，$\tau_r$ 为残余强度 | Bishop |
| | $B_{18} = \varepsilon_r/\varepsilon_p$ | $\varepsilon_r$ 为残余应变，$\varepsilon_p$ 为峰值应变 | Huckand Das |
| | $B_{19} = \varepsilon_{ux}$ | $\varepsilon_{ux}$ 为不可恢复轴向应变 | Andreev |
| | $B_{20} = \alpha\sigma_c\varepsilon_t/\sigma_t\varepsilon_h$ | $\sigma_c$ 和 $\sigma_t$ 为抗压和抗拉强度，$\varepsilon_t$ 和 $\varepsilon_h$ 为峰前和峰后应变 | 冯涛 |
| | $B_{21} = (\varepsilon_p - \varepsilon_r)/\varepsilon_p$ | $\varepsilon_r$ 为残余应变，$\varepsilon_p$ 为峰值应变 | Vahid |
| | $B_{22} = 1 - \exp\left(\dfrac{M}{E}\right)$ | $M$ 为峰后模量，$E$ 为弹性模量 | 刘恩龙 |
| | $B_{23} = (M-E)/M$ | | Tarasov |
| | $B_{24} = \dfrac{\varepsilon_B - \varepsilon_p}{\varepsilon_p - \varepsilon_M}$ | $\varepsilon_B$ 为残余应变，$\varepsilon_p$ 峰值应变，$\varepsilon_M$ 峰前应变 | 史贵才 |
| | $B_{25} = \dfrac{\lambda}{\lambda + 2\mu}$ | $\lambda$ 为拉梅系数，$\mu$ 为剪切模量 | Goodway |
| | $B_{26} = \dfrac{(\tau_p - \tau_r)}{\tau_p}\dfrac{\lg\|k_{ac}\|}{10}$ | $\tau_p$ 为峰值强度，$\tau_r$ 为残余强度，$k_{ac}$ 为峰值点到残余点的斜率，为杨氏模量 | 周辉 |
| | $B_{27} = \alpha\dfrac{\sigma_p}{\varepsilon_p}$ | $\alpha$ 为调整系数，$\sigma_p$ 为峰值强度，$\varepsilon_p$ 为峰值应变 | 吴涛 |

#### 2.2.1.4 基于 TOC 含量的脆性评价方法

页岩脆性指数计算方法较多。采用不同的计算方法，发现在 TOC 含量高的页岩层段其脆性指数计算结果存在明显差异，其中以矿物组分计算的脆性指数值明显高于用岩石力学参数(弹性模量与泊松比)的计算结果。因此，本节将基于 TOC 的脆性评价方法单独分为一类。

总有机碳含量(TOC)对声波时差和补偿密度等用于计算脆性指数的测井曲线均有影响，是导致两种方法计算结果各不相同的主要原因。在具体的计算中需要用 TOC 校正方法与岩心实验数据约束测井评价。

### 2.2.2 储层可压性

可压裂性是储层岩石在水力压裂中具有能够被有效压裂从而增产的性质。目前对可压性的研究可分为实验评价法和系数评价法两类，实验评价法通过进行室内实验分析，总结实验结果，将获得的实验结果与已有的现场参数进行对比，进而进行可压性的评价，这种方法对于非均质性较强的页岩地层准确度不高，且操作相对复杂、工作量大，不利于现场应用。系数评价法主要包括脆性系数法以及可压性系数法两类。脆性系数法可通过脆性指数或脆性矿物含量对可压性进行定量评价，问题在于考虑因素单一，不能全面评价储层的可压性。可压性系数法则考虑了多种可压性影响因素，通过数学方法计算整合，得出确切的系数值评估储层的可压性，这种方法直观有效、操作简单，适合在现场应用（表2.2.4）。

表2.2.4　可压性系数评价法

| 公式 | 变量说明 | 研究学者 |
| --- | --- | --- |
| $F_1 = 2B_n / (K_{IC} K_{IIC})$ | 归一化脆性指数 $B_n$，与两种裂缝断裂韧性 $K_{IC}$，$K_{IIC}$ 的函数式 | 袁俊亮 |
| $F_2 = (B_n + X_n)/2$ | 归一化脆性指数 $B_n$，与归一化参数 $X_n$ 的函数式 | Jin X and Shah S N |
| $F_3 = B_{Tot} / (\sin\phi K_{IC})$ | 综合脆性指数 $B_{Tot}$ 与内摩擦角 $\phi$ 和断裂韧性 $K_{IC}$ 的函数式 | Guo J and Luo B |
| $F_4 = -\dfrac{\lg N_\delta}{\lg\delta}$ | 通过盒维数法统计不同边长 $\delta$ 方格下裂缝所占方格数量 $N_\delta$ | Guo T |
| $FI = \sum_i X_{id}$ $X_{id} = \dfrac{X_i - X_{imin}}{X_{imax} - X_{imin}}$ | 考虑了脆性、应力敏感性和 AE 发射数各参数的归一化值建立的可压性评价模型 | Ge H K |

本节符号及含义：

| 符号 | 含义 | 符号 | 含义 | 符号 | 含义 |
| --- | --- | --- | --- | --- | --- |
| $\sigma_c$ | 抗压强度 | $\sigma_t$ | 抗拉强度 | $K_{IC}$ | 断裂韧性 |
| $\phi$ | 岩石内摩擦角 | $E$ | 弹性模量 | $\nu$ | 泊松比 |
| $\lambda$ | 拉梅系数 | $\mu$ | 剪切模量 | $\sigma_p$ | 峰值强度 |
| $\tau_r$ | 残余强度 | $E_n$ | 归一化的弹性模量 | $\nu_n$ | 归一化的泊松比 |
| $B_n$ | 归一化脆性指数 | $K_{IC}$ | I 型断裂韧性 | $K_{IIC}$ | II 型断裂韧性 |

## 2.3　裂缝类型

Irwin 把材料断裂时的裂纹看成是位移向量的非连续表面，根据位移的形态把简单的裂缝分为三种类型，如图2.3.1所示。I 型裂纹位移方向与裂纹面垂直，故称张开型。第二类和第三类裂纹是裂纹在剪切应力作用下的内表面滑动，称为剪切型裂纹。II 型裂纹内表面的滑移方向与裂纹的走向平行。它被称为面内剪切滑移裂纹。III 型裂纹内表面滑移方向与裂纹走向相垂直，称为平面剪切或撕裂型裂纹。

任何一种裂纹变形状态均可由这三种基本形式叠加得到。经叠加得到的裂纹统称为复合型裂纹或混合型裂纹。

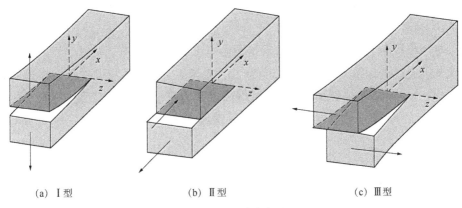

| (a) Ⅰ型 | (b) Ⅱ型 | (c) Ⅲ型 |

图 2.3.1　裂缝类型

（1）应力—位移函数。

首先定义 K-M 复变应力函数为：

$$U = \mathrm{Re}\left[\bar{z}\varphi(z) + g(z)\right] \tag{2.3.1}$$

式中　$\varphi(z)$，$g(z)$——复变量 $z$ 的解析函数；

　　　$U$——双调和实函数；

　　　$\mathrm{Re}$——取复变函数虚部。

所以，应力分量与函数 $U$ 的关系为：

$$\sigma_{xx} = \frac{\partial^2 U}{\partial y^2}, \ \sigma_{yy} = \frac{\partial^2 U}{\partial x^2}, \ \tau_{xy} = -\frac{\partial^2 U}{\partial x \partial y} \tag{2.3.2}$$

式中　$\sigma_{xx}$——裂纹走向应力，MPa；

　　　$\sigma_{yy}$——位移方向应力，MPa；

　　　$\tau_{xy}$——滑移方向应力，MPa。

引入函数 $\Psi(x) = g'(z)$，得到应力分量为：

$$\begin{cases} \sigma_{yy} + \sigma_{xx} = 4\mathrm{Re}\left[\varphi'(z)\right] \\ \sigma_{yy} - \sigma_{xx} + 2\mathrm{i}\tau_{xy} = 2\left[\bar{z}\varphi''(z) + \psi'(z)\right] \end{cases} \tag{2.3.3}$$

位移关系式为：

$$2\mu(u + \mathrm{i}v) = \kappa\varphi(z) - z\varphi'(\bar{z}) - \psi(\bar{z}) \tag{2.3.4}$$

其中：

$$\kappa = \begin{cases} 3 - 4\nu & （平面应变） \\ \dfrac{3 - \nu}{1 + \nu} & （平面应力） \end{cases} \tag{2.3.5}$$

式中　$u$，$v$——位移，m；

$\mu$——剪切模量，MPa；

$\nu$——泊松比。

（2）裂纹坐标系。

其次建立裂纹坐标系 $Oxy$，裂纹长度为 $2a$，单位为 m；$O$ 为裂纹中点。再建立裂纹极坐标系。记 $r$ 为点 $P(x, y)$ 距离裂纹中心的距离，$\theta_0$ 为极角，$r_1$，$r_2$ 分别为点 $P(x, y)$ 距离裂纹两个端部的距离，单位为 m；$\theta_1$，$\theta_2$ 分别为矢径 $r_1$，$r_2$ 的极角，单位为（°），如图 2.3.2 所示。

### 2.3.1　Ⅰ型裂缝

#### 2.3.1.1　Ⅰ型裂缝面位移

将图 2.3.1 中的 Ⅰ 型裂缝简化为中间含有 $2a$ 长度裂缝的无限大平板，如图 2.3.3 所示。利用广义胡克定律，裂纹周围的应变为：

$$\varepsilon_{xx} = \frac{1}{E'}(\sigma_{xx} - \nu'\sigma_{yy}) = \frac{1}{E'}\left[(1-\nu')\mathrm{Re}Z_\mathrm{I} - (1+\nu')y\mathrm{Im}Z'_\mathrm{I} + A(1+\nu')\right]$$

$$\varepsilon_{yy} = \frac{1}{E'}(\sigma_{yy} - \nu'\sigma_{xx}) = \frac{1}{E'}\left[(1-\nu')\mathrm{Re}Z_\mathrm{I} + (1+\nu')y\mathrm{Im}Z'_\mathrm{I} - A(1+\nu')\right]$$

$$(2.3.6)$$

$Z_\mathrm{I}$ 为 Ⅰ 型裂缝复变函数，Re 为取复变函数虚部，Im 为取复变函数实部。

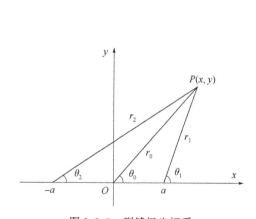

图 2.3.2　裂缝极坐标系

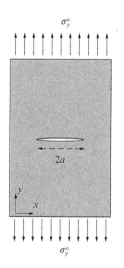

图 2.3.3　Ⅰ型裂缝拉伸

其中

$$A = \frac{\sigma_{xx}^{\infty} - \sigma_{yy}^{\infty}}{2}$$

$$E' = E(1-\nu^2)$$

$$\nu' = \begin{cases} \nu/(1-\nu) & \text{（平面应变）} \\ \nu & \text{（平面应力）} \end{cases}$$

借助于位移与应变之间的关系，得到：

$$2Gu = \frac{\kappa-1}{2}\mathrm{Re}\widetilde{Z}_{\mathrm{I}} - y\mathrm{Im}Z_{\mathrm{I}} + Ax \qquad (2.3.7)$$

$$2Gv = \frac{\kappa+1}{2}\mathrm{Im}\widetilde{Z}_{\mathrm{I}} - y\mathrm{Re}Z_{\mathrm{I}} - Ay \qquad (2.3.8)$$

式中　$\widetilde{Z}_{\mathrm{I}}$——复变函数的积分形式；

　　　$u$，$v$——分别是 $x$ 和 $y$ 方向上的位移；

　　　$G$——剪切模量，MPa。

结合图 2.3.2，在上裂纹面上，$y=0$，即 $\theta_0=0$ 或 $\theta_0=\pm\pi$。而裂纹面上的 $\theta_1=\pi$，$\theta_2=0$，代入式（2.3.7）和式（2.3.8），得到上裂纹面的位移为：

$$\begin{cases} 2Gu^+ = \dfrac{\kappa+1}{2}A \cdot x \\ 2Gv^+ = \left(\dfrac{\kappa+1}{2}\right) a\,\sigma_y^\infty \sqrt{1-(x/a)^2} \end{cases}, \quad y=0^+, \quad |x| < a \qquad (2.3.9)$$

在下裂纹面，$\theta_1=-\pi$，$\theta_2=0$，得到下裂纹面的位移为：

$$\begin{cases} 2Gu^- = \dfrac{\kappa+1}{2}A \cdot x \\ 2Gv^- = -\left(\dfrac{\kappa+1}{2}\right) a\,\sigma_y^\infty \sqrt{1-(x/a)^2} \end{cases}, \quad y=0^-, \quad |x| < a \qquad (2.3.10)$$

所以上、下裂缝面的距离，即位移差为：

$$\begin{cases} \Delta u = u^+ - u^- = 0 \\ \Delta v = v^+ - v^- = 2\,V_0 \cdot \sqrt{1-(x/a)^2} \end{cases} \qquad (2.3.11)$$

其中

$$V_0 = \left(\frac{\kappa+1}{4G}\right) a, \quad \sigma_y^\infty = \frac{2a}{E'}\sigma_y^\infty \qquad (2.3.12)$$

原裂纹面上的 $(x, \pm 0)$ 点移动至 $(x', y')$。

$$x' = x + u = \left(1 + \frac{\kappa+1}{4G}A\right)x, \quad y' = 0 \pm v = \pm V_0\sqrt{1-(x/a)^2} \qquad (2.3.13)$$

令 $h = 1 + \dfrac{\kappa+1}{4G}A$，则 $x'=hx$，$a'=ha$，代入式（2.3.13）得：

$$y' = \pm V_0 \sqrt{1-(x'/a')^2} \tag{2.3.14}$$

其中，双向拉伸时，$A$ 为：

$$A = (\sigma_x^\infty - \sigma_y^\infty)/2 \tag{2.3.15}$$

单向拉伸时，$A$ 为：

$$A = -\sigma_y^\infty/2 \tag{2.3.16}$$

将式(2.3.16)代入式(2.3.14)便可求得 I 型裂纹位移差。

### 2.3.1.2  I 型裂缝端部应力与位移

再次引入以裂纹端点为原点的裂缝前端极坐标 $\zeta = re^{i\theta}$，如图 2.3.4 所示。即 $z^2 - a^2 = (2a+\zeta)\zeta$。

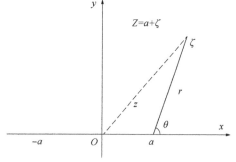

图 2.3.4  裂缝前端极坐标

在裂纹端部附近的区域内，$|\zeta| = r \ll 2a$，利用二项式定理，将 $Z$，$Z'$ 在裂纹端部作泰勒展开，得到：

$$Z_{\mathrm{I}} = \frac{\sigma_y^\infty z}{\sqrt{z^2-a^2}} + A$$

$$= \frac{\sigma_y^\infty}{\sqrt{2}} \left[ \sqrt{\frac{a}{\zeta}} + \frac{3}{4}\left(\frac{\zeta}{a}\right)^{\frac{1}{2}} - \frac{5}{32}\left(\frac{\zeta}{a}\right)^{\frac{3}{2}} + \cdots \right] + A$$

$$= \frac{\sigma_y^\infty \sqrt{\pi a}}{\sqrt{2\pi r}} e^{-i\frac{\theta}{2}} + o(r^{-\frac{1}{2}}) \tag{2.3.17}$$

其中，$o(r^{-\frac{1}{2}})$ 表示比 $r^{-\frac{1}{2}}$ 更高阶的小量。

$$Z'_{\mathrm{I}} = \frac{-a^2\sigma_y^\infty}{(z^2-a^2)^{\frac{3}{2}}} = \frac{-a^2\sigma_y^\infty}{(2a\zeta)^{\frac{3}{2}}} \left[ 1 - \frac{3}{2}\left(\frac{\zeta}{2a}\right) + \frac{15}{8}\left(\frac{\zeta}{2a}\right)^2 + \cdots \right]$$

$$= \frac{-\sigma_y^\infty \sqrt{\pi a}}{2r\sqrt{2\pi r}} e^{-i\frac{3\theta}{2}} + o(r^{-\frac{3}{2}}) \tag{2.3.18}$$

以上泰勒展开式的收敛范围是 $|\zeta| < a$。进一步整理得到只保留奇异项的应力分量为：

$$\begin{cases} \sigma_{xx} = \dfrac{K_{\mathrm{I}}}{\sqrt{2\pi r}} \cos\dfrac{\theta}{2}\left(1 - \sin\dfrac{\theta}{2}\sin\dfrac{3\theta}{2}\right) + o(r^{-\frac{1}{2}}) \\[3mm] \sigma_{yy} = \dfrac{K_{\mathrm{I}}}{\sqrt{2\pi r}} \cos\dfrac{\theta}{2}\left(1 + \sin\dfrac{\theta}{2}\sin\dfrac{3\theta}{2}\right) + o(r^{-\frac{1}{2}}) \\[3mm] \tau_{xy} = \dfrac{K_{\mathrm{I}}}{\sqrt{2\pi r}} \cos\dfrac{\theta}{2}\sin\dfrac{\theta}{2}\cos\dfrac{3\theta}{2} + o(r^{-\frac{1}{2}}) \end{cases} \tag{2.3.19}$$

式(2.3.19)称为 I 型裂纹应力的近场式，其中 $K_I$ 称为 I 型裂纹的应力强度因子：

$$K_I = \sigma_y^\infty \sqrt{\pi a} \tag{2.3.20}$$

利用坐标变换，得到 I 型裂纹端部的应力分量在极坐标中的表达式为：

$$\left. \begin{aligned} \sigma_{rr} &= \frac{K_I}{2\sqrt{2\pi r}} \cos\frac{\theta}{2}(3-\cos\theta) \\[2mm] \sigma_{\theta\theta} &= \frac{K_I}{2\sqrt{2\pi r}} \cos\frac{\theta}{2}(1+\cos\theta) \\[2mm] \tau_{r\theta} &= \frac{K_I}{2\sqrt{2\pi r}} \cos\frac{\theta}{2}\sin\theta \end{aligned} \right\} + o\left(r^{-\frac{1}{2}}\right) \tag{2.3.21}$$

式(2.3.19)和式(2.3.21)各应力分量可以统一写成：

$$\sigma_{ij} = \frac{K_I}{\sqrt{2\pi r}} f_{ij}(\theta) + o\left(r^{-\frac{1}{2}}\right) \tag{2.3.22}$$

裂纹端部的位移场便可表示为：

$$u = \frac{K_I}{4G}\sqrt{\frac{r}{2\pi}}\left[(2\kappa-1)\cos\frac{\theta}{2} - \cos\frac{3\theta}{2}\right] \tag{2.3.23}$$

$$v = \frac{K_I}{4G}\sqrt{\frac{r}{2\pi}}\left[(2\kappa+1)\sin\frac{\theta}{2} - \sin\frac{3\theta}{2}\right] + o\left(r^{\frac{1}{2}}\right) \tag{2.3.24}$$

### 2.3.2 II 型裂缝

建立裂纹坐标系 $Oxy$，裂纹长度 $2a$，$O$ 为裂纹中点，再建立裂纹极坐标系，记 $r_0$ 为点 $P(x, y)$ 距离裂纹中心的距离，$\theta_0$ 为极角，$r_1$，$r_2$ 分别为 $P(x, y)$ 距离裂纹两个端部的距离，$\theta_1$，$\theta_2$ 分别为矢径 $r_1$，$r_2$ 的极角，如图 2.3.5 所示。

因此：

$$z = r_0 e^{i\theta_0}, \quad z-a = r_1 e^{i\theta_1}, \quad z+a = r_2 e^{i\theta_2} \tag{2.3.25}$$

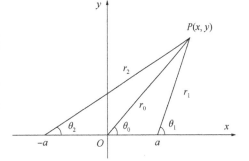

图 2.3.5 裂纹极坐标系

由式(2.3.25)进一步可知 II 型裂纹的应力复变函数为：

$$Z_{II} = \tau^\infty\left[\frac{r_0}{\sqrt{r_1 r_2}} e^{i\left(\theta_0 - \frac{\theta_1+\theta_2}{2}\right)} - 1\right] \tag{2.3.26}$$

### 2.3.2.1 Ⅱ型裂缝面位移

在裂纹面上，$y=0$，即 $\theta_0 = 0$ 或 $\theta_0 = \pm\pi$。在上裂纹面，$\theta_1 = \pi$，$\theta_2 = 0$，在下裂纹面，$\theta_1 = -\pi, \theta_2 = 0$，结合式(2.3.26)，得到上下裂纹面的位移分别为：

$$\begin{cases} u^+ = \left(\dfrac{\kappa+1}{4G}\right) a\, \tau^\infty \sqrt{1-(x/a)^2} \\[2mm] v^+ = \left(\dfrac{\kappa+1}{4G}\right) \tau^\infty x \end{cases} \tag{2.3.27}$$

$$\begin{cases} u^- = -\left(\dfrac{\kappa+1}{4G}\right) a\, \tau^\infty \sqrt{1-(x/a)^2} \\[2mm] v^- = \left(\dfrac{\kappa+1}{4G}\right) \tau^\infty x \end{cases} \tag{2.3.28}$$

由式(2.3.27)和式(2.3.28)得到裂纹上下面的位移间断为：

$$\begin{cases} \Delta u = u^+ - u^- = 2\, U_0 \sqrt{1-(x/a)^2} \\[2mm] \Delta v = v^+ - v^- = 0 \end{cases} \tag{2.3.29}$$

其中

$$U_0 = \begin{cases} \dfrac{2(1-\nu^2)}{E} a\, \tau^\infty & （平面应变） \\[4mm] \dfrac{2}{E} a\, \tau^\infty & （平面应力） \end{cases}$$

注意，Ⅱ型裂纹的纵向位移间断 $\Delta v$ 虽然为零，但是裂纹上下面各自的纵向位移 $v^+$ 和 $v^-$ 却不为零。裂纹面左边和右边的位移方向为反对称，原裂纹变形后形成"S"形弯曲状。这个结果对于解释一些剪切裂纹的变形实验(如张文佑的泥巴实验结果)是有意义的。

### 2.3.2.2 Ⅱ型裂缝端部应力与位移

仍采用裂纹前缘坐标 $z = a + r_2 \mathrm{e}^{i\theta} = a + \zeta$，并利用在裂纹端点附近 $r/a \ll 1$ 的条件，可得Ⅱ型裂纹端点附近的应力场及位移场为：

$$\left. \begin{aligned} \sigma_{xx} &= -\frac{K_{\text{II}}}{\sqrt{2\pi r}} \sin\frac{\theta}{2}\left(2+\cos\frac{\theta}{2}\cos\frac{3\theta}{2}\right) \\[2mm] \sigma_{yy} &= \frac{K_{\text{II}}}{\sqrt{2\pi r}} \cos\frac{\theta}{2}\sin\frac{\theta}{2}\cos\frac{3\theta}{2} \\[2mm] \tau_{xy} &= \cos\frac{\theta}{2}\left(1-\sin\frac{\theta}{2}\sin\frac{3\theta}{2}\right) \end{aligned} \right\} + o\left(r^{-\frac{1}{2}}\right) \tag{2.3.30}$$

$$u = \frac{K_{\mathrm{II}}}{4G}\sqrt{\frac{r}{2\pi}}\left[(2\kappa+3)\sin\frac{\theta}{2}+\sin\frac{3\theta}{2}\right]$$
$$\left.\begin{array}{c}\\v = -\frac{K_{\mathrm{II}}}{4G}\sqrt{\frac{r}{2\pi}}\left[(2\kappa-3)\cos\frac{\theta}{2}-\cos\frac{3\theta}{2}\right]\end{array}\right\}+o\left(r^{\frac{1}{2}}\right) \qquad (2.3.31)$$

其中

$$K_{\mathrm{II}} = \tau^{\infty}\sqrt{\pi a} \qquad (2.3.32)$$

在极坐标系中的应力分量与位移分量为：

$$\sigma_{rr} = \sin\frac{\theta}{2}(3\cos\theta-1)$$
$$\left.\begin{array}{c}\sigma_{\theta\theta} = -\frac{K_{\mathrm{II}}}{2\sqrt{2\pi r}}3\sin\theta\cos\frac{\theta}{2}\\\\\tau_{r\theta} = \frac{K_{\mathrm{II}}}{2\sqrt{2\pi r}}\cos\frac{\theta}{2}(3\cos\theta-1)\end{array}\right\}+o\left(r^{\frac{1}{2}}\right) \qquad (2.3.33)$$

$$u_r = \frac{K_{\mathrm{II}}}{4G}\sqrt{\frac{r}{2\pi}}\left[-(2\kappa-1)\sin\frac{\theta}{2}+3\sin\frac{3\theta}{2}\right]$$
$$\left.\begin{array}{c}\\u_\theta = \frac{K_{\mathrm{II}}}{4G}\sqrt{\frac{r}{2\pi}}\left[-(2\kappa+1)\cos\frac{\theta}{2}+3\cos\frac{3\theta}{2}\right]\end{array}\right\}+o\left(r^{\frac{1}{2}}\right) \qquad (2.3.34)$$

式(2.3.30)和式(2.3.33)中的各应力分量可以统一写成：

$$\sigma_{ij} = \frac{K_{\mathrm{II}}}{\sqrt{2\pi r}}f_{ij}(\theta)+o\left(r^{\frac{1}{2}}\right) \qquad (2.3.35)$$

### 2.3.3 Ⅲ型裂缝

#### 2.3.3.1 Ⅲ型裂缝面位移

在裂纹面上，$y=0$，即 $\theta_0=0$ 或 $\theta_0=\pm\pi$。在上裂纹面，$\theta_1=\pi$，$\theta_2=0$，在下裂纹面，$\theta_1=-\pi, \theta_2=0$。分别代入式 $w=\frac{\tau^{\infty}}{G}\sqrt{r_1 r_2}\sin\frac{1}{2}(\theta_1+\theta_2)$，得到上下裂纹面的位移分别为：

$$w^+ = \frac{\tau^{\infty}}{G}\sqrt{a^2-x^2}, \quad w^- = -\frac{\tau^{\infty}}{G}\sqrt{a^2-x^2} \qquad (2.3.36)$$

因此上下裂纹面的位移间断为：

$$\Delta w = w^+ - w^- = \frac{2\tau^{\infty}}{G}\sqrt{a^2-x^2} \qquad (2.3.37)$$

式中　$\Delta w$——裂缝面间距，m；

　　　$w^+$——上裂缝面位移，m；

　　　$w^-$——下裂缝面位移，m。

### 2.3.3.2　Ⅲ型裂缝端部应力与位移

引入裂纹前缘坐标 $z = a + r_2 e^{i\theta} = a + \zeta$，在裂纹端点附近区域内 $(r/a \ll 1)$，其应力和位移的近场式为：

$$\begin{cases} \tau_{xz} = -\dfrac{K_{\text{Ⅲ}}}{\sqrt{2\pi r}} \sin\dfrac{\theta}{2} + o\left(r^{-\frac{1}{2}}\right) \\[3mm] \tau_{yz} = \dfrac{K_{\text{Ⅲ}}}{\sqrt{2\pi r}} \cos\dfrac{\theta}{2} + o\left(r^{-\frac{1}{2}}\right) \\[3mm] w = \dfrac{2K_{\text{Ⅲ}}}{G} \sqrt{\dfrac{r}{2\pi}} \sin\dfrac{\theta}{2} + o\left(r^{-\frac{1}{2}}\right) \end{cases} \tag{2.3.38}$$

其余分量 $\sigma_{xx} = \sigma_{yy} = \tau_{xy} = \sigma_{zz} = 0$。其中：

$$K_{\text{Ⅲ}} = \tau^{\infty}\sqrt{\pi a} \tag{2.3.39}$$

利用坐标变换得到Ⅲ型裂纹近场式在柱坐标中的应力分量为：

$$\begin{cases} \tau_{rz} = \tau_{xz}\cos\theta + \tau_{yz}\sin\theta = \dfrac{K_{\text{Ⅲ}}}{\sqrt{2\pi r}} \sin\dfrac{\theta}{2} + o\left(r^{-\frac{1}{2}}\right) \\[3mm] \tau_{\theta z} = -\tau_{xz}\sin\theta + \tau_{yz}\cos\theta = \dfrac{K_{\text{Ⅲ}}}{\sqrt{2\pi r}} \cos\dfrac{\theta}{2} + o\left(r^{-\frac{1}{2}}\right) \end{cases} \tag{2.3.40}$$

其余分量 $\sigma_{rr} = \sigma_{\theta\theta} = \tau_{r\theta} = \sigma_{zz} = 0$。

应力分量可以统一写成：

$$\sigma_{ij} = \dfrac{K_{\text{Ⅲ}}}{\sqrt{2\pi r}} f_{ij}(\theta) + o\left(r^{-\frac{1}{2}}\right) \tag{2.3.41}$$

本节符号及含义：

| 符号 | 含义 | 符号 | 含义 | 符号 | 含义 |
|---|---|---|---|---|---|
| $\varphi(z)$ | 解析函数 | $u$ | $x$ 方向位移 | $Z'_{\text{Ⅰ}}$ | 复变函数的导数 |
| $g(z)$ | 解析函数 | $v$ | $y$ 方向位移 | $\tilde{Z}_{\text{Ⅰ}}$ | 复变函数的积分 |
| $U$ | 双调和实函数 | $r$ | 裂纹中心距离 | $u^+$ | Ⅱ型上裂纹位移 |
| Re | 复变函数的实部 | $\theta$ | 极角 | $u^-$ | Ⅱ型下裂纹位移 |
| Im | 复变函数的虚部 | $\zeta$ | 裂缝前端极坐标 | $w^+$ | Ⅲ型上裂纹位移 |
| $G$ | 剪切模量 | | | $w^-$ | Ⅲ型下裂纹位移 |

## 2.4 水力裂缝起裂

水力压裂裂缝的形成与地层条件、井筒状态及压裂施工参数等息息相关，破裂压力是水力裂缝起裂与扩展发生的关键参数，其发生机理为注液压力高于岩石抗拉强度致使岩石发生破坏，下面重点讨论当存有天然裂缝时的水力裂缝起裂问题，包括直井中裂缝起裂模型、斜井中裂缝起裂模型以及案例分析。

水力裂缝
起裂

### 2.4.1 直井水力裂缝起裂模型

#### 2.4.1.1 直井中本体裂缝起裂

地层的破裂压力大小和地应力大小密切相关，地层破裂是由于井内钻井液压力过大使岩石所受的周向应力超过岩石的抗拉强度而造成的，即：

$$\sigma_\theta = -S_t \qquad (2.4.1)$$

式中 $\sigma_\theta$——岩石周向应力，MPa；

$S_t$——岩石抗拉强度，MPa。

当井底压力增大时，$\sigma_\theta$ 变小，当井底压力增大到一定程度时，$\sigma_\theta$ 将变成负值，即岩石所受周向应力由压缩应力变为拉伸应力，当拉伸应力大到足以克服岩石的抗拉强度时，地层则产生破裂。破裂发生在 $\sigma_\theta$ 最小处，即 $\theta = 0°$ 或 $180°$ 处，此时 $\sigma_\theta$ 值为：

$$\sigma_\theta = 3\sigma_h - \sigma_H - \alpha p(r, t) - p_m + k[p_m - p(r, t)] \qquad (2.4.2)$$

式中 $\sigma_h$——最小水平主应力，MPa；

$\sigma_H$——最大水平主应力，MPa；

$\alpha$——应力系数；

$p(x, t)$——$(x, t)$ 处的地层孔隙压力，MPa；

$p_m$——井底压力，MPa；

$k$——有效应力系数。

将式(2.4.2)代入式(2.4.1)，可得岩石产生拉伸破坏时的地层破裂压力 $p_f$：

$$p_f = \frac{3\sigma_h - \sigma_H - \delta\left[\dfrac{\alpha(1-2\nu)}{1-\nu} - \phi\right]p(r, t) + S_t}{1 - \delta\left[\dfrac{\alpha(1-2\nu)}{1-\nu} - \phi\right]} \qquad (2.4.3)$$

式中 $\phi$——孔隙度；

$\mu$——泊松比；

$\delta$——博尔特系数。

#### 2.4.1.2 水力裂缝沿天然裂缝剪切破裂

假设天然裂缝存在主发育带，其走向和倾向基本保持一定，则可利用弱面模型来研究

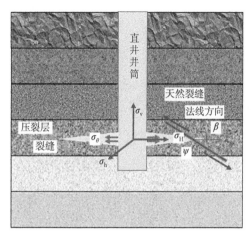

图2.4.1 直井天然裂缝剪切破裂

水力裂缝沿天然裂缝剪切破裂问题，如图2.4.1所示。

弱面破坏准则：

$$\sigma_1 - \sigma_3 = p_f - \frac{2(S_\omega + \mu_\omega \sigma_h)p(r,t)}{(1 - \mu_\omega \cot\beta)\sin2\beta} \qquad (2.4.4)$$

式中　$\sigma_1$，$\sigma_3$——最大主应力、最小主应力，MPa；

$S_\omega$——弱面黏聚力，MPa；

$\mu_\omega$——弱面的内摩擦系数；

$\beta$——弱面的法向与$\sigma_H$夹角，(°)。

当$\beta = \phi_\omega$（$\phi_\omega$为弱面的内摩擦角）或$\beta = \dfrac{\pi}{2}$时，弱面不会产生滑动，弱面产生滑动的条件是：

$$\varphi_\omega < \beta < \frac{\pi}{2} \qquad (2.4.5)$$

对于裂缝性地层，$S_\omega = 0$，则水力裂缝沿天然裂缝剪切破裂准则为：

$$\sigma_1 - \sigma_3 = p_f - \frac{2\mu_\omega \sigma_h p(r,t)}{(1 - \mu_\omega \cot\beta)\sin2\beta} \qquad (2.4.6)$$

进一步延伸至直井，其水力裂缝沿天然裂缝剪切破裂发生在井壁地应力$\sigma_v > \sigma_r > \sigma_\theta$的状态下，所以其破裂压力可表达为：

$$p_f = \frac{m_2 - k_2 m_1 - (k_1 + k_1 k_2)p(r,t)}{k_1 k_2 - k_1 - k_2} \qquad (2.4.7)$$

$$m_1 = (1 - 2\cos2\theta)\sigma_H + (1 + 2\cos2\theta)\sigma_h$$

$$m_2 = \sigma_v - \nu[2(\sigma_H - \sigma_h)\cos2\theta]$$

$$k_1 = \delta\left[\frac{\alpha_1(1 - 2\nu)}{1 - \nu} - \Omega\right]$$

$$k_2 = 1 + m\mu_\omega$$

其中弱面法向与最大主地应力$\sigma_v$的夹角$\beta_2$等于弱面地层倾角$\psi$，单位为(°)。

### 2.4.1.3 水力裂缝沿天然裂缝张性破裂

设天然裂缝与井壁相交于$\theta$角处，如图2.4.2所示。

不妨认为井壁主应力状态如式(2.4.6)所示，裂缝面上正应力的表达式为：

$$\sigma_n = \sigma_H l_1^2 + \sigma_h l_2^2 + \sigma_v l_3^2 \qquad (2.4.8)$$

式中　$l_1$，$l_2$，$l_3$——裂缝面法向与三个井壁主应力矢量的方向余弦。

由图 2.4.2 知：

$$l_1 = \cos \beta_1 \qquad (2.4.9)$$

主应力矢量 $\sigma_h$ 与裂缝面法向的夹角为 $\beta_2$，则方向余弦 $l_2$：

$$l_2 = \cos \left( \frac{\pi}{2} - \beta_2 \right) \qquad (2.4.10)$$

主应力矢量 $\sigma_v$ 与裂缝面法向的夹角为 $\beta_3$，则方向余弦 $l_3$：

$$l_3 = \cos \beta_3 \qquad (2.4.11)$$

水力裂缝沿天然裂缝张性破裂的准则为：

$$p_f \geqslant \sigma_n \qquad (2.4.12)$$

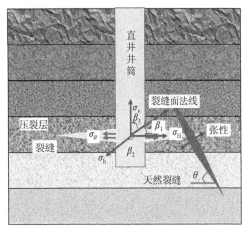

图 2.4.2　直井天然裂缝张性破裂

也就是当直井压裂过程中，水力裂缝沟通天然裂缝后，要想发生张性破坏，其产生的破裂压力必须比水力裂缝面上的正应力大。

## 2.4.2　斜井水力裂缝起裂模型

前人应用多孔弹性理论研究了裂缝起裂问题，但均假设井轴方向均与上覆地应力方向一致。当前在石油工程领域斜井和水平井的水力压裂技术发展迅速，所以明确斜井的起裂判据至关重要。

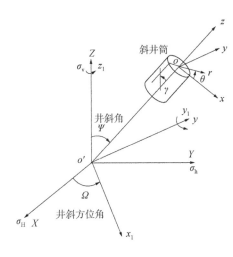

图 2.4.3　地应力坐标系与
直角坐标系转换

### 2.4.2.1　斜井中本体裂缝起裂

为弄清最大水平主应力与天然裂缝法线方向夹角的余弦值，先进行大地坐标系与直角坐标系的对应转化，如图 2.4.3 所示。首先，将水平最大主应力、水平最小主应力和垂直地应力方向，设置为坐标系 $(X, Y, Z)$ 三个坐标轴的方向；然后，以 $Z$ 轴为轴，按右手定则旋转角度 $\Omega$，得到 $(x_1, y_1, z_1)$ 坐标系，此时的 $\Omega$ 为井斜方位角，即井眼轴线在水平面上的投影与水平最大主应力方向上的夹角；最后，以 $y_1$ 为轴，同样按右手定则旋转角度 $\Psi$，得到 $(x, y, z)$ 坐标系，此时的 $\Psi$ 为井斜角，即井眼轴线与垂直地应力方向的夹角。以上便是石油工程中常用的地应力坐标系转换为以井眼中心为原点的直角坐标系的过程。由地应力坐标系转化到直角坐标系时，对应关系如下：

$$\begin{bmatrix} \sigma_{xx} & \sigma_{xy} & \sigma_{xz} \\ \sigma_{yx} & \sigma_{yy} & \sigma_{yz} \\ \sigma_{zx} & \sigma_{zy} & \sigma_{zz} \end{bmatrix} = \boldsymbol{L} \begin{bmatrix} \sigma_H & & \\ & \sigma_h & \\ & & \sigma_v \end{bmatrix} \boldsymbol{L}^T \tag{2.4.13}$$

其中

$$\boldsymbol{L} = \begin{bmatrix} \cos\Psi\cos\Omega & \cos\Psi\sin\Omega & -\sin\Psi \\ -\sin\Omega & \cos\Omega & 0 \\ \sin\Psi\cos\Omega & \sin\Psi\sin\Omega & \cos\Psi \end{bmatrix}$$

然而，在水力压裂改造储层的实际应用中，往往还需要建立柱坐标系，即 $(r, \theta, z)$，其中必须考虑压裂液引起的应力分布，此时对应关系为：

$$\begin{cases} \sigma_r = p_i - \delta\phi(p_i - p_p) \\ \sigma_\theta = A\sigma_h + B\sigma_H + C\sigma_v + (K_1 - 1)p_i - K_1 p_p \\ \sigma_z = D\sigma_h + E\sigma_H + F\sigma_v + K_1(p_i - p_p) \\ \sigma_{\theta z} = G\sigma_h + H\sigma_H + J\sigma_v \\ \sigma_{r\theta} = \tau_{rz} = 0 \end{cases} \tag{2.4.14}$$

其中

$$A = \cos\Psi[\cos\Psi(1 - 2\cos2\theta)\sin^2\Omega + 2\sin2\Omega\sin2\theta] + (1 + 2\cos2\theta)\cos^2\Omega$$

$$B = \cos\Psi[\cos\Psi(1 - 2\cos2\theta)\cos^2\Omega - 2\sin2\Omega\sin2\theta] + (1 + 2\cos2\theta)\sin^2\Omega$$

$$C = (1 - 2\cos2\theta)\sin^2\Psi$$

$$D = \sin^2\Omega\sin^2\Psi + 2\nu\sin2\Omega\cos\Psi\sin2\theta + 2\nu\cos2\theta(\cos^2\Omega - \sin^2\Omega\cos^2\Psi)$$

$$E = \cos^2\Omega\sin^2\Psi - 2\nu\sin2\Omega\cos\Psi\sin2\theta + 2\nu\cos2\theta(\sin^2\Omega - \cos^2\Omega\cos^2\Psi)$$

$$F = \cos^2\Psi - 2\nu\sin^2\Psi\cos2\theta$$

$$G = -(\sin2\Omega\sin\Psi\cos\theta + \sin^2\Omega\sin2\Psi\sin\theta)$$

$$H = \sin2\Omega\sin\Psi\cos\theta - \cos^2\Omega\sin2\Psi\sin\theta$$

$$J = \sin2\Psi\sin\theta$$

$$K_1 = \delta\left[\frac{\alpha(1 - 2\nu)}{1 - \nu} - \phi\right]$$

式中　$\alpha$——有效应力系数；

　　　$\nu$——泊松比；

　　　$\phi$——孔隙度；

$\sigma_i$，$\sigma_j$，$\sigma_k$——主应力，MPa；

$\sigma_r$，$\sigma_\theta$，$\sigma_z$，$\sigma_{r\theta}$，$\sigma_{\theta z}$，$\sigma_{rz}$——柱坐标中的应力分量，MPa；

$p_i$——液柱压力，MPa；

$p_p$——孔隙压力，MPa；

$\Omega$——井斜方位角，(°)；

$\Psi$——井斜角(与垂向的夹角)，(°)；

$\Omega$——相对于最大水平地应力的井斜方位，(°)；

$\theta$——井周角(相对于 $x$ 轴)，(°)。

$\delta$——博尔特系数，当井壁为不可渗透时为 0、井壁渗透时为 1；

$K_1$——渗透率效应系数；

$A$，$B$，$C$，$\cdots$，$J$——坐标变换系数。

由上述坐标系转换可知，斜井中的本体裂缝起裂更适宜采用柱坐标系，即当压裂液进入斜井地层后，在井壁周围形成的应力场为：

$$\begin{cases} \sigma_r = -\dfrac{\alpha(1-2\nu)}{1-\nu}\dfrac{1}{r^2}\int_R^r p_n(\zeta)\zeta\,\mathrm{d}\zeta + fp_n(r) \\[3mm] \sigma_\theta = -\dfrac{\alpha(1-2\nu)}{1-\nu}\left[\dfrac{1}{r^2}\int_R^r p_n(\zeta)\zeta\,\mathrm{d}\zeta - p(r)\right] + fp_n(r) \\[3mm] \sigma_z = -\dfrac{\alpha(1-2\nu)}{1-\nu}p_n(r) + fp_n(r) \end{cases} \tag{2.4.15}$$

$$p_n(r) = p(r) - p_0$$

式中 $\alpha$——Biot 多孔弹性常数；

$\nu$——泊松比；

$f$——岩石的孔隙度；

$R$——井眼半径，m；

$p_0$——地层中的初始孔隙压力，MPa；

$p_n(r)$—— $r$ 处的净压力，MPa。

同样，承接直井本体破裂思路，此时必须考虑压裂液在井壁表面 $r=R$ 处的附加应力：

$$\begin{cases} \sigma_r = f(p-p_0) \\[3mm] \sigma_\theta = -\dfrac{\alpha(1-2\nu)}{1-\nu}(p-p_0) + f(p-p_0) \\[3mm] \sigma_z = -\dfrac{\alpha(1-2\nu)}{1-\nu}(p-p_0) + f(p-p_0) \end{cases} \tag{2.4.16}$$

在井筒压力和地应力的联合作用下，并结合式(2.4.15)和式(2.4.16)，可求得井壁表面的应力分量：

$$
\begin{cases}
\sigma_r = -p + f(p - p_0) \\[2mm]
\sigma_\theta = p + \left[ f - \dfrac{\alpha(1-2\nu)}{1-\nu} \right](p - p_0) + \sigma_{xx}(1 - 2\cos 2\theta) + \\[2mm]
\qquad \sigma_{yy}(1 + 2\cos 2\theta) - 4\sigma_{xy}\sin 2\theta \\[2mm]
\sigma_z = \eta p - \dfrac{\alpha(1-2\nu)}{1-\nu}(p - p_0) + \sigma_{zz} + f(p - p_0) \\[2mm]
\sigma_{r\theta} = \sigma_{rz} = 0 \\[2mm]
\sigma_{\theta z} = -2\,\sigma_{xz}\sin\theta + 2\sigma_{yz}\cos\theta
\end{cases}
\tag{2.4.17}
$$

式中　$\eta$——沿井筒方向的压力修正系数。

由式（2.4.17），继续求解初始断裂 $r$—$\theta$ 平面内的最大拉伸应力为：

$$
\sigma_{\max}(\theta) = \frac{\sigma_r + \sigma_\theta}{2} + \sqrt{\left( \frac{\sigma_\theta - \sigma_r}{2} \right)^2 + \sigma_{\theta r}^2}
\tag{2.4.18}
$$

当井壁处 $r$—$\theta$ 平面上的最大拉伸应力等于临界破裂压力 $T_f$ 时，将产生断裂，即：

$$
T_f = \sigma_{\max} - \alpha p
\tag{2.4.19}
$$

在斜井中，其井壁上裂缝与该点处局部坐标 $x$ 的夹角 $\gamma$ 称为起裂角，并以 $\gamma$ 为轴，按右手定则计算 $\gamma$ 角的正负。由于裂缝在井壁上的起裂角度，与最小拉伸应力同向（即 $\gamma$ 方向垂直于最大拉伸主应力方向），因此：

$$
\tan 2\gamma = \frac{2\sigma_{\theta z}}{\sigma_\theta - \sigma_z}
\tag{2.4.20}
$$

此时破裂角度可能有两个解，即：

$$
\gamma_1 = \frac{1}{2}\arctan\frac{2\sigma_{\theta z}}{\sigma_\theta - \sigma_z}, \quad \gamma_2 = \frac{\pi}{2} + \frac{1}{2}\arctan\frac{2\sigma_{\theta z}}{\sigma_\theta - \sigma_z}
$$

### 2.4.2.2　水力裂缝沿天然裂缝剪切破裂

斜井中，水力裂缝沿天然裂缝发生剪切破坏时，其应力状态为：

$$
\begin{cases}
\sigma_1 = \dfrac{1}{2}\left[ X - 2K_1 p(r,\ t) + (2K_1 - 1)p_m \right] + \dfrac{1}{2}\sqrt{(Y - p_m)^2 + Z} \\[2mm]
\sigma_2 = p_m - \delta\phi\left[ p_m - p(r,\ t) \right] \\[2mm]
\sigma_3 = \dfrac{1}{2}\left[ X - 2K_1 p(r,\ t) + (2K_1 - 1)p_m \right] - \dfrac{1}{2}\sqrt{(Y - p_m)^2 + Z}
\end{cases}
\tag{2.4.21}
$$

式中　$\sigma_1$，$\sigma_3$——最大主应力、最小主应力，MPa。

$X$、$Y$ 和 $Z$ 可表示为:

$$X = (A+D)\sigma_h + (B+E)\sigma_H + (C+F)\sigma_v$$

$$Y = (A-D)\sigma_H + (B-E)\sigma_H + (C-F)\sigma_v$$

$$Z = 4(G\sigma_h + H\sigma_H + J\sigma_v)^2$$

此式中各个符号含义,参考式(2.4.15)。

进一步,假设斜井中存在一条天然裂缝,其天然裂缝的地层倾角为 $\Psi'$,天然裂缝弱面的法向方向与最大主应力方向的夹角为 $\beta'$,如图 2.4.4 所示。

$\sigma_1$ 的作用面($Y$—$Z$ 面)与 $z$ 轴的交角 $\gamma$ 可表示为:

$$\gamma = \frac{1}{2}\arctan\frac{2\sigma_{\theta z}}{\sigma_\theta - \sigma_z} \qquad (2.4.22)$$

则弱面法线的方向矢量 $\boldsymbol{n}$ 为:

$$\boldsymbol{n} = \boldsymbol{i}\sin\Psi'\cos\beta' + \boldsymbol{j}\sin\Psi'\sin\beta' + \boldsymbol{k}\cos\Psi'$$

$$= \boldsymbol{i}a_1 + \boldsymbol{j}a_2 + \boldsymbol{k}a_3$$

$$(2.4.23)$$

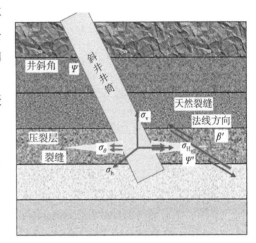

图 2.4.4 斜井天然裂缝剪切破裂

斜井井壁最大主应力 $\sigma_1$ 的方向矢量 $\boldsymbol{N}$ 在地应力坐标系中表示为:

$$\boldsymbol{N} = \boldsymbol{i}b_1 + \boldsymbol{j}b_2 + \boldsymbol{k}b_3 \qquad (2.4.24)$$

其中:

$$\begin{cases} b_1 = \cos\Omega\cos\Psi\sin\theta - \sin\Omega\cos\theta + \cos\Omega\sin\Psi\cos\gamma \\ b_2 = \sin\Omega\cos\Psi\sin\theta + \cos\Omega\cos\theta + \sin\Omega\sin\Psi\cos\gamma \\ b_3 = -\sin\Psi\sin\theta + \cos\Psi\cos\gamma \end{cases} \qquad (2.4.25)$$

井壁最大主应力与弱面法向的夹角 $\beta'$ 的余弦为:

$$\cos\beta' = \frac{\boldsymbol{n}\cdot\boldsymbol{N}}{|\boldsymbol{n}||\boldsymbol{N}|} = \frac{a_i b_i}{(a_i a_i)^{\frac{1}{2}} + (b_j b_j)^{\frac{1}{2}}}, \qquad i,j=1,2,3 \qquad (2.4.26)$$

结合直井水力裂缝沿天然裂缝发生剪切破坏准则式(2.4.6)和式(2.4.7),代入式(2.4.21),便可获得斜井中受天然裂缝和注液压力影响的破裂压力。

### 2.4.2.3 水力裂缝沿天然裂缝张性破裂

承接上节部分,可分析斜井中存在天然裂缝时的剪切破裂。裂缝性地层斜井井斜角为 $\Psi$,如图 2.4.5 所示。

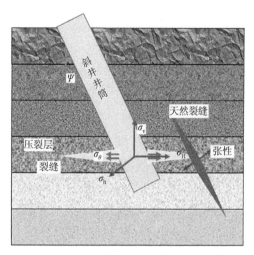

图 2.4.5　斜井天然裂缝张性破裂

当水力裂缝沿天然裂缝发生张性破裂时，其裂缝面上的正应力表达式为：

$$\sigma_n = \sigma_1 l_1^2 + \sigma_2 l_2^2 + \sigma_3 l_3^2 \qquad (2.4.27)$$

式中　$l_1$，$l_2$，$l_3$——裂缝面法向与三个井壁主应力矢量的方向余弦。

由井壁最大主应力 $\sigma_1$ 与弱面法向的夹角 $\beta'$，可知：

$$l_1 = \cos\beta' \qquad (2.4.28)$$

井壁主应力 $\sigma_2$ 与弱面法向的夹角 $\beta''$，可知：

$$l_2 = \cos\beta'' = \sin\Psi' \qquad (2.4.29)$$

同样，井筒坐标系中的井壁主应力 $\sigma_3$ 方向矢量 $N'$ 在地应力坐标系中可表示为：

$$N' = ic_1 + jc_2 + kc_3 \qquad (2.4.30)$$

其中

$$\begin{cases} c_1 = \cos\Omega\cos\Psi\sin\theta - \sin\Omega\cos\theta + \cos\Omega\sin\Psi\cos\left(\gamma + \dfrac{\pi}{2}\right) \\ c_2 = \sin\Omega\cos\Psi\sin\theta + \cos\Omega\cos\theta + \sin\Omega\sin\Psi\cos\left(\gamma + \dfrac{\pi}{2}\right) \\ c_3 = -\sin\Psi\sin\theta + \cos\Psi\cos\left(\gamma + \dfrac{\pi}{2}\right) \end{cases} \qquad (2.4.31)$$

所以，井壁主应力 $\sigma_3$ 与弱面法向的夹角 $\beta'''$ 满足：

$$\cos\beta''' = \frac{nN'}{|n||N'|} = \frac{a_i c_i}{(a_i a_i)^{\frac{1}{2}} + (c_j c_j)^{\frac{1}{2}}} \quad , \quad i, j = 1, 2, 3 \qquad (2.4.32)$$

则方向余弦 $l_3$：

$$l_3 = \cos\beta''' \qquad (2.4.33)$$

此时，斜井中水力裂缝沿天然裂缝张性破裂的准则为：

$$p_f^t = p_m \geq \sigma_n - \alpha_1 p(r, t) \qquad (2.4.34)$$

### 2.4.3　裂缝起裂特例与讨论

将垂直井情况（$\alpha = 0$）作为特例，设水平地应力 $\sigma_1 > \sigma_2$，其应力分量的变换关系为：

$\sigma_{xx} = \sigma_1$；$\sigma_{yy} = \sigma_2$；$\sigma_{zz} = \sigma_3$；$\sigma_{xy} = \sigma_{xz} = \sigma_{yz} = 0$。

可得井壁表面上的应力分布：

$$
\begin{cases}
\sigma_r = -p + f(p-p_0) \\
\sigma_\theta = p + \left[ f - \dfrac{\alpha(1-2\nu)}{1-\nu} \right](p-p_0) + \sigma_{xx}(1-2\cos2\theta) + \sigma_{yy}(1+2\cos2\theta) \\
\sigma_z = p - \dfrac{\alpha(1-2\nu)}{1-\nu}(p-p_0) + \sigma_{zz} + f(p-p_0) \\
\sigma_{r\theta} = \sigma_{rz} = \sigma_{\theta z} = 0
\end{cases}
\tag{2.4.35}
$$

其最大拉伸应力的表达式为式(2.4.18)，将其对 $\theta$ 求导，并令导数为 0，可计算出最大拉伸应力发生在 $\theta=0°$ 和 $\theta=180°$ 处，表达式为：

$$
\sigma_{\max} = \sigma_\theta = p + \left[ f - \frac{\alpha(1-2\nu)}{(1-\nu)} \right](p-p_0) + 3\sigma_{yy} - \sigma_{xx}
\tag{2.4.36}
$$

此时岩石产生拉应力破坏时的地层破裂压力 $p_f$ 为：

$$
p_f = \frac{3\sigma_{yy} - \sigma_{xx} + S_t - p_0 \left[ f - \dfrac{\alpha(1-2\nu)}{(1-\nu)} \right]}{\left[ \dfrac{\alpha(1-2\nu)}{(1-\nu)} - f \right] - 1}
\tag{2.4.37}
$$

此时水力压裂裂缝为垂缝，即 $p_f = p_{f\perp}$。若井壁周围在垂向应力为 $\sigma_z$ 时，此时水力压裂裂缝为水平缝的破裂压力可表示为：

$$
p_{f\parallel} = \frac{\sigma_{zz} - fp_0 + S_t^v + p_0 \dfrac{\alpha(1-2\nu)}{(1-\nu)}}{\dfrac{\alpha(1-2\nu)}{(1-\nu)} - f - 1}
\tag{2.4.38}
$$

在垂直井的情况下，判别初始裂缝是垂缝还是水平缝的条件取决于 $p_{f\perp}$ 与 $p_{f\parallel}$ 的大小，以及 $\sigma_v$ 与其他水平地应力的大小。所以：

（1）当 $p_{f\parallel} > p_{f\perp}$，且 $\sigma_v$ 为三个主应力的最大地应力时，水压裂缝在井壁上垂直起裂，远离井眼后仍为垂直缝；

（2）当 $p_{f\parallel} > p_{f\perp}$，且 $\sigma_v$ 在最大和最小地应力中间时，水压裂缝在井壁上垂直起裂，远离井眼后仍为垂直缝；

（3）当 $p_{f\parallel} > p_{f\perp}$，且 $\sigma_v$ 为最小地应力时，水压裂缝在井壁上垂直起裂，远离井眼后则为水平缝；

（4）当 $p_{f\parallel} < p_{f\perp}$，且 $\sigma_v$ 为三个主应力的最大地应力时，水压裂缝难以起裂，不能产生裂缝；

（5）当 $p_{f\parallel} < p_{f\perp}$，且 $\sigma_v$ 在最大和最小地应力中间时，水压裂缝在井壁上水平起裂，远离井眼后则为垂直缝；

（6）当 $p_{f\parallel} < p_{f\perp}$，且 $\sigma_v$ 为最小地应力时，水压裂缝在井壁上水平起裂，远离井眼后仍为水平缝。

本节符号及含义：

| 符号 | 含义 | 符号 | 含义 | 符号 | 含义 |
|---|---|---|---|---|---|
| $\sigma_\theta$ | 周向应力 | $\sigma_h$ | 最小水平主应力 | $K_1$ | 渗透率系数 |
| $S_t$ | 抗拉强度 | $\sigma_H$ | 最大水平主应力 | $p_m$ | 孔隙压力 |
| $p_f$ | 地层破裂压力 | $\alpha_1$ | 修正系数 | $p(r, t)$ | 液注压力 |
| $p_f^h$ | 水平破裂压力 | $S_\omega$ | 弱面黏聚力 | $\phi_\omega$ | 内摩擦角 |
| $l_1, l_2, l_3$ | 三方向余弦 | $\mu_\omega$ | 内摩擦系数 | $\beta$ | 法向夹角 |
| $\Omega$ | 井斜方位角 | $\gamma$ | 裂缝角 | $\Psi$ | 井斜角 |
| $f$ | 孔隙度 | $p_{f\parallel}$ | 平行缝破裂压力 | $p_{f\perp}$ | 垂直缝破裂压力 |
| $S_t^v$ | 垂直抗拉强度 | | | | |

# 2.5 支撑剂运移与裂缝导流能力

## 2.5.1 支撑剂运移

水力压裂形成的裂缝最终形态取决于支撑剂进入裂缝后分布的状态、粒径以及强度大小。因此，支撑剂对于裂缝形成非常关键。

支撑剂是一种固体材料，通常是砂、处理过的砂或人造陶粒材料，其设计目的是在压裂过程中和压裂后保持诱导压裂裂缝，从而使裂缝不会坍塌和闭合。支撑剂可以涂覆树脂来改善充填，这有助于支撑剂停留在原地，而不会流回井筒。

裂缝开始闭合时，就需要支撑剂来保持裂缝处于开放式结构，因此理想的支撑剂必须具有强度高、抗破碎、耐腐蚀、密度低、易于获得、成本低的特点。最能满足这些要求的产品是硅砂、树脂包层支撑剂和陶粒支撑剂。

### 2.5.1.1 支撑剂类型

压裂用支撑剂的类型分为天然支撑剂和人造支撑剂两大类（表2.5.1）。

**表2.5.1 支撑剂类型**

| 名称 | 特点 |
|---|---|
| 天然砂 | 强度低，适用于中浅层，深度小于2000m |
| 陶粒 | 强度高，密度大（>3000kg/m³） |
| 树脂包层支撑剂 | 密度低，便于悬浮；可变形，防嵌入；中等强度 |

（1）硅砂。

用作支撑剂的砂是硅砂，这是最常用的一种支撑剂，是一种天然资源，而不是人造产品。硅砂（工业砂）是通过自然过程沉积的高纯度石英（$SiO_2$）砂。

在石油工业中，硅砂被用作水力压裂砂（也称为压裂砂）。在压裂作业期间，将砂泵入井中。由于砂粒随流体一起进入裂缝，当压力被消除时，砂粒会留在裂缝中，保持裂缝的张开，并为油气流到井筒提供了良好的途径。

（2）树脂包层支撑剂。

树脂包层砂是用一种改性的苯酚甲醛树脂形成一层不可溶化的惰性薄膜将石英砂包裹（涂层）起来（至少是局部地层）的一种支撑剂。主要有两种功能：①更均匀地分散压力载荷，提高了硅砂颗粒的抗破碎性；②将因井下压力和温度产生的高闭合应力而使破碎的碎片保持在一起，这不仅可以防止破碎碎片流入井眼，而且可以防止在返排生产过程中破碎碎片返回地面。

树脂包层支撑剂主要有两种类型：预固化树脂包层支撑剂和可固化树脂包层支撑剂。预固化树脂包层支撑剂技术包括将树脂涂覆在硅砂颗粒上，之后在注入裂缝之前将树脂完全固化。而可固化树脂包层支撑剂技术包括在使用前对树脂进行不完全固化，当支撑剂被泵入井下时，由于井下压力和温度的影响，在裂缝中完成固化。使用可固化树脂包层支撑剂技术的优势在于，单个支撑剂颗粒可以在裂缝中黏结在一起，当温度和压力达到适当水平时，包层硅颗粒可以均匀地黏结在一起。

（3）陶粒。

第三种常用的支撑剂是陶粒，通常是非冶金铝土矿或高岭土。在制造工艺中，陶粒支撑剂是由烧结铝土矿混合其他组分制备而成，陶粒支撑剂的矿物组成为氧化铝、硅酸盐、铁，外加一些氧化钛。支撑剂的形状和性质普遍均匀，具有比石英砂和树脂包层支撑剂高得多的强度，适合于高闭合压力的深层油气地层的压裂。与其他支撑剂材料相比，陶粒支撑剂具有表面光滑、强度高、耐酸耐碱、导流能力好等优点。

陶粒支撑剂具有较高的强度，主要用于油田井下支撑，提高油气产量，是环保产品。陶粒是天然石英砂、玻璃球、金属球和其他低强度支撑剂的替代产品，对油气生产有积极的影响。陶粒支撑剂通常具有较高的抗压性、较低的酸溶性以及较高的圆度和球形度。陶粒支撑剂往往比其他类型的支撑剂具有更高的性能。使用陶粒支撑剂进行压裂的井在各种储层条件下都能显著提高油气产量。

陶粒支撑剂普遍具有均匀的圆形形状和特性，其强度远高于石英砂和树脂包层支撑剂，适合于闭合压力较大的深层油气地层的压裂。对于中井和深井，陶粒支撑剂可以作为拖尾支撑剂来增强导流能力。与其他支撑剂材料相比，陶粒支撑剂具有表面光滑、压裂强度高、耐酸耐碱、导流能力好等优点。

### 2.5.1.2 支撑剂的运移

根据连续介质场理论，在质量守恒条件下，任意时刻内注入单元体的质量减去流出单元体的质量，等于单位时间内的质量的变化。因此，可得出支撑剂颗粒在缝内的二维输送方程。

支撑剂（固相）输送方程：

$$\frac{\partial}{\partial x}(Cw_f u_{px}) + \frac{\partial}{\partial y}(Cw_f u_{py}) + \frac{\partial}{\partial t}(Cw_f) = 0 \qquad (2.5.1)$$

缝内压降方程为：

$$\frac{\mathrm{d}p(x, t)}{\mathrm{d}x} = -\frac{64}{\pi}\frac{q(x)\mu}{Hw_f^3} \tag{2.5.2}$$

式中　$C$——支撑剂浓度(砂比);

　　　$q$——泵注排量, $m^3/min$;

　　　$\mu$——视黏度, $mPa \cdot s$;

　　　$H$——缝高, m;

　　　$w_f$——裂缝宽度, m;

　　　$p$——缝内压力, MPa;

　　　$u_{px}$——支撑剂水平方向流速, m/s;

　　　$u_{py}$——颗粒沉降速度, m/s。

视黏度的表达式为:

$$\mu = K\left(\frac{2n+1}{3n}\right)^n \cdot \frac{6u_{lx}}{w_f} \tag{2.5.3}$$

式中　$K$——稠度系数, $Pa \cdot s^n$;

　　　$n$——流性指数;

　　　$u_{lx}$——压裂液水平方向流速, m/s。

王松等假设颗粒受力以垂直向下为正, 向上为负; 颗粒的运动速度以正值表示沉降, 负值表示上升, 并将固体颗粒视为圆球形, 得出颗粒沉降速度方程如下:

$$\frac{\pi}{6}d^3\rho_p\frac{\mathrm{d}u_{py}}{\mathrm{d}[t^*-\tau(x)]} = \frac{\pi}{12}d^3(\rho_p-\rho_l)g+\frac{\pi}{16}C_Dd^2\rho_l|u_{ly}-u_{py}|(u_{ly}-u_{py})- \\ \frac{\pi}{24}d^3\rho_l\left\{\frac{\mathrm{d}u_{py}}{\mathrm{d}[t^*-\tau(x)]}-\frac{\mathrm{d}u_{ly}}{\mathrm{d}[t^*-\tau(x)]}\right\} \tag{2.5.4}$$

式中　$d$——球形颗粒直径, m;

　　　$\rho_p$——颗粒密度, $kg/m^3$;

　　　$t$——沉降时间, s;

　　　$\rho_l$——液体密度, $kg/m^3$;

　　　$g$——重力加速度, $m/s^2$;

　　　$C_D$——支撑剂沉降阻力系数;

　　　$u_{ly}$——压裂液垂直方向流速, m/s。

　　　$t^*$——当前注液时间, s;

　　　$\tau(x)$——液体到达 $x$ 处所需时间, s。

压裂液(幂律流体)中颗粒沉降的阻力系数为:

$$C_D = \frac{24}{Re_p}(1.02431+1.44798n-1.47229\,n^2) \tag{2.5.5}$$

式中　$Re_p$——颗粒雷诺数；

$\qquad$ $n$——流态指数。

England 和 Green 假设液体和固体(支撑剂)的水平流速相同，给出了裂缝宽度方程作为附加方程。

$$\nu = 0.25 \tag{2.5.6}$$

$$L = \frac{1}{2\pi} \frac{Q\sqrt{t}}{HC} \tag{2.5.7}$$

$$w = 0.135 \sqrt[4]{\frac{\mu_1 QL^2}{GH}} \tag{2.5.8}$$

式中　$\nu$——泊松比；

$\qquad$ $L$——缝长，m；

$\qquad$ $H$——缝高，m；

$\qquad$ $Q$——流量，$cm^3/min$；

$\qquad$ $\mu_1$——压裂液地下黏度，$mPa\cdot s$；

$\qquad$ $G$——岩石剪切模量；

$\qquad$ $w$——最大缝宽，m。

边界条件及初始条件如下：

当裂缝穿透储层时：

$$p\big|_{y=\pm h} = S_1 \tag{2.5.9}$$

当裂缝在储层内时：

$$p\big|_{y=\pm h} = S_2 \tag{2.5.10}$$

泵入流量：

$$q = q_0 \tag{2.5.11}$$

液体进入裂缝时的压力：

$$p\big|_{x=0,t=0} = p_{wf} \tag{2.5.12}$$

混砂液进入裂缝时的砂比：

$$C\big|_{x=0,t=0} = C_0 \tag{2.5.13}$$

式中　$S_1$，$S_2$——储层应力，MPa；

$\qquad$ $q_0$——初始泵入流量，$m^3/min$；

$\qquad$ $p_{wf}$——井底压力，MPa；

$\qquad$ $C_0$——初始砂比。

因此，支撑剂输送方程(2.5.1)和缝内压降方程(2.5.2)、沉降公式(2.5.4)，构成了模型主体；且由附加方程及初始条件、边值条件一起构成了描述缝内支撑剂输送数学模型的定解问题。

## 2.5.2 裂缝导流能力

裂缝导流能力($F_C$)定义为储层闭合压力下裂缝支撑宽度与裂缝支撑剂层的渗透率的乘积，单位为 D·cm。

$$F_C = K_f w_f \tag{2.5.14}$$

为了量化并且达到使裂缝渗透性与储层渗透性相匹配的目标，用"无量纲裂缝导流能力"数学模型或 $F_{CD}$ 值描述，$F_{CD}$ 表示为：

$$F_{CD} = \frac{K_f w_f}{K x_f} \tag{2.5.15}$$

式中　$K_f$——裂缝渗透率，mD；

　　　$w_f$——裂缝宽度，m；

　　　$K$——地层渗透率，mD；

　　　$x_f$——裂缝半长，m。

地层的有效渗透率($K$ 值)越低，需要的 $x_f$ 越长，而 $K_f$ 值越不重要，即需要的是有一定支撑导流能力的长缝。如果地层渗透率($K$ 值)高且存在近井伤害，则需要有较大 $K_f$ 值的短缝。这些近井伤害可以有很多种形式，包括诸如钻井伤害、垢沉积、凝析液等，这需要裂缝半长($x_f$ 值)足够长以穿透近井伤害，并且需要导流能力($K_f w_f$ 值)足够高以使储层中的流体或气体能够产出。

由于裂缝导流能力综合反映支撑剂各项物理性质，该值大小成为评价和选择支撑剂的最终衡量指标。裂缝导流能力需由实验室通过短期或长期导流能力实验予以测定。

### 2.5.2.1 导流能力实验

导流能力的测定分为短期导流能力实验和长期导流能力实验。短期导流能力实验的实验周期较短，一般在一天内就可完成。而长期导流能力实验的实验周期在 50h 以上，使之足以反映支撑剂破碎、压实等状况，显然这种实验得到的数据要比短期实验来得可靠、合理，但它所需要的装置、流程及实验方法也比短期实验要复杂困难得多。

导流能力测试
室内试验

（1）短期导流能力实验。

在短期导流能力实验中，因称量试样方法不同，有等质量法和等体积法两种实验方法之分，它们各自承担的实验目的也不相同。

① 等质量法。

各种体积密度不同的支撑剂，在单位面积上进行质量相等、体积不等（即裂缝支撑缝宽不等）的实验，称之为等质量法短期导流能力实验。目的是鉴别和筛选支撑剂。

② 等体积法。

各种体积密度不同的支撑剂，在单位面积上进行体积相等（即裂缝支撑缝宽相等）、而质量不等的实验，称为等质量法短期导流能力实验。目的是对各种支撑剂进行横向对比，以真正评价出它们在等缝宽条件下所能提供的导流能力、质量用量、成本和投入产出比。

虽然等体积法的实验结果更符合地下支撑裂缝的实际，但等质量法因其简便快捷而更多地被采用。

（2）长期导流能力实验。

① 将支撑剂试样置于某一恒定的压力、温度和其他规定的实验条件下，考察该支撑剂导流能力与承压时间关系的实验称为支撑剂长期导流能力实验。

② 为使实验结果具有可靠的实际意义，实验周期至少应延长到30d，使之足以反映支撑剂破碎、微粒运移、堵塞、压实及嵌入等状况对导流能力带来的影响。

③ 显然，长期导流能力的实验结果比短期实验要准确可靠，但实施起来却比短期实验复杂、困难得多。一般在取得长期、短期导流能力实验结果的关系后，对短期实验数据做出校正，用于压裂设计计算。一般，取石英砂短期值的 $10\% \sim 15\%$，取人造陶粒短期值的 $30\% \sim 35\%$ 作为设计计算值。

（3）实验条件。

① 实验装置和仪器。

（a）液压负载框架。容量为66720N 的液压负载框架。加载速度 2200N/min（3500kPa/min），加载精度 $\pm 5\%$（140kPa）。

（b）导流室。图 2.5.1 为符合美国 API 推荐标准的导流室装置。该室室内支撑剂的铺置面积为 64.5cm$^2$。

（c）其他测试装置和仪器。包括支撑剂支撑缝宽的测量装置、液体计量泵、压差传感器和回压调节器等。

（d）API 线性导流室的联结图与短期导流能力实验装置的流程如图 2.5.2 和图 2.5.3 所示。

② 实验流体。

实验流体应是刚脱气、新鲜的脱离子水［标准：温度24℃、压力 3.3kPa（25mm 水银柱）、脱气 1.0h］或蒸馏水，并按表 2.5.2 进行黏度和密度的校正。

③ 实验温度。

一般短期导流能力实验要求的环境温度为

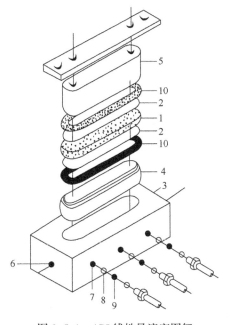

图 2.5.1 API 线性导流室图解

1—支撑剂充填层；2—金属台板；
3—实验装置机体；4—下部活塞；
5—上部活塞；6—测试液体进/出口；
7—压差传感测试孔；8—多孔金属滤器；
9—固定螺杆；10—长环形封条

$(22\pm3)$℃。实验流体的温度应在导流室的入口和出口测量，并以其平均值作为实验温度。这一温度值还将用来确定实验流体的黏度和密度，见表2.5.2。

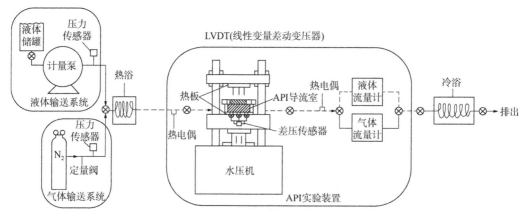

图 2.5.2　短期导流能力实验装置流程图

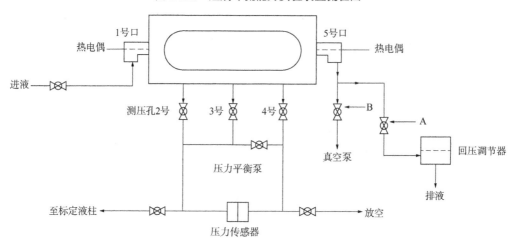

图 2.5.3　API 线性导流室联结图

**表 2.5.2　水在不同温度时的黏度和密度**

| 温度/℃ | 黏度/(mPa·s) | 密度/(g/cm³) | 温度/℃ | 黏度/(mPa·s) | 密度/(g/cm³) |
|---|---|---|---|---|---|
| 20 | 1.002 | 0.9982 | 60 | 0.466 | 0.9832 |
| 21 | 0.978 | 0.9980 | 71 | 0.399 | 0.9775 |
| 22 | 0.955 | 0.9978 | 82 | 0.346 | 0.9705 |
| 23 | 0.932 | 0.9975 | 93 | 0.304 | 0.9633 |
| 24 | 0.911 | 0.9973 | 104 | 0.270 | 0.9554 |
| 25 | 0.890 | 0.9970 | 116 | 0.240 | 0.9464 |
| 26 | 0.870 | 0.9968 | 127 | 0.217 | 0.9376 |
| 27 | 0.851 | 0.9965 | 138 | 0.198 | 0.9281 |
| 38 | 0.678 | 0.9930 | 149 | 0.181 | 0.9182 |
| 49 | 0.556 | 0.9885 | | | |

（4）实验方法。

① 测定支撑剂样品的体积密度，利用规定的筛网组合筛析出足够的支撑剂试样。

② 称量。

（a）等质量法按式（2.5.16）计算所需支撑剂的质量：

$$W_p = 6.452 C_p \qquad (2.5.16)$$

式中　$W_p$——支撑剂的质量，g；

　　　　$C_p$——支撑剂的铺置浓度，$kg/m^2$。

此时，支撑剂在导流室内的充填厚（宽）度近似为：

$$w_f = \frac{0.1 C_p}{\rho_b} \qquad (2.5.17)$$

式中　$w_f$——支撑剂的充填厚（宽）度，cm；

　　　　$\rho_b$——支撑剂的体积密度，$g/cm^3$。

（b）等体积法按式（2.5.18）确定所需支撑剂的质量：

$$W_p = 41 \rho_b \qquad (2.5.18)$$

此时，尽管各种支撑剂的体积密度不同，但在 API 标准导流室内单位面积上的体积均为 $0.6357 cm^3/cm^2$；试样的总体积为 $(41.0 \pm 0.1) cm^3$。

③ 在导流室内将支撑剂试样铺平（严防振动或敲击）、装好，置于液压框架的下压板上。

④ 按表 2.5.3 或表 2.5.4 给出的实验压力级别，依次递增地对填有支撑剂的导流室加载进行导流能力的测试实验。在每次施载过程中，均应在表 2.5.3 中规定的时间测量并记录 3 个不同流速下的缝宽和压差值。按下述第⑤步的计算式计算在该压力级别下支撑剂层的渗透率与导流能力。然后，以略小于或等于 3500kPa/min 的加载速率迅速将负载提高到一个新值上。重复这一过程，直到预定的实验压力全部测试完毕为止。

**表 2.5.3　石英砂导流能力的实验参数**

| 实验压力/MPa | 流速/(cm³/min) | | | 不同粒径尺寸支撑剂的承压时间/min | | |
| --- | --- | --- | --- | --- | --- | --- |
| | | | | 16/20 目，0.90~1.25mm | 20/40 目，0.45~0.90mm | 40/70 目，0.45~0.90mm |
| 6.9 | 2.50 | 5.00 | 10.00 | 60 | 15 | 15 |
| 13.8 | 2.50 | 5.00 | 10.00 | 60 | 15 | 15 |
| 27.6 | 2.50 | 5.00 | 10.00 | 60 | 60 | 15 |
| 41.4 | 1.25 | 2.50 | 5.00 | 60 | 60 | 15 |
| 55.2 | 1.00 | 2.00 | 4.00 | 60 | 60 | 45 |
| 69.0 | 1.00 | 2.00 | 4.00 | 60 | 60 | 60 |

表 2.5.4　人造陶粒支撑剂导流能力的实验参数

| 实验压力/MPa | 流速/(cm/min) | | | 所有粒径尺寸支撑剂的承压时间/min |
| --- | --- | --- | --- | --- |
| 6.9 | 2.5 | 5.0 | 10.0 | 15 |
| 13.8 | 2.5 | 5.0 | 10.0 | 15 |
| 27.6 | 2.5 | 5.0 | 10.0 | 15 |
| 41.1 | 2.5 | 5.0 | 10.0 | 15 |
| 55.2 | 2.5 | 5.0 | 10.0 | 15 |
| 69.0 | 2.5 | 5.0 | 10.0 | 15 |
| 82.7 | 2.5 | 5.0 | 10.0 | 15 |
| 96.5 | 2.5 | 5.0 | 10.0 | 15 |

⑤ 导流室内支撑剂层的渗透率与导流能力计算式：

$$K_f = \frac{5.555\mu_1 Q}{\Delta p w_f} \tag{2.5.19}$$

$$\frac{K_f}{w_f} = \frac{5.555\mu_1 Q}{\Delta p} \tag{2.5.20}$$

式中　$\mu_1$——实验温度下实验流体的黏度，mPa·s；

　　　$Q$——流量，$cm^3/min$；

　　　$\Delta p$——压降(导流室入口与出口的压力差)，kPa；

　　　$w_f$——裂缝缝宽，mm。

### 2.5.2.2　导流能力影响因素

为了进行深入的理论研究，假设支撑剂颗粒为正球体。在分子化学领域的颗粒排列模式研究成果的基础上，将支撑剂颗粒的铺设模式分为单层排列和立方堆积两种模式。对于单层颗粒来说，其排列方式主要有两种(图2.5.4)。根据力学原理，菱形排列比正方形排列更加稳定。因此，从稳定受力角度分析，支撑剂颗粒进入水力裂缝后，理论上应该以菱形方式进行排列。

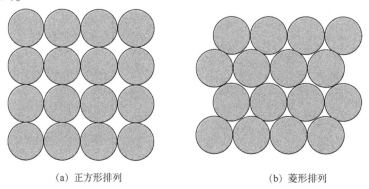

(a) 正方形排列　　　　　　　　　(b) 菱形排列

图 2.5.4　单层支撑剂排列模式

对于多层支撑剂颗粒铺设，菱形排列方式有图 2.5.5 和图 2.5.6 所示的两种，六方密堆积和立方(面心)密堆积。

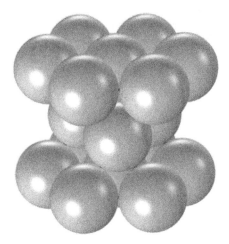

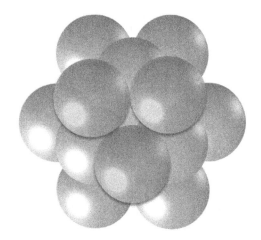

图 2.5.5 六方排列立体示意图　　　　　　图 2.5.6 立方排列立体示意图

六方密堆积从结构来说可以分为两层，第一层为 A 模式菱形斜排列，每个颗粒与周围的六个颗粒相互接触，形成一个正六边形。第二层为 B 模式菱形斜排列，其中的每个颗粒均与周围的六个同层颗粒相互接触，形成一个正六边形，同时与第一层的三个颗粒相互接触，形成一个正三角锥。之后的支撑剂层重复 AB 模式，也即所有 $2n+1(n=0,1,2,\cdots)$ 层的颗粒排列模式包括位置均相同，为 A 模式；所有 $2n+2(n=0,1,2,\cdots)$ 层的颗粒排列模式包括位置均相同，为 B 模式。

立方密堆积从结构来说则可以分为三层，其第一层也为 A 模式菱形斜排列，第二层也为 B 模式菱形斜排列。第三层为 C 模式菱形斜排列，其中的每个颗粒均与周围的六个同层颗粒相互接触，形成一个正六边形，同时与第二层的三个颗粒相互接触，形成一个正三角锥。之后的支撑剂层重复 ABC 模式。也即，所有 $3n+1(n=0,1,2,\cdots)$ 层为 A 模式，所有 $3n+2(n=0,1,2,\cdots)$ 层为 B 模式，所有 $3n+3(n=0,1,2,\cdots)$ 层为 C 模式。

立方密堆积时，在水力裂缝中的支撑剂颗粒总数目 $N_p$ 为：

$$N_p = \begin{cases} N_{pL}\left[\dfrac{N_{pw}}{3}(3N_{pH}-2)\right] & \text{MOD}(N_{pw},3)=0 \\[3mm] N_{pL}\left[\dfrac{(N_{pw}-1)}{3}(3N_{pH}-2)+N_{pH}\right] & \text{MOD}(N_{pw},3)=1 \\[3mm] N_{pL}\left[\dfrac{(N_{pw}-1)}{3}(3N_{pH}-2)+2N_{pH}-1\right] & \text{MOD}(N_{pw},3)=2 \end{cases} \qquad (2.5.21)$$

六方密堆积时，水力裂缝中的支撑剂颗粒总数目 $N_p$ 为：

$$N_{p} = \begin{cases} N_{pL}\left[\dfrac{N_{pw}}{2}(2N_{pH}-1)\right] & MOD(N_{pw},\ 2)=0 \\ N_{pL}\left[\dfrac{(N_{pw}-1)}{2}(2N_{pH}-1)+N_{pH}\right] & MOD(N_{pw},\ 2)=1 \end{cases} \quad (2.5.22)$$

其中

$$N_{pL} = \frac{L-R}{2R} \quad (2.5.23)$$

$$N_{pH} = \frac{H-2R}{\sqrt{3}\,R}+1 \quad (2.5.24)$$

式中　$N_{pw}$——裂缝宽度上的铺置层数；

$N_{pL}$——裂缝半长上铺设的支撑剂层数；

$N_{pH}$——裂缝高度上铺设的支撑剂层数；

$L$——裂缝半缝长，m；

$R$——支撑剂半径，m；

$H$——裂缝缝高，m。

两种模式的裂缝初始宽度计算模型均为式(2.5.25)，进而得出裂缝初始导流能力计算模型。

$$w_{ini} = N_{pw}\frac{2\sqrt{6}}{3}R+2R \quad (2.5.25)$$

式中　$w_{ini}$——裂缝初始宽度，m。

根据导流能力定义，裂缝初始宽度乘以裂缝初始渗透率即为裂缝初始导流能力，其中裂缝初始渗透率由 Carman-Kozeny 公式可表示为：

$$K_{f0} = \frac{\phi_0 d_p^{\,2}}{180(1-\phi_0)^2} = \frac{\phi_0 R^2}{45(1-\phi_0)^2} \quad (2.5.26)$$

式(2.5.26)中在发生嵌入、变形、破碎之前，水力支撑裂缝的初始孔隙度$\phi_0$为：

$$\phi_0 = \frac{V_{\phi 0}}{V_{b0}} \quad (2.5.27)$$

$$V_{\phi 0} = V_{b0}-V_{s0} = LHw_{ini}-N_p\frac{4\pi R^3}{3} \quad (2.5.28)$$

式中　$\phi_0$——水力支撑裂缝初始孔隙度；

$V_{\phi 0}$——水力支撑裂缝初始孔隙体积，m³；

$V_{b0}$——水力支撑裂缝初始总体积，m³；

$V_{s0}$——水力支撑裂缝初始固体体积，m³；

$N_p$——支撑剂颗粒数目。

因此，水力支撑裂缝的初始导流能力$C_{f0}$和初始无量纲导流能力$C_{fd0}$可表示为：

$$C_{f0} = K_{f0} w_{ini} \qquad (2.5.29)$$

$$C_{fd0} = C_{f0}/(K_m L) = K_{f0} w_{ini}/(K_m L) \qquad (2.5.30)$$

式中　$C_{f0}$——水力支撑裂缝的初始导流能力，D·m；

$\quad\quad C_{fd0}$——水力支撑裂缝的初始无量纲导流能力；

$\quad\quad K_{f0}$——水力支撑裂缝的初始渗透率，D；

$\quad\quad K_m$——基质渗透率，D；

$\quad\quad L$——水力支撑裂缝半缝长，m；

$\quad\quad d_p$——支撑剂颗粒平均直径，m。

（1）支撑剂嵌入的影响。

支撑剂颗粒嵌入水力裂缝壁面的深度为：

$$\alpha_{(e)} = \left[ 9\pi^2 (K_1+K_2)^2 \sigma_{eff}^2 \right]^{\frac{1}{3}} R \qquad (2.5.31)$$

$$K_1 = \frac{1-\nu_1^2}{\pi E_1} \qquad (2.5.32)$$

$$K_2 = \frac{1-\nu_2^2}{\pi E_2} \qquad (2.5.33)$$

式中　$\alpha_{(e)}$——嵌入深度，m；

$\quad\quad \sigma_{eff}$——有效闭合应力，MPa；

$\quad\quad E$——弹性模量，MPa；

$\quad\quad \nu$——泊松比；

$\quad\quad R$——支撑剂半径，m。

根据数学物理模型可知，支撑剂的嵌入与地层和支撑剂的弹性模量，支撑剂承受的有效闭合压力，以及支撑剂颗粒的尺寸有关。

① 弹性模量影响。

由前可知：

$$\alpha_{(e)} \propto (K_1+K_2)^{\frac{2}{3}} \qquad (2.5.34)$$

$$w_{(e)} = w_{ini} - 2\alpha_{(e)} \qquad (2.5.35)$$

$$V_{em} = \pi \alpha_{(e)}^2 \left[ R - \alpha_{(e)}/3 \right] \qquad (2.5.36)$$

可以看出，当支撑剂粒径不变时，随着弹性模量$E_1$和$E_2$的增加，$K_1$和$K_2$减小，嵌入深度$\alpha_{(e)}$随之减小，水力裂缝的支撑宽度$w_{(e)}$增加，支撑剂嵌入体积$V_{em}$减小，因此导流能力增加，导流能力损失率降低。

② 有效闭合压力。

$$\alpha_{(e)} \propto (\sigma_{eff})^{\frac{2}{3}} \qquad (2.5.37)$$

$$w_{(e)} = w_{ini} - 2\alpha_{(e)}$$

$$V_{em} = \pi \alpha_{(e)}^2 \left[ R - \alpha_{(e)}/3 \right]$$

可以看出，随着有效闭合压力 $\sigma_{eff}$ 的增加，嵌入深度 $\alpha_{(e)}$ 增加，则水力裂缝的支撑宽度 $w_{(e)}$ 减小，支撑剂嵌入体积 $V_{em}$ 增加，因此导流能力减小，而损失率增加。

③ 支撑剂粒径。

$$\alpha_{(e)} \propto R$$
$$w_{(e)} = w_{ini} - 2\alpha_{(e)} \tag{2.5.38}$$
$$V_{em} = \pi \alpha_{(e)}^2 \left[ R - \alpha_{(e)}/3 \right]$$

可以看出，随着支撑剂粒径 $R$ 的增加，嵌入深度 $\alpha_{(e)}$ 呈正比例增加，支撑缝的宽度 $w_{(e)}$ 降低，同时支撑剂铺设层数减少，支撑剂颗粒数目减少，综合导致支撑缝的孔隙度增加、导流能力高，但损失率也高。

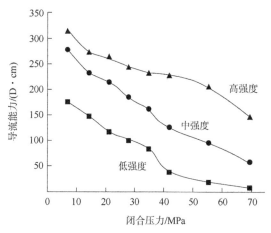

图 2.5.7　不同强度支撑剂导流能力随闭合压力变化

（2）支撑剂的强度。

支撑剂必须具有一定的强度才能使水力裂缝产生和保持所需的导流能力，它取决于支撑剂的类型、粒径和铺置浓度。如果支撑剂强度不足以克服裂缝的闭合压力那么支撑剂将被压碎，导致裂缝导流能力降低。图 2.5.7 是相同条件下三种不同强度的支撑剂导流能力对比。可以看到随着闭合压力增加，三种支撑剂的导流能力差距越来越大，尤其在高闭合压力 69MPa 下，低强度支撑剂基本不能有效支撑裂缝，而高强度支撑剂仍然可以提供足够的导流能力。

（3）铺砂浓度对导流能力的影响。

提高支撑剂在裂缝中的铺置浓度，即增加支撑剂在缝中的排列层数。支撑剂呈多层排列有利于减缓因嵌入对裂缝导流能力产生的不利影响。贴近缝面的那一层支撑剂虽已嵌入缝面，但中间仍有可供储层流体流动的支撑剂层来输导这些流体进入井筒。因此，当预计支撑剂将在裂缝中发生嵌入时，必须确定出单位裂缝面积上最低的支撑剂量，即必须确定地面压裂施工时最低平均砂液比，以避免它们全部嵌入地层。充填裂缝的支撑缝宽与支撑剂铺置浓度之间的关系可由式(2.5.39)表示：

$$w_f = \frac{100C_p}{(1-\phi_p)\rho_p} \tag{2.5.39}$$

式中　$w_f$——支撑缝宽，m；

$C_p$——支撑剂铺置浓度，$kg/m^2$；

$\phi_p$——支撑剂充填孔隙度；

$\rho_p$——支撑剂颗粒密度，$kg/m^3$。

相同支撑剂下不同铺砂浓度的导流能力不同。由式(2.5.39)可以看出，缝宽和铺砂浓度呈正比例关系，支撑裂缝导流能力会随着铺砂浓度的增加而增加。采用长庆40/70目低密度陶粒分别在5kg/m²和7kg/m²的铺砂浓度下测试其导流能力，见表2.5.5，结果表明：7kg/m²铺砂浓度初始的导流能力大于5kg/m²铺砂浓度，提高了41.8%的导流能力；随着闭合压力的增大导流能力都有所减小，在30MPa时，二者的导流能力都已很小，但7kg/m²铺砂浓度仍是5kg/m²下铺砂浓度的7倍左右。说明增大铺砂浓度是提高导流能力的可行方法。

表 2.5.5　不同铺砂浓度下导流能力大小

| 闭合压力/MPa | 导流能力/(D·cm) | |
| --- | --- | --- |
| | 铺砂浓度 5kg/m² | 铺砂浓度 7kg/m² |
| 5 | 68.25 | 96.75 |
| 10 | 39.24 | 76.34 |
| 15 | 20.84 | 34.72 |
| 20 | 4.42 | 10.73 |
| 25 | 2.21 | 4.76 |
| 30 | 0.21 | 1.51 |

(4) 圆度、球度。

当支撑剂颗粒接近浑圆及球体时，即圆度、球度高的支撑剂，其内部应力分布十分均匀，能够承受很高的负载并产生较大的孔隙度；也由于支撑剂渗透率($K_f$)是支撑剂平均粒径($d_p$)和支撑剂层孔隙度($\phi_p$)的函数：

$$K_f \propto d_p \phi_p{}^5 \tag{2.5.40}$$

所以圆度、球度高的支撑剂能使裂缝产生较高的导流能力。

(5) 温度对支撑剂导流能力的影响。

大多数导流能力的测试是在常温条件下进行的，但是当裂缝中的支撑剂处于高温时会对支撑剂强度产生影响，导致导流能力下降。图2.5.8是分别在闭合压力为34.5MPa和69MPa下进行的陶粒导流能力随温度变化的两组实验，可以看出在34.5MPa闭合压力下，温度由30℃增加到100℃时，陶粒导流能力降低了7.6%；当闭合压力达到69MPa时，温度由30℃增加到100℃时，陶粒导流能力降低了20.3%。随着闭合压力继续增加，陶粒导流能力随

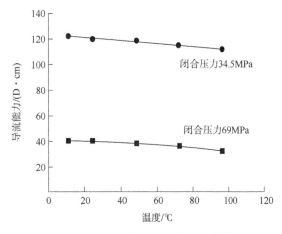

图 2.5.8　不同温度下导流能力变化图

温度变化的这种降低趋势更明显。

（6）压裂液的影响。

① 压裂液对裂缝导流能力也有影响，需要一套特殊的实验装置（图2.5.9）进行实验评价。

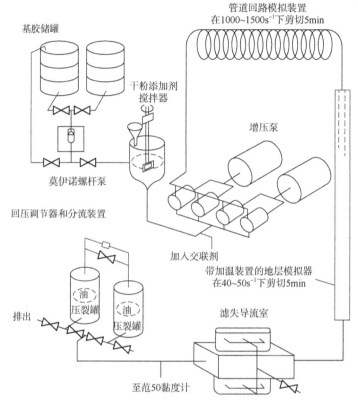

图2.5.9 测试压裂液对裂缝导流能力影响的实验装置

（a）交联后的压裂液借助增压泵进入管道回路系统，并在其中以 $1000 \sim 1500 s^{-1}$ 的剪切速率剪切5min。然后，在模拟地层温度的加温系统中，再以 $40 \sim 50 s^{-1}$ 的剪切速率下剪切5min后进入滤失导流室。

（b）该室形状与结构与前述API导流室（图2.5.1）极为相似，但各部分尺寸已被加宽加厚，室内铺置有支撑剂，其上下用岩心板取代了API导流室所用的不锈钢垫片。

（c）压裂液进入滤失导流室后，即可测定压裂液的动态滤失量和在裂缝支撑剂层、存在压裂液的条件下所能维持的裂缝导流能力。

② 实验结果说明：

（a）压裂液残渣的影响。当用水基压裂液通过支撑剂层时，滞留在颗粒间的压裂液残渣（不溶于水的纤维物质）会将颗粒"黏结"起来堵塞流体通道，迫使导流能力下降。而在同一实验条件下，聚合物乳化液则不产生残渣。

（b）形成滤饼的影响。压后很难将缝面上形成的约0.5mm厚的滤饼清除干净。如支撑颗粒嵌入其中会把大部分支撑缝宽堵死，使之丧失导流能力。

③ 不同类型的压裂液对裂缝导流能力造成的伤害亦有轻重之分(表2.5.6)。

**表 2.5.6  几种压裂液对支撑剂充填裂缝导流能力的保留系数**

| 压裂液名称 | 裂缝导流能力保留系数/% |
| --- | --- |
| 生物聚合物 | 95 |
| 泡沫 | 80~90 |
| 聚合物乳化液 | 65~85 |
| 胶凝油 | 45~70 |
| 线性凝胶 | 45~55 |
| 交联羟丙基瓜尔胶 | 10~50 |

(7) 支撑剂质量。

支撑剂质量是指那些混杂于成品支撑剂中的细粒、微粒、粉尘或其他杂质的质量含量。在储层流体的携带下,这些杂质会运移或堵塞支撑剂间的孔隙,从而降低裂缝的导流能力。例如,在30MPa的闭合压力下,0.45~0.9mm的兰州砂承压30d后,其支撑剂层的孔隙度由原来的32.4%降至26.1%,即流体的流动通道减少了19.4%。

本节符号及含义:

| 符号 | 含义 | 符号 | 含义 | 符号 | 含义 |
| --- | --- | --- | --- | --- | --- |
| $C$ | 支撑剂浓度 | $t$ | 沉降时间 | $S$ | 产层应力 |
| $q$ | 泵注排量 | $\rho_l$ | 液体密度 | $q_0$ | 初始泵入流量 |
| $\mu$ | 视黏度 | $g$ | 重力加速度 | $p_{wf}$ | 井底压力 |
| $H$ | 缝高 | $C_D$ | 沉降阻力系数 | $C_0$ | 初始砂比 |
| $w_f$ | 裂缝宽度 | $u_{ly}$ | 压裂液垂直方向流速 | $F_C$ | 裂缝导流能力 |
| $p$ | 缝内压力 | $t^*$ | 当前注液时间 | $F_{CD}$ | 无量纲裂缝导流能力 |
| $u_{px}$ | 支撑剂水平流速 | $\tau(x)$ | 液体到达 $x$ 处所需时间 | $K_f$ | 支撑裂缝渗透率 |
| $u_{py}$ | 颗粒沉降速度 | $Re_p$ | 颗粒雷诺数 | $E$ | 弹性模量 |
| $K$ | 稠度系数 | $\nu$ | 泊松比 | $x_f$ | 裂缝半长 |
| $n$ | 流性指数 | $H$ | 缝高 | $W_p$ | 支撑剂质量 |
| $u_{lx}$ | 压裂液水平流速 | $L$ | 缝长 | $\rho_b$ | 支撑剂体积密度 |
| $d$ | 球形颗粒直径 | $\mu_l$ | 压裂液地下黏度 | $\Delta p$ | 压降 |
| $\rho_p$ | 颗粒密度 | $G$ | 岩石剪切模量 | $w_{ini}$ | 裂缝初始宽度 |
| $R$ | 支撑剂半径 | $\alpha$ | 两个弹性球体总的嵌入深度 | $C_{fd0}$ | 初始无量纲导流能力 |
| $N_{pw}$ | 铺置层数 | $\sigma_{eff}$ | 有效闭合应力 | $K_{f0}$ | 水力支撑裂缝的初始渗透率 |
| $\phi_0$ | 初始孔隙度 | $V_{em}$ | 支撑剂嵌入体积 | $d$ | 球形颗粒直径 |
| $V_{\phi0}$ | 初始孔隙体积 | $\alpha_{(e)}$ | 嵌入深度 | $K_m$ | 基质渗透率 |
| $V_{b0}$ | 裂缝初始总体积 | $C_p$ | 支撑剂铺置浓度 | $d_p$ | 支撑剂颗粒平均直径 |
| $V_{s0}$ | 裂缝初始固体体积 | $\phi_p$ | 支撑剂充填孔隙度 | $C_{f0}$ | 初始导流能力 |

## 2.6 孔隙弹性和滤饼

石油工程中的水力压裂是借助高压流体侵入储层孔隙结构形成缝网，所以储层孔隙结构本身的弹性对水力压裂效果有一定影响。进一步分析，储层岩体孔隙度影响压裂液进入和流出的时间与液量，即压裂液进入储层多孔介质后，一部分滞留在孔隙中产生孔隙压力，而部分压裂液通过孔隙流出便会形成滤饼。

Zhang 利用 Kurashige 和 Clifton 等提出的方法，推导了充满流体孔隙介质中 KGD 裂缝的方程：

$$\sigma_{\min} - p(x, t) = -\frac{G}{2\pi(1-\nu_u)}\int_{\Omega}\frac{\partial}{\partial x}(\ln r)\frac{\partial w(x', t)}{\partial x'}\mathrm{d}x'$$

$$-\int_{\Omega}\int_{t'(x')}\left[H_{11}(\zeta)\frac{x'-x}{R^4}\frac{\partial w(x', \tau)}{\partial x'} + H_{12}(\zeta)\frac{1}{R^2}q_1(x', \tau)\right]\mathrm{d}\tau\mathrm{d}x' \quad (2.6.1)$$

$$p(x, t) - p_p = -\frac{3c(\nu_u - \nu)}{2\pi BK(1+\nu_u)(1-\nu)}\int_{\Omega}\frac{\partial}{\partial x}(\ln R)\frac{\partial w(x', t)}{\partial x'}\mathrm{d}x' -$$

$$\int_{\Omega}\int_{t'(x')}\left[H_{21}(\zeta)\frac{x'-x}{R^4}\frac{\partial w(x', \tau)}{\partial x'} + H_{22}(\zeta)\frac{1}{R^2}q_1(x', \tau)\right]\mathrm{d}\tau\mathrm{d}x' \quad (2.6.2)$$

其中

$$c = \frac{2\pi GB^2(1+\nu_u)^2(1-\nu)}{9(1-\nu_u)(\nu_u-\nu)}$$

$$R = \sqrt{(x_1'-x_1)^2+(x_2'-x_2)^2}$$

$$H_{11}(\xi) = -\frac{cG(\nu_u-\nu)}{4\pi(1-\nu_u)(1-\nu)}(8-8e^{-\frac{1}{4}\xi}-2\xi^2 e^{-\frac{1}{4}\xi}-\xi^4 e^{-\frac{1}{4}\xi})$$

$$H_{12}(\xi) = -\frac{3c(\nu_u-\nu)}{4\pi RK(1+\nu_u)(1-\nu)}(-2+2e^{-\frac{1}{4}\xi^2}+\xi^2 e^{-\frac{1}{4}\xi^2})$$

$$H_{21}(\xi) = -\frac{3c^2(\nu_u-\nu)}{4\pi BK(1+\nu_u)(1-\nu)}(\xi^4 e^{-\frac{1}{4}\xi^2}) \quad (2.6.3)$$

$$H_{22}(\xi) = -\frac{c}{4\pi K}(\xi^2 e^{-\frac{1}{4}\xi^2})$$

$$\xi = \frac{R}{\sqrt{c(t-\tau)}}$$

式中　$\sigma_{\min}$——最小主应力，MPa；

$p_p$——孔隙压力，MPa；

$w$——裂缝宽度，m；

$r$——裂缝前端到井筒中心的距离，m；

$\nu$，$\nu_u$——滤失和非滤失泊松比；

$G$——剪切模量，MPa；

$B$——Skempton 孔隙压力系数；

$K$——孔隙介质渗透率，D。

式(2.6.1)和式(2.6.2)右边的第一个积分式与 KGD 模型中的裂缝宽度方程相似，用于描述压裂液作为流体介质将储层压开裂缝所需要的压力。双重积分 $H_{ij}$ 函数是压裂液在油气储层中流动产生的应力和压力，部分学者称为"反向应力"和"反向压力"。水力压裂主要是研究压裂液在储层流动过程中而产生裂缝的形态以及形成裂缝后对储层渗透率改善的作用程度。水力裂缝扩展过程中的压裂液流动控制方程为：

$$-\frac{\partial}{\partial x}\left(\frac{w^3}{12\mu}\frac{\partial p}{\partial x}\right)+\frac{\partial w}{\partial t}+q_1=0 \qquad (2.6.4)$$

其中

$$q_1=\frac{2C_1}{\sqrt{t-\tau(x)}} \qquad (2.6.5)$$

式中　$C_1$——滤失系数，$m/min^{\frac{1}{2}}$；

$\tau$——压裂液在裂缝 $x$ 处开始滤失时的时间，s。

式(2.6.1)、式(2.6.2)和式(2.6.4)的边界条件为：

$$\begin{cases} \text{当 } x=0 \text{ 时，} & -\left(\frac{w^3}{12\mu}\frac{\partial p}{\partial x}\right)=0 \\ \text{当 } x=L(t) \text{ 时，} & \left(\frac{w^3}{12\mu}\frac{\partial p}{\partial x}\right)=0 \end{cases} \qquad (2.6.6)$$

应用有限单元法，Zhang 数值求解了式(2.6.1)、式(2.6.2)和式(2.6.4)。使用表 2.6.1 的页岩参数，对考虑孔隙弹性效应的解和忽略孔隙弹性效应($H_{11}=H_{12}=H_{21}=H_{22}=0$)的解做了比较。

表 2.6.1　数值求解参数表

| | |
|---|---|
| 剪切模量 $G$ | 90GPa |
| 滤失泊松比 $\nu$ | 0.2 |
| 非滤失泊松比 $\nu_u$ | 0.33 |
| Skermpton 系数 $B$ | 0.62 |
| 渗透率 $K$ | 2mD |
| 断裂韧性 $K_{IC}$ | $30MPa/mm^{\frac{1}{2}}$ |
| 压裂液黏度 $\mu$ | 50mPa·s |
| 最小主应力 $\sigma_{min}$ | 30MPa |
| 排量 $Q$ | 15m³/min |

续表

| 缝高 $h$ | 30m |
|---|---|
| 滤失系数 $C_1$ | |
| $p_p = 30\text{MPa}$ 时 | $1.0 \times 10^{-3} \text{m/min}^{\frac{1}{2}}$ |
| $p_p = 25\text{MPa}$ 时 | $5.0 \times 10^{-3} \text{m/min}^{\frac{1}{2}}$ |
| $p_p = 20\text{MPa}$ 时 | $7.0 \times 10^{-3} \text{m/min}^{\frac{1}{2}}$ |

为了获得上述方程的解，第一步是建立井筒和孔隙压力差 $(p_w - p_p)$ 与流体滤失系数 $C_1$ 之间的关系。井底压力设为一个定值30MPa，孔隙压力分别设为30MPa、25MPa、20MPa，从井底开始随时间变化的滤失速度可由式(2.6.7)计算：

$$K_1 \nabla^2 p = \frac{\partial p}{\partial t}$$

$$K_1 = \delta \left[ \frac{(1-\alpha)^2}{\lambda + 2G} + \frac{\phi}{K_f} \right]^{-1}$$

(2.6.7)

式中    $\delta$——井壁滤失系数，$\text{m/min}^{\frac{1}{2}}$；

       $\lambda$——拉梅常数；

       $G$——剪切模量，GPa；

       $\alpha$——Biot 系数；

       $\phi$——孔隙度；

       $K_f$——孔隙流体压缩系数。

通过对图2.6.1曲线做拟合可得到不同压差的平均流体滤失系数 $C_1$。$p_w - p_p$ 分别为0MPa、5MPa、10MPa时可得到滤失系数分别为 $1.0 \times 10^{-3} \text{m/min}^{\frac{1}{2}}$、$5.0 \times 10^{-3} \text{m/min}^{\frac{1}{2}}$ 和 $7.0 \times 10^{-3} \text{m/min}^{\frac{1}{2}}$，这些滤失系数可用于接下来的研究。

应用表2.6.1中的数据，计算得到裂缝井度、井筒净压力与泵注时间的关系曲线，如图2.6.2和图2.6.3所示。在这些图中，图例"孔隙弹性"和"无孔隙弹性"分别表示考虑孔隙弹性的影响和忽略孔隙弹性影响时（即 $H_{11} = H_{12} = H_{21} = H_{22} = 0$）的解。分析孔隙弹性对水力压裂裂缝扩展的影响：

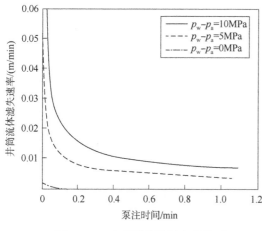

图2.6.1 在不同孔隙压力条件下井筒流体滤失速率

（1）滤失系数随着井筒流体和孔隙压差的增大而增大，但随着注入时间的增加，滤失系数呈现非线性减小趋势。

（2）从图2.6.2可以看出岩石有孔隙弹性和无孔隙弹性情况下裂缝宽度变化情况，有孔隙弹性相对于无孔隙弹性下的缝宽较小,说明裂缝开度变窄,压裂液的流动提高了水力裂缝的张开刚度。

(3)图 2.6.3 是井底压力受不同滤失速率的影响而随泵注时间的变化曲线。当岩石受孔隙弹性影响而滤失速率小的情况下,井底压力变化幅度较小;当滤失速率较大时,井底压力变化幅度较大,表明岩石的孔隙弹性对井底压力的影响很大,在 $C_1 = 5.0 \times 10^{-3} \mathrm{m/min}^{\frac{1}{2}}$ 时,岩石孔隙弹性使净压力增加了近 80%。

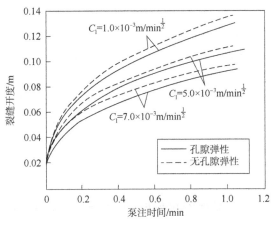

图 2.6.2 裂缝开度与泵注时间的关系      图 2.6.3 井筒净压力与泵注时间的关系

从整体分析,当压裂液的滤失系数很大时,可能在裂缝面形成滤饼,从而影响井底压力变化:

(1)滤饼是压裂液从岩石孔隙结构流出并将孔隙中的填充物携带出来,形成一层相对于岩石粒径更小的压实颗粒,与孔隙岩石本身相比,滤饼具有更低的孔隙度和渗透率。

(2)孔隙弹性和滤饼对岩石本身的强度影响程度不大,而对水力裂缝的扩展程度以及难易程度有较大影响。在水力压裂的泵注阶段,压裂液压力越大,形成的滤饼压实程度越高;此时的滤失速率便会降低,而在水力压裂的停泵阶段,滤饼将会回弹,整体呈松弛状态,滤失速率将会有略微增加。

众多学者对在未固结孔隙岩石中的水力裂缝扩展开展实验研究,得到的破裂压力和裂缝扩展压力往往远高于弹性分析的解。即相比弹性裂缝解,裂缝宽度更宽,但裂缝尖端的尖角转化为圆钝角,变得钝了一些。此外,从滤失实验也发现,沿裂缝面形成滤饼后,并侵入岩石基质和裂缝表面对水力裂缝扩展起到了阻碍作用。

本节符号及含义:

| 符号 | 含义 | 符号 | 含义 | 符号 | 含义 |
|---|---|---|---|---|---|
| $\sigma_{\min}$ | 最小水平主应力 | $G$ | 剪切模量 | $\nu$ | 滤失泊松比 |
| $p(x, t)$ | 孔隙流体压力 | $p_{\mathrm{p}}$ | 孔隙压力 | $\nu_{\mathrm{u}}$ | 非滤失泊松比 |
| $K$ | 渗透率 | $B$ | Skempton 孔隙压力系数 | $w$ | 缝宽 |

续表

| 符号 | 含义 | 符号 | 含义 | 符号 | 含义 |
|------|------|------|------|------|------|
| $C_1$ | 滤失系数 | $\tau$ | 滤失时间 | $\alpha$ | Biot 系数 |
| $\phi$ | 孔隙度 | $K_f$ | 孔隙流体压缩系数 | $\lambda$ | 拉梅常数 |

## 2.7　水力压裂曲线

压裂曲线在一定程度上反映了压裂裂缝在地下的扩展状况，可通过观察压裂曲线的变化判断、分析压裂情况，进而合理快速地调整压裂施工措施以保证达到最优的压裂效果。在分析压裂曲线时，每次施工压裂曲线的变化或多或少都有所不同，但是在整体上的变化呈现出一定的规律性，因此可以归纳总结出不同压裂曲线的变化类型。它们反映了施工过程中裂缝在三个方向的延伸可能发生的情况，建立压裂曲线变化与裂缝扩展情况的关系可以实时对压裂裂缝的情况进行监测，对指导现场压裂施工和分析地层情况具有十分重要的意义。

### 2.7.1　经典 Nolte-Smith 压裂曲线

在裂缝扩展过程中，井底压力是升高还是降低，从理论上来讲，在不同情况下具有相应的响应。例如帕金斯等基于 Snedden 提出的裂缝延伸等式，当裂缝在垂向上延伸的高度受限时，即裂缝缝高在延伸过程中为常数的情况下，参数关系表达式为：

$$W_x = \frac{2(1-\nu^2)(p_x - S)H}{E} \qquad (2.7.1)$$

式中　$\nu$——岩石泊松比；

　　　$S$——地应力，MPa；

　　　$H$——缝高，m；

　　　$E$——岩石弹性模量，GPa；

　　　$W_x$——裂缝任意位置 $x$ 处的缝宽，m；

　　　$p_x$——裂缝任意位置 $x$ 处的压力，MPa。

当 $x$ 为井半径时，则 $W_x$ 为井壁上的缝宽，$p_x$ 为井底压力，由式(2.7.1)可以得出，当缝高 $H$ 为常数时，缝宽与压力成正比。裂缝中液体流动的连续方程式可写为：

$$Q_0 = \lambda + \frac{\mathrm{d}V}{\mathrm{d}t} \qquad (2.7.2)$$

式(2.7.2)表明流入裂缝的流体体积流量 $Q_0$ 等于液体的体积漏失速度 $\lambda$ 与裂缝体积随时间的变化率 $\frac{\mathrm{d}V}{\mathrm{d}t}$ 之和。而裂缝体积是缝长、缝宽及缝高平均值的乘积，即 $V = LWH$，因为裂缝延伸过程中的缝宽与缝内净压力变化是一致的，即 $C = \frac{W}{p}$，式中 $C$ 称为缝宽与压力两

个参数的一致性量或比例系数。将缝宽 $W = Cp$ 代入裂缝体积计算公式中,则有:

$$W = LCpH \qquad (2.7.3)$$

将式(2.7.3)代入式(2.7.2)中并用 $\Delta t$ 增量表示,可得到:

$$Q_0 = \lambda + LpCH\left(\frac{\Delta L}{L} + \frac{\Delta p}{p} + \frac{\Delta C}{C} + \frac{\Delta H}{H}\right)\frac{1}{\Delta t} \qquad (2.7.4)$$

当式中$Q_0$为常数时,式子右端也理应为常量,如此括号中各变量的变化值就有一定范围,即当增加 $L$、$C$ 或 $H$ 时,将导致裂缝长度增量 $\Delta L$ 的减少。

在诸多的压裂压力曲线中,虽然加砂阶段的压力变化形式有所差别,但大体上会出现四种典型情况,如图 2.7.1 所示。理应指出的是,在具体一口井的压裂施工过程中,图 2.7.1 中四种典型情况不一定都会出现,与地层的特性、压裂液性能、施工参数等相关。

图 2.7.1 是把加砂阶段压裂曲线中的泵压与时间取对数得到的,分为 4 个斜率不同的线段,它们分别代表压裂过程中裂缝延伸的某些情况。因此可以依据压裂曲线的变化,参考图 2.7.1 监测压裂裂缝情况。下面给出 4 个斜率不同直线段对应的裂缝延伸状况及原因。

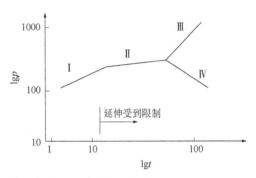

图 2.7.1 四种典型压裂压力曲线

### 2.7.1.1 正斜率很小(线段 I )

线段 I 的斜率在 0.125~0.2 之间,上升速度缓慢,表明裂缝是在假定缝高 $H$ 及一致性参数 $C$ 均匀为常数的条件下延伸的,受地层渗透性差、层薄等因素影响,裂缝纵向延伸受阻,水平方向延伸缓慢。

### 2.7.1.2 斜率为1(线段III)

线段III的斜率为 1 表明压力与时间成正比,也是指压力的增量与注入液体体积的增量成正比,说明裂缝端部受阻,缝内压力急剧上升。如果斜率大于 1 则表示裂缝内发生堵塞,这种情况下应合理控制施工砂比和排量,以保证施工顺利进行,而对于端部脱砂压裂施工,则希望支撑剂在一定缝长时形成砂堵,然后通过控制排量和砂比,使裂缝被填满;对于常规的加砂压裂,出现斜率为 1 或大于 1 时,应立即采取措施,以免井筒内发生砂卡,造成泵压急剧升高。

从等式(2.7.4)右端各项参数的变化可以看出,当压力 $\Delta p$ 变化很大时,其他几个参数缝高 $H$、一致性变量 $C$、缝长增量 $\Delta L$ 等都不可能变化很大;当左端参数 $Q_0$ 不得不降低时,这些参数的变化量就更小。

由于裂缝内发生砂堵,造成压裂液难以到达裂缝的端部,进而使得裂缝难以向前延伸,但是注入的液体却使缝在垂直方向上延伸,增加缝宽。

### 2.7.1.3 负斜率(线段Ⅳ)

线段Ⅳ斜率与线段Ⅲ斜率相反，表示裂缝穿过低应力层，缝高发生不稳定增长，直到遇到高应力层或加入支撑剂后压力曲线才变缓，另一种可能是压开一条以上的裂缝，或者裂缝在延伸过程中遇天然裂缝极为发育的地层。

从等式(2.7.4)左端看出，当压力 $\Delta p$ 有明显的降低时，其他各项必有较为显著的提高，压裂液滤失量的增大可能是由于裂缝穿过众多微裂隙造成的，从而使裂缝高度有较快的增加，但是却使压力显著降低，这是不常见的；若缝长有较显著的延伸，这与压力降低是不相容的。缝高增加或一致性参数增加都有可能，但在压力降低的情况下增加一致性参数几乎没有物理意义，所以最大可能是缝高增加。

### 2.7.1.4 压力不变(线段Ⅱ)

压力随时间波动小，整体较平稳，线段斜率几乎为零，表示缝高稳定增长到应力遮挡层内，还有可能是地层内天然微裂隙张开，使得滤失量与注入量持平，另外还可能是压力超过上覆地层应力，形成"T"形缝。

从诺尔特的分析可知，在压力不变的情况下，缝高 $H$ 及一致性参数 $C$ 增加的可能性不大。在多数情况下，缝高 $H$ 增加会出现压力降低，而一致性参数 $C$ 增加会使缝宽增加，而在压力长时间不变内出现缝宽的增加，除了层面间的滑动外，也是不可能的。最后，只有滤失量的增加，如果有新的裂缝被压开或天然缝隙张开，从而使滤失量增加，所注入的液体被滤失量所平衡，造成压力维持常数，缝长得不到延伸。

Ⅲ段、Ⅳ段的压力变化也可以用来估计Ⅱ段出现的问题，假设后面的压力是下降的，那么有可能是缝高的变化；而后面的压力升高并导致缝内堵塞，那么有可能是二次缝隙使滤失增大所致。

在压力分析中，最为重要的是要明确等压区段的出现，这是因为其说明裂缝延伸速度减缓，很可能造成砂卡(砂堵)，把此时的压力称为"临界压力"。由于临界压力通常出现在存在某些地应力及地质条件的裂缝周围(如缝高得到延伸，存在张开二次缝的条件等)，因此其本身在一定程度上也反映了这些条件。一般等压过程越长，表明具有这些条件的区域面积也就越大。当施工压力达到临界压力时，应及时降低井底压力使其低于临界压力或使临界压力出现在快要结束施工的时刻。可以采用降低排量、减少黏度、暂停加砂、打缓冲液等方法使施工压力低于临界压力，但是要注意不要影响填砂缝长。完善的压裂液及加砂程序才能使得高浓度的砂子铺满裂缝，保证裂缝充分延伸并具有高导流能力。

## 2.7.2 煤层气水力压裂曲线

煤层气压裂
曲线

我国大多数煤层都是低压、低渗、低饱和煤层，开采难度相当大，基本上所有的煤层气直井需要依靠水力压裂后进行排水降压生产，才可能获得工业气流。煤储层具有高弹塑性、天然裂隙发育等特征，在水力压裂过程中，这些特征自然会反映在施工压裂曲线上，通过总结沁水盆地南部现场施工情况，对煤层气井的压裂施工曲线进行了分类研究分析。

### 2.7.2.1 稳定型

当煤岩层破裂后，在注入排量稳定和不断加砂的情况下，地面施工压力随着注入时间的延长而基本保持稳定。这其中又可以分为三种类型：持续稳定型(图2.7.2)、后期上升型(图2.7.3)和后期下降型(图2.7.4)。

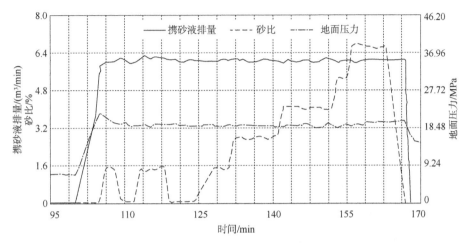

图 2.7.2　持续稳定型

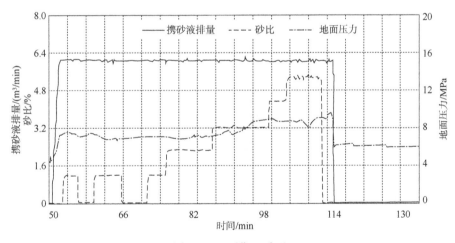

图 2.7.3　后期上升型

随着裂缝缝长的延伸，压裂液滤失量在增加，造成沿着缝长方向的流体压力下降，进一步导致缝宽减小。当造缝压裂液压力和滤失损失压力与注入压力达到动态平衡时，裂缝内的压力基本上保持不变，此时地面施工曲线就表现为稳定型曲线，但是随着时间的增长，当缝长达到一定程度后，就不再往前扩展，这时滤失占据主导，这就与稳定型曲线上的直线段部分相对应。

随着加砂浓度的提高，裂缝内不断地被支撑剂颗粒充填，致使砂堤高度逐步增加。由于滤失量的增大以及支撑剂输送的困难，会出现端部脱砂或缝内砂堵，造成裂缝内压力升高，这在施工曲线上就表现为直线段末端上翘。

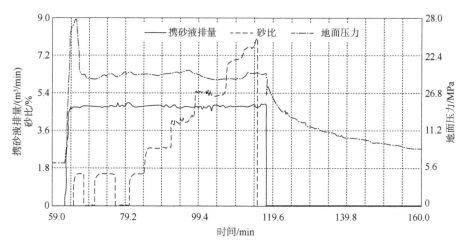

图 2.7.4 后期下降型

如果缝长延伸到应力较低的煤层或者在高度方向上进入到低压层，施工曲线就表现为在直线段末端明显下降。

#### 2.7.2.2 波动型

在排量稳定和不断加砂的情况下，随着时间的增加，地面泵压出现了"锯齿形"上下不断波动(图 2.7.5)。当压裂液的滤失量和造缝体积与注入量达到动态平衡时，压裂施工曲线上表现出排量是稳定的。由于煤层内渗透率和地应力的高度非均质性以及煤层裂隙和微裂隙的发育，导致滤失量和裂缝宽度频繁发生变化，也就使得缝内压力频繁波动，难以稳定，在施工曲线上表现为波动型。

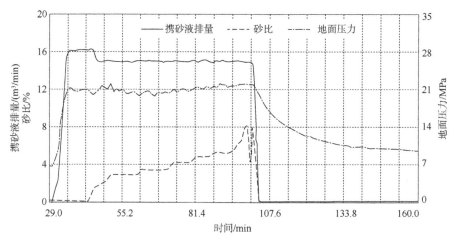

图 2.7.5 波动型

#### 2.7.2.3 上升型

随着泵入排量和地面泵压的不断增加，地层发生破裂。随后，排量维持稳定，但压力却不断上升，尤其是在砂比提高以后，如图 2.7.6 所示。在前置液造缝后，随着裂缝的延伸，缝内压力却在不断增加，如果曲线斜率在0.125~0.200之间，表示缝高延伸受到一定限制，沿水平方向缓慢延伸，而造成水平方向延伸缓慢的原因可能是煤层渗透率较差或地层较致密；如果斜率大于1，有可能是压裂产生的煤粉被前置液携带运移到裂缝的端部，造成一定程度的端部堵塞，也有可能是支撑剂在煤层内产生砂堵或桥堵，这时就要特别注意压力的变化，及时采取措施，以防出现砂堵等事故。

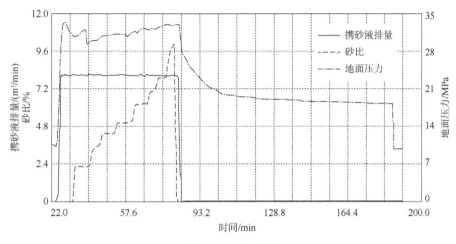

图2.7.6 上升型

### 2.7.2.4 下降型

在地层破裂之后，当排量稳定，随着加砂砂比的不断提高，地面泵压却在不断下降，其中又可以分为两种类型：持续下降型(图2.7.7)和后期稳定型(图2.7.8)。当滤失量基本不变时，如果裂缝缝长延伸较快，缝内压力会紧随着下降很快。随着裂缝的延长，沿程摩阻在增加，当裂缝端部压力下降到接近闭合压力时，裂缝无法继续延伸，此时，滤失量变得相当大，表现在施工曲线上也就是变得平缓，甚至为水平直线。另外，如果压裂裂缝沟通了煤岩层内大量的裂隙和微裂隙系统，裂缝内净压力也将快速下降。根据煤岩层的地质和孔隙特征，认为出现净压力快速下降的情况时，表明天然发育的裂隙和微裂隙系统正在连通，这种情况应该是比较符合理想要求的，但也要根据压裂前的地质资料，了解目的层附近是否有断裂破碎带、薄夹层、低应力层或高渗透层等情况，以便在压裂施工过程中做出正确判断。

## 2.7.3 页岩气水力压裂曲线

页岩气是以自生自储为主的非常规天然气，我国页岩气资源丰富，但是其经历了复杂的地质构造作用，导致地表条件差、天然裂缝发育，页岩物性参数差异大，具有明显的非均质性特征。页岩气储层普遍表现为低孔隙度、极低渗透率，孔隙度低于10%，一般只有4%~6%，渗透率一般低于0.1mD，但其具有较高的杨氏模量，岩石表现出脆性特征。为了获得工业气流，通常采用水力压裂技术开发页岩气，但在压裂过程中，由于井下压

页岩气压裂
曲线

裂情况无法直接观察到，就利用地面的压裂施工曲线对施工情况、地层情况和裂缝特征做出判断，及时调整下步施工措施，保证施工安全顺利进行。

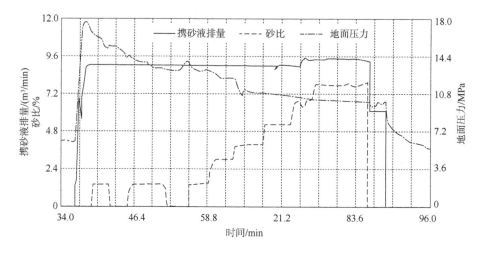

图 2.7.7　持续下降型

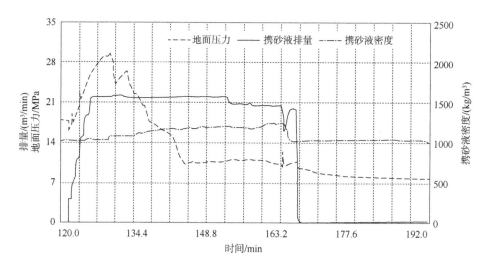

图 2.7.8　后期稳定型

### 2.7.3.1　页岩压裂施工特点

压裂施工曲线是由泵注压力、施工排量、砂浓度曲线实时组成的，以时间为横坐标，泵注压力、施工排量、砂浓度曲线为纵坐标。三条曲线的核心是压力曲线，它是施工过程中地下情况的直接反映，与此同时结合可控制的排量和砂比曲线，就可以从压裂施工曲线特征中对施工情况、地层情况和裂缝特征做出判断。页岩气储层裂缝扩展及延伸机理不同于常规储层，且微裂缝发育，压裂液滤失量大，容易产生脱砂，对砂比的提升较为敏感，导致压裂施工与常规压裂不同。

典型的页岩气施工主要包括以下几个阶段：

（1）低排量（$2m^3/min$ 左右）挤酸阶段，消除近井筒污染，降低施工压力。

（2）快速提排量（由 $2m^3/min$ 迅速提至施工最大排量）前置液造缝阶段，地层发生破裂，形成几何形状裂缝，以备后面携砂液进入。

（3）粉陶段塞阶段，加入 100 目或 70/140 目小粒径支撑剂段塞。该阶段的主要作用为：携带支撑剂对天然裂缝进行封堵和降滤；打磨裂缝迂曲，减小近井筒摩阻。

（4）中砂段塞阶段，加入 40/70 目支撑剂段塞，支撑主裂缝。

（5）尾追粗砂阶段，加入 30/50 目支撑剂段塞，支撑缝口，确保近井地带的导流能力。

（6）顶替阶段，预定携砂液泵注完后，泵入顶替液，将井筒内的携砂液全部替入地层裂缝。

下面给出基于页岩气压裂施工曲线识别裂缝延伸模式进而评价压裂缝网复杂程度的诊断图，具体如图 2.7.9 所示：

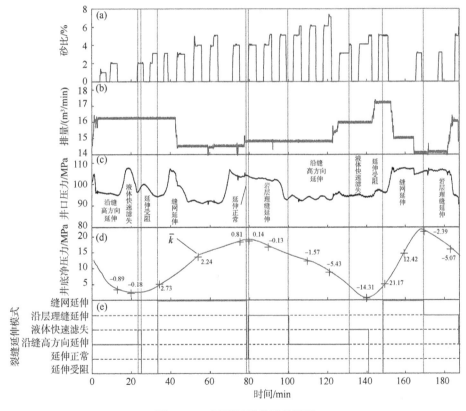

图 2.7.9　页岩压裂曲线诊断图

### 2.7.3.2　页岩压裂曲线分类

页岩压裂曲线受地质因素和施工因素的影响，具体的压裂施工曲线或多或少存在差别，但在一定程度上具有相似的变化规律，以焦石坝地区页岩压裂施工情况为例，总结页岩压裂施工曲线特征，可分为 3 类：

(1) 裂缝正常延伸、扩展类型。

此类曲线表现为在施工过程中,地层破裂后,压力随砂比增加而缓慢下降或保持平稳。说明页岩储层具有较好的脆性,在压裂施工过程中压裂液滤失量小,沟通天然微裂缝程度适中或形成适当的分支裂缝,使得裂缝缝内净压力维持在良好的递减状态,进而形成的裂缝能够正常起裂延伸,迂曲度低,不易砂堵,砂比不敏感,总加砂量大,并形成主缝后不断向远处延伸(图2.7.10)。加砂段出现波动是由于页岩地层非均质性引起的,一般波动越剧烈,非均质性越强,裂缝的复杂程度也越高,导致高排量或高砂比下在裂缝弯曲处易形成砂堵,限制加砂量。

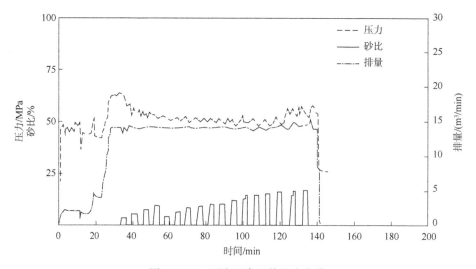

图 2.7.10  页岩正常延伸压力曲线

(2) 压力上升类型。

此类曲线主要特征为前期加砂正常,当中高砂比段塞进入地层后,压力出现上升。原因可能是:①页岩层理缝极发育,在初期滤失量相对较小,随着裂缝延伸,液体滤失量大幅度增大,致使缝内净压力降低程度较大,有效造缝压力降低,裂缝在缝宽、缝长和缝高方向上都受到限制(图2.7.11),当中高砂比泵入后,由于裂缝的开度较小,导致缝内摩阻加剧,同时极易引起砂堵,泵注压力逐渐上升,对砂比提升较敏感(图2.7.12);②对应钻井漏失井段近井地带液体滤失严重,动态缝宽开启不足,砂比受限,加砂量符合率较低;③凝灰岩附近泥质含量较低、储层深度大、地应力较高,压裂期间裂缝不易延伸,致使缝宽较窄,临界砂比较低;④裂缝延伸过程中压力突降,表明产生新裂缝,裂缝系统发生明显改变,液体被分流,从而导致缝宽减小,支撑剂通过性能变差,大量支撑剂迅速"过滤、沉积"在近井筒附近,发生砂堵,压力升高(图2.7.13)。处理对策为:对于①、②类的页岩储层,通常在压裂施工中向地层泵入小粒径支撑剂对其进行封堵和降滤,同时也起到打磨裂缝迂曲的效果;③类一般是降低砂比,加大隔离液用量,避免形成砂堵;④类通常有两种方法进行解堵,即"大油嘴快速放喷法"和"注酸+小排量顶替+小油嘴放喷法",对于页岩压裂施工砂堵后,采用"大油嘴快速放喷法"具有较高的解堵率(图2.7.14)。

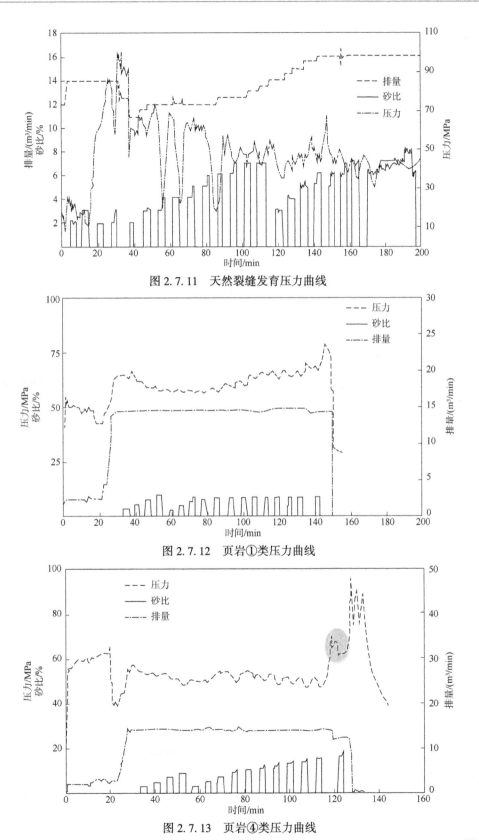

图 2.7.11　天然裂缝发育压力曲线

图 2.7.12　页岩①类压力曲线

图 2.7.13　页岩④类压力曲线

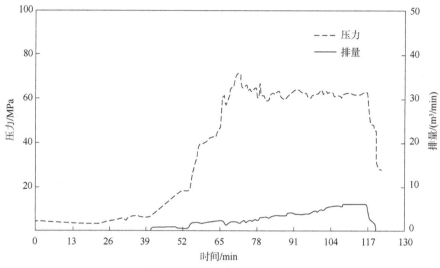

图 2.7.14　砂堵后试挤曲线

（3）压力高，加砂困难类型。

此类曲线主要特点为从替酸开始施工压力就居高不降，酸蚀压降后压力又会迅速爬回高点，地层对砂比非常敏感，加砂极为困难（图 2.7.15）。遇到该类情况时，主要对策为二次替酸，以降低施工压力，并高挤胶液促进裂缝延伸、扩展。该种情况多出现在凝灰岩中，其塑性强，裂缝延伸极困难，不具备加砂条件。

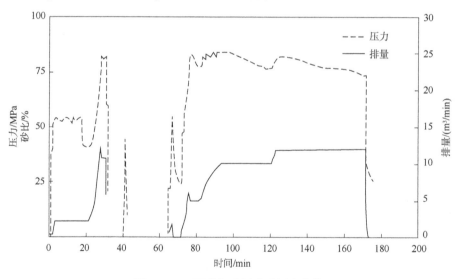

图 2.7.15　页岩加砂困难型压力曲线

### 2.7.3.3　裂缝参数计算

根据压裂施工曲线，结合裂缝扩展模型可以计算出水力压裂裂缝参数的数值，对压后裂缝评价具有重大意义。常规水力压裂压力曲线诊断是基于传统 2D 裂缝模型建立的，主要是 PKN 模型、KGD 模型和径向模型。由裂缝缝内流动方程、连续性方程和物质平衡方程联立，可获得泵

裂缝宽度计算

注期间井底净压力与对应不同裂缝模型基本模型参数的关系：

$$p_w(t) = \begin{cases} a^{\frac{1}{2n'+2}} \left(\dfrac{\pi}{2}\right)^{-\frac{2n'+1}{2n'+2}} \left(K'E'^{2n'+1}q^{n'}\right)^{\frac{1}{2n'+2}} \left[\dfrac{L(t)}{H^{3n'+1}}\right]^{\frac{1}{2n'+2}}, & \text{PKN 模型} \\[3mm] a^{\frac{1}{2n'+2}} \left(\dfrac{\pi}{2}\right)^{-\frac{2n'+1}{2n'+2}} \left[K'E'^{2n'+1}\dfrac{q^{n'}}{H^{n'}L^{2n'}(t)}\right]^{\frac{1}{2n'+2}}, & \text{KGD 模型} \\[3mm] a^{\frac{1}{2n'+2}} \left(\dfrac{3\pi}{16}\right)^{-\frac{2n'+1}{2n'+2}} \left(K'E'^{2n'+1}\dfrac{q^{n'}}{R_f^{3n'}}\right)^{\frac{1}{2n'+2}}, & \text{径向模型} \end{cases}$$

$$(2.7.5)$$

$$n' = \frac{\lg\tau_2 - \lg\tau_1}{\lg D_2 - \lg D_1}, \quad E' = \frac{E}{1-\nu^2}$$

式中　$p_w$——井底净压力，MPa；

$a$——幂律流体方程的面积指数，反映了压裂液滤失控制情况；

$n'$——压裂液流变指数；

$\tau$——剪切应力，MPa；

$D$——剪切速率，$s^{-1}$；

$K'$——稠度系数；

$R_f$——裂缝半径，m；

$H$——裂缝缝高，m；

$q$——排量，$m^3/s$；

$L$——裂缝长度，m；

$E'$——平面应变弹性模量，MPa；

$E$——岩石弹性模量，MPa；

$\nu$——泊松比。

在确定了裂缝模型之后，就可以根据压裂施工压力计算裂缝的动态参数。由于 PKN 模型几何尺寸的计算方法中未考虑液体滤失，而 Carter 的缝长计算中考虑了滤失，因而常用 Carter 方法计算缝长 $L(t)$，PK 方法计算缝宽。Carter 假设缝高 $H$ 和缝宽 $W$ 均为常数，缝口排量不变并考虑到滤失，则缝长与时间的函数关系为：

$$\begin{cases} L(t) = \dfrac{QW}{4\pi C^2 H}\left[e^{x^2}\text{erfc}(x) + \dfrac{2x}{\sqrt{\pi}} - 1\right] \\[3mm] x = \dfrac{2C\sqrt{\pi t}}{W} \end{cases}$$

$$(2.7.6)$$

式中　$\text{erfc}(x)$——$x$ 的误差补偿函数；

$C$——滤失系数，$m/\min^{\frac{1}{2}}$；

$Q$——缝口处排量，$m^3/\min$。

根据井底净压力与对应不同裂缝模型基本模型参数的关系式(2.7.5)可以求出裂缝的长度(半径)及井底平均缝宽随施工时间的变化关系,具体表达式如下:

井底平均缝宽计算公式:

$$\overline{W}_{w}(t) = \begin{cases} \left(\dfrac{\pi}{2}a\right)^{\frac{1}{2n'+2}} \left(\dfrac{K'q^{n'}}{E'}\right)^{\frac{1}{2n'+2}} \left[H^{1-n'}L(t)\right]^{\frac{1}{2n'+2}}, & \text{PKN 模型} \\[3mm] \left(\dfrac{\pi}{2}a\right)^{\frac{1}{2n'+2}} \left(\dfrac{K'q^{n'}}{E'}\right)^{\frac{1}{2n'+2}} \left[\dfrac{L^{2}(t)}{H^{n'}}\right]^{\frac{1}{2n'+2}}, & \text{KGD 模型} \\[3mm] \left(\dfrac{16}{3\pi}a\right)^{\frac{1}{2n'+2}} \left(\dfrac{K'q^{n'}}{E'}\right)^{\frac{1}{2n'+2}} R_{f}^{\frac{2-n'}{2n'+2}}, & \text{径向模型} \end{cases} \quad (2.7.7)$$

缝长计算公式:

$$L(t) \text{ 或 } R_{f}(t) = \begin{cases} \dfrac{p_{w}^{2n'+2}(t)H^{3n'+1}\left(\dfrac{\pi}{2}\right)^{2n'+1}}{aK'E'^{2n'+1}q^{n'}}, & \text{PKN 模型} \\[5mm] \dfrac{a^{\frac{1}{2n'}}\left(\dfrac{\pi}{2}\right)^{-\frac{2n'+1}{2n'}}\left(\dfrac{K'E'^{2n'+1}q^{n'}}{H^{n}}\right)^{\frac{1}{2n'}}}{p_{w}^{\frac{n'+1}{n'}}(t)}, & \text{KGD 模型} \\[5mm] \dfrac{a^{\frac{1}{3n'}}\left(\dfrac{3\pi}{16}\right)^{\frac{2n'+1}{3n'}}\left(K'E'^{2n'+1}q^{n'}\right)^{\frac{1}{3n'}}}{p_{w}^{\frac{2n'+2}{3n'}}(t)}, & \text{径向模型} \end{cases} \quad (2.7.8)$$

在缝长和井底平均缝宽计算公式中,由于井底压力和裂缝闭合压力已知,即井底净压力已知,则只有两个未知数:裂缝长度 $L(t)$ 或裂缝半径 $R_{f}(t)$ 和井底平均缝宽 $\overline{W}_{w}$,从而可联立求得。另外,如果需要求出整个裂缝的平均宽度,可以把井底净压力 $p_{w}(t)$ 折算为裂缝内平均净压力 $p_{f}(t)$,相应地给 $\overline{W}_{w}$ 乘以 $\beta_{p}$ 即可得到裂缝的平均宽度,其中 $\beta_{p}$ 定义为裂缝内平均压力与井底压力的比值。具体公式如下:

$$p_{f}(t) = \beta_{p}p_{w}(t) \quad (2.7.9)$$

$$\beta_{p} = \begin{cases} \dfrac{n'+2}{n'+3+\alpha}, & \text{PKN 模型} \\[2mm] 0.9 \sim 0.95, & \text{KGD 模型、径向模型} \end{cases} \quad (2.7.10)$$

本节符号及含义:

| 符号 | 含义 | 符号 | 含义 | 符号 | 含义 |
|---|---|---|---|---|---|
| $W_{x}$ | 缝中任意 $x$ 处的缝宽 | $Q$ | 流入裂缝的体积流量 | $E'$ | 平面应变弹性模量 |
| $\nu$ | 岩石泊松比 | $C$ | 比例系数 | $K'$ | 稠度系数 |

续表

| 符号 | 含义 | 符号 | 含义 | 符号 | 含义 |
|---|---|---|---|---|---|
| $p_x$ | 缝中 $x$ 处的压力 | $a$ | 面积指数 | $L(t)$ | 缝长 |
| $S$ | 地层应力 | $n'$ | 压裂液流变指数 | $\mathrm{erfc}(x)$ | 误差补偿函数 |
| $H$ | 缝高 | $\tau$ | 剪切应力 | $C$ | 滤失系数 |
| $E$ | 岩石弹性模量 | $D$ | 剪切速率 | $Q$ | 缝口处排量 |

# 参 考 文 献

[1] 黄祎丰, 裘进浩, 郭志强. 多裂纹相互作用下断裂行为的边界元分析[J]. 科学技术与工程, 2018, 18(8): 6-12.

[2] 赵金洲, 付永强, 王振华. 页岩气水平井缝网压裂施工压力曲线的诊断识别方法[J]. 天然气工业, 2022, 42(2): 11-19.

[3] 张迁, 王凯峰, 周淑林. 沁水盆地柿庄南区块地质因素对煤层气井压裂效果的影响[J]. 煤炭学报, 2020, 45(7): 2636-2645.

[4] 杨兆中, 刘云锐, 张平. 煤层气直井地层破裂压力计算模型[J]. 石油学报, 2018, 39(5): 578-586.

[5] 杨尚谕, 杨秀娟, 闫相祯. 煤层气水力压裂缝内变密度支撑剂运移规律[J]. 煤炭学报, 2014, 39(12): 2459-2465.

[6] 许露露, 崔金榜, 黄赛鹏. 煤层气储层水力压裂裂缝扩展模型分析及应用[J]. 煤炭学报, 2014, 39(10): 2068-2074.

[7] 徐加祥, 杨立峰, 丁云宏. 支撑剂变形及嵌入程度对裂缝导流能力的影响[J]. 断块油气田, 2019, 26(6): 816-820.

[8] 徐刚, 彭苏萍, 邓绪彪. 煤层气井水力压裂压力曲线分析模型及应用[J]. 中国矿业大学学报, 2011, 40(2): 173-178.

[9] 谢和平, 彭瑞东, 周宏伟. 基于断裂力学与损伤力学的岩石强度理论研究进展[J]. 自然科学进展, 2004(10): 7-13.

[10] 肖宇轩, 叶晓峰, 周伟. 基于非线性断裂力学模型的混凝土坝闸墩裂缝成因分析[J]. 武汉大学学报(工学版), 2022, 55(3): 229-237.

[11] 王晖, 顾帼华, 邱冠周. 接触角法测量高分子材料的表面能[J]. 中南大学学报(自然科学版), 2006(5): 942-947.

[12] 王晖, 顾帼华. 固体的表面能及其亲水/疏水性[J]. 化学通报, 2009, 72(12): 1091-1096.

[13] 唐巨鹏, 齐桐, 代树红. 基于声发射能量分析的周期注水应力改造下煤系页岩裂缝扩展规律试验研究[J]. 实验力学, 2020, 35(4): 639-649.

[14] 石欣雨, 文国军, 白江浩. 煤岩水力压裂裂缝扩展物理模拟实验[J]. 煤炭学报, 2016, 41(5): 1145-1151.

[15] 马天寿, 张赟, 邱艺. 基于可靠度理论的斜井井壁失稳风险评价方法[J]. 石油学报, 2021, 42(11): 1486-1498.

[16] 金智荣, 郭建春, 赵金洲. 支撑裂缝导流能力影响因素实验研究与分析[J]. 钻采工艺, 2007(5): 36-38, 41, 165.

[17] 金春伟. 断裂问题分析近场动力学并行算法研究[D]. 大连: 大连理工大学, 2021.

[18] 焦红岩. 长裂缝导流能力衰减预测模型研究与应用[D]. 青岛：中国石油大学(华东)，2017.

[19] 侯振坤，程汉列，海金龙. 页岩水力压裂裂缝起裂和扩展断裂力学模型[J]. 长江科学院院报，2020，37(5)：99-107.

[20] 冯虎，徐志强. 沁水盆地煤层气压裂典型曲线分析及应用[J]. 煤炭工程，2015，47(8)：116-118.

[21] 董卓，唐世斌. 围压与径向荷载共同作用下巴西盘裂纹应力强度因子的解析解[J]. 计算力学学报，2018，35(2)：168-173.

[22] 陈添，汪志明，杨刚. 煤岩 T 型缝压裂实验及压力曲线分析[J]. 特种油气藏，2013，20(3)：57，123-126.

[23] 陈勉，陈治喜，黄荣樽. 三维弯曲水压裂缝力学模型及计算方法[J]. 石油大学学报(自然科学版)，1995(S1)：43-47.

[24] 陈建国，邓金根，袁俊亮. 页岩储层 I 型和 II 型断裂韧性评价方法研究[J]. 岩石力学与工程学报，2015，34(6)：1101-1105.

[25] 曾大乾，张世民，卢立泽. 低渗透致密砂岩气藏裂缝类型及特征[J]. 石油学报，2003(4)：36-39.

[26] ZHANG Y, HE Z, JIANG S. Fracture types in the lower cambrian shale and their effect on shale gas accumulation, upper yangtze[J]. Marine and Petroleum Geology, 2019, 99：282-291.

[27] ZARE-REISABADI M R, KAFFASH A, SHADIZADEH S R. Determination of optimal well trajectory during drilling and production based on borehole stability[J]. International Journal of Rock Mechanics and Mining Sciences, 2012, 56：77-87.

[28] YANG Y, HAN H X, DUSSEAULT M B. Fracturing Water-Sensitive Tuffaceous Reservoirs[C]. Proceedings of the EUROPEC/EAGE Conference and Exhibition, 2007. SPE-107123-MS.

[29] Y H, Y O. Determination of the stress in rock unaffected by boreholes or drifts, from measured strains or deformations[J]. International Journal of Rock Mechanics and Mining Sciences & Geomechanics Abstracts, 1968, 5(4)：337-353.

[30] XING J, ZHAO C, YU S, et al. Experimental Study on Rock-Like Specimens with Single Flaw under Hydro-Mechanical Coupling[J]. Applied Sciences, 2019, 9(16)：3234.

[31] WENZEL R N. Surface Roughness and Contact Angle[J]. The Journal of Physical and Colloid Chemistry, 1949, 53(9)：1466-1467.

[32] TAN L, LI N, GAO D. Coalbed methane development in Liulin Block, Ordos Basin：a study on the complexity of fracture morphology in high-rank coal rock fracturing[C]. Proceedings of the 52nd US Rock Mechanics/Geomechanics Symposium, 2018. ARMA-2018-012.

[33] MA T, CHEN P, YANG C. Wellbore stability analysis and well path optimization based on the breakout width model and Mogi – Coulomb criterion[J]. Journal of Petroleum Science and Engineering, 2015, 135：678-701.

[34] MA T, CHEN P. A wellbore stability analysis model with chemical-mechanical coupling for shale gas reservoirs[J]. Journal of Natural Gas Science and Engineering, 2015, 26：72-98.

[35] LABUZ J F, SHAH S P, DOWDING C. The fracture process zone in granite：evidence and effect[J]. International Journal of Rock MechanicsMining Sciences, 1987, 24：235-246.

[36] KAFFASH A, ZARE-REISABADI M R. Borehole stability evaluation in overbalanced and underbalanced drilling：based on 3D failure criteria[J]. Geosystem Engineering, 2013, 16(2)：175-182.

[37] GRIFFITH A A. The phenomena of rupture and flow in solids[J]. Philosophical Transactions of the Royal

Society of London Series A, Containing Papers of a Mathematical or Physical Character, 1921, 221: 163-98.

[38] FOCHTMAN F W, CARLSON P E. Handbook of hydraulic fracturing additives: physical hazards and toxicity profiles[M]. Raton: CRC Press.

[39] ERINGEN A C, EDELEN D G B. On nonlocal elasticity[J]. International Journal of Engineering Science, 1972, 10: 233-248.

[40] CASSIE A B D, BAXTER S. Wettability of porous surfaces[J]. Transactions of the Faraday Society, 1944, 40(1): 546-551.

[41] AWAJI H, SATO S. Combined mode fracture toughness measurement by the disk test[J]. Journal of Engineering Materials and Technology, 1978, 100(2): 175-182.

# 第3章 裂缝模型

裂缝模型描述水力压裂施工过程中人工裂缝形成的动态过程及最终结果，对压裂施工具有重要的意义，为控制裂缝几何尺寸的大小、决定施工规模和施工步骤等提供理论依据。本章首先对经典的裂缝模型进行了总结，包括二维 PKN 模型、KGD 模型，以及拟三维模型和全三维模型。这些模型都是在一定简化条件的假设下建立起来的，与所描述的实际过程有不同程度的偏离，尽管如此，其模拟的结果完全可以用于指导压裂施工设计的制定及实施。在总结经典裂缝模型的基础上，提出了多层合压裂缝模型，该模型适用于煤系地层、海陆过渡相页岩储层等。裂缝闭合压力是开展裂缝导流能力评价、地应力反演的基础，因此建立了复杂裂缝的闭合压力计算模型，为闭合压力的计算提供了新思路。当前非常规储层压裂中普遍涉及人工裂缝与天然裂缝交互，人工裂缝与层理、界面等弱面交互，为此对天然裂缝建模方法进行了总结，并提出了判断人工裂缝在地层界面扩展行为的理论模型。数值模拟方法是研究裂缝扩展规律的重要途径，黏聚力模型是研究缝网延伸规律、裂缝穿层扩展规律、裂缝与界面交互行为的重要工具，本章对黏聚力模型的理论、优缺点及适用性进行了总结。

## 3.1 经典水力压裂模型

经典水力压裂
模型介绍

裂缝模型就是对裂缝在地下扩展遵循的几何、力学关系进行建模，使得裂缝模型最大可能逼近真实的裂缝几何形态。不同学者进行了大量研究并发展了各种模型以更加准确描述裂缝延伸规律，一定程度上反映了储层中水力裂缝的扩展形态，能够为压裂设计和优化提供指导。本节主要简述了经典水力压裂裂缝模型(平面裂缝模型、拟三维裂缝模型、全三维裂缝模型)的建立过程。

### 3.1.1 平面二维模型

水力裂缝起裂、扩展过程中，在应力差的作用下形成垂直裂缝。由于垂直缝上下界面受到顶底板界面限制，缝高可视为常数，为定值。因此，水力裂缝扩展从(缝长、缝宽、缝高)方向的延伸简化为(缝长、缝宽)方向上的二维破裂过程。相对于缝长方向，缝宽的扩展范围较小(缝宽尺寸较小),平面二维流动问题可简化为缝长方向的一维流动问题,即:假设缝宽方向不存在压降。这种"水力裂缝二维破裂过程,压裂液一维流动问题"可称为平面二维(2D)模型,经典平面二维模型主要包括 PKN 模型、KGD 模型。

England 与 Green 提出一个平面应变条件下,缝内分布作用在壁面上的正应力 $p$ 与缝宽 $w$ 的关系通用公式:

$$w(x) = \frac{4(1-\nu)}{\pi G} L \int_{f_L}^{1} \frac{f_2 \, \mathrm{d}f_2}{\sqrt{f_2^2 - f_1^2}} \int_{0}^{f_2} \frac{p(f_1) \, \mathrm{d}f_1}{\sqrt{f_2^2 - f_1^2}}$$

$$f_L = \frac{x}{L}, \quad -L \leqslant x \leqslant L$$

(3.1.1)

式中 $f_1$, $f_2$, $f_L$——缝长的分数。

若缝内存在高于最小主应力的均匀液体压力 $p_f$ 时,最简单的公式为:

$$w(x, t) = \frac{(1-\nu) H \Delta p}{G}$$

(3.1.2)

### 3.1.1.1 PKN 模型

基于垂直平面的平面应变理论,Kern 与 Perkins 在无滤失以及下列情况下提出计算缝宽数学模型。Nordgren 在考虑滤失的基础上,建立了同时求解裂缝长度和宽度的数学模型(图 3.1.1)。无滤失假设条件为:

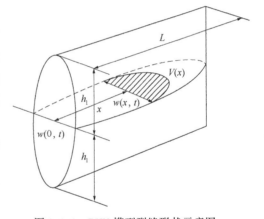

图 3.1.1　PKN 模型裂缝形状示意图

(1) 水力裂缝缝高方向固定值为 $H$,与缝长 $L$ 无关。

(2) 与裂缝扩展方向垂直的横截断面缝内液体压力 $p$ 为常数(无滤失)。

(3) 垂直平面存在岩石刚度,可抵挡压力 $p$ 作用下产生的形变。换句话说,垂直界面独立变形、不受邻近截面影响。

(4) 这些横截面中,将缝高 $H$,液体压力 $p$ 和该点的裂缝宽度 $w$ 联系起来。这些横截面中有一个椭圆形,其中心最大缝宽为:

$$w(x, t) = \frac{(1-\nu) H \Delta p}{G}$$

(3.1.3)

(5) 用在一个狭窄的椭圆形流动通道中的流动阻力来确定裂缝扩展方向或 $x$ 方向的液体压力梯度。对于牛顿流体情况($\mu$ 为黏度,$q$ 为流量):

$$\frac{\partial \Delta p}{\partial x} = -\frac{64}{\pi} \frac{q\mu}{w^3 H}$$

(3.1.4)

(6) 在没有特殊原因时,缝内液体压力在趋向缝端时逐步下降,使得在 $x = L$ 时,$p = \sigma H$。

最初始的理论忽略裂缝宽度增长对流量的影响，即在没有液体滤失时有如下假设：$\dfrac{\partial \Delta p}{\partial x}=0$。若液体滤失控制了此物质平衡，这个假设尽管是合理的，但在小滤失量和无滤失情况中，还是产生了显著的数值误差。Nordgren 修正了裂缝宽度增长速度对流量的影响，修改后的连续性方程如下：

$$\frac{\partial q}{\partial x}=-\frac{\pi H}{4}\frac{\partial w}{\partial t} \tag{3.1.5}$$

通过式（3.1.5）代入式（3.1.3）消去 $\Delta p$ 一项，得出关于 $w(x, t)$ 的非线性微分方程。

$$\frac{G}{64(1-\nu)H\mu}\frac{\partial^2 w^4}{\partial x^2}-\frac{\partial w}{\partial t}=0 \tag{3.1.6}$$

满足初始条件：

$$t=0 \text{ 时}, \ w(x, 0)=0$$

满足边界条件：

$$w(x, t)=0, \ x\geqslant L(t)$$

单翼缝：

$$q(0, t)=Q(t)$$

双翼缝：

$$q(0, t)=\frac{1}{2}Q(t)$$

式中　$Q$——注入排量，$m^3/\min$。

裂缝形状：

$$w(x, t)=w(0, t)(1-x/L)^{\frac{1}{4}} \tag{3.1.7}$$

裂缝体积：

$$V=\frac{\pi}{4}Hw(0, t)\int_0^L (1-x/L)^{\frac{1}{4}}\mathrm{d}x=Qt=\frac{\pi}{5}LHw(0, t) \tag{3.1.8}$$

缝长 $L$ 为：

$$L=b\frac{GQ^3}{(1-\nu)\mu H^4}t^{\frac{4}{5}} \tag{3.1.9}$$

其中，当 $q=Q$ 时，$C=2.64$；当 $q=\dfrac{1}{2}Q$ 时，$b=0.395$。

井底的缝宽 $w(0, t)$ 为：

$$w(0, t)=C\left[\frac{(1-\nu)Q^2 u}{GH}\right]^{\frac{1}{5}}t^{\frac{1}{5}} \tag{3.1.10}$$

其中，当 $q=Q$ 时，$C=2.64$；当 $q=\dfrac{1}{2}Q$ 时，$C=2.0$。

当流过裂缝的液体为非牛顿流体时，液体的表观黏度 $\mu_a$ 为：

$$\mu_a = K_a \left(\frac{6q}{Hw^3}\right)^{n-1} \tag{3.1.11}$$

$$K_a = K\left(\frac{2n+1}{3n}\right)^n \tag{3.1.12}$$

式中　$n$——流变指数；

　　　$K$——稠度系数，$Pa \cdot s^n$。

缝宽与全缝长的关系为：

$$w(0,\ t) = \left[\frac{64}{3\pi}(n+1)\right]^{\frac{1}{2(n+1)}} \left(\frac{6q}{H}\right)^{\frac{n}{2(n+1)}} \left[\frac{K_a(1-\nu)HL}{G}\right]^{\frac{1}{2(n+1)}} \tag{3.1.13}$$

上述方程中没有考虑流体的滤失。Carter 模型在计算裂缝长度中考虑了流体的滤失。因此在实际计算中常用 Carter 方法计算裂缝长度，而应用上述方法计算裂缝宽度。

Carter 方法假设裂缝高度与裂缝宽度均为常数，缝口处的排量也是不变的，裂缝长度为时间的函数。

垂直于裂缝壁面的滤失速度为：

$$v_t = \frac{C}{\sqrt{t-\tau}} \tag{3.1.14}$$

式中　$C$——流体滤失系数，$m/min^{0.5}$；

　　　$\tau$——裂缝中某点开始滤失的时间，$min$。

此时连续性方程改写为：

$$-\frac{\partial Q(x)}{\partial x} = V_L + \frac{\partial A}{\partial t} \tag{3.1.15}$$

$$Q(t) = Q_L(t) + Q_F(t)$$

式中　$Q(t)$——总的注入体积，$m^3$；

　　　$Q_L(t)$——压裂液的滤失量，$m^3$；

　　　$Q_F(t)$——裂缝体积，$m^3$；

　　　$A$——裂缝面积，$m^2$；

　　　$V_L$——压裂液体积，$m^3$。

积分得到方程如下：

$$\frac{Q}{H} = 2C\int_0^1 \frac{dL}{d\tau}\frac{d\tau}{\sqrt{t-\tau}} + w\frac{dL}{dt} \tag{3.1.16}$$

式(3.1.16)经 Laplace 变换得到：

$$A(t) = HL(t) = \frac{Qw}{4\pi C^2}\left[e^{x^2}\mathrm{erfc}(x) + \frac{2t}{\sqrt{\pi}} - 1\right]$$

$$x = \frac{2C\sqrt{\pi t}}{w}$$

(3.1.17)

在上述连续性方程式(3.1.3)中可以加上初滤失项，则得到的裂缝长度与宽度间的关系为：

$$L = \frac{Q(w + 2S_p)}{4\pi HC^2}\left[e^{x^2}\mathrm{erfc}(x) + \frac{2x}{\sqrt{\pi}} - 1\right]$$

(3.1.18)

式中　$S_p$——压裂液的初滤失，$m^3/m^2$。

Nordgren 在考虑滤失的基础上，建立了同时求解裂缝长度和宽度的数学模型。其连续性方程为：

$$\frac{\partial q}{\partial t} + \frac{\pi H}{4} \cdot \frac{\partial w}{\partial t} + q_1 = 0$$

(3.1.19)

得到偏微分方程：

$$\frac{G}{64(1-\nu)H\mu} + \frac{\partial^2 w^2}{\partial x^2} - \frac{\partial w}{\partial t} - \frac{8C}{\pi\sqrt{t - \tau(x)}} = 0$$

(3.1.20)

同样，结合初始条件及边界条件可得裂缝宽度及长度。

初始条件：

$$w(x, 0) = 0$$

边界条件：

$$\begin{cases} w(x, t) = 0, \ x > L(t) \\ \dfrac{\partial w^4}{\partial x} = 256Q\dfrac{(1-\nu)}{\pi G}, \ \text{全缝长} \end{cases}$$

$$w(0, t) = 4\left[\frac{2(1-\nu)\mu Q^2}{\pi^3 GCH}\right]^{\frac{1}{4}}t^{\frac{1}{8}}$$

(3.1.21)

$$L = \frac{Q\sqrt{t}}{\pi HC}$$

$$q(x) = Q\left[1 - \frac{2}{\pi}\sin\left(\frac{x}{L}\right)\right]$$

$$w(x, t) = w(0, t)\left\{\frac{x}{L}\sin^{-1}\frac{x}{L} + \left[1 - \left(\frac{x}{L}\right)^2\right]^{\frac{1}{2}} - \frac{\pi}{2}\frac{x}{L}\right\}^{\frac{1}{4}}$$

(3.1.22)

式中 $C$——流体滤失系数，$m/min^{\frac{1}{2}}$；

  $\tau$——裂缝中某点开始滤失的时间，min；

  $Q$——施工排量，$m^3/min$；

  $H$——裂缝高度，m。

#### 3.1.1.2 KGD 模型

基于水平平面应变条件，由 Khristianovich 和 Geerstsma 提出并由 Daneshy 改进的模型，简称 KGD 模型，即垂直矩形裂缝扩展模型(图 3.1.2)

此模型假设如下：

(1) 缝高 $H$ 依然是固定的。

(2) 仅在水平面考虑岩石刚度，因此裂缝宽度与缝高无关。除了井眼边界条件外，规定不变的总注入量 $q$。当然，单位缝高的流量 $q/H$ 影响裂缝宽度，但在垂直方向上宽度不变。由于该理论建立在平面应变条件的基础上，因此

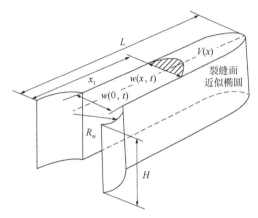

图 3.1.2 KGD 裂缝形状示意图

可得到在各个水平面中力学上令人满意的模型。在实际应用于整个生产层时，此模型得到相对较宽的裂缝，在许多现场实例中，这似乎比 PKN 模型预测的较窄的裂缝更接近实际情况，对此还不能充分解释。

(3) 通过计算垂直方向上各个宽度不同的细窄矩形裂缝内的流动阻力来确定扩展方向的液体压力梯度。

$$p_w - p(x) = \frac{12\mu Q}{H} \int_0^x \frac{dx}{w(x,t)^3} \tag{3.1.23}$$

式中 $p_w$——井底压力，MPa；

  $p(x)$——半缝长 $x$ 处的压力，MPa。

根据应力力学条件给出平衡条件 $\int_0^L \frac{p(x)dx}{\sqrt{L^2-x^2}} = \frac{\pi}{2}\sigma_h$，式(3.1.23)的全排量 $Q$ 注入一条缝中。满足平衡条件的压力分布是不连续的，即：

$$\begin{cases} p = \bar{p}, & 0 \leqslant \dfrac{x}{L} \leqslant \dfrac{L_0}{L} \\[2mm] p = 0, & \dfrac{L_0}{L} < \dfrac{x}{L} \leqslant 1 \end{cases} \tag{3.1.24}$$

式中 $\bar{p}$——缝内平均压力，MPa；

  $L_0$——未承压段的缝长，m。

根据平衡条件得到：

$$\frac{L_0}{L} = \sin\frac{\pi}{2}\frac{\sigma_h}{p} = f_{L_0} \tag{3.1.25}$$

式中 $f_{L_0}$——井口位置的缝长分数。

这种压力分段分布的裂缝的缝口宽度 $w(0, t)$ 为：

$$w(0, t) = \frac{2(1-\nu)}{G}L(\bar{p}-\sigma_h) = \frac{2(1-\nu)\Delta p}{G} \tag{3.1.26}$$

计算得到缝宽后，可近似计算缝中压力分布：

$$p = \frac{21uQL}{w^3(x, t)H}(1-f_{L_0})^{-\frac{1}{2}} \tag{3.1.27}$$

进一步得到单一裂缝体积：

$$V = h_f Lw(0, t)\int_0^1 (1-\lambda^2)^{\frac{1}{2}}\mathrm{d}\lambda = \frac{\pi}{4}h_f Lw(0, t) = \frac{Qt}{2} \tag{3.1.28}$$

式中 $V$——裂缝体积，$m^3$；

$\lambda$——形状系数；

$h_f$——半缝高，$m$。

最后得出缝长 $L$：

$$L = \frac{Q}{32\pi HC^2}\left[\pi w(0, t)+8S_p\right]\left[\frac{2x}{\sqrt{\pi}}-1+e^{x^2}\mathrm{erfc}(x)\right] \tag{3.1.29}$$

式中 $S_p$——初滤失系数，$m/min^{\frac{1}{2}}$；

$\mathrm{erfc}(x)$——余误差函数。

### 3.1.2 拟三维模型

拟三维模型及
缝宽方程介绍

平面二维裂缝模型计算相对简单，在水力压裂设计时应用较为广泛。但若水力裂缝扩展延伸，裂缝不受遮挡层限制（缝高为变量，缝高随缝长变化，即：缝高方向存在压降），此时，平面二维模型假设不成立，裂缝起裂与扩展模型需考虑裂缝在三维方向（缝长、缝宽、缝高）的延伸，这种模型统称为三维(3D)模型。由于三维裂缝模型计算较为复杂，为简化计算，部分学者提出拟三维模型。

本节简要介绍一种 Palmer 拟三维裂缝模型，可在此基础上发展成为拟三维压裂设计的计算方法。

Palmer 拟三维裂缝模型假设条件如下：

（1）地层是均质的，油层与顶底层具有相同的弹性模量 $E$ 及泊松比 $\nu$；

（2）裂缝的垂直剖面始终是椭圆形的；

（3）油层与顶底层间的应力差相等，缝内的流动是层流。

此外，限定此计算方法适用于缝长与缝高比大于 3.5 的情况(缝长远大于缝高)。

在此情况下缝高的延伸较慢，缝宽方向由于尺寸较小，流体未考虑缝宽方向上的流动。因此缝中液体近似于一维流动问题，拟三维裂缝几何形状如图 3.1.3 所示。

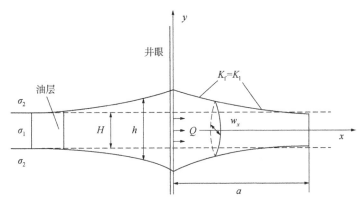

图 3.1.3　拟三维几何形状图

### 3.1.2.1　拟三维模型缝宽计算

拟三维裂缝的缝宽相当于沿缝长各点的垂向上按二维计算方法得到的缝宽。因此，缝宽 $w(x)$ 必然是静压力 $p(x)$ 和缝高 $H(x)$ 的函数，将式(3.1.1)中的 $L$ 以缝高 $H(x)$ 的一半替换，得到式(3.1.30)：

$$w(x) = \frac{4(1-\nu)}{\pi G}L\int_{f_L}^{1}\frac{f_2\mathrm{d}f_2}{\sqrt{f_2^2-f_1^2}}\int_0^{f_2}\frac{p(f_1)\mathrm{d}f_1}{\sqrt{f_2^2-f_1^2}}$$

$$f_L = \frac{x}{L}, \quad -L \leqslant x \leqslant L \tag{3.1.30}$$

$$w(x) = \frac{4(1-\nu^2)}{\pi E}H(x)\int_{f_L}^{1}\frac{f_2\mathrm{d}f_2}{\sqrt{f_2^2-f_1^2}}\int_0^{f_2}\frac{p(f_1)\mathrm{d}f_1}{\sqrt{f_2^2-f_1^2}} \tag{3.1.31}$$

式中　$f_1$，$f_2$，$f_L$——缝长的分数。

缝内的压力分布：

$$\begin{cases} p(y) = p_f - \sigma_1, & |y| \leqslant \dfrac{H_p}{2} \\[3mm] p(y) = p_f - \sigma_2, & |y| > \dfrac{H_p}{2} \end{cases}$$

式中　$H_p$——油层厚度，m；

　　　　$p_f$——缝内压力，MPa。

取 $f_{y1} = \dfrac{H_p}{H(x)}$，当 $f_1 = 0$ 时：

（1）在油层厚度 $H_p$ 内（$f_2 < f_{y1}$），有：

$$\int_0^{f_2} \frac{p(f_1)\mathrm{d}f_1}{\sqrt{f_2^2 - f_1^2}} = \frac{\pi}{2}(p_f - \sigma_1) \qquad (3.1.32)$$

（2）在盖层厚度 $H(x) - H_p$ 内（$f_2 > f_{y1}$），此时积分域 $0 \sim f_2$ 可分解为 $0 \sim f_{y1}$ 和 $f_{y1} \sim f_{y2}$，由于：

$$\int_0^{f_{y1}} \frac{(p_f - \sigma_1)\mathrm{d}f_1}{\sqrt{f_2^2 - f_1^2}} = (p_f - \sigma_1)\arcsin\frac{f_1}{f_2}\bigg|_0^{f_{y1}} = (p_f - \sigma_1)\arcsin\frac{f_{y1}}{f_2} \qquad (3.1.33)$$

$$\int_{f_{y1}}^{f_2} \frac{(p_f - \sigma_2)\mathrm{d}f_1}{\sqrt{f_2^2 - f_1^2}} = (p_f - \sigma_2)\arcsin\frac{f_1}{f_2}\bigg|_{f_{y1}}^{f_{y2}} = \frac{\pi}{2}(p_f - \sigma_1) - (p_f - \sigma_2)\arcsin\frac{f_{y1}}{f_2}$$

$$(3.1.34)$$

故：

$$\int_0^{f_2} \frac{p(f_1)\mathrm{d}f_1}{\sqrt{f_2^2 - f_1^2}} = \frac{\pi}{2}(p_f - \sigma_1) - (\sigma_2 - \sigma_1)\frac{f_{y1}}{f_2} \qquad (3.1.35)$$

得到：

$$\frac{\pi E w(f_l)}{4(1 - \nu^2)H(x)} = \left[\int_{f_1}^{f_{y1}} \frac{f_2\mathrm{d}f_2}{\sqrt{f_2^2 - f_1^2}} + \int_{f_{y1}}^{1} \frac{f_2\mathrm{d}f_2}{\sqrt{f_2^2 - f_1^2}}\right]\int_0^{f_2} \frac{p(f_1)\mathrm{d}f_1}{\sqrt{f_2^2 - f_1^2}} \qquad (3.1.36)$$

已知最大缝宽 $w_0$ 发生在 $f_l = 0$ 处，故：

$$\frac{\pi E w_0}{4(1 - \nu^2)H(x)} = \int_0^{f_{y1}} \frac{\pi}{2}(p_f - \sigma_1)\mathrm{d}f_2 + \int_{f_{y1}}^{1} \frac{\pi}{2}(p_f - \sigma_1)\left(1 - \frac{2}{\pi}\frac{\sigma_2 - \sigma_1}{p_f - \sigma_1}\arccos\frac{f_{y1}}{f_2}\right)\mathrm{d}f_2$$

$$(3.1.37)$$

考虑到：

$$\int_{f_{y1}}^{1} \arccos\frac{f_{y1}}{f_2}\mathrm{d}f_2 = \arccos f_{y1} - f_{y1}\ln\frac{H(x)\sqrt{1 - f_{y1}^2}}{f_{y1}} \qquad (3.1.38)$$

整理得到：

$$w_0(x) = \frac{2(1 - \nu^2)H(x)(p_f - \sigma_1)}{\pi E}\left\{1 - \frac{2}{\pi}\frac{\sigma_2 - \sigma_1}{p_f - \sigma_1}\left[\arccos f_{y1} - f_{y1}\ln\frac{H(x)\sqrt{1 - f_{y1}^2}}{f_{y1}}\right]\right\}$$

$$(3.1.39)$$

因此：

$$w_0(x) = F_1 [p(x), H(x)]$$

式中 $\sigma_2$，$\sigma_1$——隔层及目的层的最小主应力，MPa；

$\nu$——泊松比；

$p_f$——裂缝中的流体压力，MPa。

### 3.1.2.2 缝内压力分布 $p(x)$ 的求法

设缝宽 $w = 2z$，缝中的流速为 $U$，若缝中的流量为 $q(x)$，排量为 $Q$，则：

$$Q = 2q(x) = 2\int_{-\frac{w}{2}}^{\frac{w}{2}} \int_{-\frac{H(x)}{2}}^{\frac{H(x)}{2}} U\mathrm{d}z\mathrm{d}y$$

$$= \left(\frac{1}{2}\right)^{\frac{1}{n}} \left(-\frac{1}{K}\frac{\mathrm{d}p}{\mathrm{d}x}\right)^{\frac{1}{n}} H(x) \frac{n}{2n+1} \int_{-\frac{1}{2}}^{\frac{1}{2}} \left(\frac{w}{w_0}\right)^{\frac{2n+1}{n}} w_0^{\frac{2n+1}{n}} \mathrm{d}\left[\frac{y}{H(x)}\right]$$

$$(3.1.40)$$

其中：

$$w = w_0 \left\{1 - \left[\frac{2y}{H(x)}\right]^2\right\}^{\frac{1}{2}}$$

令：

$$M = 2\left[\frac{m}{\phi(n)}\right]^n, \quad m = \frac{2n+1}{n}, \quad \phi(n) = \int_{-\frac{1}{2}}^{\frac{1}{2}} \left(\frac{w}{w_0}\right)^m \mathrm{d}\left[\frac{y}{H(x)}\right]$$

整理式(3.1.40)得到：

$$\frac{\mathrm{d}p}{\mathrm{d}x} = -\frac{MKQ^n}{H^n(x)w_0^{2n+1}}$$

$$(3.1.41)$$

若为牛顿流体($n=1$)，则：

$$\frac{\mathrm{d}p}{\mathrm{d}x} = -\frac{12q(x)\mu}{H(x)\phi(1)w_0^3}$$

$$(3.1.42)$$

此时 $\phi(1)$ 为：

$$\phi(1) = \int_{-\frac{1}{2}}^{\frac{1}{2}} \left(\frac{w}{w_0}\right)^3 \mathrm{d}\left[\frac{y}{H(x)}\right] = \frac{1}{2}\int_{-\frac{1}{2}}^{\frac{1}{2}} \left\{1 - \left[\frac{2y}{H(x)}\right]^2\right\}^{\frac{3}{2}} \mathrm{d}\left[\frac{2y}{H(x)}\right] \approx \frac{3\pi}{16}$$

$$(3.1.43)$$

将(3.1.43)代入式(3.1.42)得到：

$$\frac{\mathrm{d}p}{\mathrm{d}x} = -\frac{64}{\pi} \frac{q(x)\mu}{H(x)w_0^3}$$

$$(3.1.44)$$

得到幂律流体表观黏度 $\mu_a$：

$$\mu_a = \frac{\pi}{64} MK2^n \frac{q^{n-1}(x)}{H(x){w_0}^{n-1}} \qquad (3.1.45)$$

因此：

$$\frac{\mathrm{d}p(x)}{\mathrm{d}x} = F_2[w_0(x), \ H(x), \ q(x)] \qquad (3.1.46)$$

式中　$w$——裂缝宽度，m；

　　　$w_0(x)$——裂缝口处的最大宽度，m；

　　　$p(x)$——裂缝中 $x$ 处流体压力，Pa；

　　　$H(x)$——$x$ 处裂缝高度，m；

　　　$y$——裂缝高度方向不同位置，m；

　　　$Q$——施工排量，$m^3/s$；

　　　$K$——幂律流体的稠度系数，$Pa \cdot s^n$；

　　　$n$——幂律流体的流态指数。

### 3.1.2.3　裂缝延伸准则

根据断裂力学的分析，当裂缝顶端的应力强度因子 $K_I$ 值达到某临界值 $K_{IC}$ 时，裂缝将向前延伸。Rice 的应力强度因子的计算公式为：

拟三维模型
缝内压力计算

$$K_I = \frac{1}{\sqrt{\pi H(x)/2}} \int_{-\frac{H(x)}{2}}^{\frac{H(x)}{2}} p(y) \left[\frac{H(x)/2 + y}{H(x)/2 - y}\right]^{\frac{1}{2}} \mathrm{d}y \qquad (3.1.47)$$

因为 $p(y)$ 关于 $y=0$ 对称，所以：

$$K_I = \sqrt{\frac{2H(x)}{\pi}} \int_0^{\frac{H(x)}{2}} \frac{p(y)}{\sqrt{H^2(x)/4 - y^2}} \mathrm{d}y$$

得到：

$$K_I = (p_f - \sigma_1)\sqrt{\pi H(x)/2}\left[1 - \frac{2}{\pi}\frac{\sigma_2 - \sigma_1}{p_f - \sigma_1}\arccos\frac{H_p}{H(x)}\right]$$

从而：

$$p_f - \sigma_1 = \sqrt{\frac{2}{\pi H(x)}}K_I + \frac{2}{\pi}(\sigma_2 - \sigma_1)\arccos\frac{H_p}{H(x)} \qquad (3.1.48)$$

即

$$p(x) = F_3[H(x)] = p_f - \sigma_1$$

式(3.1.48)对 $x$ 的求导，得到沿缝长 $x$ 的缝高 $H(x)$ 的剖面（$K_I = K_{IC}$）：

$$\frac{\mathrm{d}p(x)}{\mathrm{d}x} = -\frac{\mathrm{d}H(x)}{\mathrm{d}x}\left[\frac{K_{IC}}{\sqrt{2\pi H^{\frac{3}{4}}(x)}} - \frac{2}{\pi}(\sigma_2 - \sigma_1)\frac{H_p/H_x}{\sqrt{H^2(x) - H_p^2}}\right]$$

$$\frac{\mathrm{d}H(x)}{\mathrm{d}x} = \frac{64}{\pi}\frac{q(x)\mu(x)}{e(x)w_0^3(x)}$$

$$e(x) = \frac{K_{IC}}{\sqrt{2\pi H(x)}} - \frac{2}{\pi}(\sigma_2 - \sigma_1)\frac{H_p}{\sqrt{H^2(x) - H_p^2}} \tag{3.1.49}$$

其中:

$$w_0(x) = -\frac{2\sqrt{2}(1-\nu^2)}{\sqrt{\pi}E}K_{IC}\sqrt{H(x)} + \frac{4(1-\nu^2)}{\pi E}(\sigma_2 - \sigma_1)H_p\left[\ln H(x) + \sqrt{H^2(x) - H_p^2} - \ln H_p\right]$$

$$\tag{3.1.50}$$

即

$$w_0(x) = F_1'\left[H(x)\right]$$

式中　$K_I$——I 型应力强度因子，$Pa \cdot m^{\frac{1}{2}}$；

　　　$H(x)$——$x$ 处裂缝高度，m；

　　　$H_p$——产层厚度，m；

　　　$q(x)$——沿裂缝长度方向 $x$ 处的流量，$m^3/s$；

　　　$w_0(x)$——$x$ 处最大裂缝宽度，m；

　　　$E$——岩石杨氏模量，Pa；

　　　$\nu$——岩石泊松比；

　　　$Q$——施工排量，$m^3/s$；

　　　$L$——裂缝长度，m；

　　　$p_f$——$x$ 处产层中心流体压力，Pa；

　　　$\mu(x)$——$x$ 处牛顿流体的黏度，$Pa \cdot s$；

　　　$p(y)$——距离产层中心 $y$ 处的流体压力，Pa；

　　　$K_{IC}$——岩石的断裂韧性，$Pa \cdot m^{\frac{1}{2}}$。

　　在拟三维几何形状的计算公式中，若 $\sigma_1 = \sigma_2$，则与缝高恒定的二维计算方法相同。

### 3.1.2.4　连续性方程

　　沿缝长 $x$ 流量 $q(x, t)$ 的变化等于液体的滤失量 $\lambda(x, t)$ 及由于裂缝扩展而使体积增加的量 $\mathrm{d}A(x, t)/\mathrm{d}t$ 之和，即：

$$-\frac{\mathrm{d}q(x, t)}{\mathrm{d}x} = \lambda(x, t) + \frac{\mathrm{d}A(x, t)}{\mathrm{d}t} \tag{3.1.51}$$

拟三维模型延伸
判据和连续性
方程

$$\lambda(x, t) = 2H(x)\frac{C_x}{\sqrt{t - t_p(x)}}$$

式中  $C_x$——滤失系数，$m/\min^{\frac{1}{2}}$；

$t_p(x)$——从点 $x$ 开始滤失的时间，$\min$。

设 $t_1$ 时刻的半缝长为 $L_1$，若滤失只发生在油层厚度 $H_p$ 内，则此时的滤失量 $V_{L_1}^*$ 可按照式(3.1.52)求出：

$$V_{L_1}^* = 2H_p C_x \int_x \int_{t_p(x)}^{t_1} \frac{\mathrm{d}x\mathrm{d}t}{\sqrt{t - t_p(x)}} = 4H_p C_x \int_0^{L_1} \sqrt{t_1 - t_p(x)}\,\mathrm{d}x \tag{3.1.52}$$

滤失系数 $C_x$ 应为 $(x, t)$ 的函数，但暂时以常数对待。假设 $x(t) = a_2 t^{b_2}$，$a_2$，$b_2$ 均为常数，则式(3.1.52)可写为：

$$V_{L_1}^* = 4H_p C_x a_2 b_2 \int_0^{t_1} t_p^{b_2-1}(x)\,\sqrt{t_1 - t_p(x)}\,\mathrm{d}p(x)$$

令

$$t_p(x)/t_1 = Y$$

则有：

$$V_{L_1}^* = 4H_p C_x a_2 b_2 t_1^{b_2+1} \int_0^1 Y^{b_2-1}\sqrt{1 - Y}\,\mathrm{d}Y = 4H_p C_x b_2 L_1 \sqrt{t_1} f_1$$

半缝长总滤失量 $V_{sp}$ 为：

$$V_{sp} = 2L_1 S_p H_p$$

式中  $S_p$——初滤失系数，$m/\min^{\frac{1}{2}}$。

半缝长总滤失量 $V_{L_1}$ 为：

$$V_{L_1} = V_{L_1}^* + V_{sp} = 2L_1 S_p H_p + 4H_p C_x b_2 L_1 \sqrt{t_1} f_1 \tag{3.1.53}$$

在规定的 $t_1$ 和 $t_1 + \mathrm{d}t$ 时刻，在 $0 \sim x'$ 段的连续性方程可写为：

$$q(0) - q(x') = \int_0^{x'} \frac{2H_p C_x}{\sqrt{t_1 - t_p(x)}}\mathrm{d}x + \frac{1}{\mathrm{d}t}\big[A_2(x) - A_1(x)\big]\mathrm{d}x \tag{3.1.54}$$

其中：

$$\int_0^{x'} \frac{1}{\sqrt{t_1 - t_p(x)}}\mathrm{d}x = a_2 b_2 t_1^{b_2-\frac{1}{2}} \int_0^{Y'} \frac{Y^{b_2-1}}{\sqrt{1 - Y}}\mathrm{d}Y = L_1 b_2 t_1^{\frac{1}{2}} \int_0^{Y'} \frac{Y^{b_2-1}}{\sqrt{1 - Y}}\mathrm{d}Y$$

$$q(x') = q(0) - \frac{V'(x') - V(x')}{\mathrm{d}t} - \frac{2H_p C_x L_1 b_2}{t_1^{\frac{1}{2}}}g(Y') \tag{3.1.55}$$

式中　$V'(x')$，$V(x')$——$0 \sim x$ 段上 $t_1+dt$ 及 $t_1$ 时刻的体积。

考虑到滤失体积 $V_{sp}$，则有：

$$\frac{dV_{sp}}{dt} = 2S_p H_p \frac{dx}{dt}$$

由于 $x' = a_2 t_1^{b_2}$，故 $\dfrac{dV_{sp}}{dt} = 2S_p H_p \dfrac{b_2 x'}{t'}$，将其代入式（3.1.54）得：

$$q(x') = q(0) - \frac{V'(x') - V(x')}{dt} - \frac{2H_p L_1 b_2}{t_1^{\frac{1}{2}}} g(Y') - 2S_p H_p \frac{b_2 x'}{t_1} \qquad (3.1.56)$$

在上述条件下，最后得到不同时刻流量在所划分的裂缝段的分布，进而进行迭代求解，直至满足连续性方程。

### 3.1.3　全三维模型

拟三维裂缝模型假设缝长远大于缝高且缝高方向不存在压降（缝长方向的一维流动问题）。全三维裂缝模型进一步对拟三维裂缝模型进行修正，考虑了缝高方向的压降，转化为压裂液缝长、缝高方向的二维流动问题，并考虑了压裂液向地层中滤失。全三维裂缝模型基本方程包括裂缝宽度的弹性变形方程，缝长及缝高方向的二维流动方程及三维裂缝起裂准则。

#### 3.1.3.1　弹性变形方程

弹性变形方程的假定条件为：

（1）地层是均质各向同性线弹性体；

（2）将水力压裂裂缝假设为垂直于地层最小主应力的平面裂缝；

（3）裂缝尺寸远小于作业层，裂缝在足够深的地层内产生，因而可以忽略地表平面这一自由表面的影响；

全三维模型
基本方程

（4）压裂液在裂缝内部的流动为不可压缩流体的层流；

（5）压裂液根据滤失系数及滤失时间（从裂缝壁面与压裂液接触的时刻算起）来确定孔隙壁滤失速率；

（6）惯性效应忽略不计；

（7）与裂缝宽度方向上的压裂液速度梯度相比，$x\text{-}y$ 平面内的液体速度梯度可以忽略不计，除射孔段邻域外，上述假设条件是合理的（对射孔段的附近的流动细节并未模拟）。

由于作用在裂缝壁面上的法向压应力从初始值 $\sigma_{zz}(x, y, 0)$ 提高为压裂液压力 $p(x, y, t)$，引起地层内部应力场和位移场的变化，特别是裂缝壁面上位移场（即裂缝宽度）的变化，应用表面积分方法可以将无限大介质中全三维弹性力学问题简化为有限区域的二维问题。用表面积分形式表征裂缝宽度 $W(x, y)$ 与裂缝壁面上法向应力之间变化关系的方程为：

$$\Delta p(x, y) \equiv p(x, y) - \sigma_{zz}(x, y)$$

$$= E_e \int_A \left[ \frac{\partial w(x, y)}{\partial x'} \frac{\partial}{\partial x}\left(\frac{1}{R}\right) + \frac{\partial w(x, y)}{\partial y'} \frac{\partial}{\partial y}\left(\frac{1}{R}\right) \right] dA \qquad (3.1.57)$$

$$E_e = \frac{G}{4\pi(1-\nu)} \qquad (3.1.58)$$

$$R = \left[ (x-x')^2 + (y-y')^2 \right]^{\frac{1}{2}} \qquad (3.1.59)$$

式中　$E_e$——岩石等效弹性模量，MPa；

　　　$\Delta p(x, y)$——作用在裂缝壁面上的流体净压力，MPa；

　　　$p(x, y)$——裂缝内部压裂液压力，MPa；

　　　$\sigma_{zz}(x, y)$——垂直于裂缝壁面的最小地应力，MPa；

　　　$G$——岩层剪切弹性模量，MPa；

　　　$\nu$——岩石泊松比；

　　　$w$——裂缝宽度，mm；

　　　$R$——被积函数积分点$(x', y')$与压力作用点$(x, y)$之间的距离。

式(3.1.57)的积分值根据计算，由$z=0$平面上，在$z$方向具有 Burgers 位错线段所引起的，垂直于$z$平面的应力值的弹性力学基本解而得出，定义位错线段所在点$(x', y')$为源点，定义计算应力所在点$(x, y)$为场点。

式(3.1.57)是奇异积分方程，当源点和场点重合时，被积函数为无穷大，因此它仅在柯西主值的意义上收敛。这类方程的直接数值求解是困难且烦琐的。

对此类方程可采用奇异性降阶的处理方法。该方法的思路是：在式(3.1.57)中引入势函数$V(x, y)$，通过数学处理，将被积函数中对$1/R$项的微分转换为对势函数的微分，从而达到对方程的奇异性降阶的目的。具体步骤如下：

$$E_e \int_A \left[ \int_A \frac{\partial w(x, y)}{\partial x'} \int_A V(x, y) \frac{\partial}{\partial x}\left(\frac{1}{R}\right) dxdydx'dy' + \right.$$

$$\left. \int_A \frac{\partial w(x, y)}{\partial y'} \int_A V(x, y) \frac{\partial}{\partial y}\left(\frac{1}{R}\right) dxdydx'dy' \right] = \int_A \Delta p(x, y) V dxdy \qquad (3.1.60)$$

要求$V(x, y)$在$\Omega$域内是连续的，且满足边界条件：

$$V(x, y)\big|_{(x,y) \in \partial A_f} = 0 \qquad (3.1.61)$$

首先考虑式(3.1.60)中左边第一项内积分：

$$I = \int_A V(x, y) \frac{\partial}{\partial x}\left(\frac{1}{R}\right) dxdy \qquad (3.1.62)$$

如图 3.1.4 所示，将缝面区域分成两部分：

(1) 圆心在$(x', y')$、半径$\delta$的小圆区域$B_\delta$；

(2) 缝面$B_\delta$之外的域$\Omega - B_\delta$。

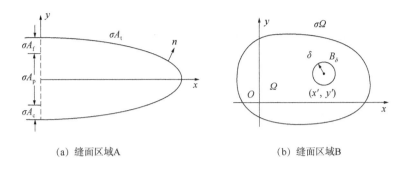

(a) 缝面区域A    (b) 缝面区域B

图 3.1.4 裂缝壁面的划分

式（3.1.62）可分解为：

$$I = I_1 + I_2 = \int_{\Omega-B_\delta} V(x,\ y)\ \frac{\partial}{\partial x}\left(\frac{1}{R}\right) \mathrm{d}x\mathrm{d}y + \int_{B_\delta} V(x,\ y)\ \frac{\partial}{\partial y}\left(\frac{1}{R}\right) \mathrm{d}x\mathrm{d}y \qquad (3.1.63)$$

对 $I_1$ 进行分部积分，得到：

$$I_1 = -\int_{\Omega-B_\delta}\left(\frac{1}{R}\right)\frac{\partial V(x,\ y)}{\partial x}\mathrm{d}x\mathrm{d}y + \int_{\partial\Omega}\frac{V(x,\ y)}{R}n_x\mathrm{d}s + \int_{\partial B_\delta}\frac{V(x,\ y)}{R}n_x\mathrm{d}s \quad (3.1.64)$$

因为 $V(x,\ y)$ 在裂缝端部为零，所以式（3.1.64）中的第二项自然消除，第三项可以改成：

$$\int_{\partial B_\delta}\frac{V(x,\ y)}{R}n_x\mathrm{d}s = \int_{\partial B_\delta}\frac{1}{R}V(x',\ y')n_x\mathrm{d}s + \int_{\partial B_\delta}\frac{1}{R}\left[V(x,\ y)-V(x',\ y')\right]n_x\mathrm{d}s$$

$$(3.1.65)$$

式中   $V(x',\ y')$——$V(x,\ y)$ 在 $B_\delta$ 域圆心 $(x',\ y')$ 的值。

因为 $V(x,\ y)$ 是连续的，所以当 $|(x,\ y)-(x',\ y')|<\delta$ 时，有 $|V(x,\ y)-V(x',\ y')|<\varepsilon$（$\varepsilon$ 为一小值）。

若取 $B_\delta$ 域的半径 $\delta<\delta_1$，则可以导出：

$$\left|\int_{\partial B_\delta}\frac{V(x,\ y)}{R}n_x\mathrm{d}s\right| \leqslant \left|V(x',\ y')\int_{\partial B_\delta}\frac{1}{R}\cos\theta R\mathrm{d}\theta\right| + \left|\int_{\partial B_\delta}\frac{1}{R}\varepsilon\cos\theta R\mathrm{d}\theta\right|$$

$$= \left|V(x',\ y')\int_0^{2\pi}\cos\theta\mathrm{d}\theta\right| + \left|\varepsilon\int_0^{2\pi}\cos\theta\mathrm{d}\theta\right| = 0 \qquad (3.1.66)$$

因此可得：

$$I_1 = -\int_{\Omega-B_\delta}\left(\frac{1}{R}\right)\frac{\partial V(x,\ y)}{\partial x}\mathrm{d}x\mathrm{d}y \qquad (3.1.67)$$

$I_2$ 可以改写为：

$$I_2 = \int_{B_\delta} V(x', y') \frac{\partial}{\partial x}\left(\frac{1}{R}\right) \mathrm{d}x\mathrm{d}y + \int_{B_\delta} [V(x, y) - V(x', y')] \frac{\partial}{\partial x}\left(\frac{1}{R}\right) \mathrm{d}x\mathrm{d}y$$

$$(3.1.68)$$

根据 $V(x, y)$ 的连续性可以得到：

$$|I_2| \leqslant \left| V(x', y') \int_{B_\delta} \frac{x - x'}{R^2} \mathrm{d}R\mathrm{d}\theta \right| + \left| \varepsilon \int_{B_\delta} \frac{x - x'}{R^2} \mathrm{d}R\mathrm{d}\theta \right|$$

$$= \left| V(x', y') \int_{B_\delta} \frac{\cos\theta}{R} \mathrm{d}R\mathrm{d}\theta \right| + \left| \varepsilon \int_{B_\delta} \frac{\cos\theta}{R} \mathrm{d}R\mathrm{d}\theta \right| \qquad (3.1.69)$$

式（3.1.69）中的积分可以表示为：

$$\int_{B_\delta} \frac{\cos\theta}{R} \mathrm{d}R\mathrm{d}\theta = \int_0^\pi \lim_{\tau \to 0}\left[ \int_\tau^\delta \frac{\cos\theta}{R} \mathrm{d}R + \int_\tau^\delta \frac{\cos(\theta + \pi)}{R} \mathrm{d}R \right] \mathrm{d}\theta \qquad (3.1.70)$$

所以可以得到：

$$I_2 \equiv 0$$

令圆域 $B_\delta$ 的半径 $\delta$ 为零，则方程（3.1.62）转化为：

$$\int_\Omega V(x, y) \frac{\partial}{\partial x}\left(\frac{1}{R}\right) \mathrm{d}x\mathrm{d}y = -\int_\Omega \frac{1}{R} \frac{\partial V(x, y)}{\partial x} \mathrm{d}x\mathrm{d}y \qquad (3.1.71)$$

同理可得：

$$\int_\Omega V(x, y) \frac{\partial}{\partial y}\left(\frac{1}{R}\right) \mathrm{d}x\mathrm{d}y = -\int_\Omega \frac{1}{R} \frac{\partial V(x, y)}{\partial y} \mathrm{d}x\mathrm{d}y \qquad (3.1.72)$$

因此可以得到：

$$\int_A \Delta p(x, y) V(x, y) \mathrm{d}x\mathrm{d}y = -E_e \iint_{A\,A} \frac{1}{R}\left[ \frac{\partial V(x, y)}{\partial x} \frac{\partial w(x, y)}{\partial x'} + \right.$$

$$\left. \frac{\partial V(x, y)}{\partial y} \frac{\partial w(x, y)}{\partial y'} \right] \mathrm{d}x\mathrm{d}y\mathrm{d}x'\mathrm{d}y' \qquad (3.1.73)$$

故将对 $\frac{1}{R}$ 项微分转化为对 $V(x, y)$ 的微分。

式（3.1.73）中右边的积分仅在柯西主值的意义上收敛，对这类积分要得到精确的数值解是非常困难的。另外，要保证式（3.1.73）中柯西积分收敛，对 $w(x, y)$ 的要求是 $\partial w(x, y)/\partial x$ 和 $\partial w(x, y)/\partial y$ 连续，这一条件增加了数值离散化的复杂性。但经过上述处理后得到的方程右边的积分是具有可去奇异点的奇异积分，这样奇异性的阶就被降低了，同时也放宽对 $w(x, y)$ 的要求。经过处理后方程(3.1.73)右边积分存在的条件是 $w(x, y)$ 连续，因此在数值离散过程中可以采用较为简单的公式。

### 3.1.3.2  二维液体流动方程

根据流体力学理论，在裂缝宽度上积分各个基本方程得到二维液体流动方程组。其中连续性方程：

$$\frac{\partial q_x}{\partial x}+\frac{\partial q_y}{\partial y}=-q_{\rm L}-\frac{\partial w}{\partial t}+q_{\rm i} \tag{3.1.74}$$

压力梯度方程为：

$$\frac{\partial p}{\partial x}+\eta\left(\frac{|q|}{w^2}\right)^{n-1}\frac{q_x}{w^3}=0 \tag{3.1.75}$$

$$\frac{\partial p}{\partial y}+\eta\left(\frac{|q|}{w^2}\right)^{n-1}\frac{q_y}{w^3}=pF_y \tag{3.1.76}$$

其中：

$$|q|=(q_x{}^2+q_y{}^2)^{\frac{1}{2}} \tag{3.1.77}$$

式中  $q_x$, $q_y$——在 $x$, $y$ 方向的体积流量，$\mathrm{m^3/min}$；

$|q|$——总流量，$\mathrm{m^3/min}$；

$q_{\rm L}$——裂缝单位面积上的体积滤失速率，$\mathrm{m^3/min}$；

$q_{\rm i}$——裂缝单位面积上的体积注入速率，$\mathrm{m^3/min}$（除在井底附近与射孔段相邻的区域外，$q_{\rm i}$ 均为零）；

$pF_y$——压裂液重力产生的单位体积上的体积力，$\mathrm{N/m^3}$；

$\eta$——黏度系数。

$\eta$ 与常用的幂律流体系数 $K$、$n$ 的关系为：

$$\eta=K\left[\left(2+\frac{1}{n}\right)\times 2^{\frac{n+1}{n}}\right]^n \tag{3.1.78}$$

根据与时间有关的滤失关系式，得到 $q_{\rm L}$：

$$q_{\rm L}(x, y, t)=\frac{2C_{\rm L}(x, y)}{\sqrt{t-\tau(x, y)}} \tag{3.1.79}$$

式中  $C_{\rm L}$——综合滤失系数，$\mathrm{m/min^{\frac{1}{2}}}$；

$\tau(x, y)$——裂缝壁面上某点$(x, y)$与压裂液接触的时刻，$\mathrm{min}$。

为便于计算，将公式简化为单一压力分布方程，等效方程如下：

$$\frac{\partial}{\partial x}\left\{\frac{n}{2n+1}K^{-\frac{1}{n}}\frac{w^{\frac{2n+1}{n}}}{2^{\frac{n+1}{n}}}\left[\left(\frac{\partial p}{\partial x}\right)^2+\left(\frac{\partial p}{\partial y}-\rho F_y\right)^2\right]^{-\frac{n-1}{2n}}\frac{\partial p}{\partial x}\right\}+$$

$$\frac{\partial}{\partial y}\left\{\frac{n}{2n+1}K^{-\frac{1}{n}}\frac{w^{\frac{2n+1}{n}}}{2^{\frac{n+1}{n}}}\left[\left(\frac{\partial p}{\partial x}\right)^2+\left(\frac{\partial p}{\partial y}-\rho F_y\right)^2\right]^{-\frac{n-1}{2n}}\left(\frac{\partial p}{\partial y}-\rho F_y\right)\right\}=\frac{\partial w}{\partial t}+q_L-q_i \qquad (3.1.80)$$

裂缝的边界 $\partial A$ 由 3 部分组成：井底处与射孔段重合的边界 $\partial A_p$，井底处与射孔段不重合的边界 $\partial A_c$；裂缝前缘边界 $\partial A_f$。根据上述定义，可以给出边界条件：

$$-\frac{n}{2n+1}K^{-\frac{1}{n}}\left[\left(\frac{\partial p}{\partial x}\right)^2+\left(\frac{\partial p}{\partial y}-\rho F_y\right)^2\right]^{-\frac{n-1}{2n}}\frac{\partial p}{\partial x}\bigg|_{\partial A_p}=q_2 \qquad (3.1.81)$$

$$-\frac{n}{2n+1}K^{-\frac{1}{n}}\left[\left(\frac{\partial p}{\partial x}\right)^2+\left(\frac{\partial p}{\partial y}-\rho F_y\right)^2\right]^{-\frac{n-1}{2n}}\frac{\partial p}{\partial x}\bigg|_{\partial A_c}=0 \qquad (3.1.82)$$

$$-\frac{n}{2n+1}K^{-\frac{1}{n}}\left[\left(\frac{\partial p}{\partial x}\right)^2+\left(\frac{\partial p}{\partial y}-\rho F_y\right)^2\right]^{-\frac{n-1}{2n}}\frac{\partial p}{\partial n}\bigg|_{\partial A_f}=0 \qquad (3.1.83)$$

由式(3.1.74)的边界条件为自然边界条件，要使该式有解，则应满足以下条件：

$$-\int_A q_L dxdy-\int_A \frac{\partial w}{\partial t}dxdy+\int_{\partial A_p} q_i ds=0 \qquad (3.1.84)$$

全三维模型
液体流动方程
和延伸判据

### 3.1.3.3 裂缝扩展判据

根据断裂力学理论，水力裂缝的扩展受断裂准则控制，即水力裂缝扩展期间，裂缝端各点处的应力强度因子 $K_I$ 基本保持为等于岩石临界应力强度因子 $K_{IC}$。由于缝端邻域内边界处的裂缝宽度 $W_a(S)$ 与缝端处应力强度因子成正比关系，裂缝扩展条件可用 $W_a(S)$ 表示为：

$$\begin{cases} W_a(S)<W_c，裂缝不扩展 \\ W_a(S)>W_c，裂缝扩展 \end{cases} \qquad (3.1.85)$$

$$W_c=\frac{2(1-\nu)K_{IC}}{G}\left[\frac{a(S)}{2\pi}\right]^{\frac{1}{2}} \qquad (3.1.86)$$

$K_{IC}$ 是裂缝扩展所需要的缝端附近弹性应力场强度的量度。对于线弹性体，只要预制裂缝试样尺寸充分大，以保证与试样所有特征长度相比，缝端附近非弹性裂缝区域是小的，就可以通过预制裂缝试样的室内实验测定 $K_{IC}$。

理论上说，裂缝端部上任一点的扩展速度 $v$ 值，要保证距缝端距离为 $a$ 处的裂缝宽度值 $W_a(S)$ 维持在临界值 $W_c$ 的水平上。然而，由于在计算这样的 $v$ 值时，需要知道 $t_{n+1}$ 时刻的裂缝宽度值，所以扩展速度 $v$ 值只能迭代求解，而每次裂缝尺寸的变化都要重新计算刚度矩阵 $\boldsymbol{K}$，因此这样的迭代是相当费时间的。代替迭代求解的一个方法是：根据应力强度因子的大小来估算裂缝的扩展速度，从而使应力强度因子近似等于临界值 $K_{IC}$。

本节符号及含义：

| 符号 | 含义 | 符号 | 含义 | 符号 | 含义 |
|------|------|------|------|------|------|
| $Q$ | 注入排量 | $E_e$ | 岩石等效弹性模量 | $\mathrm{erfc}(x)$ | 余误差函数 |
| $n$ | 流变指数 | $\Delta p(x, y)$ | 作用在裂缝壁面上的流体净压力 | $K_I$ | 应力强度因子 |
| $K$ | 稠度系数 | $p(x, y)$ | 裂缝内部压裂液压力 | $C_x$ | 滤失系数 |
| $p_w$ | 井底压力 | $\sigma_{zz}(x, y)$ | 垂直于裂缝壁面的最小地应力 | $V_{L_1}^*$ | 滤失量 |
| $p(x)$ | 半缝长 $x$ 处的压力 | $G$ | 岩层剪切弹性模量 | $V_{sp}$ | 半缝长总滤失量 |
| $\bar{p}$ | 缝内平均压力 | $\sigma_2, \sigma_1$ | 隔层及目的层的最小主应力 | $S_p$ | 初滤失系数 |
| $f_1, f_2, f_L$ | 缝长的分数 | $K_{IC}$ | 岩石的断裂韧性 | $\nu$ | 岩石泊松比 |
| $\nu$ | 泊松比 | $L_0$ | 未承压段的缝长 | $w$ | 裂缝宽度 |
| $H_p$ | 油层厚度 | $f_{L_0}$ | 井口位置的缝长分数 | $R$ | 被积函数积分点与压力作用点之间的距离 |
| $p_f$ | 缝内压力 | $\lambda$ | 形状系数 | | |
| $w_0$ | 最大缝宽 | $h_f$ | 半缝高 | $\eta$ | 黏度系数 |
| $\mu_a$ | 表观黏度 | $S_p$ | 初滤失系数 | $C_L$ | 综合滤失系数 |

## 3.2 多层合压裂缝模型

多层合压是实现非常规油气资源高效抽采的重要手段，是将相邻储层视作一个整体，然后实施射孔和压裂增产的工艺措施。设裂缝只从射孔段开始起裂，且每个射孔段只形成一条水力裂缝；在多层合压中，该裂缝纵向上可穿透多个岩层，由于各层物性不同，裂缝在各层的缝宽和压裂液滤失量也不同。如果合压地层（包括隔层段）共 $n$ 层，用 $i$ 表示各个层；射孔段共 $m$ 层，用 $j$ 表示各个段，如图 3.2.1 所示。

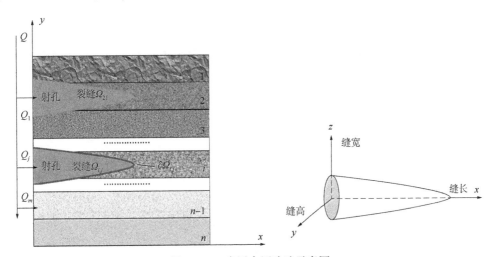

图 3.2.1 多层合压改造示意图

### 3.2.1 基本控制方程

#### 3.2.1.1 压裂液质量守恒方程

多层合压中，$m$ 个射孔段产生 $m$ 条裂缝，其中第 $j$ 条裂缝纵向穿透第 $a_j$ 储层至第 $b_j$ 储层，则由质量守恒可得式（3.2.1）。

$$\sum_{j=1}^{m} \sum_{i=a_j}^{b_j} \left[ \nabla \cdot q_{ij} + (q_L)_{ij} + \frac{\partial A(x, t)_{ij}}{\partial t} \right] = 0 \qquad (3.2.1)$$

其中

$$\nabla \cdot q_{ij} = \frac{\partial (q_x)_{ij}}{\partial x} + \frac{\partial (q_y)_{ij}}{\partial y}$$

$$(q_L)_{ij} = \frac{2(c_L)_i A(x, t)_{ij}}{\sqrt{t - \tau(x, y)_{ij}}}$$

$$A(x, t)_{ij} = \int_{-\frac{A(x, t)_{ij}}{2}}^{\frac{A(x, t)_{ij}}{2}} w(x, y, t)_{ij} \, dy$$

式中　$(q_L)_{ij}$——第 $j$ 条裂缝在第 $i$ 储层上的压裂液单位面积滤失量，m/min；

$q_{ij}$——压裂液注入流量，m³/min；

$(q_x)_{ij}$，$(q_y)_{ij}$——压裂液注入流量分量，m³/min；

$(c_L)_{ij}$——第 $i$ 储层压裂液滤失系数，m/min$^{\frac{1}{2}}$；

$\tau(x, y)_{ij}$——压裂液在裂缝 $(x, y)$ 处开始滤失的时刻，s；

$A(x, t)_{ij}$——$t$ 时刻裂缝 $x$ 处的横截面面积，m²；

$w(x, y, t)_{ij}$——$t$ 时刻裂缝在 $(x, y)$ 处的宽度，m。

需要说明的是 $x$ 为缝长方向，$y$ 为缝高方向，$z$ 为缝宽方向；下标 $ij$ 表示第 $j$ 条裂缝在第 $i$ 储层的部分；$a_j$、$b_j$ 为第 $j$ 条裂缝下缝尖、上缝尖所在的第 $a_j$ 储层、第 $b_j$ 储层。

#### 3.2.1.2 裂缝内压裂液流动方程

结合 Navier-Stokes 方程，视压裂液为不可压缩幂律流体，可得到缝长和缝高方向上的压降，见式（3.2.2），进一步可得式（3.2.3）。

$$\eta(S) = K \left\{ \left[ \frac{\partial (v_x)_{ij}}{\partial y} \right]^2 + \left[ \frac{\partial (v_y)_{ij}}{\partial y} \right]^2 \right\}^{\frac{(n-1)}{2}}$$

$$\begin{cases} \dfrac{\partial p_{ij}}{\partial x} = \dfrac{\partial}{\partial y} \left[ \eta(S) \dfrac{\partial (v_x)_{ij}}{\partial y} \right] \\[3mm] \dfrac{\partial p_{ij}}{\partial y} = \dfrac{\partial}{\partial y} \left[ \eta(S) \dfrac{\partial (v_y)_{ij}}{\partial y} \right] \end{cases} \qquad (3.2.2)$$

式中　$(v_x)_{ij}$，$(v_y)_{ij}$——压裂液流动速度分量，m/s；

$p_{ij}$——压裂液压力，MPa；

$\eta(S)$——黏度函数；

$K$——稠度系数，$Pa \cdot s^n$；

$n$——流性指数。

$$q_x = -S \frac{\partial p_{ij}}{\partial x}, \quad q_y = -S \frac{\partial p_{ij}}{\partial y} \tag{3.2.3}$$

其中

$$S = \frac{2n}{2n+1} K^{-\frac{1}{n}} \left[ \left( \frac{\partial p_{ij}}{\partial x} \right)^2 + \left( \frac{\partial p_{ij}}{\partial y} \right)^2 \right]^{\frac{(1-n)}{2n}} \left( \frac{w_{ij}}{2} \right)^{\frac{(2n+1)}{n}}$$

由式(3.2.1)和式(3.2.3)可得裂缝内压裂液的二维流动方程，见式(3.2.4)。

$$\sum_{j=1}^{m} \sum_{i=a_j}^{b_j} \left[ \frac{\partial}{\partial x} \left( -S \frac{\partial p_{ij}}{\partial x} \right)_{ij} + \frac{\partial}{\partial y} \left( -S \frac{\partial p_{ij}}{\partial y} \right)_{ij} + (q_L)_{ij} + \frac{\partial A(x, t)_{ij}}{\partial t} \right] = 0 \tag{3.2.4}$$

### 3.2.1.3 裂缝宽度方程

将各层视为各向同性线弹性体，采用平面应变问题求解水力裂缝宽度剖面，则裂缝宽度方程为式(3.2.5)。

$$(\sigma_n)_{ij} - p_{ij} = \frac{G_i}{4\pi(1-\nu_i)} \int_{\Omega_{ij}} \left[ \frac{\partial}{\partial x} \left( \frac{1}{R} \right) \frac{\partial w_{ij}}{\partial x} + \frac{\partial}{\partial y} \left( \frac{1}{R} \right) \frac{\partial w_{ij}}{\partial y} \right] dx' dy' \tag{3.2.5}$$

式中　$p(x, y)_{ij}$——裂缝面上点$(x, y)$处的压裂液压力，MPa；

　　　$(\sigma_n)_{ij}$——裂缝面上$(x, y)$处的原地应力，MPa；

　　　$R$——点$(x, y)$与点$(x, y)$之间的距离，m；

　　　$G_i$——第$i$储层的剪切模量，GPa；

　　　$\nu_i$——第$i$储层的泊松比；

　　　$\Omega$——裂缝面。

### 3.2.1.4 边界条件和初始条件

每条裂缝前缘宽度为0，即在$\partial\Omega_{ij}$上$w=0$；在裂缝前缘和两翼对称轴处，压裂液的流量为0，即在$\partial\Omega_{ij}$和$\partial(\Omega_c)_{ij}$上$-S(\partial p/\partial n)=0$；每条裂缝宽度初始值为0，即$w(x, y, 0)=0$。

## 3.2.2 合压缝高扩展方程

三维裂缝缝高方向延伸方程为式(3.2.6)。

$$\begin{cases} (K_{I1})_j = \frac{1}{\sqrt{\pi l}} \int_{-l}^{l} p(y) \sqrt{\frac{l+y}{l-y}} dy \\ (K_{I2})_j = -\frac{1}{\sqrt{\pi l}} \int_{l}^{-l} p(y) \sqrt{\frac{l-y}{l+y}} dy \end{cases} \tag{3.2.6}$$

式中　$(K_{I1})_j$，$(K_{I2})_j$——分别为缝高上、下尖端的应力强度因子；

$l$——半缝高;

$p(y)$——裂缝内净压力。

当$(K_I)_j \geqslant (K_{IC})_j$时,裂缝穿透地层界面,进入另一地层。$K_{IC}$为临界应力强度因子。

### 3.2.3 支撑剂输送方程

支撑剂输送问题视为固液两相在狭窄缝面中的二维流动问题,其二维运动方程见式(3.2.7)。

$$\frac{\partial}{\partial y}\left[c(1-c)\frac{\rho_f}{\rho}v_{ry}w_j\right]+\frac{\partial}{\partial x}\left(cs\frac{\partial p_j}{\partial x}\right)+\frac{\partial}{\partial y}\left(cs\frac{\partial p_j}{\partial y}\right)=\frac{\partial(cw_j)}{\partial t} \tag{3.2.7}$$

其中

$$v_{ry}=\frac{d_p^2(\rho_p-\rho_f)g(1-c)^2}{18\mu_s}$$

式中  $c$——支撑剂浓度;

$v_{ry}$——缝高方向的相对速度,m/s;

$\rho_p,\rho_f$——支撑剂和压裂液密度,kg/m$^3$;

$d_p$——支撑剂直径,m;

$\mu_s$——含砂液黏度,mPa·s。

同样,支撑剂输送方程的初始条件为:$t=0$,$c=0$;定解条件:在射孔段$\partial\Omega_p$,$c=c_{in}$。

基于非常规油气资源多层合压模型中的基本控制方程、缝高控制方程以及支撑剂输送方程,并结合实际油气资源的地质、测井、测试、压裂、岩心等资料,通过室内实验测量岩层物理力学参数和实际压裂工艺,便可对目标储层的合压工艺进行设计,实现多储层非常规油气资源的共采。

本节符号及含义:

| 符号 | 含义 | 符号 | 含义 | 符号 | 含义 |
|---|---|---|---|---|---|
| $(q_L)_{ij}$ | 压裂液单位面积滤失量 | $(v_y)_{ij}$ | 压裂液在$y$方向流动速度分 | $(\sigma_n)_{ij}$ | 裂缝面上$(x,y)$处的原地应力 |
| $q_{ij}$ | 压裂液注入流量 | $p_{ij}$ | 压裂液压力 | | |
| $(q_y)_{ij}$ | 压裂液注入流量分量 | $\eta(S)$ | 黏度函数 | $R$ | 点$(x,y)$与点$(x,y)$之间的距离 |
| $(c_L)_{ij}$ | 第$i$储层第$j$段压裂液滤失系数 | $K$ | 稠度系数 | | |
| | | $n$ | 流性指数 | $G_i$ | 第$i$储层的剪切模量 |
| $\tau(x,y)_{ij}$ | 压裂液在裂缝$(x,y)$处开始滤失的时刻 | $(K_{I1})_j$ | 缝高上尖端的应力强度因子 | $\nu_i$ | 第$i$储层的泊松比 |
| | | $(K_{I2})_j$ | 缝高下尖端的应力强度因子 | $\Omega$ | 裂缝面 |
| $A(x,t)_{ij}$ | $t$时刻裂缝$x$处的横截面积 | $l$ | 半缝高 | $c$ | 支撑剂浓度 |
| | | $p(y)$ | 裂缝内净压力 | $v_{ry}$ | 缝高方向的相对速度 |
| $w(x,y,t)_{ij}$ | $t$时刻裂缝在$(x,y)$处的宽度 | $K_{IC}$ | 临界应力强度因子 | $\rho_p$ | 支撑剂密度 |
| | | | | $\rho_f$ | 压裂液密度 |
| $(v_x)_{ij}$ | 压裂液在$x$方向流动速度分量 | $p(x,y)_{ij}$ | 裂缝面上点$(x,y)$处的压裂液压力 | $d_p$ | 支撑剂直径 |
| | | | | $\mu_s$ | 含砂液黏度 |

## 3.3 复杂裂缝闭合压力

水力压裂技术作为低渗透油气田的主要增产措施广泛得到应用。压裂压力是指压裂施工过程和停泵后井底或井口压力。压裂压力的分析方法是应用压裂施工过程和停泵后裂缝内的流动方程和连续性方程,结合裂缝几何参数计算模型,由压裂压力变化确定出裂缝几何参数和压裂液效率等。通过裂缝闭合前后的压降曲线分析,以确定地层参数,能为压裂设计提供重要的设计参数,如地层有效滤失系数、压裂液效率等,为进一步开发方案的调整、提升开发效率提供理论依据。阶梯排量注入/回流试验、平衡试验法、关井压降压力测试分析等方法在油气田开发中得到了广泛的应用。本节主要介绍常规裂缝闭合压力矿场测试机理。

### 3.3.1 阶梯注入/回流测试

阶梯注入/回流测试分为两个阶段。第一阶段为阶梯注入测试:首先将足量的压裂液体系以阶梯式排量增量注入地层中,并记录井底压力变化和造缝效果。阶梯排量变化应保持较长时间,以保证较好的测试效果。第二阶段为回流测试:通过油嘴调节阀或速率控制器使其以恒定排量进行回流返排,回流排量大小以最后阶梯式泵入排量的 1/6~1/4 为参考数值。

如图 3.3.1 所示,由于压裂液的返排,使地层压力下降。当裂缝内流体压力较小时,第一阶段产生的裂缝出现闭合,并出现压力响应特征。裂缝闭合前后的压力响应曲线不同,闭合压力 $p_c$ 可根据闭合前后两个阶段的两条直线(或两条曲线的切线)的交点来确定。阶梯注入/回流测试的关键在于控制返排速度,若返排速度不合理,压力响应特征不明显,会导致测试效果不理想、地层裂缝闭合压力不准确。

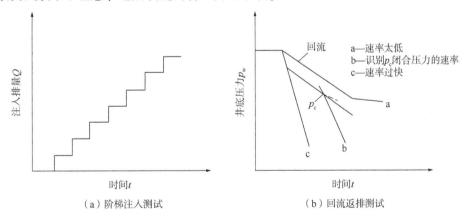

图 3.3.1 阶梯注入/回流测试示意图

### 3.3.2 平衡试验法

平衡试验法是一种非关井压降测试方法,将压裂液持续以低排量 $Q_1$ 泵入(试验排量 $Q_1$ 远远小于主压裂泵注排量 $Q_2$)。由于试验排量 $Q_1$ 较低,压裂液的泵注排量 $Q_1$ 小于滤失量，施工压力下降，使裂缝体积开始下降、裂缝趋于闭合，压裂液滤失量也将会降低。压裂液在裂缝中的滤失量会随着时间而降低，直至滤失量和注入排量相等。此时，由于泵注排量保持恒定，压裂液的滤失量随时间的延续而连续降低，裂缝体积稳定，井筒压力则会达到平衡并开始提高。当泵注排量达到平衡时其最低压力便是平衡压力。平衡试验方法受限于试验排量 $Q_1$ 的选择，排量过高时，平衡试验时间过短使分析较难；排量过低时，较长时间内无法达到平衡。此外，压裂液选择低黏度压裂液时，使裂缝内有效压力较低（滤失量大），可以提高试验精度。

不足之处：阶梯注入/回流测试与平衡试验都可以较为精确地确定闭合压力，然而由于操作方法过于讲究、关键参数难以控制，应用受到局限。

### 3.3.3 关井压降曲线分析

利用压裂停泵后的压力递减数据求取裂缝参数的方法最初是由 Nolte 提出的。此技术经发展、完善，逐渐形成有效压裂地层参数解释方法，对分析、评估压裂施工效果产生较好的指导作用。

#### 3.3.3.1 平方根曲线法

关井停泵后，压裂液泵注排量为 0，先压裂缝中压裂液将会向地层中进行线性滤失，导致井底压力下降。当裂缝趋于闭合时，表现在井底压力与时间平方根之间的关系曲线上，存在一个斜率变化。如图 3.3.2 所示，将关井压降数据与时间平方根作图可得平方根曲线。

关井压降测试根据闭合前后滤失特征不同，导致井底压力响应特征不同。将压降数据绘成曲线图，通过斜率变化确定闭合压力值大小，分析操作技术简单。由于部分因素影响，压降数据的处理过程中曲线斜率的改变被弱化，易导致闭合压力的确定较为困难。

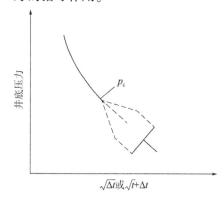

图 3.3.2 平方根曲线分析示意图

#### 3.3.3.2 G 函数分析方法

小型压裂测试的主要方法是停泵以后对压降数据进行分析，以便解释有关参数，如裂缝延伸压力、闭合压力、闭合时间、滤失系数、压裂效率等。闭合压力可由平方根曲线、G 函数曲线确定，但由于其平方根曲线波动幅度较小，闭合压力点识别相对较为不准确。基于前人的研究，本节结合 G 函数压力导数和叠加导数曲线特征，可准确地得出压力曲线下的裂缝闭合参数。假设条件如下：

（1）水力裂缝在地层内的延伸扩展符合线弹性力学原理，不考虑地层界面之间的滑移对裂缝延伸的影响；

（2）压裂液以一定排量注入时，水力裂缝与井筒方向垂直且井筒两侧裂缝延伸较为均匀、对称；

（3）裂缝向地层中线性滤失符合 Carter 滤失模型；

（4）关井停泵后，水力裂缝停止扩展，缝长、缝高保持不变，即二维裂缝面积一定；

（5）缝宽均匀降低，缝内的流体完全滤失时，裂缝面完全闭合，未考虑支撑剂对裂缝导流能力的影响。

根据线弹性力学原理，压裂液泵入与关井停泵后，其水力裂缝体积与缝内压力成正比。图3.3.3所示为注入和停泵后裂缝体积的变化。

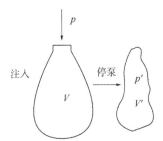

图3.3.3 压裂液泵入、停泵后裂缝体积的变化示意图

假设关井停泵后，水力裂缝缝长、缝高不变，则水力裂缝体积的变化为：

$$\Delta V = A_f \Delta \overline{W} \tag{3.3.1}$$

式中　$\Delta V$——裂缝体积变化量，$\mathrm{m}^3$；

　　　$A_f$——裂缝面积，$\mathrm{m}^2$；

　　　$\Delta \overline{W}$——平均缝宽的变化量，$\mathrm{m}$。

停泵关井后，水力裂缝体积变化速率为：

$$\frac{\Delta V}{\Delta t} = A_f \frac{\Delta \overline{W}}{\Delta t} \tag{3.3.2}$$

根据线弹性力学理论，水力裂缝内平均净压力（裂缝内流体压力–裂缝闭合压力）与平均缝宽成正比，即：

$$\overline{p}_{\mathrm{net}} = S_f \overline{W} \tag{3.3.3}$$

式中　$\overline{p}_{\mathrm{net}}$——裂缝内的平均净压力，$\mathrm{MPa}$；

　　　$S_f$——裂缝刚度，$\mathrm{MPa/m}$；

　　　$\overline{W}$——平均缝宽，$\mathrm{m}$。

针对经典平面二维裂缝模型，水力裂缝刚度为：

$$S_f = \begin{cases} \dfrac{2E}{\pi h_f}, & \text{PKN 模型} \\[3mm] \dfrac{E}{\pi x_f}, & \text{KGD 模型} \\[3mm] \dfrac{3\pi E}{16 R_f}, & \text{Penny 模型} \end{cases} \tag{3.3.4}$$

式中　$E$——地层平面弹性模量，$\mathrm{MPa}$；

　　　$h_f$——裂缝高度，$\mathrm{m}$；

　　　$x_f$——裂缝半长，$\mathrm{m}$；

　　　$R_f$——裂缝半径，$\mathrm{m}$。

由式(3.3.1)至式(3.3.3)得：

$$\frac{\Delta V}{\Delta t} = \frac{A_f \beta_s}{S_f} \frac{\Delta p_{net}}{\Delta t} \tag{3.3.5}$$

式中　$\beta_s$——停泵后裂缝内的平均净压力与井底净压力之比。

针对经典平面二维裂缝模型，Nolte 给出了 $\beta_s$ 的具体计算公式为：

$$\beta_s = \begin{cases} \dfrac{2n+2}{2n+3+a}, & \text{PKN 模型} \\[2mm] 0.9, & \text{KGD 模型} \\[2mm] \dfrac{3n^2}{32}, & \text{Penny 模型} \end{cases} \tag{3.3.6}$$

式中　$n$——液体的流性指数；

　　　$a$——液体黏度退化系数。

$$a = \begin{cases} 0, & \text{流体黏度为定值时} \\ 1, & \text{流体黏度退化不严重时} \\ 2, & \text{流体黏度退化严重时} \end{cases}$$

根据体积平衡原理，关井停泵后，水力裂缝体积变化量等于流体滤失量，则有：

$$\frac{\Delta V}{\Delta t} = -q_L(t) \tag{3.3.7}$$

故可得：

$$q_L(t) = -\frac{A_f \beta_s}{s_f} \frac{\Delta p_{net}}{\Delta t}$$

Nolte 给出关井停泵后流体滤失量，如下：

$$q_L(t) = \frac{2C_L \psi_f A_f}{\sqrt{t_p}} f(\delta)$$

$$\delta = \Delta t / \Delta t_p \tag{3.3.8}$$

式中　$C_L$——地层滤失系数，$\text{m/min}^{\frac{1}{2}}$；

　　　$\psi_f$——裂缝内滤失面积与裂缝面积之比，常取为 1.0；

　　　$\delta$——无量纲停泵时间；

　　　$\Delta t$——停泵时间，min；

　　　$\Delta t_p$——注入时间，min；

　　　$f(\delta)$——时间函数。

$$f(\delta) = \begin{cases} 2(\sqrt{1+\delta} - \sqrt{\delta}), & \text{无滤失} \\[2mm] \arcsin\dfrac{1}{\sqrt{1+\delta}}, & \text{最大滤失} \end{cases}$$

由式(3.3.8)整理可得:

$$-\frac{\mathrm{d}p_{\mathrm{net}}}{\mathrm{d}t} = \frac{2C_{\mathrm{L}}\psi_{\mathrm{f}}S_{\mathrm{f}}}{\beta_{\mathrm{s}}\sqrt{t_{\mathrm{p}}}}f(\delta)$$ (3.3.9)

对式(3.3.9)积分可得:

$$\int_{t_0}^{t_0+\Delta t}\frac{2C_{\mathrm{L}}\psi_{\mathrm{f}}S_{\mathrm{f}}}{\beta_{\mathrm{s}}\sqrt{t_{\mathrm{p}}}}f(\delta)\,\mathrm{d}t = \int_{p(t=t_0)}^{p(t=t_0+\Delta t)}-\mathrm{d}p_{\mathrm{net}} = \Delta p = p(t_0)-p(t_0+\Delta t)$$

整理可得:

$$\Delta p(\delta_0,\ \delta) = p(\delta_0)-p(\delta) = \frac{\pi C_{\mathrm{L}}\psi_{\mathrm{f}}S_{\mathrm{f}}}{2\beta_{\mathrm{s}}}\sqrt{t_{\mathrm{p}}}\,G(\delta_0,\ \delta)$$ 

(3.3.10)

$$G(\delta_0,\ \delta) = \frac{4}{\pi}\left[g(\delta)-g(\delta_0)\right]$$

其中:

$$g(\delta) = \begin{cases}\dfrac{4}{3}\left[(1+\delta)^{\frac{3}{2}}-\delta^{\frac{3}{2}}\right],\ \text{无滤失}\\[3mm](1+\delta)\arcsin\dfrac{1}{\sqrt{1+\delta}}+\sqrt{\delta},\ \text{最大滤失}\end{cases}$$ (3.3.11)

根据式(3.3.10)中的压差关系式,可以得到拟合压力为:

$$\frac{\mathrm{d}p}{\mathrm{d}G} = \frac{\pi C_{\mathrm{L}}\psi_{\mathrm{f}}S_{\mathrm{f}}\sqrt{t_{\mathrm{p}}}}{2\beta_{\mathrm{s}}}$$ (3.3.12)

即:

$$\Delta p(\delta_0,\ \delta) = \frac{\mathrm{d}p}{\mathrm{d}G}G(\delta_0,\ \delta)$$ (3.3.13)

根据给定不同的 $\delta_0$ 值,作出压差与无量纲 G 函数的关系曲线图,对比特征曲线进行拟合,从而确定拟合压力。

根据 G 函数曲线分析,可确定地层参数(如滤失系数、压裂液效率、裂缝几何尺寸等)。关井停泵时的裂缝体积与滤失量之比为:

$$\varphi = \frac{v_{\mathrm{F}}}{v_{\mathrm{L}}} = \frac{e_{\mathrm{F}}}{1-e_{\mathrm{F}}}$$ (3.3.14)

且有

$$e_{\mathrm{F}} = \frac{\varphi}{1+\varphi}$$

式中　$\varphi$——停泵时的裂缝体积与滤失量之比；

　　　$e_F$——液体效率，停泵时的裂缝体积与总注入量之比。

可以从 G 函数特征曲线拟合中得到 $\varphi$：

$$\varphi = \frac{\pi p_s}{4\varepsilon g_0 p^*}$$

$$p^* = \frac{\mathrm{d}p}{\mathrm{d}G} \tag{3.3.15}$$

$$p_s = \mathrm{ISIP} - p_C$$

式中　$p_s$——停泵时的净压力，MPa；

　　　ISIP——瞬时停泵压力，MPa；

　　　$p_C$——裂缝闭合压力，MPa；

　　　$\varepsilon$——考虑天然裂缝张开或压裂液液体存在初滤失，对滤失系数的校正，一般情况下 $\varepsilon = 1$；

　　　$g_0$——$g_0$ 函数。

当 $t = 0$ 时，$g_0 = 1.57 - 0.238e_F$；若取 $g_0 = 1.57$，两者误差小于 5%。

由上述公式可知，液体效率与经典裂缝模型无关，但裂缝尺寸、滤失系数与裂缝模型相关。不同裂缝模型条件下几何参数见表 3.3.1。

**表 3.3.1　三种模型所对应的裂缝几何参数**

| 模型 | 缝长 | 平均缝宽 | 滤失系数 |
|---|---|---|---|
| PKN | $\dfrac{0.134V_i E}{4\varepsilon p^* \beta_s g_0 (1+\varphi) h_f^2}$ | $\dfrac{6\pi\beta_s p_s h_f}{E}$ | $\dfrac{p^* \beta_s h_f}{\psi_f E \sqrt{t_p}}$ |
| KGD | $\dfrac{(0.134V_i E)^{\frac{1}{2}}}{8\varepsilon \Delta p^* \beta_s g_0 (1+\varphi) h_f}$ | $\dfrac{12\pi\beta_s p_s x_f}{E}$ | $\dfrac{2p^* \beta_s x_f}{\psi_f E \sqrt{t_p}}$ |
| Penny | $\left[\dfrac{0.134V_i E}{2\pi\varepsilon g_0 (1+\varphi) p^*}\right]^{\frac{1}{3}}$ | $\dfrac{6\pi p_s R_f}{E}$ | $\dfrac{p^* R_f}{\psi_f E \sqrt{t_p}}$ |

## 3.3.4　裂缝闭合响应特征分析

以 G 函数方法为理论基础，Castillol 提出了 G 函数导数法，G 函数导数与 G 函数在裂缝闭合前为线性直线关系。由式（3.3.13）可知，若 $\delta_0 = 0$（停泵时为初始点），关井后的井底压力与瞬时停泵压力之间的关系式为：

$$p(\Delta t) = p^* G(\delta, 0) + p(\Delta t^* = 0) = p^* G(\delta, 0) + \mathrm{ISIP} \tag{3.3.16}$$

由式（3.3.16）可知，以 G 函数为横坐标，关井后井底压力为纵坐标，从而可绘制压力—G 函数曲线图。若曲线图表征为直线时，斜率为拟合压力 $p^* = \dfrac{\mathrm{d}p}{\mathrm{d}G}$；曲线图截距为 ISIP（瞬时停泵压力）。

针对煤层气等复杂缝储层特征(天然裂缝发育),停泵关井压降分析时,需考虑其对应力敏感、滤失的影响,若天然裂缝张开时,流体滤失较大;滤失速度取决于缝内流体压力,流体压力又反作用于天然裂缝的张开与闭合。针对复杂情况,根据 G 函数及其导数的叠加即:$G\dfrac{\mathrm{d}p}{\mathrm{d}G}$,可进一步放大压力变化响应特征。通过 $G\dfrac{\mathrm{d}p}{\mathrm{d}G}$—G 函数曲线定量表征地层参数(如:水力裂缝闭合压力、闭合时间等)。

Barree 等根据经典三维压裂裂缝模型,对关井停泵后的压降拟合,综合分析了几种不同工况下的压力响应特征。

### 3.3.4.1　工况一压降响应特征

若滤失速率为常数,即滤失不受缝内流体压力影响,停泵关井后,缝长、缝高方向停止延伸,缝宽降低导致缝内压力降低,水力裂缝闭合。

如图 3.3.4 所示,关井压力响应特征:

(1)井底压力 $p$ 与 G 函数呈线性关系。

(2)压力导数 $\dfrac{\mathrm{d}p}{\mathrm{d}G}$ 与 G 函数在关井停泵早期存在波动;当水力裂缝闭合时,$\dfrac{\mathrm{d}p}{\mathrm{d}G}$ 曲线再次出现波动。

(3)$G\dfrac{\mathrm{d}p}{\mathrm{d}G}$ 与 G 函数为线性关系;裂缝闭合后,$G\dfrac{\mathrm{d}p}{\mathrm{d}G}$ 曲线突然偏离直线时,如图 3.3.4 所示,拐点为闭合压力,为 33MPa。

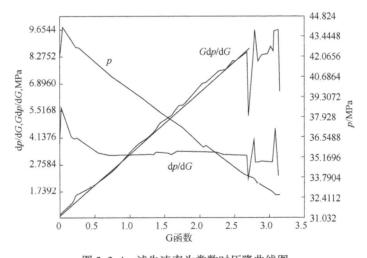

图 3.3.4　滤失速率为常数时压降曲线图

### 3.3.4.2　工况二压降响应特征

滤失对应力较为敏感(即滤失速率为非常数时)。由于天然裂缝发育储层压裂时,裂缝内流体压力较高,使天然裂缝张开、流体滤失量增大。关井停泵后,井底压力远远大于裂缝闭合压力,缝内滤失仍存在。滤失速率随着缝内流体压力降低逐渐降低,当天然裂缝闭合时,滤失速率趋于稳定。

如图 3.3.5 所示，关井压力响应特征：

（1）停泵初期，井底压力远远大于裂缝闭合压力，滤失速率高，初始压降幅度高；天然裂缝闭合后，滤失速率稳定，井底压力与 G 函数呈线性关系。

（2）停泵初期，压力导数 $\dfrac{\mathrm{d}p}{\mathrm{d}G}$ 直线下降，随着天然裂缝的闭合，$\dfrac{\mathrm{d}p}{\mathrm{d}G}$ 曲线与 G 函数呈线性关系。

（3）停泵初期，压力超级导数 $G\dfrac{\mathrm{d}p}{\mathrm{d}G}$ 表现为凸起，随着 G 函数的增大，伴随天然裂缝逐步闭合，$G\dfrac{\mathrm{d}p}{\mathrm{d}G}$ 与 G 函数成线性关系。如图 3.3.5 所示，曲线偏离直线时，拐点为闭合压力。

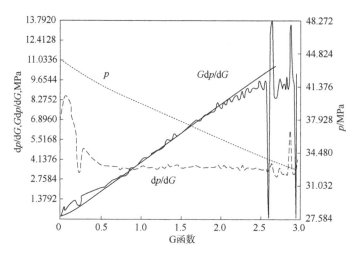

图 3.3.5　滤失对应力较为敏感，裂缝闭合前的压降特征曲线

### 3.3.4.3　工况三压降响应特征

压裂液的滤失受到应力敏感影响，缝内流体的滤失对地层弹性模量产生一定影响。由于天然裂缝发育储层压裂时，裂缝内流体压力较高，滤失量显著增高。大量液体滤失进入周围地层，导致地层弹性模量增大，裂缝刚度减小。关井停泵后，地层弹性模量逐步恢复，缝内流体压力受到滤失和裂缝刚度的双重影响。当井底压力远远大于裂缝闭合压力时，缝内滤失仍然存在，滤失速率随着缝内流体压力降低逐渐降低。当水力裂缝闭合时，滤失速度趋于稳定。

如图 3.3.6 所示，关井压力响应特征：

（1）停泵初期，井底压力远远大于裂缝闭合压力，滤失速率高，初始压降幅度高；停泵后期，随着天然裂缝闭合和地层弹性模量的恢复，滤失速率逐渐稳定，井底压力与 G 函数呈线性关系。

（2）停泵初期，受储层弹性模量的影响，压力导数 $\dfrac{\mathrm{d}p}{\mathrm{d}G}$ 大幅度下降。随着天然裂缝的闭合和地层弹性模量的恢复，$\dfrac{\mathrm{d}p}{\mathrm{d}G}$ 曲线与 G 函数呈线性关系，压力导数 $\dfrac{\mathrm{d}p}{\mathrm{d}G}$ 数值较小。

（3）停泵初期，压力超级导数 $G\dfrac{\mathrm{d}p}{\mathrm{d}G}$ 表现为凸起。随着 G 函数的增大，伴随天然裂缝闭合，$G\dfrac{\mathrm{d}p}{\mathrm{d}G}$ 数值较大且与 G 函数呈线性关系。如图 3.3.6 所示，曲线偏离直线时，拐点为闭合压力，为 32.4MPa。

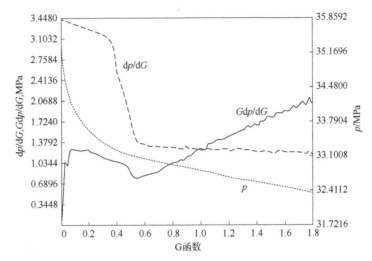

图 3.3.6　应力敏感、地层弹性模量变化时，裂缝闭合前的压降特征

本节符号及含义：

| 符号 | 含义 | 符号 | 含义 | 符号 | 含义 |
|---|---|---|---|---|---|
| $\Delta V$ | 裂缝体积变化量 | $x_f$ | 裂缝半长 | $\psi_f$ | 裂缝内滤失面积与裂缝面积之比 |
| $A_f$ | 裂缝面积 | $R_f$ | 裂缝半径 | $\varphi$ | 停泵时的裂缝体积与滤失量之比 |
| $\Delta\overline{W}$ | 平均缝宽的变化量 | $\beta_s$ | 裂缝平均净压力井底净压力之比 | $e_F$ | 液体效率，停泵时的裂缝体积与总注入量之比 |
| $\overline{p}_{net}$ | 裂缝内的平均净压力 | $n$ | 液体的流性指数 | | |
| $S_f$ | 裂缝刚度 | $a$ | 液体黏度退化系数 | $p_s$ | 停泵时的净压力 |
| $E$ | 地层平面弹性模量 | $C_L$ | 地层滤失系数 | ISIP | 瞬时停泵压力 |
| $h_f$ | 裂缝高度 | | | | |

## 3.4　天然裂缝建模

页岩储层天然裂缝和层理发育，体积压裂后形成复杂裂缝网络，裂缝系统是页岩气的主要渗流通道，因此复杂裂缝的构建十分重要。

### 3.4.1　连续介质模型

双重连续介质模型如图 3.4.1 所示，该模型不对储层中的单一裂缝属性进行详细描述。数值模型中将储层研究区域划分为一定数量的网格，基质和裂缝分别对应于相应的网格系统。基质的属性参数可以通过实验、测井和地质统计学等方法获取，根据地质认识建立相应的属性场。模型假设裂缝均匀正交地分布于整个储层，裂缝的属性如孔隙度、渗透率等被平均赋予到每个网格；对应的油藏数值模型也为连续性模型。该方法的不足之处在于：

（1）主要针对裂缝发育且相互连通的储层，对于裂缝具体细节如几何尺寸、分布情况等的描述远远不够，不能反映裂缝实际的情况；

（2）储层的裂缝系统十分复杂，对于裂缝系统中裂缝非均质的特点，以及裂缝分布不连续性的问题，等效连续模型难以描述清楚。

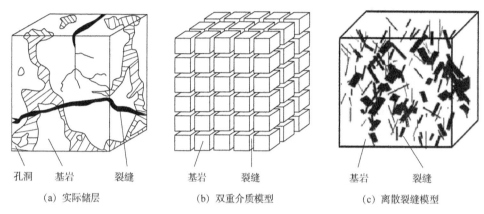

| 孔洞 | 基岩 | 裂缝 | 基岩 | 裂缝 | 基岩 | 裂缝 |

| （a）实际储层 | （b）双重介质模型 | （c）离散裂缝模型 |

图 3.4.1 双重连续介质模型和离散裂缝模型

## 3.4.2 离散裂缝模型

### 3.4.2.1 离散裂缝定义及优缺点

离散裂缝模型是目前世界上描述裂缝的一项先进技术，该模型的最大优势在于能对裂缝属性进行详细描述与表征。通过综合地球物理、地质、油藏工程等多方面的数据，基于一定的数学模型，对裂缝的空间分布特点、几何形态参数、流动属性参数等进行具体的表征，从而形成展布于三维空间中纵横交错的裂缝网络系统，构建全面反映裂缝属性特征的裂缝性模型。

离散裂缝模型的优点在于实现了裂缝的非均匀分布表征，裂缝不再是均匀分布的正交网络体系，而是以一个离散体的形式存在，呈现纵横交错的状态，裂缝间彼此可能连通，也可能不连通；每一条单独的裂缝都可以赋予不同的属性值，但是整体上符合一定的随机分布数学特征。模型的缺点在于储层中裂缝特征信息难以获取，所以模型中的裂缝分布都是基于不同的随机分布函数，虽然符合一定的数理特征，但是与储层中真实裂缝的特征难免存在差异。

### 3.4.2.2 离散裂缝建模原理及特点

对于裂缝型储层，地下流体主要在裂缝系统中运移，裂缝的形态和空间分布直接决定了流体的流动轨迹。而真实的裂缝系统存在着极强的不连续性和非均质性，目前油藏数值模拟中简单采用的连续介质模型——"糖块"模型难以表征裂缝的复杂性，模型中对裂缝的高度简化必然导致许多真实裂缝特征的缺失。而离散裂缝模型(DFN)表征裂缝的方式是在三维空间内构建纵横交错的裂缝集。每种裂缝集由大量的具备不同属性特征的裂缝片组成，裂缝片的属性包括几何形态、流动特征、开度和方位等，符合一定的地质统计学规律。直接用裂缝片组成的裂缝网络描述裂缝系统更能反映地下裂缝的真实特征，比传统方法更加符合实际。

(1) 裂缝属性特征。

① 裂缝的长度和高度。

裂缝的长度即表征了裂缝面的大小，采用圆盘或椭圆盘模型时，裂缝的长度为圆盘的直径或椭圆盘的长轴；采用多边形裂缝面模型时，裂缝的长度为裂缝延伸线(裂缝迹线)的长度。裂缝高度一般控制在裂缝生成空间的高度范围内。

② 裂缝的宽度。

裂缝和基岩的孔隙一起为储层的流体提供了渗流的通道，裂缝的开度或称为裂缝宽度对储层的渗透性有着重要的影响，一般对裂缝的开度赋以常值。

③ 裂缝的位置。

不同离散裂缝建模方法裂缝位置的分布不同。裂缝位置的分布主要有两种可能：规律分布和随机分布。裂缝的位置可能是有规律和确定性的，如间距一定的裂缝构成的网状裂缝；也可能是随机过程，如泊松过程，裂缝根据其分布函数独立定位。

④ 裂缝面的倾角和走向。

裂缝面在空间的分布除位置参数外，还需考虑与水平面和垂直面的角度问题。裂缝面与水平面的交线与垂直于井筒方向的方位角定义为裂缝面的走向角；裂缝面与水平面之间的夹角，定义为裂缝面的倾角。从裂缝发育的实际情况而言，受地应力等控制和影响，裂缝可能以裂缝组的形式在一个或多个方向上占优；即形成单一方向发育的裂缝，或形成剪切形式的裂缝群。

⑤ 密度。

表征天然裂缝系统的复杂性，主要有线密度($\rho_1=L_f/A_p$)、面密度[($\rho_f=A_f/V_p$)]或体积密度[($\rho_v=V_f/V_p$)]。其中$\rho_1$、$\rho_f$和$\rho_v$分别为网状裂缝的线密度、面密度和体积密度；$L_f$为计算区域面$A_p$上裂缝的总长度，m；$V_p$为储层总体积，m³；$V_f$为裂缝总体积，m³；$A_f$为裂缝的总表面积，m²。

(2) 裂缝属性分布函数。

离散裂缝模型最显著的特点是裂缝分布和几何尺寸的随机分布性，主要应用的随机分布函数包括：均匀分布、指数分布、正态分布、Fisher分布等。

具体计算方法如下：

① 均匀分布。

均匀分布的概率密度函数见式(3.4.1)，其中参数$a$为最大偏差。

$$f(x)=\begin{cases}\dfrac{1}{2a}, & x-a\leqslant x\leqslant x+a \\ 0, & x>a \text{ 或 } x<-a\end{cases} \tag{3.4.1}$$

② 指数分布。

指数分布的概率密度函数见式(3.4.2)，其中 $1/\lambda$ 是均值，指数分布完全由均值决定。

$$f(x) = \lambda e^{-\lambda x} \tag{3.4.2}$$

③ 正态分布。

正态分布的概率密度函数见式(3.4.3)，其中 $\mu$ 为统计量 $x$ 的平均值，$\sigma$ 是 $x$ 的标准差。

$$f(x) = \frac{1}{a\sqrt{2\pi}} e^{-\frac{(x-\mu)^2}{2\sigma^2}} \tag{3.4.3}$$

④ 对数正态分布。

对数正态分布的概率密度函数见式(3.4.4)，其中 $\mu$ 为统计量 $x$ 在对数空间上的平均值，$\sigma$ 是 $x$ 在对数空间上的标准差。

$$f(x) = \frac{1}{x \lg\sigma \sqrt{2\pi}} e^{-\frac{(\lg x - \mu)^2}{2\sigma^2}} \tag{3.4.4}$$

⑤ Fisher 分布。

Fisher 分布采用极坐标形式，其概率密度函数见式(3.4.5):

$$f(\phi') = \frac{k \sin\phi' e^{k\cos\phi'}}{2\pi(e^k - 1)}, \quad 0 \leqslant \phi' \leqslant 2\pi \tag{3.4.5}$$

其中　$k$ 为单峰分布函数，定义如下:

$$k \approx \frac{N_f}{N_f - |R|}, \quad k > 5$$

式中　$|R|$——裂隙产状单位向量的模;

　　　$N_f$——裂隙的数量。

本节符号及含义:

| 符号 | 含义 | 符号 | 含义 | 符号 | 含义 |
|---|---|---|---|---|---|
| $\rho_l$ | 线密度 | $\rho_f$ | 面密度 | $\rho_v$ | 体积密度 |
| $V_p$ | 储层总体积 | $V_f$ | 裂缝总体积 | $A_f$ | 裂缝总表面积 |
| $N_f$ | 裂隙数量 | $A_p$ | 计算区域面积 | $L_f$ | 裂缝总长度 |

## 3.5　水力裂缝在地层界面的扩展行为

水力压裂过程中裂缝垂向延伸的范围是压裂设计中要考虑的重要因素之一，它在一定程度上影响着水力压裂的效率，也是决定压裂作业成败的关键因素。因此在进行压裂作业之前必须判断裂缝是否穿透隔层，对裂缝垂向扩展的范围进行预测，以便确定合理的作业参数。本节从岩石断裂力学角度较全面地刻画水力裂缝与地层界面相交时可能发生的扩展或止裂行为，并给出相应的判断依据，模型中考虑分层地应力、分层岩石力学参数、地层界面效应、储层厚度及施工参数的影响，对于裂缝穿透界面的情况，给出了裂缝在隔层延伸距离的计算方法。

### 3.5.1 裂缝在界面的扩展

水力裂缝在地层界面的扩展行为受地层条件和施工条件耦合作用控制。影响裂缝在地层界面扩展的因素主要有：产层与隔层间的原地应力差、产层与隔层间的弹性参数差、产层与隔层的断裂韧性差、产层与隔层间的界面强度、缝中压裂液压力分布以及压裂液的流变性和黏度效应等。此外，地层的非均质性和天然裂缝以及压裂液的滤失特性、压裂液注入速度等也将对裂缝的垂向扩展产生影响。Biot 等假定在裂缝缝宽方向的剖面上处于平面应变弹性状态，裂缝宽度剖面为正弦形，产层与隔层间的界面固结良好，不计地层间应力差，并忽略滤失，则弹性方程可简化成 Laplace 方程，由此导出了裂缝穿过界面的简单判据为：

$$\frac{p_2}{p_1} = \sqrt{\frac{S_2 G_2}{S_1 G_1}} \tag{3.5.1}$$

式中　$p_1$，$p_2$——裂缝在产层和隔层内的扩展压力，MPa；

　　　$G_1$，$G_2$——产层和隔层的剪切模量，MPa；

　　　$S_1$，$S_2$——产层和隔层的表面能密度，N/m。

若 $S_2 G_2 < S_1 G_1$，则裂缝将进入隔层，否则裂缝在界面受阻。Biot 等的理论没有考虑地层间地应力的差别，也忽略界面效应，具有一定的局限性。实践中也发现在弹性模量相差20 倍的情况下裂缝仍然穿过界面进入隔层，因此岩石弹性性质的差异并非完全控制裂缝行为。当地层埋藏深度较大且地层倾角较小时，上覆岩层向地层界面施加较大的法向应力，水力裂缝难以沿界面扩展，但在地层倾角较大或地层埋深较浅时则必须考虑界面效应对裂缝扩展的影响。

水力裂缝在层状地层中的扩展如图 3.5.1 所示。

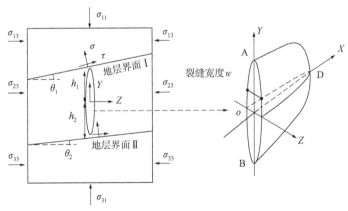

图 3.5.1　层状地层与裂缝形态

图 3.5.1 中 $\sigma_{11}$ 为上隔层的上覆压力，MPa；$\sigma_{13}$ 为上隔层的最小水平地应力，MPa；$\sigma_{ij}$ 下标 $i$ 表示上隔层（取 1 时）、产层（取 2 时）或下隔层（取 3 时），$j$ 表示最大地应力（取 1 时）或最小地应力（取 3 时）；$\theta_1$ 和 $\theta_2$ 分别为上、下地层界面的倾角，（°）；$h_1$ 和 $h_2$ 分别为裂缝中心到上、下界面的距离，m。对上隔层进行受力分析，可以得到界面 I（上隔层与产层界面）上的正应力和剪应力分别为：

$$\begin{cases} \sigma_1 = \sigma_{11}\cos^2\theta_1 + \sigma_{13}\sin^2\theta_1 \\ \tau_1 = (\sigma_{11} + \sigma_{13})\sin\theta_1\cos\theta_1 \end{cases} \tag{3.5.2}$$

对产层进行受力分析可以得到界面 I 上的正应力和剪应力分别为：

$$\begin{cases} \sigma_1 = \sigma_{21}\cos^2\theta_1 + \sigma_{23}\sin^2\theta_1 \\ \tau_1 = (\sigma_{21} + \sigma_{23})\sin\theta_1\cos\theta_1 \end{cases} \tag{3.5.3}$$

故分层地应力 $\sigma_{ij}$ 应该满足：

$$\begin{cases} (\sigma_{i1} - \sigma_{i+1,1})\cos^2\theta_i = (\sigma_{i+1,3} - \sigma_{i3})\sin^2\theta_i \\ (\sigma_{i1} + \sigma_{i3})\sin\theta_i\cos\theta_i = (\sigma_{i+1,1} + \sigma_{i+1,3})\sin\theta_i\cos\theta_i \end{cases} \tag{3.5.4}$$

其中：$i = 1$，2。

为适当简化计算，假设：（1）岩石的断裂可以用线弹性断裂力学刻画；（2）水力裂缝的形态为拟三维，裂缝沿垂直水平最小地应力平面呈椭圆形；（3）忽略压裂液沿缝高方向的静止压降和流动压降。

### 3.5.1.1 裂缝在界面停止扩展

裂缝在界面停止扩展，则只能沿长度方向扩展，由于水力裂缝的长度和高度远远大于宽度，内部水力压力可以近似看成沿 $Z$ 轴方向，根据复变函数解法，受均匀内压椭圆裂缝前端任意一点的 I 型应力强度因子可以表达为：

$$K = \sqrt{\frac{\pi h}{l}}\left[\frac{p - \sigma_{23}}{E(k)}\right](h^2\cos^2\theta + l^2\sin^2\theta)^{\frac{1}{4}} \tag{3.5.5}$$

$$k^2 = (l^2 - h^2)/l^2$$

式中　$h$——裂缝半高，m；

　　　$l$——裂缝半长，m；

　　　$p$——裂缝内水压，MPa；

　　　$E$——第二类完全椭圆积分函数；

　　　$\theta$——椭圆参数方程的角变量，（°）。

裂缝与上界面相交时，$l = h = h_1$，可以看成射孔中心距离上地层界面的距离。此时水力裂缝在 D 点扩展的条件为：

$$K_D = 2\sqrt{\frac{h_1}{\pi}}(p - \sigma_{23}) = K_{2c} \tag{3.5.6}$$

式中　$K_{2c}$——产层的断裂韧性，MPa · m$^{\frac{1}{2}}$。

从式(3.5.6)可得临界水压为:

$$p_1 = \frac{K_{2c}}{2}\sqrt{\frac{\pi}{h_1}} + \sigma_{23} \qquad (3.5.7)$$

随着压裂作业进行,裂缝长度增加,则在同样的水压作用下 D 点的应力集中系数减小,或者说使得裂缝继续沿长度方向扩展的临界水压增加,如图 3.5.2 所示。图 3.5.2 中的无量纲数 1 是比值 $(K_D)_{l>h_1}/(K_D)_{l=h_1}$,无量纲数 2 是临界压力比 $(p-\sigma_{23})_{l>h_1}/(p_1-\sigma_{23})$,裂缝长度也是无量纲形式 $n=l/h_1$。即有可能存在临界的裂缝长度,超过临界长度后裂缝将穿透界面或沿地层界面扩展。

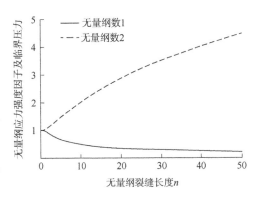

图 3.5.2 应力强度因子和临界水压随裂缝长度变化关系

### 3.5.1.2 裂缝沿界面扩展

如果地层界面的强度较弱,地应力作用在界面的正应力也较小,发生在埋深较浅或者地层倾角较大的情况,则水力裂缝与界面相交可能沿界面扩展。此时的裂缝扩展控制准则宜采用水压劈裂造成的拉张破坏,作用在界面 I 上的有效正应力为:

$$\sigma_1 = \sigma_{11}\cos^2\theta_1 + \sigma_{13}\sin^2\theta_1 - p \qquad (3.5.8)$$

临界状态满足 $\sigma = -S_{t1}$,$S_{t1}$ 为界面 I 的抗拉强度,MPa。临界水压为:

$$p_2 = \sigma_{11}\cos^2\theta_1 + \sigma_{13}\sin^2\theta_1 + S_{t1} \qquad (3.5.9)$$

### 3.5.1.3 裂缝直接穿透界面

裂缝从界面 I 直接进入上隔层,则界面可以看成是固结完好的。裂缝与上界面相交时,$l=h=h_1$,水力裂缝在 A 点扩展的条件为:

$$K_A = 2\sqrt{\frac{h_1}{\pi}}(p-\sigma_{23}) = K_{1c} \qquad (3.5.10)$$

式中 $K_A$——A 点应力强度因子,$MPa \cdot m^{\frac{1}{2}}$;

$K_{1c}$——上隔层的断裂韧性,$MPa \cdot m^{\frac{1}{2}}$。

从式(3.5.10)可得临界水压为:

$$p_3 = \frac{K_{1c}}{2}\sqrt{\frac{\pi}{h_1}} + \sigma_{23} \qquad (3.5.11)$$

裂缝在隔层的扩展高度与地应力差密切相关,裂缝从 A 点进入隔层后其应力强度因子可以用叠加方法分 3 段计算,如图 3.5.3 所示。坐标系 $Y'$、$Z'$ 的中心在裂缝中心,其与图 3.5.1 中射孔中心坐标系 $Y$、$Z$ 的关系为:

$$\begin{cases} Y = Y' + d/2 \\ Z = Z' \end{cases} \qquad (3.5.12)$$

式中　$d$——裂缝进入上隔层的距离，m。

此时裂缝半高 $h = h_1 + \dfrac{d}{2}$。

Ⅰ段、Ⅱ段和Ⅲ段的应力强度因子均有解析解，计算并叠加得 A 点应力强度因子为：

$$K_{\mathrm{A}} = \frac{2(p-\sigma_{23})}{\pi-1}\sqrt{\frac{h}{\pi}}\left[\frac{\pi}{2}-1+\arcsin(1-d/h)-\sqrt{2d/h-(d/h)^2}\right]$$

$$+\frac{2(p-\sigma_{13})}{\pi-1}\sqrt{\frac{h}{\pi}}\left[\frac{\pi}{2}-\arcsin(1-d/h)+\sqrt{2d/h-(d/h)^2}\right]$$

$$(3.5.13)$$

临界状态有：

$$K_{\mathrm{A}} = K_{1\mathrm{c}} \qquad\qquad (3.5.14)$$

由式(3.5.13)和式(3.5.14)可以计算，在水压 $p$ 下的穿透距离 $d$。如果裂缝同时穿透上下隔层，则情况稍复杂，此时应力强度因子分 4 段计算，如图 3.5.4 所示。计算并叠加得：

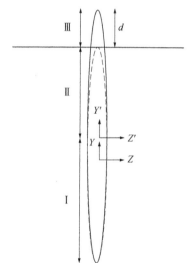

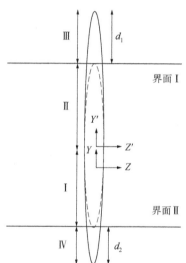

图 3.5.3　分 3 段计算应力强度因子　　　　图 3.5.4　分 4 段计算应力强度因子

$$K_{\mathrm{A}} = \frac{2(p-\sigma_{33})}{\pi-1}\sqrt{\frac{h}{\pi}}\left[\frac{\pi}{2}-\arcsin(1-d_2/h)-\sqrt{2d_2/h-(d_2/h)^2}\right]$$

$$+\frac{2(p-\sigma_{23})}{\pi-1}\sqrt{\frac{h}{\pi}}\left[\arcsin(1-d_2/h)+\sqrt{2d_2/h-(d_2/h)^2}-1\right]$$

$$+\frac{2(p-\sigma_{23})}{\pi-1}\sqrt{\frac{h}{\pi}}\left[\arcsin(1-d_1/h)-\sqrt{2d_1/h-(d_1/h)^2}+1\right]$$

$$(3.5.15)$$

$$+\frac{2(p-\sigma_{13})}{\pi-1}\sqrt{\frac{h}{\pi}}\left[\frac{\pi}{2}-\arcsin(1-d_1/h)+\sqrt{2d_1/h-(d_1/h)^2}\right]$$

$$K_B = \frac{2(p-\sigma_{33})}{\pi-1}\sqrt{\frac{h}{\pi}}\left[\frac{\pi}{2}-\arcsin(1-d_2/h)+\sqrt{2d_2/h-(d_2/h)^2}\right]$$

$$+\frac{2(p-\sigma_{23})}{\pi-1}\sqrt{\frac{h}{\pi}}\left[\arcsin(1-d_2/h)-\sqrt{2d_2/h-(d_2/h)^2}+1\right]$$

$$+\frac{2(p-\sigma_{23})}{\pi-1}\sqrt{\frac{h}{\pi}}\left[\arcsin(1-d_1/h)+\sqrt{2d_1/h-(d_1/h)^2}-1\right] \qquad (3.5.16)$$

$$+\frac{2(p-\sigma_{13})}{\pi-1}\sqrt{\frac{h}{\pi}}\left[\frac{\pi}{2}-\arcsin(1-d_1/h)-\sqrt{2d_1/h-(d_1/h)^2}\right]$$

$$h = (d_2+d_1+h_1+h_2)/2$$

临界状态有：

$$K_B = K_{3c}$$
$$K_A = K_{1c} \qquad (3.5.17)$$

式中　$K_{3c}$——下隔层的断裂韧性，$\mathrm{MPa\cdot m^{\frac{1}{2}}}$；

　　　$d_1$，$d_2$——上、下穿透距离，m；

　　　$h$——裂缝半高，m。

由式(3.5.15)至式(3.5.17)可以计算在水压 $p$ 下的穿透距离 $d_1$ 和 $d_2$。

## 3.5.2　扩展行为判别准则

（1）如果 $\min(p_1, p_2, p_3) = p_1$，则裂缝与界面相交后停止扩展，沿长度方向继续扩展。如前所述，长度达到临界长度时，裂缝沿界面扩展或穿透界面进入隔层。由式(3.5.5)可以得到临界长度满足：

$$\begin{cases} \dfrac{(p_c-\sigma_{23})_{l=nh_1}}{p_3-\sigma_{23}} = \dfrac{2E(k)}{\pi} \\[3mm] \dfrac{(p_c-\sigma_{23})_{l=nh_1}}{p_1-\sigma_{23}} = \dfrac{2\sqrt{n}E(k)}{\pi} \end{cases} \qquad (3.5.18)$$

即缝长

$$l_1 = \left(\frac{p_3-\sigma_{23}}{p_1-\sigma_{23}}\right)^2 h_1 \qquad (3.5.19)$$

时裂缝穿过界面。而临界长度满足：

$$\begin{cases} \dfrac{(p_c-\sigma_{23})_{l=nh_1}}{p_2-\sigma_{23}} = 1 \\[3mm] \dfrac{(p_c-\sigma_{23})_{l=nh_1}}{p_1-\sigma_{23}} = \dfrac{2\sqrt{n}E(k)}{\pi} \end{cases} \qquad (3.5.20)$$

即缝长满足

$$\frac{2\sqrt{n}\,E(k)}{\pi} = \frac{p_2 - \sigma_{23}}{p_1 - \sigma_{23}} \tag{3.5.21}$$

时裂缝沿界面扩展。式(3.5.21)可在图3.5.2中求解。

（2）如果 $\min(p_1, p_2, p_3) = p_2$，则裂缝与界面相交后沿地层界面扩展，裂缝在高度方向发生转向。

（3）如果 $\min(p_1, p_2, p_3) = p_3$，则裂缝与界面相交后穿透界面进入隔层，裂缝在隔层的穿透深度与应力差、断裂韧性差以及射孔中心到地层界面距离相关。

若裂缝与界面相交后沿高度方向停止扩展，沿长度方向继续扩展，则长度达到临界值时，裂缝沿界面扩展或穿透界面进入隔层。由式(3.5.21)可知射孔位置选取与临界长度密切相关，可根据实际情况进行优选，并非选取在产层中心就一定最合适。

### 3.5.3 案例分析

地层倾角 $\theta_1 = \theta_2 = 0°$，由式(3.5.4)可得上覆压力在上下地层界面的两端连续，上界面处上覆压力为46.0MPa，下界面处上覆压力为46.7MPa。$\sigma_{23} = 30$MPa，$\sigma_{13} - \sigma_{23} = 5$MPa，$\sigma_{33} - \sigma_{23} = 7$MPa，射孔中心距离上下界面距离 $h_1 = 3\text{m} < h_2 = 7\text{m}$，$K_{2c} = 1$MPa $\cdot$ m$^{\frac{1}{2}}$，$K_{1c} = K_{3c} = 2$MPa $\cdot$ m$^{\frac{1}{2}}$，界面抗拉强度为 $S_{t1} = S_{t2} = 0.5$MPa。

计算得裂缝内临界压力 $p_1 = 30.5$MPa，$p_2 = 46.5$MPa，$p_3 = 31$MPa，裂缝首次与界面相交将停止扩展。由式(3.5.19)和式(3.5.21)计算得到临界的裂缝半长为 $l = 4h_1 = 12\text{m} > h_2$，裂缝达到临界长度前已经与下界面相交。水压超过31MPa时裂缝已经延伸到上下隔层，由式(3.5.17)至式(3.5.19)可以计算穿透距离 $d_1$、$d_2$ 与水压的关系，如图3.5.5所示。

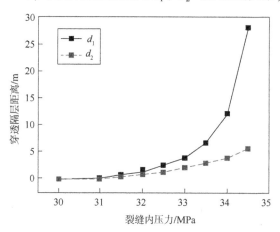

图3.5.5 穿透距离 $d_1$、$d_2$ 与裂缝内压力的关系

对单侧穿透和双侧穿透应该区别对待。从算例的结果来看，地应力和水压是决定穿透距离的重要因素。隔层地应力越小，穿透越快；当水压接近隔层内的地应力时，穿透距离急剧增加。

本节符号及含义：

| 符号 | 含义 | 符号 | 含义 | 符号 | 含义 |
|---|---|---|---|---|---|
| $p_1$ | 裂缝在产层的扩展压力 | $\theta_2$ | 下隔层界面的倾角 | $\theta$ | 椭圆参数方程的角变量 |
| $p_2$ | 裂缝在隔层内的扩展压力 | $h_1$ | 裂缝中心到上界面的距离 | $S_{t1}$ | 界面Ⅰ的抗拉强度 |
| $G_1$ | 产层的剪切模量 | $h_2$ | 裂缝中心到下界面的距离 | $S_{t2}$ | 界面Ⅱ的抗拉强度 |
| $G_2$ | 隔层的剪切模量 | $\sigma$ | 正应力 | $K_A$ | A点应力强度因子 |
| $S_1$ | 产层的表面能密度 | $\tau$ | 剪应力 | $K_{1c}$ | 上隔层的断裂韧性 |
| $S_2$ | 隔层的表面能密度 | $h$ | 裂缝半高 | $K_{2c}$ | 产层的断裂韧性 |
| $\sigma_{11}$ | 上隔层的上覆压力 | $l$ | 裂缝半长 | $K_{3c}$ | 下隔层的断裂韧性 |
| $\sigma_{13}$ | 上隔层的最小水平地应力 | $p$ | 裂缝内水压 | $d_1$ | 上穿透距离 |
| $\theta_1$ | 上隔层界面的倾角 | $E$ | 第二类完全椭圆积分函数 | $d_2$ | 下穿透距离 |

# 3.6  黏聚力模型和 FEM

数值模拟是研究水力裂缝扩展规律的重要手段之一。ABAQUS 有限元平台的 Cohesive 单元模型既可描述压裂裂缝的起裂和延伸过程，又可描述压裂液在裂缝中的切向流动和法向流动，并且 Cohesive 单元模拟的结果可靠度较高。

## 3.6.1  黏聚力模型

### 3.6.1.1  黏聚力模型的概念

Dugdale(1960)和 Barenblat(1962)首次提出黏聚区的概念；随后 Needleman 等(1990)对其进行完善并形成黏聚力模型(CZM)。黏聚力模型建立在弹塑性断裂力学基础上，考虑了裂纹尖端的塑性区(图 3.6.1)，提出在裂纹尖端处存在一个微小的黏聚区，在黏聚区范围内，裂纹两侧的物质原子或分子之间存在相互作用

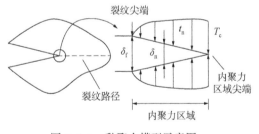

图 3.6.1  黏聚力模型示意图

的黏聚力，且黏聚力的大小与两侧的相对位移有关。其核心是黏聚力—相对位移函数关系(traction-separation law)，即黏聚力本构模型。黏聚力模型的黏聚力—相对位移函数关系：在黏聚区开始承载时，黏聚力大小随开裂界面张开位移的增加而增加，当达到应力最大值之后，黏聚力随张开位移的增大而减小，当达到临界位移时，黏聚力减小到零。

### 3.6.1.2  黏聚力模型的分类

黏聚力区域中的张力—位移关系曲线对于材料结构中的裂纹面的宏观力学状态至关重要。针对不同的材料以及结构形式，发展出了各种形式的黏聚力模型，主要差别在于张力—位移关系不同。应用较多的主要有双线性型、指数型、梯形，以及多项式型黏聚力模型。双线性型更适合描述脆性断裂，梯形及指数型多用于弹塑性断裂或塑性变形较大的情

形，多项式型可用于准脆性断裂。将有限元法与黏聚力模型相结合，可定义得到黏聚力有限单元，进而较方便地实现各种材料和结构内部界面破坏或裂纹扩展过程的数值分析和求解。

（1）双线性型黏聚力模型。

双线性型黏聚力模型最早由 Hallett 等（2008）提出，结构简单有效，被广泛地应用在有限元分析领域。在通用有限元软件 ABAQUS 中的黏聚力单元（cohesive element）就包含了双线性张力位移法则。图 3.6.2（a）和图 3.6.2（b）分别为纯 I 型和纯 II 型裂纹的黏聚力—相对位移关系，即法向力与法向相对位移以及切向力与切向相对位移之间的关系。在外荷载的作用下，黏聚力区域内的张力随位移的增加呈线性增长，待其张力达到最大值后，该处材料的损伤出现萌生并且扩展；然后随着位移的不断增加对应的张力值变小，该处材料承受载荷的能力减小，裂纹逐步成形扩展；当张力值减小到零，该处的裂纹扩展完全，即开裂界面在该处完全失效。

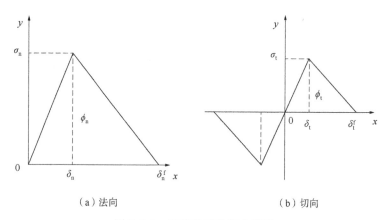

（a）法向 　　　　　　　　（b）切向

图 3.6.2　双线性型黏聚力模型

（2）指数型黏聚力模型。

指数型黏聚力模型最初由 Xu 和 Needleman 提出，如图 3.6.3 所示。由于该模型的黏聚力及其导数具有连续性、法向压缩时接触关系自动满足以及法向和切向的黏聚力相互耦合等诸多优点而被广泛采用。针对指数型黏聚力模型在有限元计算中振荡而导致无法收敛问题，根据 Gao 和 Bower 的研究，在指数型张力—位移关系的控制方程的基础上通过引入黏性系数 $\xi_n$，$\xi_t$，黏性参数部分与计算过程中的时间 $t$ 相关，用来消除其应力达到最大值后出现的振荡问题，从而控制计算过程中的收敛性。

（3）梯形黏聚力模型

梯形黏聚力模型由 Tvergaard 和 Hutchinsno 在研究弹塑性材料的开裂时提出，如图 3.6.4 所示。定义开裂过程释放的能量为断裂能（黏聚能）。断裂能大小即张力—位移曲线下包含的面积。

（4）多项式型黏聚力模型。

多项式型张力位移法则的黏聚力模型由 Needleman 于 1992 年提出，采用了高次多项式形式的函数来表达，通过断裂能的控制方程来描述，如图 3.6.5 所示。

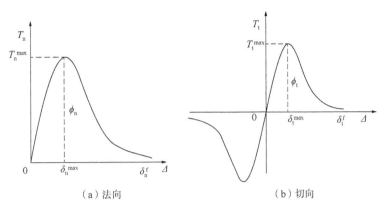

（a）法向                           （b）切向

图3.6.3 指数型黏聚力模型

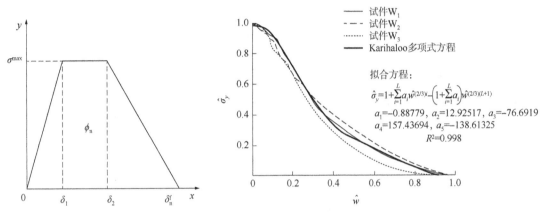

图3.6.4 梯形黏聚力模型          图3.6.5 Karihaloo 多项式Ⅰ型黏聚力模型

黏聚力模型（CZM）抛弃了传统断裂力学中关于起裂准则的概念，将裂纹扩展看作是黏聚区内材料不断退化的结果，能够在一定程度上减轻甚至消除裂纹尖端的应力奇异性；考虑了材料屈服面内弹塑性，解决了裂缝尖端无法大面积屈服的问题；同时能够比较精确地描述界面开裂问题；在无需定义预先裂纹情况下可以模拟任意裂纹扩展；这些优点使其在裂纹扩展研究中得到了越来越广泛的应用。虽然黏聚力模型有着显著的优势，但其本身也存在着一些问题。比如黏聚力模型的类型选择和材料的脆性、半脆性、韧性断裂之间有着怎样的联系；黏聚力模型的形状和参数有何物理含义以及模型参数如何确定等问题。

## 3.6.2 有限元

有限元法及其衍生的扩展有限元法在模拟非均质岩石中裂缝的扩展方面具有极大优势，适用于各种复杂受力状态和各种工程实际问题，目前已成为水力压裂数值计算模拟的强大工具。

### 3.6.2.1 有限元法思想

有限元法中心思想是将连续体变化为离散化结构，然后再利用分

黏聚力 ABAQUS
有限元模型

片插值技术与虚功原理或变分方法进行求解。在整个求解过程中，需要用到几何方程、物理方程、虚功原理和插值公式，其中虚功原理代替了固体力学基本方程中的平衡方程，而插值公式建立了节点位移和单元内任意一点位移的关系，再由几何方程和物理方程得到物体任意点的应变场和应力场。

有限元采用有限自由度的离散单元组合体模型去描述实际具有无限自由度的考察体，是一种在力学模型上进行近似的数值计算方法。在一个连续介质中，互相联结的点有无限个，具有无限个自由度，使数值方法求解难以进行，于是将连续且具有无限自由度的介质离散成具有有限自由度的单元组合，这些单元通过单元节点联结起来组成考察体，然后通过对单元分析和整体分析得到所求应力场和位移场。

### 3.6.2.2　有限元法分析步骤

（1）用虚拟的直线把原介质分割成有限个单元，直线是单元的边界，几条直线的交点称为节点；

（2）假设各单元在节点互相铰接，节点位移是基本未知量；

（3）利用插值公式建立唯一的表示单元内部任意一点位移的位移模，也称位移函数；

（4）通过位移函数利用几何方程和物理方程唯一地表示单元内部任意一点的应变和应力；

（5）利用虚功原理将节点作用在单元上的节点力用节点位移表示，这是有限元法求解应力问题的最重要的一步；

（6）将每一个单元所承受的载荷，按变形体静力等效原则移置到节点上；

（7）在每一个节点建立用节点位移表示的静力平衡方程，得到一个线性方程组，解出这个方程组，求出节点位移，然后求出每个单元的应力。

### 3.6.2.3　有限元法分析过程

具体分析步骤可划分为三大部分，即结构离散化分析、单元分析和整体分析。在连续介质的离散化分析中，划分的单元的几何形状应根据实际问题进行选择，比如矩形，菱形，三节点三角形、六节点三角形等。对于需重点分析的局部在划分时可以进行网格的加密，以达到更加准确的结果。在单元分析中包括了五部分的内容，即用节点位移表示单元内任意点位移，用节点位移表示单元内任意点应变，用节点位移表示单元内任意点应力，用节点位移表示单元上的节点力和将单元上的外载移置到节点上，而这五个部分分别对应用到插值公式、几何方程、物理方程、虚功原理和变形体静力等效原则，具体过程在下面分析。在整体性分析中，主要是建立节点上的节点力和外载荷力的静力平衡方程，实现整体的节点位移和节点上的载荷之间的关系，从而求出基本未知量，即节点位移。

## 3.6.3　有限元法在水力压裂中的应用

### 3.6.3.1　基本方程

岩石变形和流体流动是水力压裂时十分关注的问题。在压裂中，地面泵组不断地将配制的压裂液泵入地层，由于地层孔隙中原有流体无法及时排出，这就会使得地层孔隙压力增大，在井底憋起高压压裂地层。孔隙压力增大导致地层有效应力发生变化，从而使岩石应力场发生改变。反过来岩石应力场变化又会对地层的孔隙压力和渗流参数造成影响，使流体渗流场发生变化。把岩石应力场和流体渗流场不断地相互作用的动态过程称为流固耦合作用。

（1）岩石骨架应力平衡方程。

平衡方程：

$$\sigma_{ij,j}+\hat{f}=0 \tag{3.6.1}$$

边界条件：

$$\begin{cases} \sigma_{ij}n_j-t_i=0 \\ u_{ij}=\bar{u}_i \end{cases} \tag{3.6.2}$$

在区域内平衡方程权函数取真实速度的变分 $\delta v_i$，力边界条件的权函数取 $-\delta v_i$，可以得到与微分方程等价的等效积分"弱"形式如下：

$$\int_V \sigma_{ij}\,\delta\dot{\varepsilon}_{ij}\mathrm{d}V=\int_{S_\sigma} t_i\delta v_i\mathrm{d}S+\int_V \hat{f}_i\delta v_i\mathrm{d}V \tag{3.6.3}$$

写成矩阵形式为：

$$\int_V \boldsymbol{\sigma}\delta\dot{\boldsymbol{\varepsilon}}^{\mathrm{T}}\mathrm{d}V=\int_{S_\sigma} \boldsymbol{t}\delta v^{\mathrm{T}}\mathrm{d}S+\int_V \hat{\boldsymbol{f}}\delta v^{\mathrm{T}}\mathrm{d}V \tag{3.6.4}$$

式中　$\boldsymbol{\sigma}$——应力矩阵，Pa；

　　　$\delta\dot{\boldsymbol{\varepsilon}}$——虚应变率矩阵，$\mathrm{s}^{-1}$；

　　　$\boldsymbol{t}$——表面力向量，$\mathrm{N/m^2}$；

　　　$\hat{\boldsymbol{f}}$——体积力向量，$\mathrm{N/m^3}$；

　　　$\delta\boldsymbol{v}$——虚速度向量，$\mathrm{m/s}$。

定义形函数为：

$$\boldsymbol{u}=N\boldsymbol{u}^e,\ \ \boldsymbol{\varepsilon}=\tilde{\boldsymbol{B}}\boldsymbol{u}^e,\ \ \dot{\boldsymbol{\varepsilon}}=\boldsymbol{B}\frac{\mathrm{d}u^e}{\mathrm{d}t},\ \ \delta\dot{\boldsymbol{\varepsilon}}^{\mathrm{T}}=\delta\left(\frac{\mathrm{d}u^e}{\mathrm{d}t}\right)^{\mathrm{T}}\boldsymbol{B}^{\mathrm{T}},\ \ \boldsymbol{v}=N\frac{\mathrm{d}u^e}{\mathrm{d}t},\ \ \delta v^{\mathrm{T}}=\delta\left(\frac{\mathrm{d}u^e}{\mathrm{d}t}\right)^{\mathrm{T}}N^{\mathrm{T}} \tag{3.6.5}$$

式中　$\boldsymbol{B}$——应变矩阵；

　　　$\boldsymbol{u}$——质点位移矢量，m；

　　　$\boldsymbol{u}^e$——单元节点的位移矢量，m；

　　　$N$——$[N_1I\ \ N_2I\ \ \cdots\ \ N_mI]$，$m$ 为单元节点个数；

　　　$\tilde{\boldsymbol{B}}$——Green 应变中应变矩阵的线性部分 $\boldsymbol{B}_L$ 和非线性部分 $\tilde{\boldsymbol{B}}_N$ 之和。

则由式(3.6.5)可将式(3.6.4)写成如下形式：

$$\int_V \boldsymbol{B}^{\mathrm{T}}\boldsymbol{\sigma}\mathrm{d}V=\int_{S_\sigma} N^{\mathrm{T}}\boldsymbol{t}\mathrm{d}S+\int_V N^{\mathrm{T}}\boldsymbol{f}\mathrm{d}V+\int_V N^{\mathrm{T}}\rho_w n_w g\mathrm{d}V \tag{3.6.6}$$

式中　$\boldsymbol{f}$——除去流体重力的所有体力，N。

对其等号两端求微分，并考虑有限变形效应，则式(3.6.3)可进一步写成：

$$\mathrm{d}\int_{V}\boldsymbol{B}^{\mathrm{T}}\boldsymbol{\sigma}\mathrm{d}V = \int_{V^{0}}\mathrm{d}(\boldsymbol{B}^{\mathrm{T}}\boldsymbol{\sigma}J)\mathrm{d}V^{0} = \int_{V^{0}}\left[\frac{1}{J}\boldsymbol{B}^{\mathrm{T}}\mathrm{d}(J\boldsymbol{\sigma})+(\mathrm{d}\boldsymbol{B}^{\mathrm{T}})\boldsymbol{\sigma}\right]\mathrm{d}V \tag{3.6.7}$$

$$\mathrm{d}\int_{V}\boldsymbol{N}^{\mathrm{T}}\rho_{\mathrm{w}}n_{\mathrm{w}}\boldsymbol{g}\mathrm{d}V = \int_{V^{0}}\boldsymbol{N}^{\mathrm{T}}\boldsymbol{g}\mathrm{d}(\rho_{\mathrm{w}}n_{\mathrm{w}}J)\mathrm{d}V^{0} = \int_{V}\frac{1}{J}\boldsymbol{N}^{\mathrm{T}}\boldsymbol{g}\mathrm{d}(J\rho_{\mathrm{w}}n_{\mathrm{w}})\mathrm{d}V \tag{3.6.8}$$

$$\int_{V}\left[\frac{1}{J}\boldsymbol{B}^{\mathrm{T}}\mathrm{d}(J\boldsymbol{\sigma})+(\mathrm{d}\boldsymbol{B}^{\mathrm{T}})\boldsymbol{\sigma}\right]\mathrm{d}V = \int_{V}\frac{1}{J}\boldsymbol{N}^{\mathrm{T}}\boldsymbol{g}\mathrm{d}(J\rho_{\mathrm{w}}n_{\mathrm{w}})\mathrm{d}V +$$
$$\int_{S_{\sigma}}\boldsymbol{N}^{\mathrm{T}}\mathrm{d}t\mathrm{d}S+\int_{V}\boldsymbol{N}^{\mathrm{T}}\mathrm{d}\boldsymbol{f}\mathrm{d}V \tag{3.6.9}$$

为了表征有限变形情况下应力变化随刚体转动的坐标不变性，引入 Jaumann 应力速率公式的增量形式，即：

$$\mathrm{d}^{\nabla}(J\boldsymbol{\sigma}) = \mathrm{d}(J\boldsymbol{\sigma}) - J(\mathrm{d}\boldsymbol{\Omega}\boldsymbol{\sigma}+\boldsymbol{\sigma}\mathrm{d}\boldsymbol{\Omega}^{\mathrm{T}}) \tag{3.6.10}$$

式中    $\boldsymbol{\Omega}$——角速度，$\mathrm{s}^{-1}$；

   $J\boldsymbol{\sigma}$——Kirchoff 应力；

   $J$——介质当前构形的体积与其参考构形体积的比。

由于 $\mathrm{d}\boldsymbol{\Omega}\boldsymbol{\sigma}+\boldsymbol{\sigma}\mathrm{d}\boldsymbol{\Omega}^{\mathrm{T}}$ 和 $J\boldsymbol{\sigma}$ 之间不能直接进行矩阵相加，有限元列式中 $\boldsymbol{\sigma}$ 一般写为 6×1 的矢量，所以需要把 3×3 的矩阵 $\mathrm{d}\boldsymbol{\Omega}\boldsymbol{\sigma}+\boldsymbol{\sigma}\mathrm{d}\boldsymbol{\Omega}^{\mathrm{T}}$ 转换为 6×1 的矢量后才能进行矩阵相加。考虑有效应力原理，经过复杂转换后式(3.6.10)可以写成：

$$\mathrm{d}(J\boldsymbol{\sigma}) = J\boldsymbol{D}\mathrm{d}\boldsymbol{\varepsilon}+\frac{J\boldsymbol{D}\boldsymbol{m}}{3K_{\mathrm{g}}}\mathrm{d}p_{\mathrm{w}}-p_{\mathrm{w}}J\boldsymbol{m}^{\mathrm{T}}(\mathrm{d}\boldsymbol{\varepsilon})\boldsymbol{m}-J\boldsymbol{m}\mathrm{d}p_{\mathrm{w}}+J\tilde{\boldsymbol{T}}\mathrm{d}\boldsymbol{u} \tag{3.6.11}$$

式中    $\tilde{\boldsymbol{T}}$——把 3×3 的矩阵 $\mathrm{d}\boldsymbol{\Omega}\boldsymbol{\sigma}+\boldsymbol{\sigma}\mathrm{d}\boldsymbol{\Omega}^{\mathrm{T}}$ 写成 6×1 位移的矢量的系数。

把该式代入式(3.6.9)可得：

$$\int_{V}\left[\boldsymbol{B}^{\mathrm{T}}\boldsymbol{D}\mathrm{d}\boldsymbol{\varepsilon}+\frac{\boldsymbol{B}^{\mathrm{T}}\boldsymbol{D}\boldsymbol{m}}{3K_{\mathrm{g}}}\mathrm{d}p_{\mathrm{w}}-\boldsymbol{B}^{\mathrm{T}}p_{\mathrm{w}}\boldsymbol{m}^{\mathrm{T}}(\mathrm{d}\boldsymbol{\varepsilon})\boldsymbol{m}-\boldsymbol{B}^{\mathrm{T}}\boldsymbol{m}\mathrm{d}p_{\mathrm{w}}+\boldsymbol{B}^{\mathrm{T}}\tilde{\boldsymbol{T}}\mathrm{d}\boldsymbol{u}+(\mathrm{d}\boldsymbol{B}^{\mathrm{T}})\boldsymbol{\sigma}\right]\mathrm{d}V$$
$$= \int_{V}\frac{1}{J}\boldsymbol{N}^{\mathrm{T}}\boldsymbol{g}\mathrm{d}(J\rho_{\mathrm{w}}n_{\mathrm{w}})\mathrm{d}V+\int_{S_{\sigma}}\boldsymbol{N}^{\mathrm{T}}\mathrm{d}t\mathrm{d}S+\int_{V}\boldsymbol{N}^{\mathrm{T}}\mathrm{d}\boldsymbol{f}\mathrm{d}V \tag{3.6.12}$$

根据 Green 应变表示线性应变和非线性应变两部分之和，由应变矩阵 $\boldsymbol{B}$ 的推导可以得到：

$$(\mathrm{d}\boldsymbol{B}^{\mathrm{T}})\boldsymbol{\sigma} = (\mathrm{d}\boldsymbol{B}_{\mathrm{L}}^{\mathrm{T}}+\mathrm{d}\boldsymbol{B}_{\mathrm{N}}^{\mathrm{T}})\boldsymbol{\sigma} = (\mathrm{d}\boldsymbol{B}_{\mathrm{N}}^{\mathrm{T}})\boldsymbol{\sigma} = [\mathrm{d}(\boldsymbol{G}^{\mathrm{T}}\boldsymbol{A}^{\mathrm{T}})]\boldsymbol{\sigma} = \boldsymbol{G}^{\mathrm{T}}(\mathrm{d}\boldsymbol{A}^{\mathrm{T}})\boldsymbol{\sigma} \tag{3.6.13}$$

进一步可以写成：

$$(\mathrm{d}\boldsymbol{B}^{\mathrm{T}})\boldsymbol{\sigma} = \boldsymbol{G}^{\mathrm{T}}(\mathrm{d}\boldsymbol{A}^{\mathrm{T}})\boldsymbol{\sigma} = \boldsymbol{G}^{\mathrm{T}}S\mathrm{d}\boldsymbol{u} \tag{3.6.14}$$

对于完全饱和的多孔介质，忽略吸附水和热效应的影响，则有：

$$n_w = 1 + \frac{\bar{p}}{K_g} + \frac{1}{J}(1-n^0)\left(\frac{p_w}{K_g} - 1\right) \tag{3.6.15}$$

式中　$n_w$——自由湿液体积比；

　　　$K_g$——岩石固体骨架体积模量，Pa；

　　　$n^0$——参考构形孔隙度；

　　　$\bar{p}$——作用在固体骨架上引起骨架体积变形的有效应力的平均值，Pa。

又由：

$$\rho_w = \rho_w^0\left(1 + \frac{p_w}{K_w}\right) \tag{3.6.16}$$

式中　$K_w$——流体体积模量，Pa。

　　　$\rho_w$——变形后流体密度，kg/m$^3$；

　　　$\rho_w^0$——参考构形流体密度，kg/m$^3$。

由式(3.6.15)和式(3.6.16)联立可得：

$$J\rho_w n_w = \rho_w^0\left(1 + \frac{p_w}{K_w}\right)\left[J + \frac{J m^{\mathrm{T}}\bar{\sigma}}{3K_g} + (1-n^0)\left(\frac{p_w}{K_g} - 1\right)\right] \tag{3.6.17}$$

可以证明 $\bar{p}$ 不随材料刚体转动而发生变化，即：

$$\mathrm{d}(J\bar{p}) = \frac{1}{3}\mathrm{d}(J m^{\mathrm{T}}\bar{\sigma}) = \frac{1}{3}J m^{\mathrm{T}}D\mathrm{d}\varepsilon + \frac{J}{9K_g}m^{\mathrm{T}}Dm\mathrm{d}p_w \tag{3.6.18}$$

又由式(3.6.17)式(3.6.18)可得：

$$\mathrm{d}(J\rho_w n_w) = \frac{\rho_w^0}{K}(\mathrm{d}p_w)\left[J + \frac{J m^{\mathrm{T}}\sigma}{3K_g} + (1-n^0)\left(\frac{p_w}{K_g} - 1\right)\right] + \rho_w^0\left(1 + \frac{p_w}{K_w}\right)$$
$$\left[J m^{\mathrm{T}}\mathrm{d}\varepsilon + J m^{\mathrm{T}}(\mathrm{d}\varepsilon)\frac{m^{\mathrm{T}}\sigma}{3K_g} + \frac{J m^{\mathrm{T}}D}{3K_g}\mathrm{d}\varepsilon + \frac{J m^{\mathrm{T}}Dm}{9K_g^2}\mathrm{d}p_w + \frac{1-n^0}{K_g}\mathrm{d}p_w\right] \tag{3.6.19}$$

把式(3.6.14)和式(3.6.19)代入式(3.6.12)可得到：

$$\int_V\left[B^{\mathrm{T}}D\mathrm{d}\varepsilon + \frac{B^{\mathrm{T}}Dm}{3K_g}\mathrm{d}p_w - B^{\mathrm{T}}p_w m^{\mathrm{T}}(\mathrm{d}\varepsilon)m - B^{\mathrm{T}}m\mathrm{d}p_w + B^{\mathrm{T}}\tilde{T}\mathrm{d}u + G^{\mathrm{T}}S\mathrm{d}u\right]\mathrm{d}V$$

$$= \int_V\left\{\frac{1}{J}N^{\mathrm{T}}g\left(\frac{\rho_w^0}{K_w}\right)\left[J + \frac{J m^{\mathrm{T}}\sigma}{3K_g} + (1-n^0)\left(\frac{p_w}{K_g} - 1\right)\right] + \frac{1}{J}N^{\mathrm{T}}g\rho_w^0\left(1 + \frac{p_w}{K_w}\right)\right.$$

$$\left.\left[J m^{\mathrm{T}}\mathrm{d}\varepsilon + J m^{\mathrm{T}}(\mathrm{d}\varepsilon)\frac{m^{\mathrm{T}}\bar{\sigma}}{3K_g} + \frac{J m^{\mathrm{T}}D}{3K_g}\mathrm{d}\varepsilon + \frac{J m^{\mathrm{T}}Dm}{9K_g^2}\mathrm{d}p_w + \frac{1-n^0}{K_g}\mathrm{d}p_w\right]\right\}\mathrm{d}V \tag{3.6.20}$$

$$+ \int_{S_\sigma}N^{\mathrm{T}}\mathrm{d}t\mathrm{d}S + \int_V N^{\mathrm{T}}\mathrm{d}f\mathrm{d}V$$

再把式(3.6.19)代入式(3.6.20)可得到基于有限单元法的岩石骨架应力平衡方程：

$$\int_V \left[ \boldsymbol{B}^{\mathrm{T}}\boldsymbol{D} - \boldsymbol{B}^{\mathrm{T}}p_{\mathrm{w}}\boldsymbol{m}\boldsymbol{m}^{\mathrm{T}} - \frac{1}{J}\boldsymbol{N}^{\mathrm{T}}g\rho_{\mathrm{w}}^0\left(1+\frac{p_{\mathrm{w}}}{K_{\mathrm{w}}}\right)\left(J\boldsymbol{m}^{\mathrm{T}} + \frac{J\boldsymbol{m}^{\mathrm{T}}\boldsymbol{D}\boldsymbol{\varepsilon}\boldsymbol{m}^{\mathrm{T}}}{3K_{\mathrm{g}}} \right. \right.$$

$$\left. \left. + \frac{J\boldsymbol{m}^{\mathrm{T}}\boldsymbol{D}\boldsymbol{m}(p_{\mathrm{w}}-p_{\mathrm{w}}^0)\boldsymbol{m}^{\mathrm{T}}}{9K_{\mathrm{g}}^2}\frac{J\boldsymbol{m}^{\mathrm{T}}\overline{\boldsymbol{\sigma}}^0\boldsymbol{m}^{\mathrm{T}}}{3K_{\mathrm{g}}} + \frac{J\boldsymbol{m}^{\mathrm{T}}\boldsymbol{D}}{3K_{\mathrm{g}}}\right)\right](\mathrm{d}\boldsymbol{\varepsilon})\mathrm{d}V + \int_V (\boldsymbol{B}^{\mathrm{T}}\tilde{\boldsymbol{T}} + \boldsymbol{G}^{\mathrm{T}}S)(\mathrm{d}\boldsymbol{u})\mathrm{d}V$$

$$+ \int_V \left\{ \frac{\boldsymbol{B}^{\mathrm{T}}\boldsymbol{D}\boldsymbol{m}}{3K_{\mathrm{g}}} - \boldsymbol{B}^{\mathrm{T}}\boldsymbol{m} - \frac{1}{J}\boldsymbol{N}^{\mathrm{T}}g\frac{\rho_{\mathrm{w}}^0}{K_{\mathrm{w}}}\left[ J + \frac{J\boldsymbol{m}^{\mathrm{T}}\boldsymbol{D}\boldsymbol{\varepsilon}}{3K_{\mathrm{g}}} + \frac{J\boldsymbol{m}^{\mathrm{T}}\boldsymbol{D}\boldsymbol{m}(p_{\mathrm{w}}-p_{\mathrm{w}}^0)}{9K_{\mathrm{g}}^2} + \frac{J\boldsymbol{m}^{\mathrm{T}}\overline{\boldsymbol{\sigma}}^0}{3K_{\mathrm{g}}} + (1-n^0)\left(\frac{p_{\mathrm{w}}}{K_{\mathrm{g}}}-1\right) \right] \right.$$

$$\left. - \frac{1}{J}\boldsymbol{N}^{\mathrm{T}}g\rho_{\mathrm{w}}^0\left(1+\frac{p_{\mathrm{w}}}{K_{\mathrm{w}}}\right)\left(\frac{J\boldsymbol{m}^{\mathrm{T}}\boldsymbol{D}\boldsymbol{m}}{9K_{\mathrm{g}}^2} + \frac{1-n^0}{K_{\mathrm{g}}}\right) \right\}(\mathrm{d}p_{\mathrm{w}})\mathrm{d}V = \int_{S_\sigma}\boldsymbol{N}^{\mathrm{T}}\mathrm{d}\boldsymbol{t}\mathrm{d}S + \int_V \boldsymbol{N}^{\mathrm{T}}\mathrm{d}\boldsymbol{f}\mathrm{d}V$$

$$(3.6.21)$$

（2）流体渗流连续性方程。

控制体 $V$ 内流体质量的时间变化率为：

$$\frac{\mathrm{d}}{\mathrm{d}t}\int_V \rho_{\mathrm{w}}n_{\mathrm{w}}\mathrm{d}V = \int_V \frac{1}{J}\frac{\mathrm{d}}{\mathrm{d}t}(J\rho_{\mathrm{w}}n_{\mathrm{w}})\mathrm{d}V \qquad (3.6.22)$$

单位时间内穿过控制体的表面进入控制体的流体质量为：

$$-\int_S \rho_{\mathrm{w}}n_{\mathrm{w}}\boldsymbol{n}^{\mathrm{T}}\cdot\boldsymbol{v}_{\mathrm{w}}\mathrm{d}S \qquad (3.6.23)$$

式中　$\boldsymbol{v}_{\mathrm{w}}$——渗流速度，m/s；

　　　$\boldsymbol{n}^{\mathrm{T}}$——表面的外法向向量。

根据质量守恒定律，可以得到：

$$\int_V \frac{1}{J}\frac{\mathrm{d}}{\mathrm{d}t}(J\rho_{\mathrm{w}}n_{\mathrm{w}})\mathrm{d}V = -\int_S \rho_{\mathrm{w}}n_{\mathrm{w}}\boldsymbol{n}^{\mathrm{T}}\cdot\boldsymbol{v}_{\mathrm{w}}\mathrm{d}S \qquad (3.6.24)$$

根据高斯公式，可以得到流体连续性方程的微分形式为：

$$\frac{1}{J}\frac{\mathrm{d}}{\mathrm{d}t}(J\rho_{\mathrm{w}}n_{\mathrm{w}}) + \frac{\partial}{\partial \boldsymbol{x}}(\rho_{\mathrm{w}}n_{\mathrm{w}}\boldsymbol{v}_{\mathrm{w}}) = 0 \qquad (3.6.25)$$

假设多孔介质流体流动满足达西定律，其方程为：

$$\boldsymbol{v}_{\mathrm{w}} = -\frac{1}{ng\rho}\boldsymbol{k}\cdot\left(\frac{\partial p_{\mathrm{w}}}{\partial \boldsymbol{x}} - \rho_{\mathrm{w}}\boldsymbol{g}\right) \qquad (3.6.26)$$

根据式（3.6.16）、式（3.6.19）和式（3.6.26），流体连续性微分方程可写为：

$$C \equiv \rho_{\mathrm{w}}^0\left(1+\frac{p_{\mathrm{w}}}{K_{\mathrm{w}}}\right)\left[J\boldsymbol{m}^{\mathrm{T}} + \frac{J\boldsymbol{m}^{\mathrm{T}}\overline{\boldsymbol{\sigma}}\boldsymbol{m}^{\mathrm{T}}}{3K_{\mathrm{g}}} + \frac{J\boldsymbol{m}^{\mathrm{T}}\boldsymbol{D}}{3K_{\mathrm{g}}}\right]\frac{\mathrm{d}\boldsymbol{\varepsilon}}{\mathrm{d}t} + \left[\frac{\rho_{\mathrm{w}}^0 J}{K_{\mathrm{w}}} + \frac{J\rho_{\mathrm{w}}^0\boldsymbol{m}^{\mathrm{T}}\overline{\boldsymbol{\sigma}}}{3K_{\mathrm{w}}K_{\mathrm{g}}} + \right.$$

$$\left. \frac{\rho_{\mathrm{w}}^0}{K_{\mathrm{w}}}(1-n^0)\left(\frac{p_{\mathrm{w}}}{K_{\mathrm{g}}}-1\right) + \frac{J\boldsymbol{m}^{\mathrm{T}}\boldsymbol{D}\boldsymbol{m}}{9K_{\mathrm{g}}^2} + \frac{1-n^0}{K_{\mathrm{g}}}\right]\frac{\mathrm{d}p_{\mathrm{w}}}{\mathrm{d}t} - \frac{Jk}{g}\frac{\partial^2 p_{\mathrm{w}}}{\partial x^2} + \frac{\rho_{\mathrm{w}}^0 Jkg}{gK_{\mathrm{w}}}\frac{\partial p_{\mathrm{w}}}{\partial x} = 0$$

$$(3.6.27)$$

流体连续性方程的边界条件为：

$$F = \begin{cases} -\dfrac{\boldsymbol{n}^{\mathrm{T}}}{n_{\mathrm{w}}g\rho_{\mathrm{w}}}\boldsymbol{k}\left(\dfrac{\partial p_{\mathrm{w}}}{\partial \boldsymbol{x}}-\rho_{\mathrm{w}}\boldsymbol{g}\right)-\bar{\boldsymbol{q}} = 0 \\ \\ p_{\mathrm{w}}-\bar{p}_{\mathrm{w}} = 0 \end{cases} \tag{3.6.28}$$

式中 $\bar{\boldsymbol{q}}$——流体载荷边界面上给定的单位面积流体的体积流量向量，$\mathrm{m}^3/\mathrm{s}$；

$\bar{p}_{\mathrm{w}}$——流体孔隙压力边界条件下指定的孔隙压力，$\mathrm{MPa}$。

由连续性方程式(3.6.27)和边界条件式(3.6.28)可以得到等效积分形式为：

$$\int_V \boldsymbol{a}C\mathrm{d}V + \int_{S_q} \boldsymbol{b}F\mathrm{d}S = 0 \tag{3.6.29}$$

式中 $\boldsymbol{a}$，$\boldsymbol{b}$——任意一个函数。

将式(3.6.27)和式(3.6.28)代入式(3.6.29)中得到：

$$\int_V \boldsymbol{a}\left\{\rho_{\mathrm{w}}^0\left(1+\frac{p_{\mathrm{w}}}{K_{\mathrm{w}}}\right)\left[J\boldsymbol{m}^{\mathrm{T}}+\frac{J\boldsymbol{m}^{\mathrm{T}}\bar{\boldsymbol{\sigma}}\boldsymbol{m}^{\mathrm{T}}}{3K_{\mathrm{g}}}+\frac{J\boldsymbol{m}^{\mathrm{T}}\boldsymbol{D}}{3K_{\mathrm{g}}}\right]\frac{\mathrm{d}\boldsymbol{\varepsilon}}{\mathrm{d}t}+\left[\frac{\rho_{\mathrm{w}}^0 J}{K_{\mathrm{w}}}+\frac{J\rho_{\mathrm{w}}^0\boldsymbol{m}^{\mathrm{T}}\bar{\boldsymbol{\sigma}}}{3K_{\mathrm{w}}K_{\mathrm{g}}}\right.\right.$$

$$\left.+\frac{\rho_{\mathrm{w}}^0}{K_{\mathrm{w}}}(1-n^0)\left(\frac{p_{\mathrm{w}}}{K_{\mathrm{g}}}-1\right)+\frac{J\boldsymbol{m}^{\mathrm{T}}\boldsymbol{D}\boldsymbol{m}}{9K_{\mathrm{g}}^2}+\frac{1-n^0}{K_{\mathrm{g}}}\right]\frac{\mathrm{d}p_{\mathrm{w}}}{\mathrm{d}t}-\frac{J\boldsymbol{k}}{g}\frac{\partial^2 p_{\mathrm{w}}}{\partial \boldsymbol{x}^2}+\frac{\rho_{\mathrm{w}}^0 J\boldsymbol{k}g}{gK_{\mathrm{w}}}\frac{\partial p_{\mathrm{w}}}{\partial \boldsymbol{x}}\right\}\mathrm{d}V \tag{3.6.30}$$

$$+\int_{S_q}\boldsymbol{b}\left[-\frac{\boldsymbol{n}^{\mathrm{T}}}{n_{\mathrm{w}}g\rho_{\mathrm{w}}}\boldsymbol{k}\left(\frac{\partial p_{\mathrm{w}}}{\partial \boldsymbol{x}}-\rho_{\mathrm{w}}\boldsymbol{g}\right)-\bar{\boldsymbol{q}}\right]\mathrm{d}S = 0$$

将格林定理式(3.6.31)代入式(3.6.30)中，取 $\boldsymbol{b}=-\boldsymbol{a}J\rho_{\mathrm{w}}n_{\mathrm{w}}$，则在孔隙压力边界 $S_{p_{\mathrm{w}}}$ 上，$\partial p_{\mathrm{w}}/\partial \boldsymbol{x}=0$，进一步可得到：

$$\int_V \boldsymbol{a}\frac{\partial p_{\mathrm{w}}}{\partial \boldsymbol{x}}\mathrm{d}V = \oint_S \boldsymbol{a}\frac{\partial p_{\mathrm{w}}}{\partial \boldsymbol{x}}\boldsymbol{n}^{\mathrm{T}}\mathrm{d}S - \int_V \frac{\partial \boldsymbol{a}}{\partial \boldsymbol{x}}\frac{\partial p_{\mathrm{w}}}{\partial c\boldsymbol{x}}\mathrm{d}V \tag{3.6.31}$$

$$\int_V \boldsymbol{a}\left\{\rho_{\mathrm{w}}^0\left(1+\frac{p_{\mathrm{w}}}{K_{\mathrm{w}}}\right)\left[J\boldsymbol{m}^{\mathrm{T}}+\frac{J\boldsymbol{m}^{\mathrm{T}}\bar{\boldsymbol{\sigma}}\boldsymbol{m}^{\mathrm{T}}}{3K_{\mathrm{g}}}+\frac{J\boldsymbol{m}^{\mathrm{T}}\boldsymbol{D}}{3K_{\mathrm{g}}}\right]\frac{\mathrm{d}\boldsymbol{\varepsilon}}{\mathrm{d}t}+\left[\frac{\rho_{\mathrm{w}}^0 J}{K_{\mathrm{w}}}+\frac{J\rho_{\mathrm{w}}^0\boldsymbol{m}^{\mathrm{T}}\bar{\boldsymbol{\sigma}}}{3K_{\mathrm{g}}K_{\mathrm{w}}}\right.\right.$$

$$\left.+\frac{\rho_{\mathrm{w}}^0}{K_{\mathrm{w}}}(1-n^0)\left(\frac{p_{\mathrm{w}}}{K_{\mathrm{g}}}-1\right)+\frac{J\boldsymbol{m}^{\mathrm{T}}\boldsymbol{D}\boldsymbol{m}}{9K_{\mathrm{g}}^2}+\frac{1-n^0}{K_{\mathrm{g}}}\right]\frac{\mathrm{d}p_{\mathrm{w}}}{\mathrm{d}t}+\frac{J\boldsymbol{k}}{g}\frac{\partial p_{\mathrm{w}}}{\partial \boldsymbol{x}}\frac{\partial \boldsymbol{a}}{\partial \boldsymbol{x}}+\frac{\rho_{\mathrm{w}}^0 J\boldsymbol{k}g}{gK_{\mathrm{w}}}\frac{\partial p_{\mathrm{w}}}{\partial \boldsymbol{x}}\right\}\mathrm{d}V \tag{3.6.32}$$

$$-\int_{S_q}\boldsymbol{a}J\left\{\frac{\boldsymbol{n}^{\mathrm{T}}\boldsymbol{k}g}{g}-\rho_{\mathrm{w}}^0\left(1+\frac{p_{\mathrm{w}}}{K_{\mathrm{w}}}\right)\left[\bar{\boldsymbol{q}}+\frac{\bar{\boldsymbol{q}}\boldsymbol{m}^{\mathrm{T}}\bar{\boldsymbol{\sigma}}}{3K_{\mathrm{g}}}+\frac{\bar{\boldsymbol{q}}(1-n^0)}{J}\left(\frac{p_{\mathrm{w}}}{K_{\mathrm{g}}}-1\right)\right]\right\}\mathrm{d}S = 0$$

再把式(3.6.31)代入式(3.6.32)得到基于有限单元法的流体连续性方程为：

$$\int_V \boldsymbol{a}\left\{\rho_{\mathrm{w}}^0\left(1+\frac{p_{\mathrm{w}}}{K_{\mathrm{w}}}\right)\left[J\boldsymbol{m}^{\mathrm{T}}+\frac{J\boldsymbol{m}^{\mathrm{T}}\boldsymbol{D}\boldsymbol{\varepsilon}\boldsymbol{m}^{\mathrm{T}}}{3K_{\mathrm{g}}}+\frac{J\boldsymbol{m}^{\mathrm{T}}\boldsymbol{D}\boldsymbol{m}(p_{\mathrm{w}}-p_{\mathrm{w}}^0)\boldsymbol{m}^{\mathrm{T}}}{9K_{\mathrm{g}}^2}+\frac{J\boldsymbol{m}^{\mathrm{T}}\bar{\boldsymbol{\sigma}}\boldsymbol{m}^{\mathrm{T}}}{3K_{\mathrm{g}}}+\frac{J\boldsymbol{m}^{\mathrm{T}}\boldsymbol{D}}{3K_{\mathrm{g}}}\right]\frac{\mathrm{d}\boldsymbol{\varepsilon}}{\mathrm{d}t}\right.$$

$$\left.+\left[\frac{\rho_{\mathrm{w}}^0 J}{K_{\mathrm{w}}}+\frac{J\rho_{\mathrm{w}}^0}{K_{\mathrm{w}}}\left(\frac{\boldsymbol{m}^{\mathrm{T}}\boldsymbol{D}\boldsymbol{\varepsilon}}{3K_{\mathrm{g}}}+\frac{\boldsymbol{m}^{\mathrm{T}}\boldsymbol{D}\boldsymbol{m}(p_{\mathrm{w}}-p_{\mathrm{w}}^0)}{9K_{\mathrm{g}}^2}+\frac{\boldsymbol{m}^{\mathrm{T}}\bar{\boldsymbol{\sigma}}}{3K_{\mathrm{g}}}\right)+\frac{\rho_{\mathrm{w}}^0}{K_{\mathrm{w}}}(1-n^0)\left(\frac{p_{\mathrm{w}}}{K_{\mathrm{g}}}-1\right)+\right.$$

$$\left. \frac{Jm^{\mathrm{T}}Dm}{9K_{\mathrm{g}}^{2}}+\frac{1-n^{0}}{K_{\mathrm{g}}}\right]\frac{\mathrm{d}p_{\mathrm{w}}}{\mathrm{d}t}\right\}\mathrm{d}V+\int_{V}a\left(\frac{Jk}{g}\frac{\partial p_{\mathrm{w}}}{\partial x}\frac{\partial a}{\partial x}+\frac{\rho_{\mathrm{w}}^{0}Jkg}{gK_{\mathrm{w}}}\frac{\partial p_{\mathrm{w}}}{\partial x}\right)\mathrm{d}V-$$

$$\int_{S_{q}}aJ\left\{\frac{n^{\mathrm{T}}kg}{g}-\rho_{\mathrm{w}}^{0}\left(1+\frac{p_{\mathrm{w}}}{K_{\mathrm{w}}}\right)\left[\overline{q}+\frac{\overline{q}m^{\mathrm{T}}\overline{\sigma}}{3K_{\mathrm{g}}}+\frac{\overline{q}(1-n^{0})}{J}\left(\frac{p_{\mathrm{w}}}{K_{\mathrm{g}}}-1\right)\right]\right\}\mathrm{d}S=0 \tag{3.6.33}$$

### 3.6.3.2 有限元方程离散

（1）空间离散。

任意处的孔隙压力与单元的节点孔隙压力的关系为：

$$p_{\mathrm{w}}=N_{\mathrm{p}}\boldsymbol{p}_{\mathrm{w}}^{\mathrm{e}} \tag{3.6.34}$$

把式（3.6.5）和式（3.6.34）代入式（3.6.21），对式（3.6.21）进行有限元离散可得：

$$\int_{V}\left\{\boldsymbol{B}^{\mathrm{T}}\boldsymbol{D}\boldsymbol{B}-\boldsymbol{B}^{\mathrm{T}}N_{\mathrm{p}}\boldsymbol{p}_{\mathrm{w}}^{\mathrm{e}}mm^{\mathrm{T}}\boldsymbol{B}-\frac{1}{J}N^{\mathrm{T}}g\rho_{\mathrm{w}}^{0}\left(1+\frac{N_{\mathrm{p}}\boldsymbol{p}_{\mathrm{w}}^{\mathrm{e}}}{K_{\mathrm{w}}}\right)\left(Jm^{\mathrm{T}}\boldsymbol{B}+\frac{Jm^{\mathrm{T}}\boldsymbol{D}\ \tilde{\boldsymbol{B}}\boldsymbol{u}^{\mathrm{e}}m^{\mathrm{T}}\boldsymbol{B}}{3K_{\mathrm{g}}}\right.\right.$$

$$\left.+\frac{Jm^{\mathrm{T}}Dm(N_{\mathrm{p}}\boldsymbol{p}_{\mathrm{w}}^{\mathrm{e}}-p_{\mathrm{w}}^{0})m^{\mathrm{T}}\boldsymbol{B}}{9K_{\mathrm{g}}^{2}}+\frac{Jm^{\mathrm{T}}\overline{\sigma}^{0}m^{\mathrm{T}}\boldsymbol{B}}{3K_{\mathrm{g}}}+\frac{Jm^{\mathrm{T}}\boldsymbol{D}\boldsymbol{B}}{3K_{\mathrm{g}}}\right)+(\boldsymbol{B}^{\mathrm{T}}\tilde{\boldsymbol{T}}+\boldsymbol{G}^{\mathrm{T}}\boldsymbol{S})\boldsymbol{N}\right\}\mathrm{d}V\mathrm{d}\boldsymbol{u}^{\mathrm{e}}$$

$$+\int_{V}\left\{\frac{\boldsymbol{B}^{\mathrm{T}}\boldsymbol{D}m}{3K_{\mathrm{g}}}-\boldsymbol{B}^{\mathrm{T}}m-\frac{1}{J}N^{\mathrm{T}}g\frac{\rho_{\mathrm{w}}^{0}}{K_{\mathrm{w}}}\left[J+\frac{Jm^{\mathrm{T}}\boldsymbol{D}\ \tilde{\boldsymbol{B}}\boldsymbol{u}^{\mathrm{e}}}{3K_{\mathrm{g}}}+\frac{Jm^{\mathrm{T}}Dm(N_{\mathrm{p}}\boldsymbol{p}_{\mathrm{w}}^{\mathrm{e}}-p_{\mathrm{w}}^{0})}{9K_{\mathrm{g}}^{2}}+\frac{Jm^{\mathrm{T}}\overline{\sigma}^{0}}{3K_{\mathrm{g}}}\right.\right. \tag{3.6.35}$$

$$\left.\left.+(1-n^{0})\left(\frac{N_{\mathrm{p}}\boldsymbol{p}_{\mathrm{w}}^{\mathrm{e}}}{K_{\mathrm{g}}}-1\right)\right]-\frac{1}{J}N^{\mathrm{T}}g\rho_{\mathrm{w}}^{0}\left(1+\frac{N_{\mathrm{p}}\boldsymbol{p}_{\mathrm{w}}^{\mathrm{e}}}{K_{\mathrm{w}}}\right)\left(\frac{Jm^{\mathrm{T}}Dm}{9K_{\mathrm{g}}^{2}}+\frac{1-n^{0}}{K_{\mathrm{g}}}\right)\right\}N_{\mathrm{p}}\mathrm{d}V\mathrm{d}\boldsymbol{p}_{\mathrm{w}}^{\mathrm{e}}$$

$$=\int_{S_{\sigma}}\boldsymbol{N}^{\mathrm{T}}\mathrm{d}t\mathrm{d}S+\int_{V}\boldsymbol{N}^{\mathrm{T}}\mathrm{d}f\mathrm{d}V$$

采用 Galerkin 法对流体连续性方程式（3.6.32）进行离散得：

$$\int_{V}N_{\mathrm{p}}\rho_{\mathrm{w}}^{0}\left(1+\frac{N_{\mathrm{p}}\boldsymbol{p}_{\mathrm{w}}^{\mathrm{e}}}{K_{\mathrm{w}}}\right)\left[Jm^{\mathrm{T}}\boldsymbol{B}+\frac{Jm^{\mathrm{T}}\boldsymbol{D}\ \tilde{\boldsymbol{B}}\boldsymbol{u}^{\mathrm{e}}m^{\mathrm{T}}\boldsymbol{B}}{3K_{\mathrm{g}}}+\frac{Jm^{\mathrm{T}}Dm(N_{\mathrm{p}}\boldsymbol{p}_{\mathrm{w}}^{\mathrm{e}}-p_{\mathrm{w}}^{0})m^{\mathrm{T}}\boldsymbol{B}}{9K_{\mathrm{g}}^{2}}\right.$$

$$\left.+\frac{Jm^{\mathrm{T}}\overline{\sigma}^{0}m^{\mathrm{T}}\boldsymbol{B}}{3K_{\mathrm{g}}}+\frac{Jm^{\mathrm{T}}\boldsymbol{D}\boldsymbol{B}}{3K_{\mathrm{g}}}\right]\mathrm{d}V\frac{\mathrm{d}\boldsymbol{u}^{\mathrm{e}}}{\mathrm{d}t}+\int_{V}N_{\mathrm{p}}\left\{\frac{\rho_{\mathrm{w}}^{0}J}{K_{\mathrm{w}}}+\frac{\rho_{\mathrm{w}}^{0}J}{K_{\mathrm{w}}}\left[\frac{m^{\mathrm{T}}\boldsymbol{D}\ \tilde{\boldsymbol{B}}\boldsymbol{u}^{\mathrm{e}}}{3K_{\mathrm{g}}}+\frac{m^{\mathrm{T}}Dm(N_{\mathrm{p}}\boldsymbol{p}_{\mathrm{w}}^{\mathrm{e}}-p_{\mathrm{w}}^{0})}{9K_{\mathrm{g}}^{2}}+\frac{m^{\mathrm{T}}\overline{\sigma}^{0}}{3K_{\mathrm{g}}}\right]\right.$$

$$\left.+\frac{\rho_{\mathrm{w}}^{0}}{K_{\mathrm{w}}}(1-n^{0})\left(\frac{N_{\mathrm{p}}\boldsymbol{p}_{\mathrm{w}}^{\mathrm{e}}}{K_{\mathrm{g}}}-1\right)+\frac{Jm^{\mathrm{T}}Dm}{9K_{\mathrm{g}}^{2}}+\frac{1-n^{0}}{K_{\mathrm{g}}}\right\}N_{\mathrm{p}}\mathrm{d}V\frac{\mathrm{d}\boldsymbol{p}_{\mathrm{w}}^{\mathrm{e}}}{\mathrm{d}t}+\int_{V}N_{\mathrm{p}}\left(\frac{Jk}{g}\frac{\partial N_{\mathrm{p}}}{\partial x}\frac{\partial N_{\mathrm{p}}}{\partial x}\boldsymbol{p}_{\mathrm{w}}^{\mathrm{e}}+\frac{\rho_{\mathrm{w}}^{0}Jkg}{gK_{\mathrm{g}}}\frac{\partial N_{\mathrm{p}}}{\partial x}\boldsymbol{p}_{\mathrm{w}}^{\mathrm{e}}\right)\mathrm{d}V$$

$$+\int_{S_{q}}\frac{N_{\mathrm{p}}J\rho_{\mathrm{w}}^{0}\overline{q}m^{\mathrm{T}}\boldsymbol{D}\tilde{\boldsymbol{B}}}{3K_{\mathrm{g}}}\mathrm{d}S\boldsymbol{u}^{\mathrm{e}}+\int_{S_{q}}N_{\mathrm{p}}J\rho^{0}\overline{q}\left[\frac{m^{\mathrm{T}}DmN_{\mathrm{p}}}{9K_{\mathrm{g}}^{2}}+\frac{(1-n^{0})N_{\mathrm{p}}}{JK_{\mathrm{g}}}-\frac{N_{\mathrm{p}}}{K_{\mathrm{g}}}\right.$$

$$\left.-\frac{m^{\mathrm{T}}\boldsymbol{D}\ \tilde{\boldsymbol{B}}\boldsymbol{u}^{\mathrm{e}}N_{\mathrm{p}}}{3K_{\mathrm{g}}K_{\mathrm{w}}}-\frac{m^{\mathrm{T}}Dm(N_{\mathrm{p}}\boldsymbol{p}_{\mathrm{w}}^{\mathrm{e}}-p_{\mathrm{w}}^{0})N_{\mathrm{p}}}{9K_{\mathrm{g}}^{2}K_{\mathrm{w}}}-\frac{m^{\mathrm{T}}\overline{\sigma}^{0}N_{\mathrm{p}}}{3K_{\mathrm{g}}K_{\mathrm{w}}}-\frac{1-n^{0}}{JK_{\mathrm{w}}}\left(\frac{N_{\mathrm{p}}\boldsymbol{p}_{\mathrm{w}}^{\mathrm{e}}}{K_{\mathrm{g}}}-1\right)\right]\mathrm{d}S\boldsymbol{p}_{\mathrm{w}}^{\mathrm{e}}$$

$$-\int_{S_{q}}\left[\frac{N_{\mathrm{p}}J\boldsymbol{n}^{\mathrm{T}}kg}{g}-N_{\mathrm{p}}J\rho_{\mathrm{w}}^{0}\overline{q}\left(1-\frac{m^{\mathrm{T}}Dmp_{\mathrm{w}}^{0}}{9K_{\mathrm{g}}^{2}}+\frac{m^{\mathrm{T}}\overline{\sigma}^{0}}{3K_{\mathrm{g}}}-\frac{1-n^{0}}{J}\right)\right]\mathrm{d}S=0 \tag{3.6.36}$$

式(3.6.35)和式(3.6.36)联立为应力—渗流耦合的有限元方程,写成矩阵形式为:

$$\begin{bmatrix} 0 & 0 \\ M^e & N^e \end{bmatrix}\begin{Bmatrix} u^e \\ p_w^e \end{Bmatrix} + \begin{bmatrix} K^e & L^e \\ H^e & S^e \end{bmatrix}\frac{\mathrm{d}}{\mathrm{d}t}\begin{Bmatrix} u^e \\ p_w^e \end{Bmatrix} = \begin{Bmatrix} F^e \\ V^e \end{Bmatrix} \tag{3.6.37}$$

方程式(3.6.37)是基于单元的,对所有单元进行组装得到形式相同的如下系统有限元方程:

$$\begin{bmatrix} 0 & 0 \\ M & N \end{bmatrix}\begin{Bmatrix} u \\ p \end{Bmatrix} + \begin{bmatrix} K & L \\ H & S \end{bmatrix}\frac{\mathrm{d}}{\mathrm{d}t}\begin{Bmatrix} u \\ p_w \end{Bmatrix} = \begin{Bmatrix} F \\ V \end{Bmatrix} \tag{3.6.38}$$

(2) 时间离散。

时域上的离散可以看成一维离散,则时间单元内的值可由时间节点值插值得到:

$$u = N_n(u)^n + N_{n+1}(u)^{n+1} \tag{3.6.39}$$

$$p_w = N_n(p_w)^n + N_{n+1}(p_w)^{n+1} \tag{3.6.40}$$

$$\frac{\mathrm{d}u}{\mathrm{d}t} = \frac{(u)^{n+1} - (u)^n}{\Delta t_n} \tag{3.6.41}$$

$$\frac{\mathrm{d}p_w}{\mathrm{d}t} = \frac{(p_w)^{n+1} - (p_w)^n}{\Delta t_n} \tag{3.6.42}$$

把式(3.6.39)至式(3.6.42)代入式(3.6.38)中,即可得到完全饱和多孔介质渗流应力耦合瞬态非线性增量有限元方程:

$$\begin{bmatrix} K & L \\ H + \alpha M \Delta t_n & S + \alpha N \Delta t_n \end{bmatrix}\begin{Bmatrix} \Delta(u)^{n+1} \\ \Delta(p_w)^{n+1} \end{Bmatrix} = \begin{Bmatrix} F \\ V - M(u)^n - N(p_w)^n \end{Bmatrix}\Delta t_n \tag{3.6.43}$$

本节符号及含义:

| 符号 | 含义 | 符号 | 含义 | 符号 | 含义 |
|---|---|---|---|---|---|
| $n_w$ | 自由湿液体积比 | $K_g$ | 岩石固体骨架体积模量 | $n^0$ | 参考构形孔隙度 |
| $K_w$ | 流体体积模量 | $\rho_w$ | 变形后流体密度 | $v_w$ | 渗流速度 |

## 参 考 文 献

[1] 周建平, 郭建春, 季晓红, 等. 水平井分段酸压投球封堵最小排量确定方法[J]. 新疆石油地质, 2016, 37(3): 332-335.

[2] 周会强. 碳酸盐储层酸压难点及应对措施[J]. 中国石油和化工标准与质量, 2013, 33(21): 133.

[3] 禹晓珊. 天然裂缝对酸蚀蚓孔扩展规律的影响研究[D]. 北京: 中国石油大学(北京), 2017.

[4] 杨敏, 张烨. 缝洞型油藏超大规模酸压技术[J]. 地质科技情报, 2011, 30(3): 89-92.

[5] 杨斌, 张浩, 刘其明, 等. 超深层裂缝性碳酸盐岩力学特性及其主控机制[J]. 天然气工业, 2021,

41(7)：107-114.

[6] 吴恒川. 模拟缝洞材料酸化压裂过程中裂缝扩展特征与机理研究[D]. 绵阳：西南科技大学，2021.

[7] 翁振，张耀峰，伍轶鸣，等. 储层溶洞对水力裂缝扩展路径影响的实验研究[J]. 油气藏评价与开发，2019，9(6)：42-46.

[8] 王毓杰，张振南，牟建业，等. 缝洞型碳酸盐岩油藏洞体与水力裂缝相互作用[J]. 地下空间与工程学报，2019，15(S1)：175-181.

[9] 王燚钏，侯冰，张鲲鹏，等. 碳酸盐岩储层酸压室内真三轴物理模拟实验[J]. 石油科学通报，2020，5(3)：412-419.

[10] 王兴文，杨建英，任山，等. 堵塞球选择性分层压裂排量控制技术研究[J]. 钻采工艺，2007(1)：75-76，86，148.

[11] 刘丕养. 酸蚀碳酸盐岩反应流蚓孔生成数值模拟研究[D]. 北京：中国石油大学(华东)，2017.

[12] 李林地，张士诚，张劲，等. 缝洞型碳酸盐岩储层水力裂缝扩展机理[J]. 石油学报，2009，30(4)：570-573.

[13] 曾凡辉，刘林，林立世，等. 碳酸盐岩储层加砂压裂改造的难点及对策[J]. 天然气工业，2009，29(12)：56-58，144.

[14] ZHAO H, CHEN M, JIN Y, et al. Rock fracture kinetics of the facture mesh system in shale gas reservoirs[J]. Petroleum Exploration and Development, 2012, 39(4)：498-503.

[15] ZHANG Y, YANG S, ZHANG S, et al. Wormhole Propagation Behavior and Its Effect on Acid Leakoff under In Situ Conditions in Acid Fracturing[J]. Transport in Porous Media, 2014, 101(1)：99-114.

[16] ZHANG K, CHEN M, ZHOU C, et al. Study of alternating acid fracturing treatment in carbonate formation based on true tri-axial experiment[J]. Journal of Petroleum Science and Engineering, 2020, 192：107268.

[17] YOUN D J. Hydro-mechanical coupled simulation of hydraulic fracturing using the extended finite element method(XFEM)[C]. 2016.

[18] XIE H F, RAO Q H, XIE Q, et al. Effect of holes on in-plane shear(Mode Ⅱ)crack sub-critical propagation of rock[J]. Journal of Central South University of Technology, 2008, 15(1)：453-456.

[19] WANG Y, LI X, ZHAO B, et al. 3D numerical simulation of pulsed fracture in complex fracture-cavitied reservoir[J]. Computers and Geotechnics, 2020, 125(1)：103665.

[20] WANG H, TANG X, LUO Z, et al. Investigation of the Fracture Propagation in Fractured-Vuggy Reservoir[C]. Proceedings of the 52nd US Rock Mechanics/Geomechanics Symposium, 2018. ARMA-2018-959.

[21] SHI X, QIN Y, XU H, et al. Numerical simulation of hydraulic fracture propagation in conglomerate reservoirs[J]. Engineering Fracture Mechanics, 2021, 248：107738.

[22] RENSHAW C E, POLLARD D D. An experimentally verified criterion for propagation across unbounded frictional interfaces in brittle, linear elastic materials[J]. International Journal of Rock Mechanics and Mining Sciences & Geomechanics Abstracts, 1995, 32(3)：237-249.

[23] RAHMAN M M, AGHIGHI A, RAHMAN S S. Interaction between Induced Hydraulic Fracture and Pre-Existing Natural Fracture in a Poro-elastic Environment：Effect of Pore Pressure Change and the Orientation of Natural Fracture[C]. Proceedings of the Asia Pacific Oil and Gas Conference & Exhibition, 2009. SPE-122574-MS.

[24] PUJIASTUTI S, WIJAYANTI E, NUGROHO H S, et al. Proppant Hydraulic Fracturing in Low Permeabil-

ity and Low Acid-Soluble Carbonate Reservoir: A Case History[C]. Proceedings of the SPE EUROPEC/ EAGE Annual Conference and Exhibition, 2010. SPE-130518-MS.

[25] POTLURI N, ZHU D, HILL A D. Effect of Natural Fractures on Hydraulic Fracture Propagation[C]. Proceedings of the SPE European Formation Damage Conference, 2005. SPE-94568-MS.

[26] OETH C V, HILL A D, ZHU D. Acid Fracturing: Fully 3D Simulation and Performance Prediction [C]. Proceedings of the SPE Hydraulic Fracturing Technology Conference, 2013. D021S007R004.

[27] MOU J, ZHU D, HILL A D. Acid-Etched Channels in Heterogeneous Carbonates — A Newly Discovered Mechanism for Creating Acid Fracture Conductivity[C]. Proceedings of the SPE Hydraulic Fracturing Technology Conference, 2009. SPE-119619-MS.

[28] LUO Z, ZHANG N, ZHAO L, et al. Interaction of a hydraulic fracture with a hole in poroelasticity medium based on extended finite element method[J]. Engineering Analysis with Boundary Elements, 2020, 115: 108-119.

[29] LUO Z, ZHANG N, ZHAO L, et al. An extended finite element method for the prediction of acid-etched fracture propagation behavior in fractured-vuggy carbonate reservoirs[J]. Journal of Petroleum Science and Engineering, 2020, 191: 107170.

[30] LIU Z, WANG S, ZHAO H, et al. Effect of Random Natural Fractures on Hydraulic Fracture Propagation Geometry in Fractured Carbonate Rocks[J]. Rock Mechanics and Rock Engineering, 2018, 51(2): 491-511.

[31] LIU Z, PENG S, ZHAO H, et al. Numerical simulation of pulsed fracture in reservoir by using discretized virtual internal bond[J]. Journal of Petroleum Science and Engineering, 2019, 181: 106197.

[32] LIU Z, LU Q, SUN Y, et al. Investigation of the Influence of Natural Cavities on Hydraulic Fracturing Using Phase Field Method[J]. Arabian Journal for ScienceEngineering, 2019, 44: 10481-10501.

[33] LIU B, JIN Y, CHEN M. Influence of vugs in fractured-vuggy carbonate reservoirs on hydraulic fracture propagation based on laboratory experiments[J]. Journal of Structural Geology, 2019, 124: 143-150.

[34] LI N, ZHANG S, WANG H, et al. Effect of thermal shock on laboratory hydraulic fracturing in Laizhou granite: An experimental study[J]. Engineering Fracture Mechanics, 2021, 248: 107741.

[35] LI N, DAI J, LIU P, et al. Experimental study on influencing factors of acid-fracturing effect for carbonate reservoirs[J]. Petroleum, 2015, 1(2): 146-153.

[36] JIANG T, ZHANG J, WU H. Experimental and numerical study on hydraulic fracture propagation in coalbed methane reservoir[J]. Journal of Natural Gas ScienceEngineering, 2016, 35: 455-467.

[37] JEON J, BASHIR M O, LIU J, et al. Fracturing Carbonate Reservoirs: Acidising Fracturing or Fracturing with Proppants? [C]. Proceedings of the SPE Asia Pacific Hydraulic Fracturing Conference, 2016. D022S010R042.

[38] HOU B, ZHANG R, ZENG Y, et al. Analysis of hydraulic fracture initiation and propagation in deep shale formation with high horizontal stress difference[J]. Journal of Petroleum ScienceEngineering, 2018, 170: 231-243.

[39] HOU B, ZHANG R, CHEN M, et al. Investigation on acid fracturing treatment in limestone formation based on true tri-axial experiment[J]. Fuel, 2019, 235: 473-484.

[40] HENG S, LIU X, LI X, et al. Experimental and numerical study on the non-planar propagation of hydraulic fractures in shale[J]. Journal of Petroleum ScienceEngineering, 2019, 179, 410-426.

［41］ FRASH L P, GUTIERREZ M, TUTUNCU A, et al. True-Triaxial Hydraulic Fracturing of Niobrara Carbonate Rock as an Analogue for Complex Oil and Gas Reservoir Stimulation[C]. Proceedings of the 49th US Rock Mechanics/Geomechanics Symposium, 2015. ARMA-2015-065.

［42］ CHEONG S K, KWON O N. Analysis of a crack approaching two circular holes in[0n90m]s laminates [J]. Engineering Fracture Mechanics, 1993, 46(2): 235-244.

［43］ CHENG L, LUO Z, YU Y, et al. Study on the interaction mechanism between hydraulic fracture and natural karst cave with the extended finite element method [J]. Engineering Fracture Mechanics, 2019, 222: 106680.

［44］ BUIJSE M A. Understanding Wormholing Mechanisms Can Improve Acid Treatments in Carbonate Formations [J]. SPE Production & Facilities, 2000, 15(3): 168-175.

［45］ ARZUAGA-GARCíA I, EINSTEIN H H. Experimental study of fluid penetration and opening geometry during hydraulic fracturing[J]. Engineering Fracture Mechanics, 2020, 230: 106986.

［46］ ALJAWAD M S, SCHWALBERT M P, MAHMOUD M, et al. Impacts of natural fractures on acid fracture design: A modeling study[J]. Energy Reports, 2020, 6: 1073-1082.

# 第4章 压裂诱导应力与裂缝干扰

水力压裂技术中的裂缝控制与优化涉及多个方面，其中包括理想裂缝诱导应力场、裂缝缝间干扰、重复压裂、水平井分段分簇优化压裂以及压裂应力场的实验室监测。在水力压裂过程中，裂缝的形成和扩展对于提高储层产能至关重要。一方面，为了获得理想的裂缝形态，通过合理设计井网、完善注入参数以及调整泵注策略等手段来诱导理想的应力场分布。另一方面，裂缝缝间干扰是多裂缝压裂中的一个重要问题。当多个裂缝同时扩展时，它们之间可能会发生干扰，导致裂缝形态不理想或产能下降。为了降低裂缝缝间干扰，可以采取一系列措施。另外，涉及的重复压裂是一种常用的裂缝控制手段。通过多次水力压裂作业，可以进一步扩展裂缝网络，增加储层的有效流动路径，提高产能。实验室监测可以模拟重复压裂过程，研究不同压裂次数和时间间隔对裂缝扩展的影响，并评估其对产能的改善效果。这些研究结果可以指导实际压裂作业中的重复压裂策略和参数选择。此外，水平井分段分簇压裂是另一种常用的裂缝控制策略。通过在水平井段中设置多个压裂段，可以实现对储层的全面覆盖，提高裂缝的连接性和覆盖面积。最后，压裂应力场的实验室监测对于深入理解压裂过程中的应力响应机制至关重要。裂缝的扩展受到储层的地应力和压裂施工参数的共同影响。通过实验室监测裂缝扩展过程中的应力变化，可以研究不同参数对应力场的影响，并为实际压裂作业提供参考。

综上所述，水力压裂技术中的裂缝控制与优化是一个综合性问题。通过实验室监测和研究不同方面的关系，可以制定出科学合理的裂缝控制策略，以提高水力压裂的效果。这将为非常规油气开采等领域的实际应用提供科学依据和技术支持。

## 4.1 理想裂缝诱导应力场

水力压裂是油气井增产的重要手段之一。水力裂缝为油气藏提供了油气输运通道，改善了储层的油气渗流特性。在水力压裂过程中，水力裂缝往往沿最大水平主应力方向扩展，而水力裂缝宽度变化要沿最小水平主应力方向。但随着压裂流体经由裂缝进入地层，水力裂缝周围的应力场可能会发生转向，即最大水平主应力和最小水平主应力相互转换，并最终影响水力裂缝的延伸和周围应力分布。本节重点探究裂缝扩展过程中产生的诱导应力，并与原应力场叠加，进一步影响水力裂缝的扩展方向与范围。

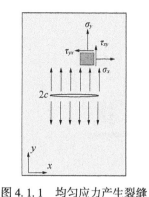

图 4.1.1 均匀应力产生裂缝

### 4.1.1 裂缝周围应力分量

基于 2.3.1 节，Ⅰ型裂缝在无限大弹性体中的应力—位移关系，即无限大弹性体中间有一道长为 $2c$ 的裂缝，在裂缝内部施加均匀应力 $p_0$，裂缝周围区域会产生沿 $x$ 轴和 $y$ 轴方向的应力 $\sigma_x$ 和 $\sigma_y$，以及两者可能会产生的剪应力 $\tau_{xy}$，如图 4.1.1 所示。

随着裂缝扩展，其对应产生的位移用 $u_x$ 和 $u_y$ 表示，其具体形式可以表示为：

$$\begin{cases} \dfrac{\partial \sigma_x}{\partial x} + \dfrac{\partial \tau_{xy}}{\partial y} = 0 \\[3mm] \dfrac{\partial \tau_{xy}}{\partial x} + \dfrac{\partial \sigma_y}{\partial y} = 0 \end{cases} \tag{4.1.1}$$

式(4.1.1)的边界条件满足：当 $x^2 + y^2$ 趋于无穷大时，其应力分量和位移矢量必须趋于 0；并且当 $x = 0$，$-c \leqslant y \leqslant c$ 时，则有

$$\tau_{xy} = 0; \quad \sigma_x = -p(y) \tag{4.1.2}$$

当上述无限弹性体裂缝形态是关于 $x$ 坐标轴对称分布时，求取裂缝对称部分附近的应力分布即是整个裂缝的应力分布，根据图 4.1.1，取 $x \geqslant 0$ 部分，当 $x = 0$ 时，满足以下条件：

（1）$\tau_{xy} = 0$，$y$ 取任意值；

（2）$\begin{cases} \sigma_x = -p(y), & |y| \leqslant c \\ u_x = 0, & |y| \geqslant c_\circ \end{cases}$

进一步关于 $y$ 坐标轴对称时，当 $y = 0$，得到弹性方程式(4.1.1)的解为：

$$\sigma_x = \frac{2}{\pi} \int_0^\infty \phi(\rho)(1 + \rho x) e^{-\rho x} \cos(\rho y) \, d\rho$$

$$\sigma_y = \frac{2}{\pi} \int_0^\infty \phi(\rho)(1 - \rho x) e^{-\rho x} \cos(\rho y) \, d\rho$$

$$\tau_{xy} = \frac{2x}{\pi} \int_0^\infty \rho \phi(\rho) e^{-\rho x} \sin(\rho y) \, d\rho \tag{4.1.3}$$

式(4.1.3)满足上述方程平衡和条件(1)，而函数 $\phi(\rho)$ 满足条件(2)。进一步得到位移矢量为：

$$u_x = -\frac{2(1 + \sigma)}{\pi E} \int_\theta^\infty \phi(\rho) e^{-\rho x} [2(1 - \sigma) + \rho x] \frac{\cos \rho y}{\rho} \, d\rho$$

$$u_y = \frac{2(1 + \sigma)}{\pi E} \int_0^\infty \phi(\rho) e^{-\rho x} [(1 - 2\sigma) - \rho x] \frac{\sin \rho y}{\rho} \, d\rho \tag{4.1.4}$$

当 $x=0$ 时，式(4.1.3)和式(4.1.4)化简为：

$$\sigma_x = \frac{2}{\pi} \int_0^\infty \phi(\rho) \cos\rho y \, \mathrm{d}\rho$$

$$u_x = -\frac{4(1-\sigma^2)}{\pi E} \int_0^\infty \phi(\rho) \frac{\cos\rho y}{\rho} \mathrm{d}\rho \tag{4.1.5}$$

将条件(2)代入式(4.1.5)，并作以下替代：

$$\rho = \xi/c, \quad y = \eta c, \quad g(\eta) = -c\left(\frac{\pi}{2\eta}\right)^{\frac{1}{2}} p(\eta c), \quad \phi\left(\frac{\xi}{c}\right) = \xi^{\frac{1}{2}} F(\xi) \tag{4.1.6}$$

得到对偶积分方程：

$$\begin{cases} \int_0^\infty \xi F(\xi) \mathrm{J}_{-\frac{1}{2}}(\xi\eta) \mathrm{d}\xi = g(\eta), & 0 < \eta < 1 \\ \int_0^\infty F(\xi) \mathrm{J}_{-\frac{1}{2}}(\xi\eta) \mathrm{d}\xi = 0, & \eta > 1 \end{cases} \tag{4.1.7}$$

从式(4.1.3)至式(4.1.7)可以看出，只要确定对偶积分方程 $F(\xi)$ 的具体函数形式，$\phi(\rho)$ 便可计算出，进而继续代入式(4.1.3)，即可得到三个应力分量 $\sigma_x$、$\sigma_y$ 和 $\tau_{xy}$。

借助于"第一类 $\alpha$ 阶贝塞尔函数 $\mathrm{J}_\alpha(x)$ 是贝塞尔方程当 $\alpha$ 为整数或 $\alpha$ 非负时的解，须满足在 $x=0$ 时有限"这一原理，设 $\alpha=1$，得到式(4.1.7)对偶积分方程中的 $F(\xi)$ 为：

$$F(\xi) = \sqrt{\frac{2}{\pi}} \xi^{\frac{1}{2}} \left[ \mathrm{J}_0(\xi) \int_0^1 y^{\frac{1}{2}} (1-y^2)^{\frac{1}{2}} g(y) \mathrm{d}y + \right.$$
$$\left. \xi \int_0^1 u^{\frac{1}{2}} (1-u^2)^{\frac{1}{2}} \mathrm{d}u \cdot \int_0^1 g(yu) y^{\frac{5}{2}} \mathrm{J}_1(\xi y) \mathrm{d}y \right] \tag{4.1.8}$$

进一步假设压力 $p(y)$ 由泰勒级数的形式给出：

$$p(y) = p_0 \sum_{n=0}^\infty a_n \left(\frac{y}{c}\right)^n \tag{4.1.9}$$

假设当 $-c \leqslant y \leqslant c$ 时，$\phi(\rho)$ 的表达式为：

$$\phi(\rho) = -\frac{1}{2} p_0 r^2 \pi^{\frac{1}{2}} \rho \sum_{n=0}^\infty \frac{\Gamma\left(\frac{1}{2}n+\frac{1}{2}\right)}{\Gamma\left(\frac{1}{2}n+2\right)} a_n \left[ \mathrm{J}_0(c\rho) + c\rho \int_0^1 y^{n+2} \mathrm{J}_1(c\rho y) \mathrm{d}y \right] \tag{4.1.10}$$

将式(4.1.10)代入式(4.1.9)得到：

$$\int_0^\infty \mathrm{J}_1(c\rho) \cos(\rho y) \mathrm{d}\rho = \frac{1}{\sqrt{c^2-y^2}}, \quad 0<y<c$$

$$\int_0^\infty \rho \mathrm{J}_1(c\rho) \cos(\rho y) \mathrm{d}\rho = \frac{c}{(c^2-y^2)^{\frac{3}{2}}}, \quad 0<y<c \tag{4.1.11}$$

进一步将裂缝法向的位移分量用 $w$ 表示：

$$w = \frac{2(1-\sigma^2)p_0 c}{\sqrt{T} \cdot E} \sum_{n=0}^{\infty} \frac{\Gamma\left(\frac{1}{2}n+\frac{1}{2}\right)}{\Gamma\left(\frac{1}{2}n+2\right)} a_n \left[\frac{c}{\sqrt{c^2-y^2}} + \left(\frac{y}{c}\right)^{n+1} \int_1^{c/y} \frac{u^{n+3}\mathrm{d}u}{(u^2-1)^{\frac{3}{2}}}\right] \quad (4.1.12)$$

对于均匀流体压力 $p_0$ 条件下，$a_0=1$，$a_n=0$，$n \geqslant 1$，得到：

$$w = \frac{2(1-\sigma^2)p_0}{E}\sqrt{c^2-y^2} \quad (4.1.13)$$

进一步用 $b$ 代替式(4.1.13)中的 $\dfrac{2(1-\sigma^2)p_0}{E}$，即：

$$b = \frac{2(1-\sigma^2)p_0}{E} \quad (4.1.14)$$

式(4.1.13)转化为椭圆方程形式：

$$\frac{y^2}{c^2} + \frac{w^2}{b^2} = 1 \quad (4.1.15)$$

式(4.1.15)便可说明在均匀压力条件下，裂缝将扩展为椭圆形。

通过上述推导得到裂缝的扩展形态，进一步研究沿 $y$ 坐标轴的位移分量 $u_y$，即：

$$u_y = \begin{cases} w(y), & y \leqslant |c|, \ x=0 \\ 0, & y \geqslant |c|, \ x=0 \end{cases} \quad (4.1.16)$$

将式(4.1.5)中的第二个公式通过傅里叶逆变换，并结合 $u_y$ 的值，得到：

$$\phi(\rho) = -\frac{E}{2(1-\sigma^2)}\rho \int_0^c w(y)\cos(\rho y)\mathrm{d}y \quad (4.1.17)$$

若能明确 $\phi(\rho)$ 中的 $w(y)$ 具体形式，并将此时的式(4.1.17)代入式(4.1.3)便可得到弹性体内应力分量的表达式。因此，将 $w(y)$ 具体形式设为：

$$w(y) = \epsilon\left(1-\frac{y^2}{c^2}\right) \quad (4.1.18)$$

然后，式(4.1.17)转变为：

$$\phi(\rho) = -\frac{E_\epsilon}{(1-\sigma^2)c\rho}\left(\frac{\sin c\rho}{c\rho} - \cos c\rho\right) \quad (4.1.19)$$

此时，为简化推导过程，直接将式(4.1.19)代入式(4.1.5)中的第一个公式，得到沿 $x=0$ 的应力分量 $\sigma_x$：

$$\sigma_x = -\frac{2E_\epsilon}{\pi(1-\sigma^2)c}\left[1 - \frac{y}{c}\int_0^\infty \frac{\sin u \sin\frac{yu}{c}}{u}\mathrm{d}u\right] \tag{4.1.20}$$

此时，借助于"$\int_0^\infty \frac{\cos qx - \cos px}{x}\mathrm{d}x = \frac{1}{2}\lg\frac{p^2}{q^2}$"，得到式(4.1.20)的化简形式：

$$\sigma_x = -\frac{2E_\epsilon}{\pi(1-\sigma^2)c}\left(1 - \frac{y}{2c}\lg\frac{c+y}{c-y}\right), \quad 0<y<c \tag{4.1.21}$$

可以得到沿裂缝法线方向的应力分量，但当 $y=0$ 时，应力为负数，在当 $0<y<c$ 时，应力为正数。因此，如果要保持这种形状的裂缝，在靠近裂缝边缘 $y=\pm c$ 处，施加的应力必须是拉应力（而且要非常大）。

根据式(4.1.13)对裂缝形态的推导过程，运用 Stevenson 的势函数 $\omega(z)$，$\Omega(z)$ 的表达式，即：

$$\Theta = \sigma_x + \sigma_\nu, \quad \phi = \sigma_x - \sigma_y + 2\mathrm{i}\tau_{xy}, \quad D = u_x + \mathrm{i}u_y$$

然后，将应力分量和位移分量用势函数 $\omega(z)$，$\Omega(z)$ 表示：

$$\begin{cases} D = \frac{1+\sigma}{4}E\left[(3-4\sigma)\Omega(z) - z\overline{\Omega'}(\bar{z}) - \overline{\omega'}(\bar{z})\right] \\ 2\Theta = \Omega'(z) + \overline{\Omega'}(\bar{z}) \\ -2\phi = z\overline{\Omega''}(\bar{z}) + \overline{\omega''}(\bar{z}) \end{cases} \tag{4.1.22}$$

由式(4.1.3)和式(4.1.4)可知，如果知道 $\Omega(z)$ 和 $\omega'(z)$ 的具体形式，其应力和位移矢量分量可以由势函数推导出来，设：

$$\Omega(z) = -\frac{4}{\pi}\int_0^\infty \frac{\phi(\rho)}{\rho}\mathrm{e}^{-\rho z}\mathrm{d}\rho, \quad \omega'(z) = \frac{4}{\pi}\int_0 \frac{\phi(\rho)}{\rho}(1+\rho z)\mathrm{e}^{-\rho z}\mathrm{d}\rho \tag{4.1.23}$$

式(4.1.23)中的 $\phi(\rho)$ 可以由式(4.1.10)得到。当 $-c \leq y \leq c$，$x=0$ 时，取 $a_0=1$，$a_n=0$，$n>0$，$\phi(\rho)$ 的表达式为：

$$\phi(\rho) = -\frac{1}{4}\pi p_0 c^2 \rho\left[J_0(c\rho) + \frac{1}{c^2\rho^2}\int_0^{c\rho} z^2 J_1(z)\mathrm{d}z\right]$$

根据对偶积分方程和 $n$ 阶贝塞尔函数原理：

$$\begin{cases} \int_0^{c\rho} z^2 J_1(z)\mathrm{d}z = c^2\rho^2 J_2(c\rho) \\ J_0(c\rho) + J_2(c\rho) = \frac{2}{c\rho}J_1(c\rho) \end{cases}$$

得到 $\phi(\rho)$ 的简化表达式为：

$$\phi(\rho) = -\frac{1}{2}\pi p_0 c J_1(c\rho) \tag{4.1.24}$$

将此时的 $\phi(\rho)$ 代入式(4.1.3)便可得到在均匀压力 $p_0$ 作用下的无限弹性体内的应力分量为：

$$\frac{1}{2}(\sigma_x + \sigma_y) = -p_0 c \int_0^\infty e^{-\rho x} \cos(\rho y) J_1(c\rho) d\rho \tag{4.1.25}$$

$$\frac{1}{2}(\sigma_y - \sigma_x) = p_0 c x \int_0^\infty e^{-\rho x} \cos(\rho y) J_1(c\rho) d\rho \tag{4.1.26}$$

$$\tau_{xy} = -p_0 c x \int_0^\infty \rho e^{-\rho x} \sin(\rho y) J_1(c\rho) d\rho \tag{4.1.27}$$

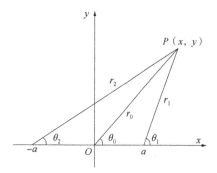

图 4.1.2　裂纹多极坐标系

由 $\int_0^\infty \rho e^{-\rho z} J_1(c\rho) d\rho = c(c^2 + z^2)^{-3/2}$，与 2.3.2 节保持一致，并借助裂缝示意图，如图 4.1.2 所示，将 $z$ 明确为：

$$z = x + iy = r e^{i\theta}, \quad z - ic = r_1 e^{i\theta_1}, \quad z + ic = r_2 e^{i\theta_2} \tag{4.1.28}$$

可以得到式(4.1.29)：

$$\int_0^\infty J_1(c\rho) \rho e^{-\rho x}(\cos\rho y - i\sin\rho y) d\rho = \frac{c}{(r_1 r_2)^{\frac{3}{2}}} e^{-\frac{i3}{2}(\theta_1 + \theta_2)} \tag{4.1.29}$$

$$\int_0^\infty J_1(c\rho) e^{-\rho x}(\cos\rho y - i\sin\rho y) d\rho = \frac{1}{c}\left[1 - \frac{r}{(r_1 r_2)^{\frac{1}{2}}} e^{i\left(\theta - \frac{1}{2}\theta_1 - \frac{1}{2}\theta_2\right)}\right] \tag{4.1.30}$$

所以将式(4.1.29)和式(4.1.30)代入最初的式(4.1.3)，可得到均匀压力 $p_0$ 条件下的应力分量为：

$$\begin{cases} \dfrac{1}{2}(\sigma_x + \sigma_y) = p_0\left[\dfrac{r}{(r_1 r_2)^{\frac{1}{2}}}\cos\left(\theta - \dfrac{1}{2}\theta_1 - \dfrac{1}{2}\theta_2\right) - 1\right] \\[3mm] \dfrac{1}{2}(\sigma_y - \sigma_x) = p_0 \dfrac{r\cos\theta}{c}\left(\dfrac{c^2}{r_1 r_2}\right)^{\frac{3}{2}}\cos\dfrac{3}{2}(\theta_1 + \theta_2) \\[3mm] \tau_{xy} = -p_0 \dfrac{r\cos\theta}{c}\left(\dfrac{c^2}{r_1 r_2}\right)^{\frac{3}{2}}\sin\dfrac{3}{2}(\theta_1 + \theta_2) \end{cases} \tag{4.1.31}$$

### 4.1.2　水力裂缝诱导应力

基于 4.1.1 节势理论原理无限大弹性体裂缝扩展应力分量推导，开展无限大地层水力裂缝周围应力场解析模型，利用应力叠加原理，建立考虑地应力和缝内流体压力共同作用下裂缝周围应力场解析式：

$$\sigma_x = p\frac{r}{c}\left(\frac{c^2}{r_1 r_2}\right)^{\frac{3}{2}}\sin\theta\sin\left[\frac{3}{2}(\theta_1+\theta_2)\right]+p\left[\frac{r}{(r_1 r_2)^{\frac{1}{2}}}\cos\left(\theta-\frac{1}{2}\theta_1-\frac{1}{2}\theta_2\right)-1\right]$$

$$\sigma_y = -p\frac{r}{c}\left(\frac{c^2}{r_1 r_2}\right)^{\frac{3}{2}}\sin\theta\sin\left[\frac{3}{2}(\theta_1+\theta_2)\right]+p\left[\frac{r}{(r_1 r_2)^{\frac{1}{2}}}\cos\left(\theta-\frac{1}{2}\theta_1-\frac{1}{2}\theta_2\right)-1\right]$$

$$\sigma_z = \nu(\sigma_x+\sigma_y)$$

(4.1.32)

$$\tau_{xy} = p\frac{r}{c}\left(\frac{c^2}{r_1 r_2}\right)^{\frac{3}{2}}\sin\theta\cos\left[\frac{3}{2}(\theta_1+\theta_2)\right]$$

$$r = \sqrt{x^2+y^2}\ ,\quad r_1 = \sqrt{x^2+(c+y)^2}\ ,\quad r_2 = \sqrt{x^2+(c-y)^2}$$

$$\theta = \arctan\left(-\frac{x}{y}\right)\ ,\quad \theta_1 = \arctan\left(-\frac{x}{c+y}\right)\ ,\quad \theta_2 = \arctan\left(-\frac{x}{y-c}\right)$$

地层中的原始地应力由最大水平主应力 $\sigma_H$、最小水平主应力 $\sigma_h$ 和垂向应力 $\sigma_v$ 组成，产生诱导应力后，被诱导裂缝周围的应力场由诱导应力场与原地应力场叠加组成。将 $\sigma_{x诱导}$ 表示为考虑诱导后的最大主应力，$\sigma_{y诱导}$ 为考虑诱导后的最小主应力，$\sigma_{z诱导}$ 为考虑诱导后的垂向应力（图4.1.3）。根据叠加原理，被诱导裂缝周围的新的应力场为：

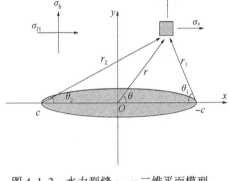

$$\begin{cases}\sigma_{x诱导}=\sigma_H+\sigma_x\\ \sigma_{y诱导}=\sigma_h+\sigma_y\\ \tau_{xy诱导}=\tau_{xy}\end{cases}$$

(4.1.33)

图4.1.3 水力裂缝 $x$—$y$ 二维平面模型

图4.1.3中：$r$ 为水力裂缝周围任一点到裂缝中心 $O$ 的距离，m；$r_1$ 和 $r_2$ 表示水力裂缝区域内任意一点到其两端部的距离，m；$\theta$ 为 $r$ 与裂缝长轴的夹角，(°)；$\theta_1$ 和 $\theta_2$ 分别是 $r_1$ 和 $r_2$ 与裂缝长轴端点的夹角，(°)；规定拉应力为正，压应力为负。

根据弹性力学理论，在 $x$—$y$ 的二维平面内，主应力的方向和大小不会随着坐标的变化而变化，但会受诱导应力的改变而改变。所以根据式(4.1.32)和式(4.1.33)，可求得二维水力裂缝平面的最大水平主应力和最小水平主应力的大小及方向：

$$\sigma'_{H,h} = \frac{\sigma_{x诱导}+\sigma_{y诱导}}{2}\pm\sqrt{\left(\frac{\sigma_{x诱导}-\sigma_{y诱导}}{2}\right)^2+\tau^2_{xy诱导}}$$

(4.1.34)

$$\alpha_1 = \frac{1}{2}\arctan\left(\frac{2\tau_{xy诱导}}{\sigma_{x诱导}-\sigma_{y诱导}}\right)\ ,\quad \alpha_2 = \alpha_1+\frac{\pi}{2}$$

式中　$\alpha_1$——水平最大主应力 $\sigma'_H$ 与 $x$ 轴的夹角，(°)；

　　　$\alpha_2$——水平最小应力 $\sigma'_h$ 与 $x$ 轴的夹角，(°)。

### 4.1.3 算例分析

本节取大宁吉县区块炭质页岩储层水力压裂为例,其中吉平某 H 水平井的地质参数为 $\sigma_H = 50\mathrm{MPa}$、$\sigma_h = 40\mathrm{MPa}$、$\sigma_v = 60\mathrm{MPa}$、净压力 $p = 10\mathrm{MPa}$、$\nu = 0.3$,由于本井页岩储层厚度较薄,取水力裂缝缝长 $H = 40\mathrm{m}$、$c = H/2 = 20\mathrm{m}$。以椭圆形水力裂缝中心建立直角坐标系,并根据理想裂缝对称性特征假设区域①和区域②对称、区域③和区域④对称,任取点 $\mathrm{e}(8, 14)$、点 $\mathrm{f}(9, 8)$ 和点 $\mathrm{g}(13, 5)$ 计算诱导应力(图 4.1.4)。

按照 4.1.2 节中水力裂缝诱导应力计算公式,对图 4.1.3 中的点 e、点 f 和点 g 进行诱导应力的求解,具体求解参数及结果见表 4.1.1。

表 4.1.1 净压力 10MPa 下计算结果

| 参数 | e(8, 14) | f(9, 8) | g(13, 5) | 参数 | e(8, 14) | f(9, 8) | g(13, 5) |
|---|---|---|---|---|---|---|---|
| $r$ | 16.12 | 12.04 | 13.93 | $\tau_{xy}$ | −2.01 | −3.95 | −6.10 |
| $r_1$ | 34.93 | 29.41 | 28.19 | $\sigma_x$诱导 | −58.66 | −58.81 | −59.90 |
| $r_2$ | 10.00 | 15.00 | 19.85 | $\sigma_y$诱导 | −40.18 | −45.09 | −47.19 |
| $\theta$ | −0.52 | −0.84 | −1.20 | $\tau_{xy}$诱导 | −2.01 | −3.95 | −6.10 |
| $\theta_1$ | −0.23 | −0.31 | −0.48 | $\sigma'_H$ | −39.96 | −44.04 | −44.73 |
| $\theta_2$ | 0.93 | 0.64 | 0.71 | $\sigma'_h$ | −58.87 | −59.87 | −62.35 |
| $\sigma_x$ | −8.66 | −8.81 | −9.90 | $\alpha_1$ | −6° | −13.27° | −17.36° |
| $\sigma_y$ | −0.18 | −5.09 | −7.19 | $\alpha_2$ | 84° | 76.73° | 72.64° |

根据表 4.1.1 中的计算结果,以水力中心为坐标原点,随着纵向高度和横向长度的减小,受到干扰后的地应力差呈增加趋势。即越接近水力裂缝中心区域,其所受的诱导应力越大,邻近水力压裂簇的裂缝扩展越困难(图 4.1.5)。同样可以推导出,若是进行多簇水力压裂时,相邻的水力裂缝彼此产生互相干扰的诱导应力,则会影响水力裂缝扩展方向。

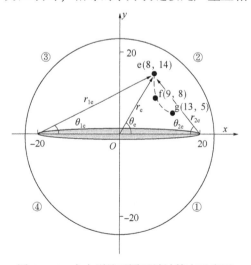

图 4.1.4　水力裂缝不同区域计算点示意图

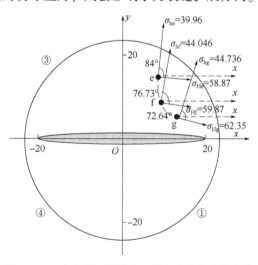

图 4.1.5　水力裂缝诱导应力场主应力大小及方向

本节符号及含义：

| 符号 | 含义 | 符号 | 含义 | 符号 | 含义 |
|------|------|------|------|------|------|
| $c$ | 缝长 | $p_0$ | 均匀应力 | $\sigma_x$ | $x$ 轴应力分量 |
| $\sigma_y$ | $y$ 轴应力分量 | $u_x$ | $x$ 轴方向位移 | $u_y$ | $y$ 轴方向位移 |
| $\tau_{xy}$ | 剪应力 | $\sigma_H$ | 最大水平主应力 | $\sigma_h$ | 最小水平主应力 |
| $\sigma_v$ | 垂向应力 | $\sigma_{x诱导}$ | 诱导后的最大主应力 | $\sigma_{y诱导}$ | 诱导后的最小主应力 |
| $\sigma_{z诱导}$ | 诱导后的垂向应力 | $r$ | 距离 | $r_1$ | 距裂缝端点距离 |
| $r_2$ | 距裂缝端点距离 | $\theta$ | 与裂缝长轴的夹角 | $\alpha$ | 主应力与 $x$ 正半轴夹角 |

# 4.2　裂缝干扰

非常规油气藏的开发依赖于水平井分段多簇压裂技术的发展和应用，水平井分段压裂技术同时在水平井段压裂形成若干条裂缝，在多裂缝延伸过程中不可避免产生相互干扰。干扰延伸裂缝不再是应力均匀分布储层中压裂形成的对称双翼平面裂缝，而是发生转向延伸的非平面复杂裂缝。对多裂缝相互干扰规律的认识对于合理优化段间距，改善水平井分段多簇压裂效果至关重要。本部分在前面理论分析的基础上建立了考虑缝间干扰的三条主缝扩展模型，如图 4.2.1 所示。

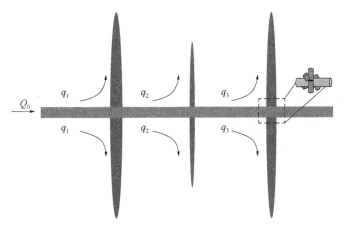

图 4.2.1　裂缝扩展模型

模型中假设水平井与最小水平主应力方向平行，对水平井进行多簇射孔压裂，多簇裂缝起裂方向与井筒方向垂直且在压裂液的作用下进行同步扩展。由于裂缝间应力阴影的作用，各裂缝的扩展速度和方向存在差异，各裂缝注入量的分配是动态过程。因此该问题需从岩体和流体两方面建模，主要包括岩体变形、井筒流体流动和裂缝中流体流动。

采用二维平面应变假设和结构上下对称模型，在一个水平井压裂段内同时压裂多簇裂缝。$N$ 为同时压裂的裂缝簇数量，$Q_i$ 为井筒内不同位置的流体体积流量，$q_i$ 为单位厚度的第 $i$ 条裂缝的入口流量，$p_{wi}$ 为第 $i$ 条裂缝入口处井筒内压力，岩石的厚度为 $h$，井筒的半径为 $a$。

### 4.2.1 岩石的变形和断裂

岩石的变形需要满足如下控制方程：

平衡方程（忽略体积力）：

$$\nabla \cdot \boldsymbol{\sigma} = 0 \tag{4.2.1}$$

本构方程（假设岩石发生线弹性变形）：

$$\boldsymbol{\sigma} = \boldsymbol{C} : \boldsymbol{\varepsilon} \tag{4.2.2}$$

几何方程（考虑小变形）：

$$\boldsymbol{\varepsilon} = \frac{1}{2}\left[\nabla \boldsymbol{u} + (\nabla \boldsymbol{u})^{\mathrm{T}}\right] \tag{4.2.3}$$

边界条件（忽略流体作用在固体上的切向力）：

$$u = \bar{u} \ \text{on} \ \varGamma_u \tag{4.2.4}$$

$$\boldsymbol{\sigma} \cdot \boldsymbol{n} = -pn \ \text{on} \ \varGamma_p^+ \ \text{and} \ \varGamma_p^- \tag{4.2.5}$$

$$\boldsymbol{\sigma} \cdot \boldsymbol{n} = \bar{t} \ \text{on} \ \varGamma_t \tag{4.2.6}$$

式中　$\boldsymbol{\sigma}$——应力张量；

　　　$\boldsymbol{\varepsilon}$——应变张量；

　　　$\boldsymbol{C}$——切线模量矩阵；

　　　$u$——位移；

　　　$\varGamma_u$——位移边界；

　　　$\bar{u}$——位移边界上给定位移的值；

　　　$\varGamma_p^+$ 和 $\varGamma_p^-$——流体压力边界（即裂缝上下表面）；

　　　$\varGamma_t$——施加的外力边界；

　　　$p$——流体作用在固体上的压力；

　　　$\boldsymbol{n}$——裂缝面或者结构表面的外法线单位矢量。

对于岩石的断裂，采用相互作用积分计算应力强度因子，采用最大周力准则作为断裂判据。

### 4.2.2 裂缝内流体流动

假设流体在每条裂缝内的流动为一维流动，第 $i$ 条裂缝内流体需要满足如下控制方程。

泊肃叶方程：

$$q = -\frac{w^3}{12\mu}\frac{\partial p}{\partial s} \tag{4.2.7}$$

连续方程和质量守恒方程(忽略流体滤失):

$$\frac{\partial w}{\partial t} + \frac{\partial q}{\partial s} = q_i \delta(s) \qquad (4.2.8)$$

边界条件(假设流体裂尖和固体裂尖重合):

$$w_{\text{tip}} = 0, \quad q_{\text{tip}} = 0 \qquad (4.2.9)$$

式中 $s$——沿着裂缝面的曲线坐标系,在每条裂缝的射孔处 $s=0$;

$p$,$q$,$w$——分别为裂缝内任一点的流体压力、体积流量和裂缝张开宽度;

$\mu$——流体的动力黏度;

$t$——时间;

$\delta(s)$——狄拉克函数,表征流体在 $s=0$ 注入;

$w_{\text{tip}}$,$q_{\text{tip}}$——分别为裂尖的张开宽度和裂尖处的流体体积流量。

将泊肃叶方程(4.2.7)代入质量守恒方程(4.2.8),可得雷诺方程为:

$$\frac{\partial w}{\partial t} = \frac{\partial}{\partial s}\left(\frac{w^3}{12\mu}\frac{\partial p}{\partial s}\right) + q_i \delta(s) \qquad (4.2.10)$$

## 4.2.3 井筒内流体流动

井筒内流体的流动满足以下方程。

质量守恒方程:

$$Q_i = Q_0 - \sum_{j=1}^{i} h q_j, \quad i = 1, 2, \cdots, N \qquad (4.2.11)$$

动量守恒方程:

$$\frac{\partial p_{\text{w}}}{\partial s} = -\left(\frac{2\pi a}{A}\right)\tau_{\text{w}} \qquad (4.2.12)$$

边界条件:

$$Q_N = 0 \qquad (4.2.13)$$

式中 $p_{\text{w}}$——井筒内压力;

$A$——井筒的横截面面积,$A = 2\pi a$;

$\tau_{\text{w}}$——井筒对流体的剪切力。

假设井筒内流动为层流,式(4.2.12)可以写为:

$$\frac{\partial p_{\text{w}}}{\partial s} = -\left(\frac{8\mu}{\pi a^4}\right)Q \qquad (4.2.14)$$

式中 $Q$——井筒内体积流量。

在流体通过射孔从井筒流到裂缝的过程中,因为射孔摩阻会存在较大的压力损失,损

失的压力 $\Delta p_i$ 为：

$$\Delta p_i = p_{w,i} - p_{e,i} = \varphi_p hq \cdot |hq_i| \tag{4.2.15}$$

式中　$p_{e,i}$——第 $i$ 条裂缝内入口处压力；

　　　$\varphi_P$——射孔摩阻引起的压损系数，与流体密度、射孔个数、射孔直径以及射孔磨损程度相关。

裂缝干扰
有限元模拟

### 4.2.4　算例分析

施工因素(如施工排量，压裂液黏度)和地质因素(如地应力大小，地应力差，弹性模量)都对缝间干扰有影响。在本部分主要分析地质因素对缝间干扰的影响规律，研究了应力差异系数、簇间距对裂缝扩展的影响。其中应力差异系数定义为：

$$k_h = \frac{\sigma_H - \sigma_h}{\sigma_h} \tag{4.2.16}$$

由图 4.2.2 裂缝形态可以发现，当应力差 13MPa 时，裂缝之间的干扰作用很弱，三条裂缝基本沿着水平最大主应力方向延伸。图 4.2.3 表明，裂缝转向位置和裂缝半长随水平应力差异系数的增加呈递增关系。

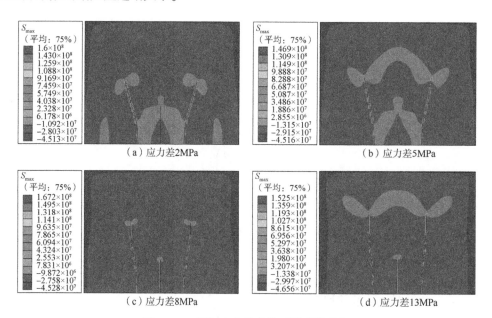

图 4.2.2　不同应力差条件下的裂缝形态

由图 4.2.4 和图 4.2.5 可以看出，裂缝转向位置和裂缝半长随簇间距的增加呈递增关系，转向位置随间距的增加变化比较明显，而裂缝长度随簇间距的增加变化程度相对较小，说明在簇间距较大的情况下，诱导应力影响递减明显，裂缝扩展主要受原地应力场控制。

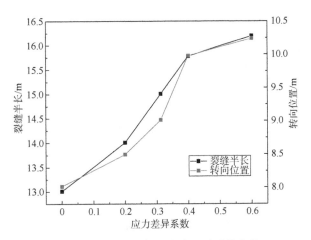

图 4.2.3　缝间干扰随应力差异系数变化

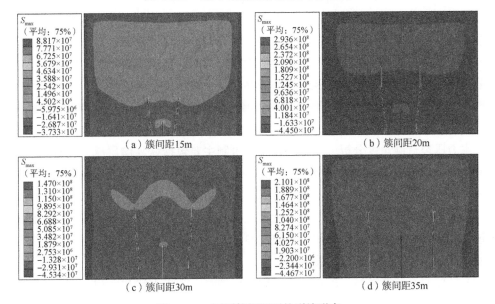

图 4.2.4　不同簇间距下的裂缝形态

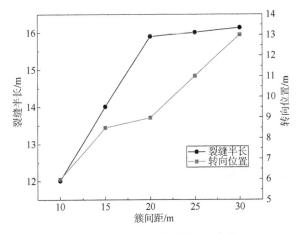

图 4.2.5　缝间干扰随簇间距变化

本节符号及含义：

| 符号 | 含义 | 符号 | 含义 | 符号 | 含义 |
|------|------|------|------|------|------|
| $\mu$ | 流体黏度 | $w_{tip}$ | 裂尖的张开宽度 | $q_{tip}$ | 裂尖处的流体体积流量 |
| $p_w$ | 井筒内压力 | $\tau_w$ | 井筒对流体的剪应力 | $\varphi_P$ | 射孔摩阻引起的压损系数 |
| $k_h$ | 应力差异系数 | | | | |

# 4.3 重复压裂

重复压裂是油气井生产过程中老井改造、提高采收率的主要工艺措施之一。重复压裂工艺主要包括两种工艺，一种工艺为同井新层压裂：指由于初次压裂、生产或其他原因致使初次压裂改造过的层位不具备二次压裂改造条件时，对同井新层位进行重复压裂改造，从而间接改造储层。若重复压裂选用同井新层压裂，该技术使新裂缝与老缝在不同方向起裂，避免了在原有裂缝系统的延伸，从而增大了油气渗流接触面积，易达到充分释放产能效果。另一种工艺为同井同层压裂：指对初次压裂改造的层位进行重复压裂。本节主要介绍重复压裂机制、数学模型建立及求解、近井二次暂堵压裂数值模拟。

## 4.3.1 重复压裂机制

从水力压裂造缝角度分析，重复压裂作用机制主要包括恢复储层压力、有效延伸原有裂缝网络(同井同层压裂)、老缝及新裂缝清洗冲蚀、二次压裂泵入支撑剂形成高效渗流系统等核心技术工艺要点。

(1)原裂缝系统的重新张开。由于初次压裂后注水跟不上或生产原因，致使储层压降幅度过大，导致初次压裂的裂缝闭合、储层渗流能力降低。重复压裂时应补充恢复储层能量，使初次压裂压开的裂缝重新张开。

(2)延伸原有裂缝网络。若进行同井同层压裂时，为扩大泄油面积，采用大规模压裂工艺技术。在原有裂缝系统作业，应优化注液、加砂等工艺流程，有效延伸原裂缝系统。

(3)老缝及新裂缝清洗冲蚀。初次压裂所形成的老裂缝，由于压裂液滤饼或生产过程中产生的堵塞物，严重影响初次压裂裂缝面渗流。因此，需对老缝、二次压裂新缝堵塞物质进行冲蚀、清洗，必要时可加酸作业，实现酸化解堵。

(4)重复压裂再次填充支撑剂。随着初次压裂后的生产，地层孔隙压力大幅度降低，岩石骨架应力增大，导致初次压裂泵入支撑剂出现不同程度破碎。因此重复压裂改造时应重新泵入新支撑剂，不同阶段注入不同粒径的支撑剂，从而形成高导流能力的渗流裂缝系统。

## 4.3.2 数学模型建立及求解

本节基于岩石断裂力学中内聚区模型，提出采用扩展有限元方法研究近井暂堵后天然裂缝的开启规律。

#### 4.3.2.1 流体流动和岩石变形控制方程

（1）流体渗流控制方程。

假设流体不可压缩且为牛顿型流体，则裂缝内切向流动方程可表示为：

$$\boldsymbol{q}_f = -\frac{w^3}{12\mu}\nabla p_f \qquad (4.3.1)$$

式中 $\boldsymbol{q}_f$——裂缝内流体切向流速，$m^2/s$；

$w$——裂缝宽度，$m$；

$\mu$——流体黏度，$Pa \cdot s$；

$p_f$——裂缝内流体压力，$Pa$。

考虑流体经裂缝面流入储层，流体体积守恒方程可表示为：

$$\nabla \boldsymbol{q}_f - \frac{\partial w}{\partial t} + q_t + q_b = 0 \qquad (4.3.2)$$

裂缝面流体法向滤失速度可由式（4.3.3）和式（4.3.4）计算得到：

$$q_t = c_t(p_f - p_w) \qquad (4.3.3)$$

$$q_b = c_b(p_f - p_w) \qquad (4.3.4)$$

式中 $c_t$，$c_b$——裂缝上、下表面滤失系数，$m/(s \cdot Pa)$；

$p_w$——裂缝周围孔隙流体压力，$Pa$；

$q_t$，$q_b$——裂缝上、下表面流体法向滤失速度，$m/s$。

多孔介质内流体流动方程为：

$$\frac{1}{J}\frac{\partial}{\partial t}(J\rho_w n_w) + \frac{\partial}{\partial \boldsymbol{x}}(\rho_w n_w v_w) = 0 \qquad (4.3.5)$$

式中 $J$——多孔介质体积变化率；

$\rho_w$——流体密度，$kg/m^3$；

$n_w$——孔隙比；

$v_w$——流体渗流速度，$m/s$；

$\boldsymbol{x}$——空间变量，$m$。

基于达西定律，多孔介质内流体渗流速度的表达式为：

$$v_w = -\frac{1}{n_w g\rho_w}\boldsymbol{K} \cdot (p_w - \rho_w \boldsymbol{g}) \qquad (4.3.6)$$

式中 $\boldsymbol{K}$——渗透率矩阵，$m/s$；

$\boldsymbol{g} = -g\partial z/\partial \boldsymbol{x}$——重力加速度向量，$m/s^2$。

（2）岩石变形控制方程。

假设储层具有均质、各向同性、线弹性等特征，岩石变形控制方程为：

$$\begin{cases} \nabla \boldsymbol{\sigma} + \boldsymbol{f} = 0 \\ \boldsymbol{\varepsilon} = [\nabla \boldsymbol{u} + (\nabla \boldsymbol{u})^T]/2 \\ \boldsymbol{\sigma} = \boldsymbol{D}\boldsymbol{\varepsilon} \end{cases} \tag{4.3.7}$$

式中 $\boldsymbol{\sigma}$——应力张量,Pa;

$\boldsymbol{D}$——刚度矩阵,Pa;

$\boldsymbol{f}$——单位体积体力向量,N/m³;

$\boldsymbol{\varepsilon}$——应变张量;

$\boldsymbol{u}$——位移张量,m。

基于 Biot 有效应力理论,基质岩石总应力与岩石骨架所受有效应力之间关系为:

$$\overline{\sigma} = \sigma - \alpha p_w \tag{4.3.8}$$

式中 $\sigma$——总应力,MPa;

$\overline{\sigma}$——有效应力,MPa;

$\alpha$——Biot 系数。

基于虚功原理(平衡方程与边界条件的等效积分弱形式),岩石变形平衡方程为:

$$\int_V (\overline{\boldsymbol{\sigma}} - p_w \boldsymbol{I}) \delta \boldsymbol{\varepsilon} \mathrm{d}V = \int_S \boldsymbol{t} \cdot \delta v \mathrm{d}S + \int_V \boldsymbol{f} \cdot \delta v \mathrm{d}V \tag{4.3.9}$$

式中 $\boldsymbol{t}$——单位面积上面力向量,N/m²;

$\boldsymbol{f}$——单位体积体力向量,N/m³;

$\boldsymbol{I}$——单位矩阵;

$\delta \boldsymbol{\varepsilon}$——虚应变速度矩阵,s⁻¹;

$\delta v$——虚速度矩阵,m/s;

$\overline{\boldsymbol{\sigma}}$——有效应力矩阵,Pa。

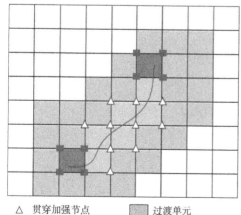

△ 贯穿加强节点　　▨ 过渡单元

■ 缝尖加强节点　　▨ 缝尖单元

—— 裂缝　　　　　▨ 裂缝贯穿单元

图 4.3.1　扩展有限元方法中单元与节点类型

#### 4.3.2.2　扩展有限元方法

相对于传统有限元方法,扩展有限元方法模拟裂缝扩展时允许裂缝穿过单元且不需要指定裂缝扩展路径(图 4.3.1)。扩展有限元中位移近似函数表达式:

$$\boldsymbol{u} = \sum_{i=1}^n N_i(\boldsymbol{x}) \boldsymbol{u}_i + \sum_{j=1}^m N_j(\boldsymbol{x}) H(\boldsymbol{x}) a_j +$$

$$\sum_{k=1}^q N_k(\boldsymbol{x}) \sum_{\alpha=1}^4 \boldsymbol{\Phi}_\alpha(\boldsymbol{x}) b_k^\alpha \tag{4.3.10}$$

式中 $n$, $m$, $q$——求解域节点总个数、贯穿加强节点个数和缝尖加强节点个数;

$a_j$，$b_k^\alpha$——附加自由度；

$H(\boldsymbol{x})$，$\boldsymbol{\Phi}_\alpha(\boldsymbol{x})$——分别为阶跃函数和缝尖加强函数。

表示不连续位移场的阶越函数 $H(\boldsymbol{x})$ 表达式为：

$$H(\boldsymbol{x})=\begin{cases}1, & (\boldsymbol{x}-\boldsymbol{x}^*)\boldsymbol{n}\geqslant0\\-1, & \text{其他}\end{cases} \tag{4.3.11}$$

式中 $\boldsymbol{x}$——高斯积分点；

$\boldsymbol{x}^*$——裂缝面上靠近 $\boldsymbol{x}$ 的节点；

$\boldsymbol{n}$——$\boldsymbol{x}^*$ 处垂直于裂缝面的单位外法线向量。

表征缝尖奇异性的缝尖渐近函数极坐标系下的表达式为：

$$\left[F_\alpha(r,\theta),\ \alpha=1\sim4\right]=\begin{cases}\sqrt{r}\sin\dfrac{\theta}{2}\\[2mm]\sqrt{r}\cos\dfrac{\theta}{2}\\[2mm]\sqrt{r}\sin\dfrac{\theta}{2}\sin\theta\\[2mm]\sqrt{r}\cos\dfrac{\theta}{2}\sin\theta\end{cases} \tag{4.3.12}$$

式中 $r$——极半径，m；

$\theta$——极角，(°)。

由于缝尖奇异性的计算比较困难，为避免缝尖奇异性(无穷大)的计算，提出一种有效的方法：让裂缝每一步都扩展一个单元，避免缝尖出现在单元内部。对于贯穿单元不连续位移场的近似，引入虚拟节点。

当单元未被裂缝贯穿时，虚拟节点与真实节点绑定在一起；

当单元被裂缝贯穿后，单元被分成由虚拟节点和真实节点共同组成的两部分，并且虚拟节点和真实节点都允许自由移动。

因此，如图4.3.2所示，真实区域 $\Omega_0$ 延伸出虚拟区域 $\Omega_p$，真实区域内的位移场通过虚拟区域内虚拟节点和真实节点内插值得到。

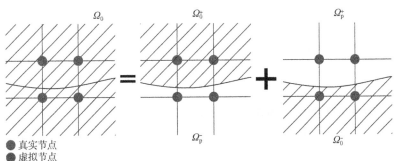

图 4.3.2 虚拟节点方法原理

### 4.3.2.3 内聚区模型

基于线弹性断裂力学提出的水力裂缝扩展准则无法准确判别弹塑性岩石中水力裂缝缝尖的扩展行为。内聚区模型（Cohesive Zone Model）通过牵引—分离本构模型，可以有效表征裂缝起裂与扩展的条件。

将内聚区模型与扩展有限元方法结合形成了 XFEM-based CZM 方法，可以模拟水力裂缝沿任意方向、任意路径起裂与扩展。

在 XFEM-based CZM 方法中，裂缝的起裂准则为：

$$f = \frac{\langle \sigma_{max} \rangle}{\sigma_{max}^o} \tag{4.3.13}$$

式中 $f$——最大主应力系数。

$\sigma_{max}$，$\sigma_{max}^o$——最大主应力和最大许用主应力，MPa。

符号 $\langle \rangle$ 表示压应力不会引起裂缝起裂。当 $f$ 值达到 1 时，裂缝沿着垂直于最大张应力方向扩展。

强度损伤模型表征裂缝起裂后，界面刚度损伤的速度：

$$t = \begin{cases} (1-D)\bar{t}, & f=1 \\ \bar{t}, & f<1 \end{cases} \tag{4.3.14}$$

$$D = \frac{\delta_m^f(\delta_m^{max} - \delta_m^0)}{\delta_m^{max}(\delta_m^f - \delta_m^0)} \tag{4.3.15}$$

式中 $t$——实际界面引力向量，Pa；

$\bar{t}$——未损伤条件下按线性准则计算得到的界面引力向量，Pa；

$D$——损伤因子，取值范围为 0~1；

$\delta_m^0$——起始点的损伤值；

$\delta_m^f$——完全破坏点的损伤值；

$\delta_m^{max}$——当前的损伤值。

混合模式下裂缝的扩展条件依据 BK 准则：

$$G_{equivC} = G_{IC} + (G_{IIC} - G_{IC}) \left( \frac{G_{IIC} + G_{IIIC}}{G_{IC} + G_{IIC} + G_{IIIC}} \right) \tag{4.3.16}$$

式中 $G_{equivC}$——计算得到的等效能量释放率，N/mm；

$G_{IC}$——张模式下的能量释放率，N/mm；

$G_{IIC}$——剪模式下的能量释放率，N/mm；

$G_{IIIC}$——撕模式下的能量释放率，N/mm。

BK 准则中，$G_{IIC}$ 等于 $G_{IIIC}$。当 $G_{equivC}$ 等于临界能量释放率 $G_C$ 时，裂缝沿着垂直于最大主应力的方向扩展（规定张为正，拉为负）。

暂堵压裂过程中，暂堵剂通过架桥封堵并逐步压实形成致密暂堵体。流体流经暂堵体的压力损失较大，在暂堵体内的流动近似符合达西渗流规律式(4.3.6)。当不存在暂堵体时，流体在缝内的切向流动采用润滑方程进行计算，见式(4.3.1)。

一种可行的暂堵体模拟方法，即令流体在暂堵体内流动满足达西方程时的扩散项，与流体在无暂堵体缝内流动满足润滑方程的传导项相等：

$$-q / \left(\frac{\partial p}{\partial x}\right) = \frac{hw^3}{12\mu^*} = \frac{K_m A}{\mu_m} \qquad (4.3.17)$$

式(4.3.17)进一步变形可得到：

$$\mu^* = \frac{w^3 \mu_m}{12 K_m A} \qquad (4.3.18)$$

式中    $w$——暂堵体厚度，即裂缝初始缝宽，m；

       $A$——暂堵体横截面积，$m^2$；

       $\mu_m$——流体实际黏度，Pa·s；

       $\mu^*$——流体在缝内切向流动的等效黏度，Pa·s；

       $K_m$——暂堵体渗透率，mD。

### 4.3.3 近井筒暂堵压裂数值模拟

基于 XFEM-Based CZM 方法，建立了流固全耦合近井筒暂堵压裂数值模型(图4.3.3)。研究了水平应力差、地层渗透率、岩石强度、杨氏模量和注入速度对后续裂缝转向扩展的影响规律。

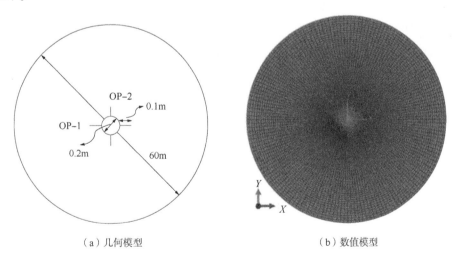

(a) 几何模型                                          (b) 数值模型

图4.3.3   近井筒暂堵压裂几何模型及数值模型

为了定量分析数值模拟结果，定义"转向角"的概念，且按照下面步骤构建转向角(图4.3.4)：取炮眼的端点 A 作为转向角的角顶点；从 A 点画一条水平线段作为角的始边，水平线段的长度等于井眼直径，其端点为点 B；从 B 点画一条竖直线段，与转向裂缝相交于一点 C，连接 A 和 C，即可得到转向裂缝的转向角。

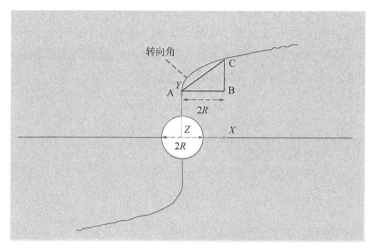

图 4.3.4　转向角几何示意图

Olson 和 Taleghani 定义了相对净压力（$R_n$）的概念：

$$R_n = \frac{p_f - \sigma_h}{\sigma_H - \sigma_h} \tag{4.3.19}$$

式中　$\sigma_H$——最大水平主应力，MPa；

　　　$\sigma_h$——最小水平主应力，MPa；

　　　$p_f$——缝内流体压力，MPa。

当相对净压力较小时，水平应力差主控转向裂缝的扩展方向，转向角小；当相对净压力较大时，转向裂缝倾向于沿着当前方向扩展，转向角大。因此，当最小水平主应力一定时，缝内流体压力越大或最大水平主应力越小，相对净压力越大，转向裂缝转向角越大，近井筒暂堵压裂效果就越好。

### 4.3.3.1　水平应力差

数值模拟参数初始取值见表 4.3.1。

**表 4.3.1　数值模拟参数表**

| 参数 | 数值 | 参数 | 数值 |
| --- | --- | --- | --- |
| 杨氏模量，$E$/GPa | 20 | 渗透率，$K$/mD | 2 |
| 泊松比，$\nu$ | 0.2 | 孔隙比，$\phi$ | 0.3 |
| 最小水平主应力，$\sigma_h$/MPa | 12 | 流体黏度，$\mu$/(mPa·s) | 100 |
| 最大水平主应力，$\sigma_H$/MPa | 15 | 岩石抗拉强度，$\sigma_{max}^o$/MPa | 2 |
| 井筒内压，$p_w$/MPa | 12 | 临界能量释放率，$G_{IC}$ 和 $G_{IIC}$/(kN/m) | 60 |
| 初始孔压，$p_0$/MPa | 10 | 滤失系数/[m³/(kPa·s)] | $5.879 \times 10^{-10}$ |
| 泵注速度，$Q$/(m²/s) | $1 \times 10^{-6}$ | | |

当最大水平主应力保持 15MPa 不变，最小水平主应力分别为 11~14MPa，应力差值取1~4MPa。不同应力差下的裂缝扩展结果如图 4.3.5 所示。

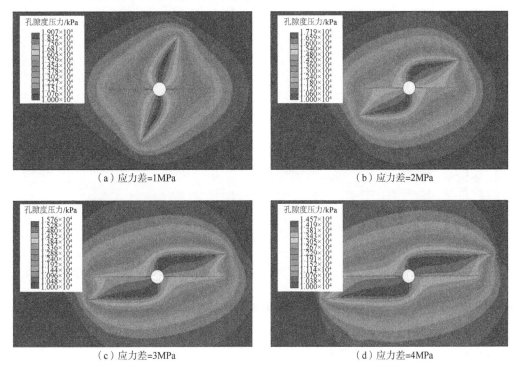

（a）应力差=1MPa    （b）应力差=2MPa

（c）应力差=3MPa    （d）应力差=4MPa

图 4.3.5    不同水平应力差下初次裂缝与转向裂缝扩展形态

如图 4.3.5 和图 4.3.6 所示，水平应力差越大，转向裂缝转向至水平最大主应力方向的速度越快，转向角也就越小。

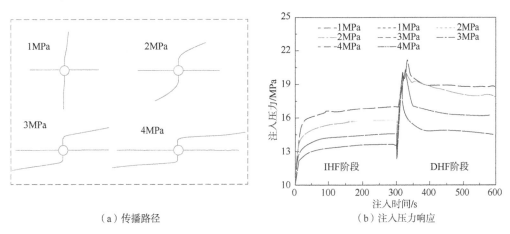

（a）传播路径    （b）注入压力响应

图 4.3.6    不同水平应力差下的模拟结果

### 4.3.3.2    地层渗透率

相同泵入速度、泵注体积条件下，给定储层渗透率分别为 0.5~2.5mD，不同渗透率下初次裂缝和转向裂缝轨迹如图 4.3.7 所示。

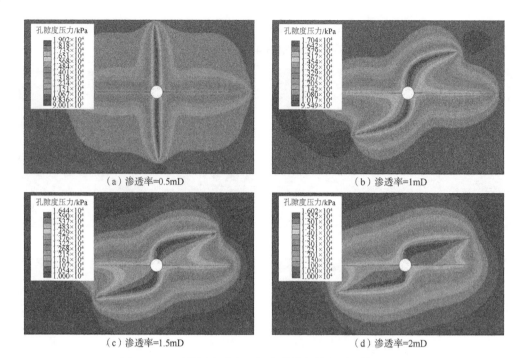

（a）渗透率=0.5mD　　　　　　　　　　（b）渗透率=1mD

（c）渗透率=1.5mD　　　　　　　　　　（d）渗透率=2mD

图4.3.7　不储层渗透率下初次裂缝与转向裂缝扩展形态

由图4.3.7可知，随着储层渗透率的增大，转向裂缝更加倾向于转向至最大水平主应力方向扩展。原因在于，储层渗透率越大，流体滤失速度越大，缝内流体压力就越小，相对净压力也就越小，水平应力差越占主导作用。转向裂缝转向角随着储层渗透率的增大而减小，但减小幅度逐渐降低。

### 4.3.3.3　岩石强度

给定岩石抗拉强度分别为0.5~5MPa，不同抗拉强度下初次裂缝与转向裂缝的扩展轨迹如图4.3.8所示。

由图4.3.8和图4.3.9可知，当岩石抗拉强度较大时，转向裂缝倾向于沿着当前路径扩展。原因在于，岩石强度较大时，需要较高的缝内压力才能驱动裂缝扩展，缝内压力高，则相对净压力就大，转向裂缝扩展方向受水平应力差的控制程度就越小。此外，较大的缝内流体压力会使裂缝的开度增大，由于流体注入体积一定，长度就会缩短。岩石抗拉强度越大，转向裂缝的转向角就越大，近井筒暂堵压裂效果就越好。

### 4.3.3.4　杨氏模量

给定储层杨氏模量分别为16~26GPa，不同杨氏模量下初次裂缝与转向裂缝扩展轨迹如图4.3.10所示。

由图4.3.10和图4.3.11可知，随着储层杨氏模量的增大，转向裂缝更加倾向于转向至最大水平主应力方向扩展。当储层岩石杨氏模量较大时，转向裂缝转向角处于较低值，且对杨氏模量的影响不敏感。随着杨氏模量的增大，初次裂缝开度减小，引起裂缝周围岩石的位移量减小，产生较小诱导应力，原水平应力差减小的程度就越小，因此水平应力差依然主导转向裂缝的扩展方向。

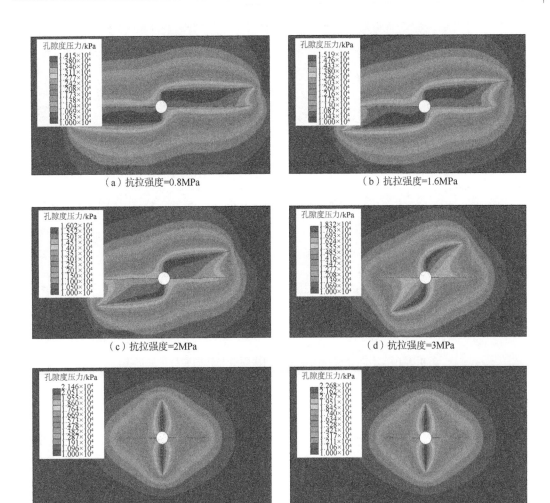

（a）抗拉强度=0.8MPa    （b）抗拉强度=1.6MPa

（c）抗拉强度=2MPa    （d）抗拉强度=3MPa

（e）抗拉强度=4MPa    （f）抗拉强度=5MPa

图 4.3.8　不同储层岩石抗拉强度初次裂缝与转向裂缝扩展形态

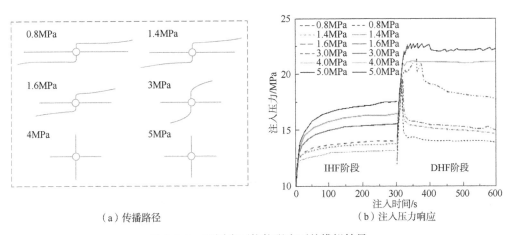

（a）传播路径    （b）注入压力响应

图 4.3.9　不同岩石抗拉强度下的模拟结果

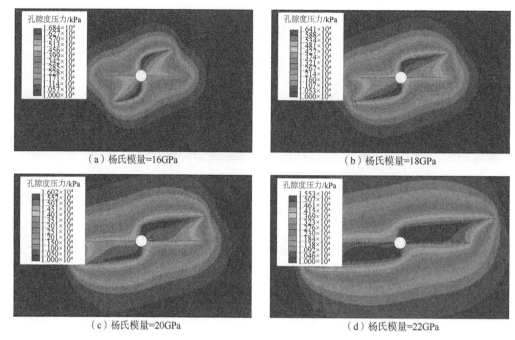

（a）杨氏模量=16GPa　　　　　　　　（b）杨氏模量=18GPa

（c）杨氏模量=20GPa　　　　　　　　（d）杨氏模量=22GPa

图4.3.10　不同储层杨氏模量下初次裂缝与转向裂缝扩展形态

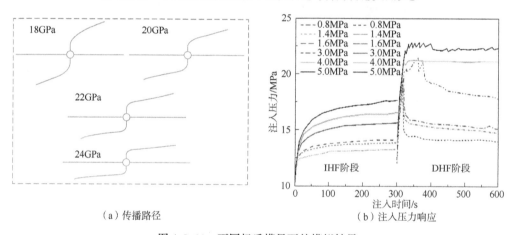

（a）传播路径　　　　　　　　　　（b）注入压力响应

图4.3.11　不同杨氏模量下的模拟结果

### 4.3.3.5　注入速度

给定注入速度分别为 $1\times10^{-6}\sim6\times10^{-6}\ \mathrm{m^2/s}$，初次裂缝与转向裂缝的扩展轨迹如图4.3.12所示。

由图4.3.12和图4.3.13可知，注入速度越大，转向裂缝越倾向于沿着当前路径扩展。较高的注入速度会获得较大的缝内流体压力，相对净压力也就越大。但是给定储层岩石强度和地应力条件下，缝内流体压力并不能随着注入速度的增大而无限增大。当缝内流体压力达到岩石抗拉强度和裂缝闭合应力之和时，裂缝就会向前扩展，缝内流体压力也会相应降低。随着流体持续注入，缝内流体压力重新升高，然后裂缝向前扩展，缝内压力再次降低，如此反复，裂缝逐步向前扩展。

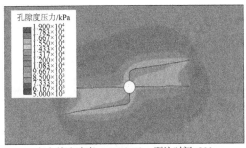

（a）注入速度=1×10⁻⁶m²/s，泵注时间=300s

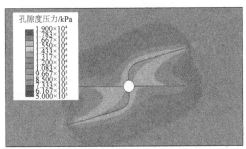

（b）注入速度=2×10⁻⁶m²/s，泵注时间=150s

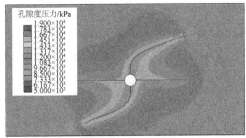

（c）注入速度=3×10⁻⁶m²/s，泵注时间=100s

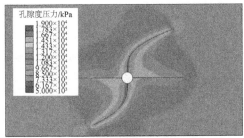

（d）注入速度=4×10⁻⁶m²/s，泵注时间=75s

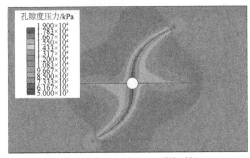

（e）注入速度=5×10⁻⁶m²/s，泵注时间=60s

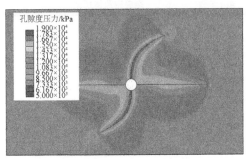

（f）注入速度=6×10⁻⁶m²/s，泵注时间=50s

图4.3.12 不同注入速度下初次裂缝与转向裂缝扩展形态

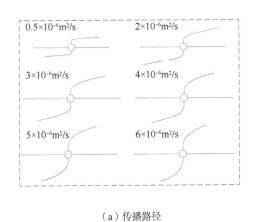

（a）传播路径

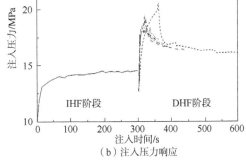

（b）注入压力响应

图4.3.13 不同注入速度下的模拟结果

本节符号及含义：

| 符号 | 含义 | 符号 | 含义 |
|---|---|---|---|
| $n$ | 求解域节点总个数 | $D$ | 损伤因子 |
| $m$ | 贯穿加强节点个数 | $\delta_m^0$ | 起始点的损伤值 |
| $q$ | 缝尖加强节点个数 | $\delta_m^f$ | 完全破坏点的损伤值 |
| $a_j$，$b_k^\alpha$ | 附加自由度 | $\delta_m^{max}$ | 当前的损伤值 |
| $H(\boldsymbol{x})$ | 阶跃函数 | $G_{equivC}$ | 计算得到的等效能量释放率 |
| $\Phi_\alpha(\boldsymbol{x})$ | 缝尖加强函数 | $G_{IC}$ | 张模式下的能量释放率 |
| $\boldsymbol{x}$ | 高斯积分点 | $G_{IIC}$ | 剪模式下的能量释放率 |
| $\boldsymbol{x}^*$ | 裂缝面上靠近 $\boldsymbol{x}$ 的节点 | $G_{IIIC}$ | 撕模式下的能量释放率 |
| $\boldsymbol{n}$ | $\boldsymbol{x}^*$ 处垂直于裂缝面的单位外法线向量 | $w$ | 暂堵体厚度 |
| $f$ | 最大主应力系数 | $A$ | 暂堵体横截面积 |
| $\sigma_{max}$ | 最大主应力 | $\mu_m$ | 流体实际黏度 |
| $\sigma_{max}^o$ | 最大许用主应力 | $\mu^*$ | 流体在缝内切向流动的等效黏度 |
| $t$ | 实际界面引力向量 | $K_m$ | 暂堵体渗透率 |
| $\boldsymbol{q}_f$ | 裂缝内流体切向流速 | $\boldsymbol{x}$ | 空间向量 |
| $w$ | 裂缝宽度 | $\boldsymbol{K}$ | 渗透率矩阵 |
| $\mu$ | 流体黏度 | $\boldsymbol{\sigma}$ | 应力张量 |
| $p_f$ | 裂缝内流体压力 | $\boldsymbol{D}$ | 刚度矩阵 |
| $c_b$ | 裂缝上表面滤失系数 | $\boldsymbol{f}$ | 单位体积体力向量 |
| $c_t$ | 裂缝下表面滤失系数 | $\boldsymbol{\varepsilon}$ | 应变张量 |
| $p_w$ | 裂缝周围孔隙流体压力 | $\boldsymbol{u}$ | 位移张量 |
| $q_b$ | 裂缝上表面流体法向滤失速度 | $\boldsymbol{t}$ | 单位面积上面力向量 |
| $q_t$ | 裂缝下表面流体法向滤失速度 | $\boldsymbol{I}$ | 单位矩阵 |
| $J$ | 多孔介质体积变化率 | $\delta\boldsymbol{\varepsilon}$ | 虚应变速度矩阵 |
| $\rho_w$ | 流体密度 | $\delta\boldsymbol{v}$ | 虚速度矩阵 |
| $n_w$ | 孔隙比 | $\bar{\boldsymbol{\sigma}}$ | 有效应力矩阵 |
| $v_w$ | 流体渗流速度 | | |

# 4.4 水平井分段分簇优化

数值模拟是研究水力裂缝扩展规律非常便捷、有效的手段之一。ABAQUS 有限元平台的黏聚力单元模型既可描述压裂裂缝的起裂和延伸过程，又可描述压裂液在裂缝中的切向流动和法向流动，并且黏聚力单元模拟的结果具有较高的可信度。为此，本部分建立了页岩气水平井多簇裂缝扩展的数值模型，模型中包含 3 类单元：（1）射孔单元，用来描述射孔簇压降，同时实现射孔簇之间流量的动态分配；（2）带孔隙流体的内聚力单元，用来模拟水力裂缝的扩展和压裂液在裂缝中流动的过程；（3）块体单元，用来表征裂缝周围岩石的变形情况和应力干扰效应，研究页岩气储层压裂多簇裂缝的扩展规律。

### 4.4.1 岩石渗流应力耦合方程

（1）应力平衡方程。

固体岩石的应力平衡方程为式(4.4.1)。

$$\int_V \bar{\boldsymbol{\sigma}}\delta\boldsymbol{\varepsilon}^{\mathrm{T}}\mathrm{d}V = \int_{S_\sigma} \boldsymbol{t}\delta\boldsymbol{v}^{\mathrm{T}}\mathrm{d}S + \int_V \boldsymbol{f}\delta\boldsymbol{v}^{\mathrm{T}}\mathrm{d}V \tag{4.4.1}$$

式中 $\bar{\boldsymbol{\sigma}}$——有效应力矩阵，MPa；

　　$\delta\boldsymbol{\varepsilon}$——虚应变速率矩阵，$\mathrm{s}^{-1}$；

　　$\delta\boldsymbol{v}$——虚速度矩阵，m/s；

　　$\boldsymbol{t}$——表面力矩阵，$\mathrm{N/m}^2$；

　　$\boldsymbol{f}$——体积力矩阵，$\mathrm{N/m}^3$。

边界条件为式(4.4.2)。

$$\begin{cases} \sigma_{ij}\boldsymbol{n}_j - t_i = 0, & \mathrm{on} \quad S_\sigma \\ \boldsymbol{u}_i = \bar{\boldsymbol{u}}_i, & \mathrm{on} \quad S_u \end{cases} \tag{4.4.2}$$

式中 $S_\sigma$——力的边界；

　　$S_u$——位移边界。

在式(4.4.1)中的有效应力可表示为式(4.4.3)。

$$\bar{\boldsymbol{\sigma}} = \boldsymbol{\sigma} + p_w\boldsymbol{m} \tag{4.4.3}$$

其中，$\boldsymbol{m} = [\alpha_x, \ \alpha_y, \ \alpha_z, \ 0, \ 0, \ 0]^{\mathrm{T}}$。

式中 $\boldsymbol{\sigma}$——总应力矩阵，MPa；

　　$\bar{\boldsymbol{\sigma}}$——有效应力矩阵，MPa；

　　$\boldsymbol{p}_w$——孔隙压力矩阵，MPa；

　　$\alpha_x, \ \alpha_y, \ \alpha_z$——不同方向的 Biot 系数。

（2）流体渗流连续性方程。

多孔介质中流体流动的连续性方程为式(4.4.4)。

$$\int_V \frac{1}{J}\frac{\mathrm{d}}{\mathrm{d}t}(J\rho_w n_w)\mathrm{d}V + \int_V \frac{\partial}{\partial_x}(\rho_w n_w v_w)\mathrm{d}V = 0 \tag{4.4.4}$$

式中 $J$——体积变化率；

　　$n_w$——流体体积与总体积的比值；

　　$\rho_w$——流体密度，$\mathrm{kg/m}^3$；

　　$v_w$——流体渗流速度，m/s。

边界条件为式(4.4.5)。

$$F = \begin{cases} -\dfrac{\boldsymbol{n}^{\mathrm{T}}}{n_{\mathrm{w}}g\rho_{\mathrm{w}}}\boldsymbol{K} \cdot \left(\dfrac{\partial p_{\mathrm{w}}}{\partial x} - \rho_{\mathrm{w}}\boldsymbol{g}\right) - \overline{\boldsymbol{q}}, & \text{on} \quad S_q \\ p_{\mathrm{w}} - \overline{p}_{\mathrm{w}} = 0, & \text{on} \quad S_{p_{\mathrm{w}}} \end{cases} \tag{4.4.5}$$

式中　$\overline{\boldsymbol{q}}$——体积流量向量，$\mathrm{m^3/s}$；

　　　$\overline{p}_{\mathrm{w}}$——孔隙压力，MPa。

流体在多孔介质中的流动满足达西定律，其方程为式(4.4.6)。

$$v_{\mathrm{w}} = -\frac{1}{n_{\mathrm{w}}g\rho_{\mathrm{w}}}\boldsymbol{K}\left(\frac{\partial \boldsymbol{p}_{\mathrm{w}}}{\partial x} - \rho_{\mathrm{w}}\boldsymbol{g}\right) \tag{4.4.6}$$

式中　$\boldsymbol{K}$——有效渗透率向量，$\mathrm{m/s}$；

　　　$\boldsymbol{g}$——重力加速度，$\mathrm{m/s^2}$。

### 4.4.2　Cohesive 单元简介

孔压 Cohesive 单元(图4.4.1)既能模拟裂缝的起裂和扩展行为，也能模拟裂缝内流体的法向滤失和切向流动。Cohesive 单元分为上、中、下三层，每层四个节点，压裂液沿中间层发生切向流动，沿上、下层发生法向滤失。

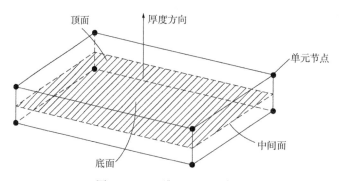

图 4.4.1　三维 Cohesive 单元

（1）单元损伤之前力学行为。

孔隙压力 Cohesive 的应力与应变关系见式(4.4.7)。

$$\boldsymbol{\sigma} = \begin{Bmatrix} \sigma_n \\ \sigma_s \\ \sigma_t \end{Bmatrix} = \boldsymbol{K}\boldsymbol{\varepsilon} = \begin{bmatrix} K_{nn} & K_{ns} & K_{nt} \\ K_{ns} & K_{ss} & K_{st} \\ K_{nt} & K_{st} & K_{tt} \end{bmatrix} \begin{Bmatrix} \varepsilon_n \\ \varepsilon_s \\ \varepsilon_t \end{Bmatrix} \tag{4.4.7}$$

式中　$\boldsymbol{\sigma}$——单元承受的总应力；

　　　$\sigma_n$——单元的法向应力；

　　　$\sigma_s$——单元的第一切向应力；

　　　$\sigma_t$——单元的第二切向应力；

　　　$\boldsymbol{K}$——刚度矩阵；

$\varepsilon$——单元的总应变；

$\varepsilon_n$——单元的法向应变；

$\varepsilon_s$——单元的第一切向应变；

$\varepsilon_t$——单元的第二切向应变。

其中，位移与应变的关系见式(4.4.8)。

$$\varepsilon_n=\frac{d_n}{T_0},\ \varepsilon_s=\frac{d_s}{T_0},\ \varepsilon_t=\frac{d_t}{T_0} \qquad (4.4.8)$$

式中　$T_0$——单元的本构厚度；

$d_n$——单元的法向位移；

$d_s$——单元的第一切向位移；

$d_t$——单元的第二切向位移。

（2）单元的损伤行为。

① 单元的起裂准则。

单元采用刚度衰减准则来模拟裂缝的起裂和扩展。在单元损伤之前，应力与应变之间满足线弹性关系；当单元应力或位移达到临界位移或强度极限时，单元会发生损伤，其刚度开始降低直至为零。

单元起裂准则包括应力起裂准则(二次应力起裂准则和最大应力起裂准则)和应变起裂准则(二次应变起裂准则和最大应变起裂准则)。

二次应力起裂准则：

当法向应力、第一切向应力和第二切向应力与各自临界应力比值的平方和为1时，单元发生损伤，见式(4.4.9)。

$$\left(\frac{\langle\sigma_n\rangle}{\sigma_n^0}\right)^2+\left(\frac{\sigma_s}{\sigma_s^0}\right)^2+\left(\frac{\sigma_t}{\sigma_t^0}\right)^2=1 \qquad (4.4.9)$$

式中　$\sigma_n^0$——法向应力临界值；

$\sigma_s^0$，$\sigma_t^0$——两个切向应力临界值。

〈　〉表示单元在承受压力时不损伤，只有在承受拉力时才发生损伤，见式(4.4.10)。

$$\langle\sigma_n\rangle=\begin{cases}\sigma_n,\ \sigma_n\geq0\\0,\ \sigma_n<0\end{cases} \qquad (4.4.10)$$

② Cohesive 单元扩展准则。

采用刚度退化描述单元的损伤演化过程，见式(4.4.11)。

$$\begin{cases}\sigma_n=\begin{cases}(1-D)\overline{\sigma_n},\ \sigma_n\geq0\\\overline{\sigma_n},\ \sigma_n<0\end{cases}\\\sigma_s=(1-D)\overline{\sigma_s}\\\sigma_t=(1-D)\overline{\sigma_t}\end{cases} \qquad (4.4.11)$$

式中    $D$——无量纲损伤因子；

$\sigma_n$, $\sigma_s$, $\sigma_t$——单元法向和两个切向方向上的应力；

$\overline{\sigma_n}$, $\overline{\sigma_s}$, $\overline{\sigma_t}$——单元损伤之前法向和两个切向方向上的应力。

损伤因子 $D$ 越大，表示单元的破坏程度越大。一般采用位移扩展准则和能量扩展准则计算损伤因子。位移扩展准则包括线性位移扩展准则和非线性位移扩展准则，能量扩展准则包括线性损伤准则和非线性损伤准则。

线性位移扩展准则：

基于线性位移扩展准则的损伤因子计算见式(4.4.12)。

$$D=\frac{d_m^f(d_m^{max}-d_m^0)}{d_m^{max}(d_m^f-d_m^0)} \tag{4.4.12}$$

式中    $d_m^0$——单元开始发生损伤的位移；

$d_m^{max}$——单元发生的最大位移；

$d_m^f$——单元完全破坏时的位移。

（3）Cohesive 单元的流体流动。

单元能够描述流体在裂缝中的切向流动和法向滤失，如图4.4.2 所示。

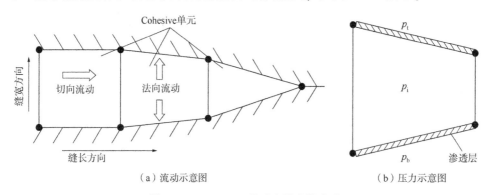

（a）流动示意图          （b）压力示意图

图 4.4.2    Cohesive 单元中的流体流动

① 流体的切向流动。

假设单元内部流体为不可压缩牛顿流体，其在裂缝中的切向流动规律见式(4.4.13)。

$$\boldsymbol{q}=\frac{w^3}{12\mu}\nabla p \tag{4.4.13}$$

式中    $\boldsymbol{q}$——单元单位面积上的体积流量矢量；

$w$——张开宽度；

$\nabla p$——切向流动的压力梯度；

$\mu$——压裂液黏度。

② 流体的法向滤失。

压裂液在单元上、下表面法向方向的滤失规律见式(4.4.14)。

$$\begin{cases} q_t = c_t(p_i - p_t) \\ q_b = c_b(p_i - p_b) \end{cases} \tag{4.4.14}$$

式中 $c_t$，$c_b$——上、下表面的滤失系数；

$q_t$，$q_b$——压裂液滤失到上、下地层的流速；

$p_i$——裂缝中部的流体压力；

$p_t$，$p_b$——裂缝上、下表面的孔隙压力。

### 4.4.3 射孔单元简介

本部分借鉴李扬的理论，并在射孔单元建模时做了适当简化，在 ABAQUS 中通过射孔单元来描述压裂液通过射孔孔眼从套管内进入裂缝时产生的压降（图 4.4.3），这一压降不同于裂缝内的沿程摩阻，射孔单元由两个节点组成，每个节点上只是孔隙压力的函数。流体从一端流入，另一端流出，射孔压降可以通过 Bernoulli 方程计算得出。

$$\Delta p_f^i = p_1 - p_2 = \varphi_p Q_i^2 \tag{4.4.15}$$

$$\varphi_p = 0.807249 \frac{\rho}{n_p^2 d_p^4 C^2} n_p \tag{4.4.16}$$

式中 $i$——射孔簇编号，$i = 1, 2, 3, \cdots, n$；

$\Delta p_f^i$——射孔簇 $i$ 的压降，Pa；

$Q_i$——进入射孔簇 $i$ 的压裂液流量，$m^3/\min$；

$\rho$——压裂液密度，$kg/m^3$；

$n_p$——射孔簇 $i$ 的射孔孔眼数量，通常在 6~30 之间；

$d_p$——射孔孔眼直径，通常在 6~25mm 之间；

$C$——表征射孔孔眼形状的无量纲系数，射孔孔眼磨蚀前约为 0.5，磨蚀后约为 0.9。

$$\xrightarrow{q_1} \underset{p_1}{\bullet} \rule{4cm}{0.4pt} \underset{p_2}{\bullet} \xrightarrow{q_2}$$

图 4.4.3 射孔单元草图

根据有限元方法，式（4.4.15）和式（4.4.16）可以写成如下矩阵形式：

$$K \begin{bmatrix} p_1 \\ p_2 \end{bmatrix} = \begin{bmatrix} q_1 \\ q_2 \end{bmatrix} \tag{4.4.17}$$

对于射孔单元，$K$ 可表示为：

$$K = \begin{bmatrix} -\dfrac{1}{2\sqrt{\varphi_p |p_1 - p_2|}} & \dfrac{1}{2\sqrt{\varphi_p |p_1 - p_2|}} \\ \dfrac{1}{2\sqrt{\varphi_p |p_1 - p_2|}} & -\dfrac{1}{2\sqrt{\varphi_p |p_1 - p_2|}} \end{bmatrix} \tag{4.4.18}$$

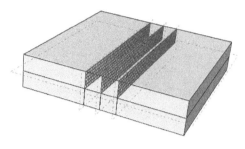

图4.4.4 模型示意图及
模型中嵌入的 Cohesive 单元

### 4.4.4 三维多簇裂缝扩展数值模型建立

建立如图4.4.4所示的三维多簇裂缝模型。三维模型的长为100m，宽为40m，高为40m（储层厚度为20m，上下隔层厚度均为10m）。考虑到压裂裂缝的对称性，为了降低计算量，建立了如图4.4.4所示的四分之一模型。模拟裂缝的单元类型为COH3D8P单元，该单元可以模拟流体的切向流动和法向滤失。模拟岩石的单元类型为C3D8P单元，该单元可以模拟在压裂过程中的岩体三维变形和其中的流体流动。模型的前后、上下和左边界约束法向位移和孔隙压力保持不变。

通过参考文献和现场经验确定了三维多簇裂缝模型中的岩石物理性质参数和岩石力学等参数（表4.4.1）。

表4.4.1 裂缝模型参数

| 参数名称 | 储层 | 隔层 |
|---|---|---|
| 弹性模量/GPa | 25 | 20 |
| 泊松比 | 0.25 | 0.25 |
| 岩石抗拉强度/MPa | 6 | 6 |
| 渗透率/mD | 0.1 | 0.1 |
| 饱和度 | 1 | 1 |
| 初始地应力/MPa | 15/25/30 | 20/25/30 |
| 压裂液黏度/(Pa·s) | 0.005 | |
| 压裂液密度/(kg/m³) | 1000 | |
| 施工排量/(m³/min) | 5.4 | |
| 滤失系数/[m/(Pa·s)] | $1\times10^{-14}$ | |
| 射孔单元个数(等效射孔孔眼) | 8 | |
| 无量纲摩阻系数 | 0.6 | |

### 4.4.5 影响因素分析

（1）弹性模量。

页岩脆性强度是其很重要的一个特征，其对水力裂缝的扩展及最终的裂缝形态有重要影响。一般常见的页岩脆性评价方法都是基于弹性模量和泊松比，这一部分主要以弹性模量为控制变量，分别设置弹性模量值为20GPa、30GPa、40GPa、50GPa，研究页岩脆性对多簇裂缝扩展的影响规律。

图4.4.5至图4.4.7分别是不同弹性模量条件下的最终裂缝形态、总裂缝面积以及各

簇裂缝面积占总裂缝面积的比例，从图中可以发现，随着弹性模量的增大，即页岩脆性的增强，中间裂缝的扩展面积有所增加，最终总的裂缝面积也有所增加，但总体来说，弹性模量对多簇裂缝扩展的影响较小，增大弹性模量并不能使得中间受抑制的裂缝扩展足够充分。

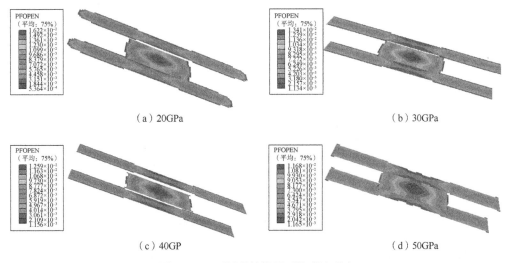

（a）20GPa　　　　　　　　　　　　　　（b）30GPa

（c）40GP　　　　　　　　　　　　　　（d）50GPa

图 4.4.5　不同弹性模量下的裂缝形态

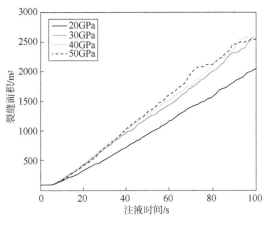

图 4.4.6　不同弹性模量下的裂缝面积

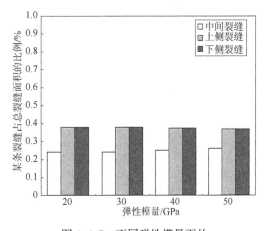

图 4.4.7　不同弹性模量下的各簇裂缝面积占总裂缝面积的比例

（2）簇间距。

簇间距是压裂施工中可以控制的参数之一，分别开展了簇间距为 10m、16m、22m、28m 下的多簇裂缝扩展规律研究。

图 4.4.8 至图 4.4.10 分别是不同簇间距条件下的最终裂缝形态、总裂缝面积以及各簇裂缝面积占总裂缝面积的比例，从图中可以发现在簇间距较小的情况下，中间裂缝由于受到两侧裂缝的挤压，进液量有限，扩展严重受到抑制，随着簇间距的增大，中间裂缝的扩展面积增加明显，三条裂缝趋于均匀扩展，总裂缝面积也增加。在本节模型中，当簇间

距大于 28m 时各簇裂缝都得到充分扩展，是一个间距的合理取值，因此在水平井分段多簇压裂施工设计中簇间距是应该重点关注的可控因素。

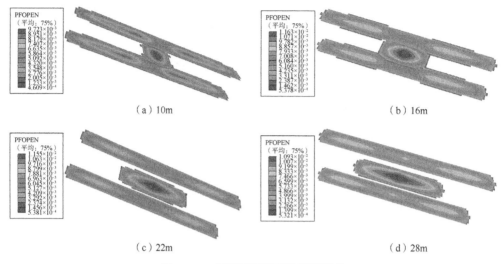

（a）10m　　　　　　　　　　　　　（b）16m

（c）22m　　　　　　　　　　　　　（d）28m

图 4.4.8　不同簇间距下的裂缝形态

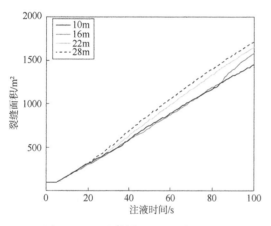

图 4.4.9　不同簇间距下的裂缝面积

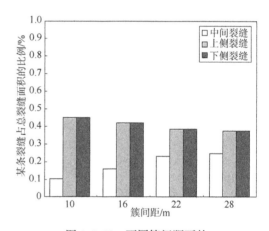

图 4.4.10　不同簇间距下的
各簇裂缝面积占总裂缝面积的比例

（3）排量。

排量对水力裂缝的形态具有重要影响。为此，分别设置排量为 $1.8m^3/min$、$3.6m^3/min$、$7.2m^3/min$ 和 $10.8m^3/min$ 进行模拟，当注入的压裂液总量相同的情况下，讨论最终的裂缝网络形态才有意义，为此，调整了不同施工排量情况下的注入时间，分别为 120s、60s、30s、20s。

图 4.4.11 至图 4.4.13 分别是不同施工排量条件下的最终裂缝形态、总裂缝面积以及各簇裂缝面积占总裂缝面积的比例，从图中可以发现当排量较小时，中间裂缝由于受到两侧裂缝的挤压，进液量有限，扩展严重受到抑制，随着排量的增大，由于增加的压裂液不能被两侧裂缝全部吸收，导致中间裂缝的进液量相对增加，扩展面积增加，三条裂缝区域

均匀扩展，总的裂缝面积也增加，因此在水平井分段多簇压裂施工设计中在现场设备条件许可的条件下应尽量提高施工排量。

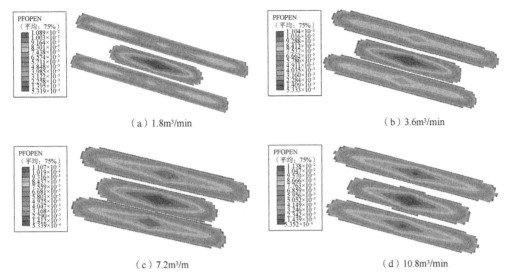

（a）1.8m³/min        （b）3.6m³/min

（c）7.2m³/m        （d）10.8m³/min

图 4.4.11　不同施工排量下的裂缝形态

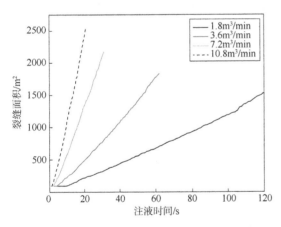

图 4.4.12　不同施工排量下的裂缝面积

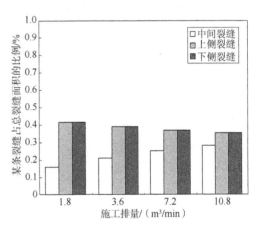

图 4.4.13　不同施工排量下的各簇裂缝面积占总裂缝面积的比例

本节符号及含义：

| 符号 | 含义 | 符号 | 含义 | 符号 | 含义 |
|---|---|---|---|---|---|
| $T_0$ | 单元的本构厚度 | $p_w$ | 孔隙压力矩阵 | $C_t$ | 上表面滤失系数 |
| $\sigma_n$ | 单元的法向应力 | $\sigma_s$ | 单元的第一切向应力 | $\sigma_t$ | 单元的第二切向应力 |
| $\varepsilon$ | 单元的总应变 | $\varepsilon_n$ | 单元的法向应变 | $\varepsilon_s$ | 单元的第一切向应变 |
| $\varepsilon_t$ | 单元的第二切向应变 | $d_n$ | 单元的法向位移 | $d_s$ | 单元的第一切向位移 |
| $d_t$ | 单元的第二切向位移 | $C_b$ | 下表面滤失系数 | $p_t$ | 裂缝上表面的孔隙压力 |
| $p_b$ | 裂缝下表面的孔隙压力 | $p_i$ | 裂缝中部的流体压力 | $q_t, q_b$ | 压裂液滤失到上、下地层的流速 |

## 4.5 压裂应力场的实验室监测

对压裂应力场进行精确描述是一项基础工作，具有十分重要的意义。目前大部分的研究主要集中在两个方面，一是通过理论模型对简单裂缝的应力场进行刻画，二是通过数值模拟手段分析复杂裂缝应力场的变化。关于压裂应力场的实验研究较少，为此笔者提出一种实时测量压裂过程中不同断裂位置应力场变化规律的方法。

### 4.5.1 应力监测原理

实验过程中采用电阻法测量岩样内部的应变变化，通过应力—应变关系计算得到应力。应变片粘贴在平整的柔性基底上，即在光滑的基底表面涂上一层较薄的环氧树脂，固化后用砂纸打平，然后用环氧树脂将应变片贴在基底上，焊接引线并用环氧树脂密封以保证绝缘。人造岩样浇筑时将密封好的应变片及基底布置在待监测的位置并固定，引线沿模拟井筒与岩样外部设备连接，如图 4.5.1 所示。

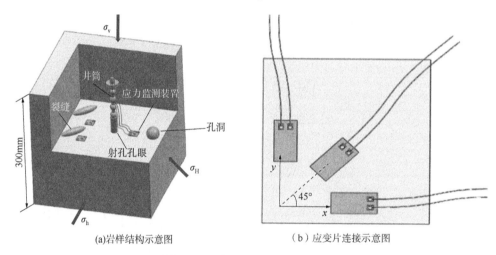

(a)岩样结构示意图      （b）应变片连接示意图

图 4.5.1　实验岩样及应变片连接

柔性基底由厚度为 1mm 的 PVB 透明胶片组成，弹性模量为 0.04GPa，远低于人造岩样的弹性模量(48GPa)，即在受力过程中，岩样与柔性基底保持同步变形，同时柔性基底对应力场的干扰可忽略不计。压裂岩样内每个监测点的应变场通过 4 个独立的应变片进行测量，水平方向间隔 45°等角度分布 3 个，用于测量水平面上主应变及方向，垂直方向分布 1 个，用于测量垂向主应变。每个独立的应变片通过加载过程中监测的电阻变化来测量应变，电阻与应变的转换见式(4.5.1)。

$$\frac{\Delta R}{R} = K\varepsilon \tag{4.5.1}$$

式中　　$R$——应变片的初始电阻值，$\Omega$；

　　　　$\Delta R$——应变片的电阻变化值，$\Omega$；

$K$——应变片灵敏系数；

$\varepsilon$——应变。

实验采用的应变片初始电阻为 $50\Omega$。为标定系数 $K$，同时验证柔性基底上应变片测量的有效性，进行人造岩心的单轴压缩实验，岩心柱的成分与图4.5.1所示的岩样相同，尺寸为 $50\text{mm}\times100\text{mm}$，实验前将 1 个垂向布置的应变片柔性基底沿岩心柱轴向内置，如图4.5.2所示。

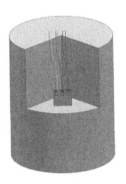

图 4.5.2　单轴压缩实验岩心

实验结果如图4.5.3所示，显示岩心在加载过程中载荷变化与电阻变化的线性相关度较好(相关度约为0.95)，表明应变片柔性基底与岩心的变形协调一致，应变片灵敏系数 $K$ 为 0.5405。

每个测点可得出 4 个应变片计量的应变分量，垂向应变分量为垂向 $z$ 方向的主应变，水平主应变的大小和方向通过式(4.5.2)至式(4.5.5)计算。

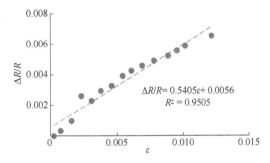

$$\Delta R/R = 0.5405\varepsilon + 0.0056$$
$$R^2 = 0.9505$$

图 4.5.3　岩心单轴压缩实验监测结果

根据水平方向的 3 个应变值，建立方程组：

$$\varepsilon_{\alpha_1} = \frac{\varepsilon_x + \varepsilon_y}{2} + \frac{\varepsilon_x - \varepsilon_y}{2}\cos 2\alpha_1 + \frac{\gamma_{xy}}{2}\sin 2\alpha_1$$

$$\varepsilon_{\alpha_2} = \frac{\varepsilon_x + \varepsilon_y}{2} + \frac{\varepsilon_x - \varepsilon_y}{2}\cos 2\alpha_2 + \frac{\gamma_{xy}}{2}\sin 2\alpha_2$$

$$\varepsilon_{\alpha_3} = \frac{\varepsilon_x + \varepsilon_y}{2} + \frac{\varepsilon_x - \varepsilon_y}{2}\cos 2\alpha_3 + \frac{\gamma_{xy}}{2}\sin 2\alpha_3 \qquad (4.5.2)$$

式中　$\alpha_1$，$\alpha_2$，$\alpha_3$——分别取0°、45°和90°；

$\varepsilon_{\alpha_1}$，$\varepsilon_{\alpha_2}$，$\varepsilon_{\alpha_3}$——三个应变片测得的应变。

求解方程组(4.5.2)得出水平应变分量 $\varepsilon_x$，$\varepsilon_y$ 和 $\gamma_{xy}$，根据式(4.5.3)计算水平方向主应变大小，根据式(4.5.4)计算水平方向主应变方向。

$$\begin{Bmatrix} \varepsilon_1 \\ \varepsilon_2 \end{Bmatrix} = \frac{\varepsilon_x + \varepsilon_y}{2} \pm \frac{1}{2}\sqrt{(\varepsilon_x - \varepsilon_y)^2 + \gamma_{xy}^2} \tag{4.5.3}$$

$$\tan 2\alpha_0 = \frac{\gamma_{xy}}{\varepsilon_x - \varepsilon_y} \tag{4.5.4}$$

根据广义胡克定律，由水平主应变 $\varepsilon_1$，$\varepsilon_2$ 和垂直主应变 $\varepsilon_3$ 计算水平主应力 $\sigma_1$，$\sigma_2$。

$$\begin{Bmatrix} \sigma_1 \\ \sigma_2 \end{Bmatrix} = \frac{E(1-\nu)}{(1+\nu)(1-2\nu)} \begin{bmatrix} 1 & \dfrac{\nu}{1-\nu} & \dfrac{\nu}{1-\nu} \\ 0 & 1 & \dfrac{\nu}{1-\nu} \end{bmatrix} \begin{Bmatrix} \varepsilon_1 \\ \varepsilon_2 \\ \varepsilon_3 \end{Bmatrix} \tag{4.5.5}$$

式中　$\sigma_1$，$\sigma_2$——主应力，MPa；

$\quad\quad$ $E$——弹性模量，MPa；

$\quad\quad$ $\nu$——泊松比；

$\quad\quad$ $\varepsilon_1$，$\varepsilon_2$，$\varepsilon_3$——主应变；

$\quad\quad$ $\alpha_0$——水平最大主应变方向与 0° 应变片的夹角，(°)。

### 4.5.2　实验方案

对于不同的储层，需要通过相似准则，确定浇筑压裂试样的材料及其配比。随后开始压裂试样的制备，此时需要将应变片置于试样中的关键位置，如缝洞型碳酸盐岩储层中溶洞附近、断层端部等。试样固结、完全干燥后开始压裂实验。

### 4.5.3　实验步骤

实验过程中首先将试样放置在三轴加载腔中，各应变片读数归零；为了避免由不同方向的不平衡载荷引起的岩样破坏，实验中三个方向的应力是首先同步施加到某一较小应力值。然后垂直应力和水平应力继续同步增加至最大水平应力值，随后垂直应力逐渐增加至实验方案最大值；试样在边界应力作用下稳定 30min 以确保完整试样中的应力平衡。在应力平衡过程中测试应力监测设备并实时记录应变数值。此时测量出初始应力场；通过 MTS 增压器将压裂液注入样品中进行压裂加载，记录注入压力和应变片数据随时间的变化。直至压力急剧下降或观察到压裂液开始泄漏时，停止实验。通过 4.5.1 节的理论，可以求得压裂过程中应力场的变化。

本节符号及含义：

| 符号 | 含义 | 符号 | 含义 | 符号 | 含义 |
|------|------|------|------|------|------|
| $R$ | 应变片的初始电阻 | $\Delta R$ | 应变片的电阻变化值 | $K$ | 应变片灵敏系数 |
| $\varepsilon_1$ | 水平主应变 | $\varepsilon_2$ | 水平主应变 | $\varepsilon_3$ | 垂直主应变 |
| $\sigma_1$ | 主应力 | $\sigma_2$ | 主应力 | | |

# 参 考 文 献

[1] 张玖. 页岩储层水平井压裂多裂缝竞争扩展规律研究[D]. 大庆：东北石油大学，2022.

[2] 阴启武. 孔二段致密油储层裂缝扩展与诱导应力场研究[D]. 成都：西南石油大学，2016.

[3] 彭守建，郭世超，许江，等. 采动诱导应力集中对顺层钻孔瓦斯抽采影响的试验研究[J]. 岩土力学，2019，40(S1)：99-108.

[4] 罗天雨，刘元爽. 应力诱导对压裂裂缝延伸的复杂影响研究[J]. 广东石油化工学院学报，2019，29(6)：10-15.

[5] 吕照. 考虑天然裂缝的诱导应力场模型研究[D]. 成都：西南石油大学，2019.

[6] 李士斌，官兵，张立刚，等. 水平井裂缝诱导应力场影响因素分析[J]. 中国煤炭地质，2016，28(05)：24-28.

[7] 胡千庭，刘继川，李全贵，等. 煤层分段水力压裂渗流诱导应力场的数值模拟[J]. 采矿与安全工程学报，2022，39(4)：761-769.

[8] 郭天魁，孙悦铭，刘学伟，等. 页岩水平井多级分段压裂物理模拟试验[J]. 深圳大学学报(理工版)，2022，39(2)：111-118.

[9] ZHOU D, ZHANG G, LIU Z, et al. Experimental Investigation on Propagation Interferences of Staged Multi-Cluster Perforation Fractures in Tight Sandstone[C]. Proceedings of the SPE Asia Pacific Hydraulic Fracturing Conference, 2016. D012S010R007.

[10] WU, KAN, OLSON, et al. Numerical Analysis for Promoting Uniform Development of Simultaneous Multiple-Fracture Propagation in Horizontal Wells[J]. SPE Production & Operations, 2017, 32(1)：41-50.

[11] WU, KAN, OLSON, et al. Mechanisms of Simultaneous Hydraulic-Fracture Propagation From Multiple Perforation Clusters in Horizontal Wells[J]. SPE Journal, 2016, 21(3)：1000-1008.

[12] WENG X, SIEBRITS E. Effect of Production-Induced Stress Field on Refracture Propagation and Pressure Response[C]. Proceedings of the SPE Hydraulic Fracturing Technology Conference, 2007. SPE-106043-MS.

[13] WARPINSKI N R, TEUFEL, et al. Influence of Geologic Discontinuities on Hydraulic Fracture Propagation (includes associated papers 17011 and 17074)[J]. Journal of Petroleum Technology, 2019, 39(2)：209-220.

[14] STOCK J M, HEALY J H, HICKMAN S H, et al. Hydraulic fracturing stress measurements at Yucca Mountain, Nevada, and relationship to the regional stress field[J]. Journal of Geophysical Research：Solid Earth, 1985, 90(B10)：8691-8706.

[15] SLáDEK V, SLáDEK J. Three-dimensional curved crack in an elastic body[J]. International Journal of Solids and Structures, 1983, 19(5)：425-436.

[16] OLSON J E, DAHI-TALEGHANI A. Modeling Simultaneous Growth of Multiple Hydraulic Fractures and Their Interaction With Natural Fractures[C]. Proceedings of the SPE Hydraulic Fracturing Technology Conference, 2009. SPE-119739-MS.

[17] EL RABAA W. Experimental Study of Hydraulic Fracture Geometry Initiated From Horizontal Wells[C]. Proceedings of the SPE Annual Technical Conference and Exhibition, 1989. SPE-19720-MS.

[18] CASAS L, MISKIMINS J L, BLACK A, et al. Laboratory Hydraulic Fracturing Test on a Rock With Artificial Discontinuities[C]. Proceedings of the SPE Annual Technical Conference and Exhibition, 2006. SPE-103617-MS.

[19] BUNGER A P, JEFFREY R G, KEAR J, et al. Experimental Investigation of the Interaction Among Closely Spaced Hydraulic Fractures[C]. Proceedings of the 45th US Rock Mechanics/Geomechanics Symposium, 2011. ARMA-11-318.

# 第5章 体积压裂

体积压裂技术已经在页岩气、致密气等非常规储层中广泛使用。传统压裂理论中的裂缝为关于井筒对称的双翼裂缝，一般以一条主缝为主导来提高储层渗流能力，但在主裂缝的垂直方向上，仍然是流体从基质中向裂缝的"长距离"渗流。单条主缝无法大幅度改善储层的整体渗流能力。体积压裂技术不用于传统压裂，其核心是大大缩短流体从基质中向裂缝的渗流距离，从而大幅度降低了流体在基质中有效渗流的驱动压力。通过压裂的方式形成一条或多条主缝，沟通储层中的天然裂缝、岩石层理、节理等结构弱面，同时由于储层应力状态的改变和压裂液不断滤失到这些结构弱面内，使得天然裂缝等弱面发生张性破裂和剪切滑移，并且在主缝的两侧强制生成次生裂缝，而后继续分枝形成下一级次生裂缝，如此循环往复，最终形成三维复杂裂缝网络。微地震监测和其他证据也表明，利用压裂技术改造非常规储层时往往会产生复杂的裂缝网络。体积压裂缝网形态和规模评价是提高体积压裂效果的基础工作，为此本章首先对缝网形成的动力学机理进行了分析，总结了可能形成缝网的条件。在此基础上，提出了压裂缝网模拟的能量方法，并和传统的有限元方法进行了对比，验证了模型可靠性。相比于传统方法，能量法具有更高的计算效率和现场应用价值。

## 5.1 缝网形成的动力学机理

### 5.1.1 从断裂动力学角度分析裂缝扩展的依据

断裂动力学研究惯性效应不能忽略的那些断裂力学问题，这些问题可分为两大类：外力随着时间迅速变化，例如振动、冲击与波动；裂纹快速传播。

（1）从加载方式角度分析采用断裂动力学的必要性。

在裂缝的起裂和延伸中加载方式分为两大类：载荷不随时间变化，保持恒定，适合于低排量压裂；载荷随时间变化，呈现波动、冲击和振动的效果，适合于高排量压裂。

水力压裂中，以压裂液为载体传递动能，压裂液运移方式示意图如图5.1.1所示，图中实线部分表示某一时刻 $t$ 的裂缝形态，虚线部分为某一时刻 $t+\Delta t$ 时的裂缝形态。给定时刻 $t$ 压裂液量为 $q$，进入虚线部分压裂液量为 $q'$，由于压裂液为液态而非固态，因此裂缝张开处必定有压裂液填充，所以认为：

$$q \geqslant q' \tag{5.1.1}$$

以往小排量压裂模式中，一般采取静力学分析，特别是在确定缝高后，求取缝宽与长度关系时，通常认为：

$$q = q' \tag{5.1.2}$$

但是对于高排量、大液量的体积压裂而言，式(5.1.2)不成立，排量的增加会使得裂缝开裂的难度降低，进入新开缝内压裂液量变少，因此认为在高排量压裂中，压裂液量满足关系：

$$q > q' \tag{5.1.3}$$

如此便出现"供大于求"的现象，部分压裂液进入新开缝内，还有部分携带动能的压裂液($q-q'$)则停滞在裂缝前端，并且随着下一轮压裂液的到来，继续填充下一轮的新开缝，因此认为在高排量和大液量下，压裂液对裂缝前端有反复冲击作用。

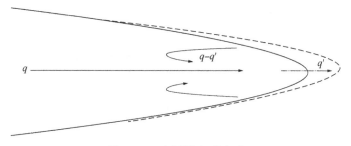

图 5.1.1　压裂液加载方式

（2）从能量角度分析采用断裂动力学的必要性。

在以往常规的能量传递思维中，认为地层中压裂液传递的水力能量正好用于压裂液摩阻和裂缝延伸，但是在页岩气和致密气的体积压裂裂缝监测中表明在远离水力压裂处仍然有大范围的微地震事件，这说明岩体能量释放范围大，也说明产生的诱导裂缝或者打开的天然裂缝很多，也表明裂缝的扩展是动态的，而非静态或准静态。

图 5.1.2 为裂缝扩展中的能量传递示意图，其中 $E_k$ 为压裂液输送到一个裂缝分支的水力能量，表面能 $U$ 为水力裂缝、天然裂缝以及诱导裂缝张开时因为形成新表面需要的能量，摩阻损耗能 $E_f$ 包括压裂液内部摩阻损耗以及压裂液与裂缝壁面之间的摩阻损耗，岩石应变能 $E_s$ 是克服地应力做功，波动能 $E_w$ 包括压裂中能量传递损耗值与微地震监测能量值。由能量守恒原理可知，压裂液输送水力能量等于摩阻损耗能、岩石应变能、波动能与表面能之和。

在裂缝的静态扩展中，认为外来加载、岩体弹性应变能与裂缝表面能之间是相互平衡的，没有考虑到波动能。实际体积压裂时，利用微地震监测技术在地表可以监测到微地震事件，这说明是存在波动能的，这与裂缝静态扩展相矛盾，因此必须从裂缝动态扩展角度分析，需要采用断裂动力学的方法进行受力研究。

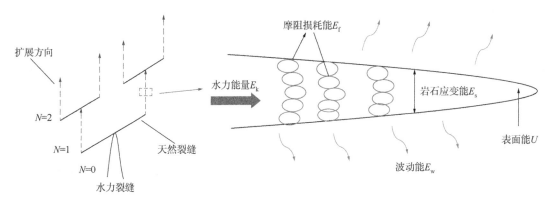

图 5.1.2　能量分配示意图

## 5.1.2　裂缝扩展动力学

对裂缝性致密油气储层而言，在小排量压裂作业中，水力裂缝沟通天然裂缝后，水力裂缝能量衰减，缝内压力会降低，使得天然裂缝张开后缝内压力低于裂缝转向所需的压力，伴随压裂液的继续注入，水力能量得到补充，缝内压力逐渐上升到使得天然裂缝左端或者右端发生转向需要的压力，此转向过程可以采用静力学方法进行研究。但这种情况产生的只是较为复杂的裂缝，而不能产生缝网。为了形成复杂的缝网，要求天然裂缝两端同时满足转向的条件，此时的天然裂缝两端同时延伸所需的压力必然高于准静态延伸所需的压力，故而断裂静力学不再适用于受力状态分析。此外，水力裂缝产生分叉时，所需要的缝内压裂也高于静态扩展压力，这点可以从裂缝分叉时的应力强度因子更大来证明，因此必须采用断裂动力学方法来研究。通常认为缝网形成主要是依靠天然裂缝，因此在此主要研究水力裂缝从天然裂缝两端扩展的机理。

如图 5.1.3 所示，水力裂缝走向为最大主应力方向，天然裂缝走向与井轴夹角为 $\theta$，天然裂缝的倾角为 $\beta$，对于任一级分支裂缝，其裂缝面上的单位法向量为：

$$\boldsymbol{n} = [\cos\beta\cos\theta, \cos\beta\sin\theta, \sin\beta] \tag{5.1.4}$$

因此作用在裂缝面上的正应力为：

$$\sigma_n = \boldsymbol{n} \begin{bmatrix} \sigma_h & & \\ & \sigma_H & \\ & & \sigma_v \end{bmatrix} \boldsymbol{n}^{\mathrm{T}} = \cos^2\beta\cos^2\theta\sigma_h + \cos^2\beta\sin^2\theta\sigma_H + \sin^2\beta\sigma_v \tag{5.1.5}$$

考虑天然裂缝两端同时扩展的需要，天然裂缝缝内压力必须克服较难扩展的一端的应力集中，如图 5.1.4 所示，设天然裂缝的长度为 $2a$，水力裂缝与天然裂缝的交点将天然裂缝分为 $a_1$、$a_2(a_1 < a_2)$ 两段，A、B 为天然裂缝的缝端，以天然裂缝 A、B 两点的动态应力强度因子为依据，对突破难度进行分析。当压裂液注满天然裂缝时，采用叠加原理分别计算左右分支裂缝端部的动态应力强度因子，如图 5.1.4 所示。

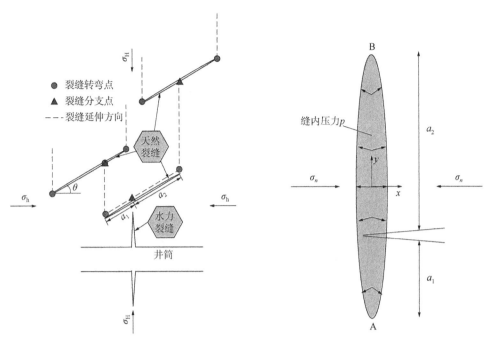

图 5.1.3 水平井压裂裂缝延伸俯视图

图 5.1.4 计算天然裂缝端部的
动态应力强度因子示意图

图 5.1.4 中天然裂缝端部 A、B 两点的动态应力强度因子可表示为：

$$K_A = \sqrt{\frac{a}{\pi}} \cdot (p - \sigma_n) \left[ \frac{3\pi}{4} - \sin^{-1}\left(\frac{a_1}{a} - 1\right) - \frac{3\sqrt{1 - (a_1/a - 1)^2}}{2} \right]$$

$$K_B = \sqrt{\frac{a}{\pi}} \cdot (p - \sigma_n) \left[ \frac{3\pi}{4} + \sin^{-1}\left(\frac{a_2}{a} - 1\right) - \frac{3\sqrt{1 - (a_2/a - 1)^2}}{2} \right] \tag{5.1.6}$$

式中　$\sigma_n$——裂缝面上的正应力，MPa；

　　　$a$——裂缝半长，m；

　　　$a_1$——水力裂缝与天然裂缝的交点与 A 点距离，m；

　　　$a_2$——水力裂缝与大然裂缝的交点与 B 点距离，m；

　　　$K_A$——A 点动态应力强度因子，MPa·m$^{\frac{1}{2}}$；

　　　$K_B$——B 点动态应力强度因子，MPa·m$^{\frac{1}{2}}$；

　　　$p$——缝内压力，MPa。

式 (5.1.6) 说明 A 点的动态应力强度因子较 B 点小，说明压裂液在 A 端产生应力比 B 端小，若 A 点压力满足裂缝转向条件，B 点必然也满足，所以令：

$$K_A = K_{Id} \tag{5.1.7}$$

式中　$K_{Id}$——动态断裂韧性，MPa·m$^{\frac{1}{2}}$。

由式(5.1.5)至式(5.1.7)可以确定裂缝转向所需的缝内压力,根据缝内压力条件可以确定排量。第 $n$ 级分支裂缝排量 $Q_n$ 与泵排量 $Q$ 的关系为:

$$Q_n = Q/2^n \tag{5.1.8}$$

视压裂液流动为沿裂缝长度方向的一维层流,忽略缝内沿宽度、高度方向的流动以及裂缝连接点、端部的复杂流动,这样的假设对细长的页岩水力裂缝是适合的。依据阳友奎等在不可压缩流动假定下的流量等效原则,可得出第 $n$ 级分支裂缝缝内压力 $p(y)$ 与排量 $Q_n$ 的一般关系:

$$p(y) = \frac{\pi\sqrt{\pi}\mu E^3 Q_n}{16\sqrt{a}hK_{Id}^3}F(y) + \frac{\rho Q_n^2 E^2}{432\pi ah^2 K_{Id}^2}P(y) \tag{5.1.9}$$

严格来说 $p(y)$ 为沿缝长分布的函数, $F(y)$ 、 $P(y)$ 为近似线性的分布函数,对细长裂缝来说压力变化梯度很小,此处取均值 $F(y) \approx 2.607$ , $P(y) \approx 84.53$ 。由式(5.1.5)至式(5.1.9)可以确定分支裂缝同时转向所需的最小排量。

### 5.1.3　临界排量的计算

由式(5.1.9)可知,确定动态强度因子后,可确定裂缝转向所需的最小缝内压力,从而确定达到此压力所需的排量,这对于现场体积压裂工艺设计具有重要的指导意义。下面给出一些计算案例和分析。

(1) 天然裂缝尺寸、产状因素。

已知页岩气藏深度 2170m,地应力 $\sigma_h = 34.8\text{MPa}$ 、 $\sigma_H = 47.7\text{MPa}$ 及 $\sigma_v = 56.5\text{MPa}$ ,地层弹性模量 $E = 15000\text{MPa}$ ,泊松比 $\nu = 0.15$ ,利用式(5.1.5)至式(5.1.9)计算得到各种天然裂缝的临界排量,如图 5.1.5 和图 5.1.6 所示。

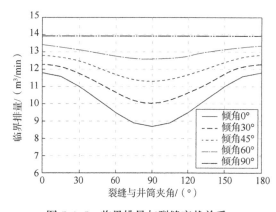

图 5.1.5　临界排量与裂缝产状关系,

$a=6\text{m}$ , $a_2=10\text{m}$ , $n=3$ , $K_{Id}=1\text{MPa}\cdot\text{m}^{\frac{1}{2}}$

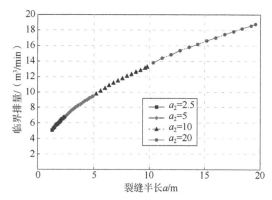

图 5.1.6　临界排量与裂缝尺寸关系,

$\beta=30°$ , $\theta=60°$ , $n=3$ , $K_{Id}=1\text{MPa}\cdot\text{m}^{\frac{1}{2}}$

由图 5.1.5 可知,天然裂缝的方位、倾角对其临界排量影响很大:临界排量随倾角增加而增加,倾角等于 90° 时,临界排量达到最大值且为常数;临界排量随夹角先减小后增加，且对垂直井筒方向的裂缝达到极小值。由图5.1.6可知天然裂缝尺寸越大需要的临界排量越高，这与大型天然裂缝对压裂产生负面影响的报道相符。由图5.1.6还可知固定$a_2$时，$a$越小则临界排量越低，说明水力裂缝与天然裂缝的端部相交对产生网状裂缝更为有利。

（2）岩石弹性模量对临界排量的影响。

由图5.1.7可知，地层弹性模量越高所需的临界排量越低，这也定量阐述了为什么在高弹性模量脆性地层射孔、压裂效果理想，而在低弹性模量韧性地层压裂效果不理想的原因。由第5.1.2节的理论可知泊松比与临界排量没有直接关系，但弹性模量高的地层往往泊松比较低，所以在实践中会有低泊松比地层易于压裂的经验。岩石动态断裂韧性对临界排量的影响巨大，而$K_{Id}$的值与加载速率相关，因此如何在实验室准确测定$K_{Id}$是需要重点研究的课题。

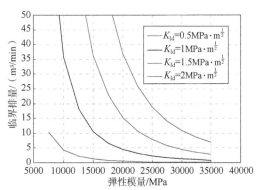

图5.1.7 临界排量与弹性模量关系，
$\beta=30°$，$\theta=60°$，$n=3$，$a=6m$，$a_2=10m$

（3）动态应力强度因子对临界排量的影响。

动态应力强度因子的影响判断中，假设天然裂缝长度为12m，$n$为4，图5.1.8和图5.1.9给出了动态应力强度因子分别为$1MPa \cdot m^{\frac{1}{2}}$、$2MPa \cdot m^{\frac{1}{2}}$、$3MPa \cdot m^{\frac{1}{2}}$时的影响。

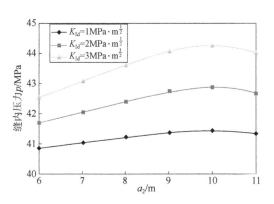

图5.1.8 动态应力强度因子
对缝内压力的影响

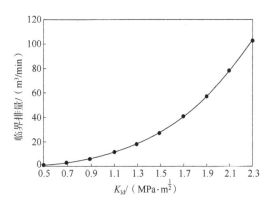

图5.1.9 动态应力强度因子
对临界排量的影响

由图5.1.8可知，随着应力强度因子的增大，缝内压力是增大的，天然裂缝与水力裂缝交互点越靠近天然裂缝端点时，缝内压力增大趋势越明显。

由图5.1.9可知，$K_{Id}$从$0.5MPa \cdot m^{\frac{1}{2}}$增加到$2.3MPa \cdot m^{\frac{1}{2}}$时，临界排量从$0.96m^3/min$增加到$102.4m^3/min$，说明动态应力强度因子越大，水力裂缝从天然裂缝两端扩展所需的排量越大，而且增加趋势迅速，因此希望岩石动态断裂韧性越小越好。

本节符号及含义：

| 符号 | 含义 | 符号 | 含义 | 符号 | 含义 |
|---|---|---|---|---|---|
| $Q_n$ | 第 $n$ 级分支裂缝排量 | $a$ | 天然裂缝半长 | $h$ | 实际储层中裂缝高度 |
| $Q$ | 泵排量 | $p$ | 缝内压力 | $a_1$ | 水力裂缝与天然裂缝的交点与A点距离 |
| $E$ | 地层弹性模量 | $\sigma_n$ | 天然裂缝所受正应力 | $a_2$ | 水力裂缝与天然裂缝的交点与B点距离 |
| $\sigma_h$ | 最小水平主应力 | $\sigma_H$ | 最大水平主应力 | $\sigma_v$ | 垂直应力 |
| $\beta$ | 天然裂缝倾角 | $\theta$ | 天然裂缝走向与井轴夹角 | $E_s$ | 岩石应变能 |
| $E_k$ | 压裂液输入能量 | $U$ | 表面能 | $n$ | 分支裂缝数目 |
| $E_f$ | 摩阻损耗能 | $E_w$ | 岩石波动能 | | |

# 5.2  天然裂缝激活

在非常规超低渗透储层增产改造中，水力压裂技术能形成复杂裂缝网络的原因在于储层内存有大量不规则构造。尤其当储层中存有天然裂缝时，水力裂缝扩展延伸并沟通天然裂缝会导致裂缝网络在空间中的分布更加复杂，该过程也称为天然裂缝激活。本节以水力裂缝致使天然裂缝张开、剪切等激活形式为例，进行分析。

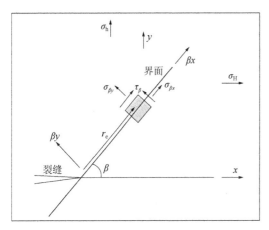

图 5.2.1  接近交界面（天然裂缝）的水力裂缝

## 5.2.1  天然裂缝扩张延伸

水力裂缝与天然裂缝相交行为与地应力、岩石和天然裂缝的性质、压裂液性能及其注入速率息息相关。随着压裂液的持续注入，天然裂缝将被沟通。假设天然裂缝不发生漏失，即内部压力增大，当内部压力大于天然裂缝闭合压力时，天然裂缝张开。

根据 Renshaw 和 Pollard 的文献（DOI：10.1016/0148-9062（94）00037-4），天然裂缝可以看作摩擦界面，水力裂缝和天然裂缝之间相互作用，如图 5.2.1 所示。

水力裂缝与天然裂缝之间的夹角为 $\beta$，远场地应力为 $\sigma_H$ 和 $\sigma_h$，裂缝尖端应力可表示为：

$$\sigma_x = \sigma_H + \frac{K_I}{\sqrt{2\pi r}}\cos\frac{\theta}{2}\left(1-\sin\frac{\theta}{2}\sin\frac{3\theta}{2}\right)$$

$$\sigma_y = \sigma_h + \frac{K_I}{\sqrt{2\pi r}}\cos\frac{\theta}{2}\left(1+\sin\frac{\theta}{2}\sin\frac{3\theta}{2}\right)$$

$$\tau_{xy} = \frac{K_I}{\sqrt{2\pi r}}\sin\frac{\theta}{2}\cos\frac{\theta}{2} \tag{5.2.1}$$

式中 $K_I$ ——模式 I 的应力强度因子，$MPa \cdot m^{\frac{1}{2}}$；

$(r, \theta)$ ——以裂尖为原点的极坐标，$(m, rad)$；

$\sigma_x$, $\sigma_y$, $\tau_{xy}$ ——笛卡儿坐标下的应力分量，MPa；

$\sigma_H$, $\sigma_h$ ——远场最大水平地应力和最小水平地应力，MPa。

上述弹性奇异应力场在裂缝尖端附近区域是无效的，已经进入了塑性。按照 Renshaw 和 Pollard 的文献，考虑到 $r = r_c$ 处，$\theta = \beta$ 和 $\theta = \beta - \pi$ 界面两侧的应力，其中 $r_c$ 是裂纹尖端周围非弹性区的临界半径。由于非常规页岩是一种脆性岩石，预计临界半径很小。在界面的相对两侧产生新裂缝的条件是界面上的最大主应力 $\sigma_1$ 必须达到岩石抗拉强度 $T_0$：

$$\sigma_1 = T_0 \tag{5.2.2}$$

应力场的主应力为：

$$\sigma_1 = \frac{\sigma_x + \sigma_y}{2} + \sqrt{\left(\frac{\sigma_x - \sigma_y}{2}\right)^2 + \tau_{xy}^2} \tag{5.2.3}$$

主应力方向由式(5.2.4)确定：

$$\tan 2\theta_p = \frac{2\tau_{xy}}{\sigma_x - \sigma_y} \tag{5.2.4}$$

将式(5.2.3)代入式(5.2.2)中，得：

$$\frac{\sigma_x - \sigma_y}{2} + \sqrt{\left(\frac{\sigma_x - \sigma_y}{2}\right)^2 + \tau_{xy}^2} = T_0 \tag{5.2.5}$$

将式(5.2.1)代入式(5.2.5)中整理，得到：

$$\cos^2 \frac{\theta}{2} K^2 + 2\left[\left(\frac{\sigma_H - \sigma_h}{2}\right) \sin \frac{\theta}{2} \sin \frac{3\theta}{2} - T\right] K + \left[T^2 - \left(\frac{\sigma_H - \sigma_h}{2}\right)^2\right] = 0 \tag{5.2.6}$$

式中 $T_0$ ——岩石抗拉强度，MPa；

$\sigma_1$ ——界面上的最大主应力，MPa。

$T = T_0 - \left[(\sigma_H - \sigma_h)/2\right]$ 和 $K = \left[K_I/(2\pi r_c)^{\frac{1}{2}}\right] \cos \frac{\theta}{2}$ 表示在界面重新开启裂缝所需要的应力大小，可由方程式(5.2.6)求得。

式(5.2.6)表示在两侧边界处开启一条新裂缝需要满足的应力关系。上述二次方程有两个根，$K_1$ 和 $K_2$。$K_1$ 对应最大主应力 $\sigma_1$ 等于 $T_0$，另一个根 $K_2$ 对应最小主应力 $\sigma_2$ 等于 $T_0$。前者是式(5.2.2)所需的有效根。按照 Renshaw 和 Pollard 的文献，临界半径 $r_c$ 可以表示为：

$$\sqrt{r_c} = \frac{K_I}{\sqrt{2\pi K}} \cos \frac{\theta}{2} \tag{5.2.7}$$

若根据式(5.2.2)计算开启新的裂缝，假设作用在界面上的应力不足以引起界面滑动，从而裂缝尖端应力可以横穿界面。对于摩擦岩石表面，沿界面不发生滑动的条件可以表示为：

$$|\tau_\beta| < S_0 - \lambda\sigma_{\beta y} \tag{5.2.8}$$

式中　$\lambda$——摩擦系数；

　　　$S_0$——界面黏聚力，MPa；

　　　$\tau_\beta$——远场地应力和裂缝尖端应力共同产生的界面上的剪应力，MPa；

　　　$\sigma_{\beta y}$——远场地应力和裂缝尖端应力共同产生的界面上的正应力，MPa。

远场地应力 $\sigma_H$ 和 $\sigma_h$ 投影到界面上的应力为：

$$\sigma_{r,\beta x} = \frac{\sigma_H - \sigma_h}{2} + \frac{\sigma_H - \sigma_h}{2}\cos2\beta$$

$$\sigma_{r,\beta y} = \frac{\sigma_H - \sigma_h}{2} - \frac{\sigma_H - \sigma_h}{2}\cos2\beta$$

$$\tau_{r,\beta} = -\frac{\sigma_H - \sigma_h}{2}\sin2\beta \tag{5.2.9}$$

裂缝尖端应力投影到界面上的应力为：

$$\sigma_{\text{tip},\beta x} = K - K\sin\frac{\theta}{2}\sin\frac{3\theta}{2}\cos2\beta + K\sin\frac{\theta}{2}\cos\frac{3\theta}{2}\sin2\beta$$

$$\sigma_{\text{tip},\beta y} = K + K\sin\frac{\theta}{2}\sin\frac{3\theta}{2}\cos2\beta - K\sin\frac{\theta}{2}\cos\frac{3\theta}{2}\sin2\beta$$

$$\tau_{\text{tip},\beta} = K\sin\frac{\theta}{2}\sin\frac{3\theta}{2}\sin2\beta + K\sin\frac{\theta}{2}\cos\frac{3\theta}{2}\cos2\beta \tag{5.2.10}$$

叠加之后，界面上的剪应力为：

$$\tau_\beta = \tau_{\text{tip},\beta} + \tau_{r,\beta} = K\sin\frac{\theta}{2}\sin\frac{3\theta}{2}\sin2\beta + K\sin\frac{\theta}{2}\cos\frac{3\theta}{2}\cos2\beta - \frac{\sigma_H - \sigma_h}{2}\sin2\beta \tag{5.2.11}$$

界面上的正应力为：

$$\sigma_{\beta y} = \sigma_{\text{tip},\beta y} + \sigma_{r,\beta y} = K + K\sin\frac{\theta}{2}\sin\frac{3\theta}{2}\cos2\beta - K\sin\frac{\theta}{2}\cos\frac{3\theta}{2}\sin2\beta + \frac{\sigma_H + \sigma_h}{2} - \frac{\sigma_H - \sigma_h}{2}\cos2\beta$$

$$\tag{5.2.12}$$

利用 $\theta=\beta$ 或 $\theta=\beta-\pi$，以及由二次方程式(5.2.6)求解出的 $K$(或 $r_c$)，由式(5.2.11)和式(5.2.12)计算剪应力和正应力，从而根据式(5.2.8)评估滑动条件。如果满足式(5.2.8)的条件，界面不发生滑动，界面相对两侧的拉伸主应力将克服岩石的抗拉强度，开启新的裂缝，即水力裂缝会穿过天然裂缝。如果不满足式(5.2.8)的条件，则天然裂缝会发生滑动，而水力裂缝不会穿过天然裂缝。

上述算法是对 Renshaw 和 Pollard 非正交穿越准则的延伸。与原准则不同之处在于，延伸准则不能表示为显式的方程，但却可以编写成简单的计算机程序，在给定应力、岩石和界面参数条件下，确定是否发生穿越或者滑动。

对于有一定内聚力的界面，原来的 Renshaw 和 Pollard 准则可以扩展为：

$$
\begin{cases}
\dfrac{-\sigma_H}{T_0-\sigma_h} > \dfrac{0.35+(0.35/\lambda)}{1.06}, & \text{原始准则，无内聚力} \\[4mm]
\dfrac{(S_0/\mu)-\sigma_H}{T_0-\sigma_h} > \dfrac{0.35+(0.35/\lambda)}{1.06}, & \text{扩展准则，有内聚力}
\end{cases} \tag{5.2.13}
$$

当没有内聚力时，式(5.2.13)退化到原 Renshaw 和 Pollard 标准。正如预期，内聚力的作用是增加穿越的趋势。

假设岩石抗拉强度为零($T_0=0$)，内聚力为零($S_0=0$)，根据扩展准则预测的结果如图 5.2.2 所示。每条线对应交角，每条曲线的右侧区域代表穿越的情况，而左侧区域代表不穿越的情况。

在水力压裂应用中，远场地应力 $\sigma_H$ 和 $\sigma_h$ 之比介于 1~2，大多数岩石的摩擦系数介于 0.1~0.9。如图 5.2.2 所示，交角 $\beta$ 从 90°(代表正交天然裂缝)逐渐减小至 15°，裂缝穿越的可能性越来越低。换言之，如果天然裂缝与水力裂缝的方向接近，水力裂缝将有可能转向并沿着天然裂缝的方向扩展。曲线之间较大的间隔表明，裂缝是否穿越易受夹角影响。

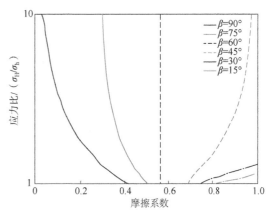

图 5.2.2　穿越准则图

## 5.2.2　天然裂缝剪切滑移

当水力裂缝与天然裂缝相交时，压裂液则会从水力裂缝渗透到天然裂缝中，此时天然裂缝中的孔隙压力升高，降低天然裂缝上的有效正应力，可能引起沿天然裂缝发生剪切破坏或滑移。天然裂缝产生剪切滑移后，将增加裂缝的导流能力，促使压裂液更容易流入天然裂缝的深处，同样，天然裂缝剪切引起的滑移可以持续至较远的距离。

### 5.2.2.1　剪切发生条件

为了理解水力剪切裂缝沿天然裂缝延伸，建立一个受远场正应力 $\sigma_0$ 和剪应力 $\tau_0$ 作用的二维裂缝弱面，$x$ 轴沿天然裂缝弱面，如图 5.2.3 所示。

假设流体以压力 $p_i$ 注入裂缝中心，正应力 $\sigma_0$ 大于流体压力，天然裂缝中的初始储层压力为 $p_0$，其远场剪应力满足以下条件：

$$
\lambda_s(\sigma_0-p_i) < \tau_0 < \lambda_s(\sigma_0-p_0) \tag{5.2.14}
$$

式中　$\lambda_s$——静态库仑摩擦系数；

　　　$\sigma_0$——正应力，MPa；

　　　$p_i$——流体压力，MPa。

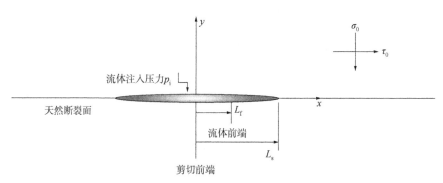

图 5.2.3　剪切裂缝沿天然裂缝扩展的二维示意图

在这种条件下，天然裂缝不会发生剪切破坏。当流体注入裂缝中压力 $p_0$ 升高到 $p_i$ 时，天然裂缝界面会发生剪切破坏。假设天然裂缝界面比岩石基质弱得多，在注入流体的驱动下，裂缝将继续沿天然裂缝扩展。设时间 $t$ 时，剪切裂缝的半长为 $L_s(t)$，裂缝中流体流动的控制方程，以及相关的剪切滑移和膨胀将在下文中介绍。

### 5.2.2.2　裂缝内流体的连续性

对于不可压缩流体，连续性方程可以表示为：

$$\frac{\partial q}{\partial x}+\frac{\partial w}{\partial t}+q_L=0 \qquad (5.2.15)$$

式中　$q$——裂缝单位高度的流速，m/s；

　　　$w$——裂缝的有效力学"开度"，m；

　　　$t$——时间，s；

　　　$q_L$——通过裂缝面进入岩石基质的流体损失率，m/s。

开度可以看作为由于表面粗糙度形成的两个接触面的有效间隔，请注意，这不同于拉伸裂缝的裂缝开度。

### 5.2.2.3　裂缝内的压降

裂缝内压力梯度遵循达西定律：

$$\frac{\partial p}{\partial x}=-\frac{\mu q}{K_f w_f}=-\frac{\mu' q}{w_f^3} \qquad (5.2.16)$$

$$\mu'=12\mu$$

式中　$\mu$——流体黏度，Pa·s；

　　　$p$——裂缝内流体压力，Pa；

　　　$K_f$——裂缝渗透率，D；

　　　$w_f$——闭合裂缝的等效水力裂缝开度，m。

$w_f$ 与渗透率的关系表示为：

$$K_f=\frac{w_f^2}{12} \qquad (5.2.17)$$

#### 5.2.2.4 压力变化与剪切滑移引起渗透率的改变

根据 Willis-Richards 的研究成果，有效正应力的变化和剪切滑移产生共同的开度，可以表示为：

$$w_f = w_n + w_s + w_{res} = \frac{w_0}{1 + 9\sigma'_n/\sigma_{nref}} + u_s \tan\phi_{dil}^{eff} + w_{res} \qquad (5.2.18)$$

式中　$w_n$——没有发生剪切滑移的裂缝开度，m；

　　　$w_s$——剪切滑移引起的膨胀，m；

　　　$w_{res}$——在高有效应力作用下的残余开度，通常可以忽略不计，m；

　　　$w_0$——在很低的有效应力条件下的开度，m；

　　　$\sigma'_n$——有效正应力，Pa；

　　　$\sigma_{nref}$——宽度从 $w_0$ 降低90%所对应的正应力，Pa；

　　　$u_s$——相对剪切位移，即两个裂缝面之间的剪切滑移量，m；

　　　$\phi_{dil}^{eff}$——有效剪胀角，（°）。

式(5.2.18)的第一项表示由有效正压应力的变化引起开度的改变，第二项是剪切引起的膨胀，与剪切滑移量成正比。

#### 5.2.2.5 莫尔定律

对于闭合裂缝，Coulomb 摩擦定律为：

$$\tau \leqslant \lambda |\sigma_n - p| \qquad (5.2.19)$$

式中　$\tau$——沿裂缝的局部剪应力，Pa；

　　　$\sigma_n$——沿裂缝的局部正应力，Pa；

　　　$\lambda$——摩擦系数。

式(5.2.19)适用于滑动已经发生的情况，该摩擦系数不是一个常数，与滑动速度和刚过去的滑动过程有关。

对于流体渗透到天然裂缝(裂隙)引起的剪切滑移，假设天然裂缝的应力条件与活动断层的滑动条件不接近，滑移只发生在局部流体渗透区域，并且进行得很缓慢。因此，可以假定摩擦系数为常数，并且等于静摩擦系数(可忽略天然裂缝界面上的由矿化作用引起的内聚力)。

#### 5.2.2.6 裂缝的开度方程

对于二维裂缝，沿裂缝的正应力和剪应力与裂缝开度变化 $\Delta w$ 和剪切滑移 $u_s$ 的关系可用式(5.2.20)表示：

$$\sigma(x, t) - \sigma_0 = \int_{-L_s}^{L_s} G(x, s) \Delta w(s) \, \mathrm{d}s$$

$$\tau(x, t) - \tau_0 = \int_{-L_s}^{L_s} G(x, s) u_s(s) \, \mathrm{d}s \qquad (5.2.20)$$

其中 $G$ 是 Green 函数，如下：

$$G(x, s) = \frac{E'}{(x-s)^2}$$

$$E' = \frac{E}{1-\nu^2}$$

(5.2.21)

式中　$E'$——平面应变弹性模量，MPa。

上述方程只适用于弹性介质。由于向低渗透储层岩石中流体滤失非常小，所以也不考虑孔隙的弹性作用。

### 5.2.2.7　裂缝的半长求解

假设天然裂缝具有一定渗透性且不发生滤失，求解时间 $t$ 时剪切裂缝（或破坏）的半长为 $L_s$。

忽略流体从裂缝面向岩石基质滤失，由式(5.2.15)，$q=q(0, t)=q_0$。式(5.2.16)变为：

$$\frac{\partial p}{\partial x} = -\frac{\mu' q_0}{w_{f0}^3}$$

(5.2.22)

式中　$w_{f0}$——对应于初始开度 $w_{n0}$ 的裂缝水力开度，与初始裂缝渗透率有关，m。

积分式(5.2.22)，得：

$$p(x, t) = p_0 + (p_i - p_0)\left(1 - \frac{x}{L_f}\right)$$

$$q_0 = \frac{p_i - p_0}{L_f} \frac{w_{f0}^3}{\mu'}$$

(5.2.23)

式中　$L_f$——到流体前端的距离，m。

由于流体不可压缩，且从裂缝表面的滤失可以忽略不计，则有：

$$q_0 = w_{n0} \frac{dL_f}{dt}$$

(5.2.24)

结合式(5.2.23)和式(5.2.24)，解出 $L_f$：

$$L_f = \sqrt{\frac{2(p_i - p_0) w_{f0}^3}{\mu' w_{n0}}} \sqrt{t}$$

(5.2.25)

本节符号及含义：

| 符号 | 含义 | 符号 | 含义 | 符号 | 含义 |
|------|------|------|------|------|------|
| $\beta$ | 裂缝与不连续面之间的夹角 | $w$ | 裂缝的有效力学"开度" | $\sigma_n$ | 沿裂缝的局部正应力 |
| $K_1$ | 对应最大主应力 $\sigma_1$ | $p$ | 裂缝内流体压力 | $E'$ | 平面应变弹性模量 |
| $S_0$ | 界面黏聚力 | $w_n$ | 没有发生剪切滑移的裂缝开度 | $r, \theta$ | 裂缝尖端的极坐标（拉应力为正） |
| $\sigma_0$ | 远场正应力 | $w_0$ | 很低的有效应力条件下的开度 | | |
| $\lambda_s$ | 静态库仑摩擦系数 | $u_s$ | 相对剪切位移 | $K_2$ | 对应最大主应力 $\sigma_2$ |

续表

| 符号 | 含义 | 符号 | 含义 | 符号 | 含义 |
|------|------|------|------|------|------|
| $\tau_\beta$ | 远场地应力和裂缝尖端应力共同产生的界面上的剪应力 | $\phi_{dil}^{eff}$ | 有效剪胀角 | $p_i$ | 流体压力 |
| | | $\Delta w$ | 裂缝开度变化 | $q$ | 裂缝单位高度的流速 |
| $\tau_0$ | 远场剪应力 | $w_{f0}$ | 对应于初始开度 $w_{n0}$ 的裂缝水力开度 | $\mu$ | 流体黏度 |
| $L_s(t)$ | 剪切裂缝(或破坏)的半长 | | | $w_f$ | 闭合裂缝的等效水力裂缝开度 |
| $q_L$ | 通过裂缝面进入岩石基质的流体损失率 | $r_c$ | 裂纹尖端周围非弹性区的临界半径 | $w_{res}$ | 高有效应力作用下的残余开度 |
| $K_f$ | 裂缝渗透率 | $\lambda$ | 摩擦系数 | $\sigma_{nref}$ | 宽度从 $w_0$ 降低 90% 所对应的正应力 |
| $w_s$ | 剪切滑移引起的膨胀 | $\sigma_{\beta y}$ | 远场地应力和裂缝尖端应力共同产生的界面上的正应力 | $\tau$ | 沿裂缝的局部剪应力 |
| $\sigma_n'$ | 有效正应力 | | | $L_f$ | 到流体前端的距离 |

# 5.3 基于全局嵌入 Cohesive 单元的裂隙网络模拟

在包含大量连通良好、高渗透性的天然裂缝的储层中,注入的压裂液将使现有的天然裂缝网络膨胀。在此情况下,水力裂缝将沿着天然裂缝延伸,只会开启相对较少的新裂缝。对于此类复杂裂缝扩展,可以采用基于全局嵌入 Cohesive 单元的裂隙网络模拟方法。

## 5.3.1 基于全局嵌入 Cohesive 单元的裂缝网络延伸模型

该方法假设岩体由大量独立的小块组装而成,通过在小块和小块之间嵌入零厚度的 Cohesive 单元来描述水力裂缝或者天然裂缝的扩展。其中,描述岩石本体破坏和描述天然裂缝破坏的黏聚力单元本质上是一种单元,只是通过设置不同的岩石力学参数和水力参数来具体区分岩石本体和天然裂缝。在该方法中,将岩石离散成四边形单元,并在所有四边形单元的公共边上嵌入零厚度 Cohesive 单元,如图 5.3.1 所示,图中黄色线条为预制的天然裂缝,Cohesive 单元破坏后,压裂液就可以沿着破坏的单元流动,该方法可以有效地模拟水力压裂过程中水力裂缝的分叉以及水力裂缝与天然裂缝的相交等行为,并且不需要重新划分网格,大大降低了计算量。

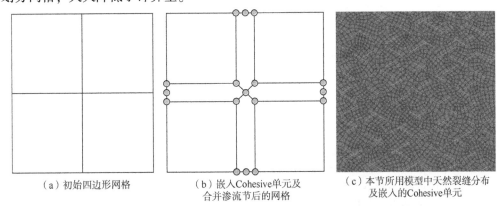

(a)初始四边形网格　　　(b)嵌入Cohesive单元及　　　(c)本节所用模型中天然裂缝分布
　　　　　　　　　　　　合并渗流节后的网格　　　　　　　及嵌入的Cohesive单元

图 5.3.1 嵌入 Cohesive 单元前后网格示意图

### 5.3.2　全局嵌入 Cohesive 单元的算法思路

本部分的程序解决的问题主要有三个，一是实现在模型中所有实体边界上嵌入零厚度的 Cohesive 单元；二是合并交叉点位置的渗流节点，图 5.3.2 为二维 Cohesive 单元示意图，它是一个具有 6 个节点的四边形，1~4 号节点具有位移和孔隙压力两个函数，而中间层的 5 号和 6 号节点仅为流体压力的函数。在交叉水力裂缝模拟时，由于在交点处只存在一个流体压力值，交叉点位置的 Cohesive 单元必须共享中间层渗流节点；三是需要建立不同的集合，由于模型中存在天然裂缝，作为弱面，表征它的参数显然不同于岩石本体，为此需要建立不同的集合来具体区分天然裂缝及岩石本体。

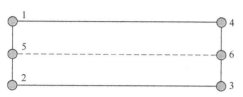

图 5.3.2　二维黏聚力单元示意图

由于 ABAQUS 建模方法的局限性，将零厚度的 Cohesive 单元嵌入到各个实体边界上，目前只能通过自编程序实现。实现二维零厚度黏聚力单元嵌入程序的关键在于，对初始网格节点进行分裂，再令新生成节点的坐标等于原节点的坐标，这样就可以保证嵌入二维黏聚力单元的厚度为零。另一个较为关键的问题是，在生成新的单元时，需要注意单元内部节点编号的顺序，否则，很可能会在 ABAQUS 软件运行时出错。嵌入二维零厚度 Cohesive 单元的算法流程图如图 5.3.3 所示。

### 5.3.3　算例分析

（1）天然裂缝分布。

页岩气储层天然裂缝发育，水力裂缝的扩展受到天然裂缝的显著影响，在研究页岩气压裂问题时天然裂缝是必须考虑的因素之一。本部分利用 Python 开发的子程序实现了在模型中生成按一定倾角、间距分布的长度不同的天然裂缝。程序的流程图如图 5.3.4 所示，表 5.3.1 为模型基础参数，图 5.3.5 是三种不同参数下的天然裂缝分布。

图 5.3.3　嵌入二维零厚度
Cohesive 单元的算法流程图

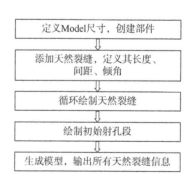

图 5.3.4　生成天然裂缝算法流程图

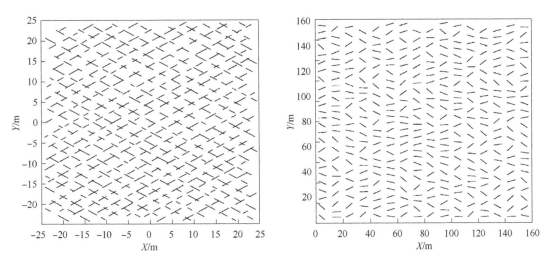

图 5.3.5　天然裂缝模型

**表 5.3.1　模型基础参数**

| 参数名称 | 数值 | 参数名称 | 数值 |
|---|---|---|---|
| 弹性模量 | 25GPa | 泊松比 | 0.25 |
| 岩石抗拉强度 | 6MPa | 岩石断裂能 | 120N/m |
| 天然裂缝抗拉强度 | 2MPa | 天然裂缝断裂能 | 40N/m |
| 渗透率 | 0.1mD | 孔隙度 | 0.05 |
| 压裂液黏度 | 0.005Pa·s | 压裂液密度 | 1000kg/m$^3$ |
| 最大水平主应力 | 15MPa | 最小水平主应力 | 10MPa |
| 滤失系数 | $1×10^{-14}$m/(Pa·s) | | |

（2）影响因素分析。

地质因素（弹性模量、地应力、地应力差等）和工程因素（施工排量、压裂液黏度、簇间距等）都对压裂缝网形态有影响，下面基于 5.3.1 节和 5.3.2 节建立的模型，重点研究弹性模量、水平应力差、施工排量和簇间距对缝网形态的影响。

① 弹性模量的影响。

页岩储层具有较强的脆性，是研究页岩气储层压裂设计中必须考虑的因素之一。储层岩石的弹性模量是影响岩石脆性的重要因素之一，为此，设计储层岩石杨氏模量取值分别为 20GPa、25GPa、30GPa、35GPa 四种方案来研究弹性模量对压裂裂缝网络延伸的影响规律。其他主要参数为：水平应力差 5MPa，施工排量 0.02m$^3$/s，压裂时间 20s，模拟得到不同弹性模量下的裂缝网络扩展形态（图 5.3.6）和不同弹性模量下的裂缝总长度（图 5.3.7）、平均裂缝宽度对比曲线（图 5.3.8）。

页岩储层岩石的脆性较强时，更容易在外力作用下激活天然裂缝，容易形成复杂的裂缝网络，表现为裂缝总长度增加，平均裂缝宽度降低。

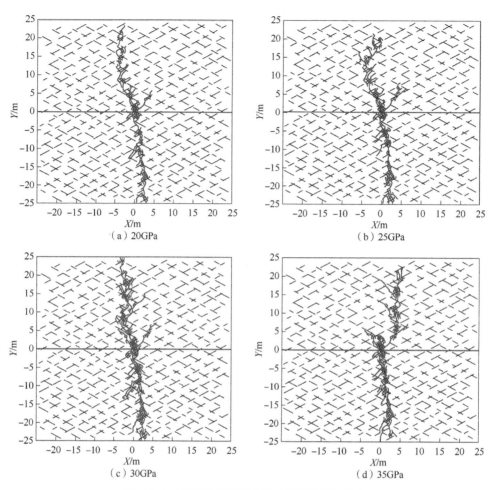

图 5.3.6　不同弹性模量取值时的裂缝网络形态

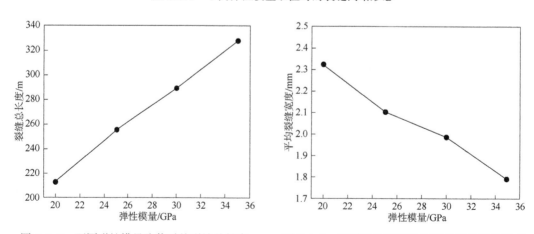

图 5.3.7　不同弹性模量取值时的裂缝总长度　　图 5.3.8　不同弹性模量取值时的平均裂缝宽度

② 水平地应力差的影响。

页岩气储层水平地应力差的大小对压裂改造时能否形成复杂裂缝网络有重要影响，为了研究储层水平地应力差对裂缝网络延伸形态的影响，设计水平地应力差分别为0MPa、5MPa、10MPa、15MPa。其他主要参数为：施工排量$0.02m^3/s$，压裂时间20s，模拟得到不同水平地应力差下的裂缝网络延伸形态(图5.3.9)和不同水平地应力差下的裂缝总长度(图5.3.10)、平均裂缝宽度对比曲线(图5.3.11)。

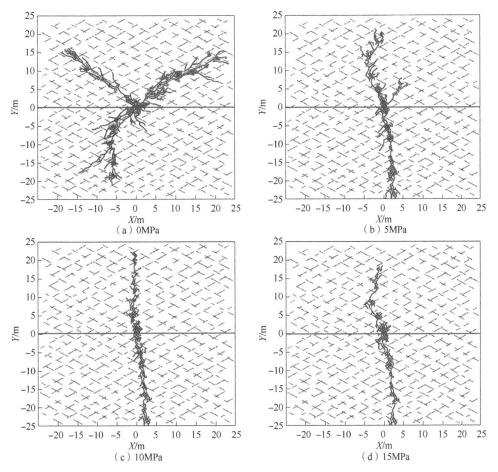

图5.3.9　不同水平地应力差值时的裂缝网络形态

从不同水平地应力差下的裂缝网络延伸形态可以发现页岩气储层水平地应力差控制着裂缝网络延伸形态，当水平地应力差越小时，最终形成的裂缝网络越复杂；从裂缝总长度、平均裂缝宽度曲线可以发现，随着应力差的增大，裂缝总长度降低，平均裂缝宽度增加。

（a）当应力差为0时，水力裂缝没有优势扩展方向，天然裂缝被激活后延伸过程中不容易发生转向，有利于沟通更多的天然裂缝，水力裂缝更多地沿着强度较弱的天然裂缝面延伸，使得裂缝网络形态趋于复杂，最终的裂缝总长度也最大；

（b）当存在应力差时，应力差越大，水力裂缝趋向于直接穿过天然裂缝，导致激活的天然裂缝数量越少，当应力差足够大时主要形成近似单一水力压裂裂缝，仅有少量分支，虽然应力差较大时由主裂缝贡献的平均裂缝宽度较大，但其形成的裂缝网络形态简单，裂缝网络改造区面积变小。

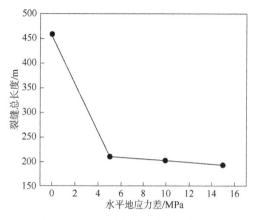

图 5.3.10　不同水平地应力差值时的
裂缝总长度

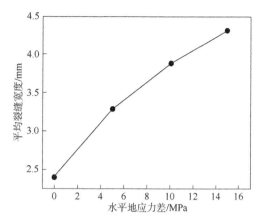

图 5.3.11　不同水平地应力差值时的
平均裂缝宽度

③ 施工排量的影响。

考虑施工排量分别为 $0.02\text{m}^3/\text{s}$、$0.01\text{m}^3/\text{s}$、$0.005\text{m}^3/\text{s}$ 和 $0.0025\text{m}^3/\text{s}$ 的情况，水平地应力差 4MPa。当注入的压裂液总量相同的情况下，讨论最终的裂缝网络形态才有意义，为此，调整了不同施工排量情况下的注入时间，分别为 10s、20s、40s、80s。图 5.3.12 给出了不同施工排量情况下最终时刻裂缝网络的形态，可以看出随着施工排量的降低，裂缝网络形态趋于简单。

图 5.3.13 和图 5.3.14 分别是不同施工排量取值时的裂缝总长度和平均宽度的变化。由图可以发现当注入速率增加，裂缝总长度增加，平均裂缝宽度降低，因为当施工排量较大时，水力裂缝沟通了更多的天然裂缝，主裂缝也扩展得更加充分，裂缝总长度增加，在施工排量较小时，形成的裂缝网络单一，以主裂缝为主，在压裂液注入总量一定的条件下，缝宽会增加。

④ 簇间距的影响。

在页岩气水平井多段分簇压裂过程中，裂缝之间的应力干扰作用严重地影响着裂缝周围的应力转向，当簇间距较小时相应的施工成本会增加，簇间距太大又会导致改造不充分，形成死油区。因此，簇间距作为压裂设计施工中可以合理控制的关键因素，确定合理的簇间距是一个急需解决的关键问题。为了研究簇间距对压裂缝网延伸的影响规律，分别设计四种不同的簇间距（18m、20m、25m、30m），模拟计算压裂裂缝网络的形成过程及裂缝网络形态。其他主要参数为：弹性模量 20GPa，水平地应力差为 5MPa，在一个压裂段内设置三簇射孔簇，三个射孔点的初始施工排量均为 $0.02\text{m}^3/\text{s}$，压裂方式为同步压裂。

如图 5.3.15 所示，因为裂缝之间的应力干扰随着簇间距的增加而减弱，中间裂缝受到的抑制作用减弱，扩展更加充分，沟通的天然裂缝数量也相应增加，形成的裂缝网络形态复杂。图 5.3.16 和图 5.3.17 分别给出了不同裂缝间距下裂缝总长度和平均宽度的变化。随着簇间距的增加，裂缝总长度和平均裂缝宽度都增加。由图 5.3.18 也可以得出随着簇间距的增大，中间裂缝缝长占总裂缝长度的比例也增加，但当簇间距大于 25m 后，该比例不再增加，表明在当前模型中 25m 是合理的簇间距取值。

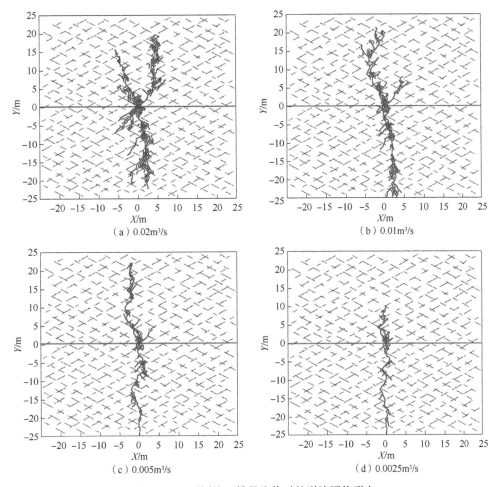

（a）0.02m³/s  （b）0.01m³/s

（c）0.005m³/s  （d）0.0025m³/s

图 5.3.12 不同施工排量取值时的裂缝网络形态

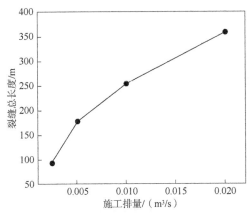

图 5.3.13 不同施工排量取值时的
裂缝总长度

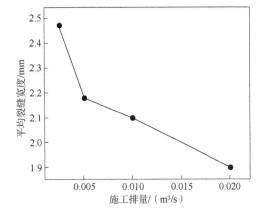

图 5.3.14 不同施工排量取值时的
平均裂缝宽度

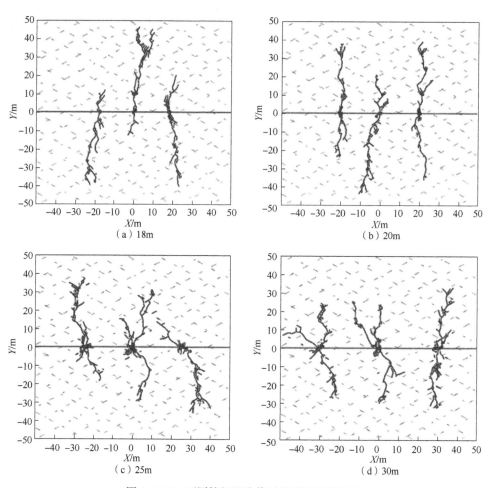

图 5.3.15 不同簇间距取值时的裂缝网络形态

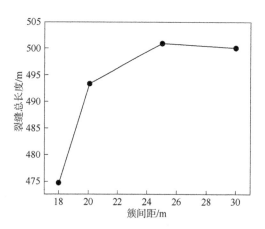

图 5.3.16 不同簇间距取值时的
裂缝总长度

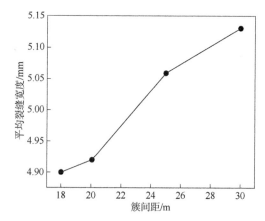

图 5.3.17 不同簇间距取值时的
平均裂缝宽度

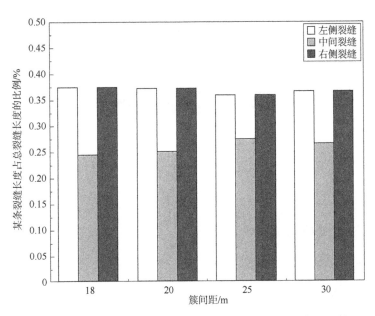

图 5.3.18　不同簇间距下的某簇裂缝长度占总裂缝长度的比例

# 5.4　能量方法及其在体积压裂模拟中的应用

体积压裂一般会形成复杂缝网。对大规模缝网来说,缝网具有多个扩展前缘且缝网几何结构本身很复杂,导致在实践中缝网附近的应力分布难以准确计算,难以建立计算应力强度因子的积分路径,且基于应力强度因子准则的缝网模拟计算量非常大,导致其推广应用受到限制。针对以上问题,从能量角度入手,避免缝网扩展前缘应力强度因子的计算,并结合提出的能量判据和裂缝交互准则,建立一种体积压裂复杂缝网模拟的能量方法。相比于常规有限元计算,该方法的计算速度提升了四个数量级。

## 5.4.1　缝网扩展的能量判据

在水力压裂过程中,系统整体能量的构成为:压裂液输入能量 $E_k$,形成新裂缝释放的能量即表面能 $U$,克服地应力做功的岩石应变能 $E_s$,压裂液摩阻损耗能 $E_f$ 以及岩石波动能 $E_w$。在不考虑裂缝本身分叉的情况下,给出裂缝分级下整体缝网扩展的能量判据,即为:

当 $\sum E_k > \sum (U + E_s + E_f)$ 时,水力裂缝继续扩展;当 $\sum E_k < \sum (U + E_s + E_f)$ 时,水力裂缝停止扩展。

其中,总输入能量:

$$\sum E_k = (q - q_1^{t_i}) \left( \sigma_{\min} + S_t + \sum_{i=1}^{n} \sum_{j=0}^{N} \Delta p_{ij} \right) \sum_{i=1}^{n} t_i \qquad (5.4.1)$$

缝网整体表面能:

$$U = \sum_{i=1}^{n} \sum_{j=0}^{N} \gamma_s h_{ij} l_{ij} \tag{5.4.2}$$

岩石应变能：

$$\sum E_s = \sum_{i=1}^{n} \sum_{j=0}^{N} \sigma_{\min} h_{ij} l_{ij} \overline{w}_{ij} \tag{5.4.3}$$

摩阻耗散能：

$$\sum E_f = (q - q_1^{t_i}) \sum_{i=1}^{n} t_i \sum_{i=1}^{n} \sum_{j=0}^{N} \Delta p_{ij} \tag{5.4.4}$$

式中　$q$——施工排量，$m^3/s$；

　　　$q_1^{t_i}$——$t_i$ 时刻压裂液的滤失量，$m^3/s$；

　　　$\sum\limits_{i=1}^{n} t_i$——前置液注入总时间，s；

　　　$\sigma_{\min}$——地层最小主应力，MPa；

　　　$S_t$——岩石抗拉强度，MPa；

　　　$\Delta p_{ij}$——第 $j$ 级第 $i$ 段裂缝缝内压降，MPa；

　　　$\gamma_s$——岩石表面能密度，$J/m^2$；

　　　$h_{ij}$——第 $j$ 级第 $i$ 段裂缝高度，m；

　　　$l_{ij}$——第 $j$ 级第 $i$ 段裂缝扩展长度，m；

　　　$\overline{w}_{ij}$——第 $j$ 级第 $i$ 段裂缝平均宽度，$\overline{w}_{ij} = \dfrac{w_{i-1,j} + w_{i,j}}{2}$，m。

对于二维平面问题，Ⅰ-Ⅱ型混合裂缝的岩石表面能密度为：

$$\gamma_s = \frac{K_{\mathrm{I}C}^2 + K_{\mathrm{II}C}^2}{2E'} \tag{5.4.5}$$

式中　$K_{\mathrm{I}C}$——Ⅰ型岩石断裂韧性，由实验测得，$MPa \cdot m^{\frac{1}{2}}$；

　　　$K_{\mathrm{II}C}$——Ⅱ型岩石断裂韧性，由实验测得，$MPa \cdot m^{\frac{1}{2}}$。

对于平面应力，$E' = E$；对于平面应变，$E' = \dfrac{E}{1-\nu^2}$。

## 5.4.2　缝网延伸几何模型

水力压裂过程是裂缝内流体流动与岩体变形的动态耦合过程，一方面体现在储层岩石在压裂液压力作用下产生裂纹并逐渐扩展贯通，最终形成宏观裂缝；另一方面体现在压裂液在裂缝内流动时会遇到扩展阻力形成瞬时憋压，又促使裂缝继续扩展，两者相互作用、相互影响。因此，在建立缝网扩展模型时，数学模型包括裂缝内流体的运动方程、储层岩体的应力—位移关系方程、裂缝扩展的判据、裂缝交互关系及分级后流量的分配等。目前，典型的复杂缝网模型有为数值模型的离散缝网模型（DFN）和非常规裂缝扩展模型

（UFM），以及为半解析模型的线网模型，这三种模型各有优缺点，使用时应注意适用性。

实际上，在水力压裂过程中缝网的延伸是一个十分复杂的过程。为了简化模型，在建立缝网延伸模型前做出以下假设：

（1）储层厚度足够大，当人造裂缝与天然裂缝交互后，在压裂液能量充足的情况下，人造裂缝沿着天然裂缝两端延伸；

（2）模拟计算时只考虑前置液注入阶段，忽略压裂液的可压性及裂缝间的干扰；

（3）压裂形成的裂缝截面为椭圆形，$x$ 为缝长方向，$y$ 为缝宽方向，$z$ 为缝高方向；

（4）依据线弹性力学理论分析裂缝扩展问题，裂缝是由于岩石张性破裂形成的，不考虑在裂缝端部压裂液滞后的现象。

由以上假设，可以建立二维平面的缝网延伸几何模型示意图（图 5.4.1），该模型示意图中井筒沿着最小水平主应力方向，人造裂缝扩展沿着最大水平主应力方向。

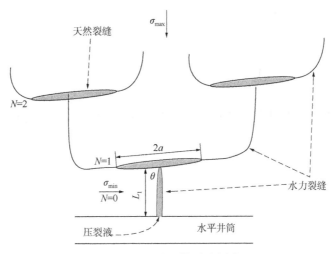

图 5.4.1　缝网扩展示意图

## 5.4.3　缝网延伸数学模型

### 5.4.3.1　基本控制方程

（1）缝内流体运动方程。

假设把压裂液在裂缝内的流动视为在两个光滑平行板之间的流动，则其流动满足 Navier-Stokes 方程，压裂液为不可压缩流体，忽略质量力对流场的影响，对整个缝网系统则有一般性方程：

$$\rho \frac{\mathrm{d}\boldsymbol{v}_{ij}}{\mathrm{d}t} = -\nabla p_{ij} + \eta(S)\nabla^2 \boldsymbol{v}_{ij} + 2\boldsymbol{D} \cdot \nabla \eta \tag{5.4.6}$$

式中　$\eta$——流体黏度，Pa·s；

$\rho$——流体密度，kg/m³；

$\boldsymbol{D}$——应变速率张量，$\boldsymbol{D} = \dfrac{1}{2}(\nabla \boldsymbol{v} + \nabla \boldsymbol{v}^{\mathrm{T}})$；

$S$——$S = 2\mathrm{tr}(\boldsymbol{D}^2)$；

$\boldsymbol{v}_{ij}$——流体在第 $j$ 级第 $i$ 段裂缝中流动速度矢量，m/s；

$p_{ij}$——第 $j$ 级第 $i$ 段裂缝中的流体压力，MPa；

$i$，$j$——下标 $i$ 表示第 $i$ 段裂缝，下标 $j$ 表示第 $j$ 级裂缝。

依据裂缝扩展实际，对式(5.4.6)进行简化，则裂缝长度和高度方向上的压降可以写为：

$$\frac{\partial p_{ij}}{\partial x} = \frac{\partial}{\partial y}\left[\eta(S)\frac{\partial(v_x)_{ij}}{\partial y}\right], \quad \frac{\partial p_{ij}}{\partial z} = \frac{\partial}{\partial y}\left[\eta(S)\frac{\partial(v_z)_{ij}}{\partial y}\right] \tag{5.4.7}$$

对于幂律流体，黏度可表示为：

$$\eta = K' \cdot S^{\frac{n'-1}{2}} \tag{5.4.8}$$

式中 $n'$——流性指数；

$K'$——稠度系数，$\mathrm{mPa \cdot s^n}$。

对于平面二维流动，黏度函数 $\eta(S)$ 可简化写成：

$$\eta = K'\left[\left(\frac{\partial(v_x)_{ij}}{\partial y}\right)^2 + \left(\frac{\partial(v_z)_{ij}}{\partial y}\right)^2\right]^{\frac{n'-1}{2}} \tag{5.4.9}$$

由式(5.4.6)推导计算求解，用压力 $p_{ij}$ 和缝宽 $w_{ij}$ 分别表示压裂液沿 $x$、$z$ 方向的体积流量 $q_x$、$q_z$ 为：

$$\begin{cases} q_x = -S\dfrac{\partial p_{ij}}{\partial x} \\[3mm] q_z = -S\dfrac{\partial p_{ij}}{\partial z} \end{cases} \tag{5.4.10}$$

其中

$$S = \frac{2n'}{2n'+1}K'^{-\frac{1}{n'}}\left(\frac{w_{ij}}{2}\right)^{\frac{2n'+1}{n'}}\left[\left(\frac{\partial p_{ij}}{\partial x}\right)^2 + \left(\frac{\partial p_{ij}}{\partial z}\right)^2\right]^{-\frac{n'-1}{2n'}}$$

（2）连续性方程。

裂缝内压裂液的连续性方程为：

$$\nabla \cdot q_{ij} + (q_1)_{ij} + \frac{\partial A_{ij}(x, t)}{\partial t} = 0 \tag{5.4.11}$$

其中

$$\nabla \cdot q_{ij} = \frac{\partial(q_x)_{ij}}{\partial x} + \frac{\partial(q_z)_{ij}}{\partial z}, \quad (q_1)_{ij} = \frac{2c_1 h_{ij}}{\sqrt{t-\tau(x, z)}}, \quad A_{ij}(x, t) = \int_{-\frac{h_{ij}}{2}}^{\frac{h_{ij}}{2}} w_{ij}(x, t)\mathrm{d}z$$

式中 $q$——注入流体体积流量，$\mathrm{m^3/s}$；

$q_1$——压裂液滤失量，$\mathrm{m^3/s}$；

$c_1$——滤失系数，$\mathrm{m/min}^{\frac{1}{2}}$；

$\tau(x, z)$——在裂缝$(x, z)$处开始漏失时刻；

$A_{ij}(x, t)$——$t$时刻缝网内$(x, z)$处裂缝横截面积，$\mathrm{m}^2$。

把式(5.4.10)代入式(5.4.11)即可得到裂缝内压裂液流动的二维方程：

$$\frac{\partial}{\partial x}\left(S\frac{\partial p_{ij}}{\partial x}\right)+\frac{\partial}{\partial z}\left(S\frac{\partial p_{ij}}{\partial z}\right)=\frac{\partial A_{ij}(x, t)}{\partial t}+\frac{2c_1 h_{ij}}{\sqrt{t-\tau(x, z)}} \tag{5.4.12}$$

进一步可写成：

$$\frac{\partial}{\partial x}\left(\frac{2n'}{2n'+1}K'^{-\frac{1}{n'}}\frac{w^{(2n'+1)/n'}}{2^{(n'+1)/n'}}\left[\left(\frac{\partial p_{ij}}{\partial x}\right)^2+\left(\frac{\partial p_{ij}}{\partial z}\right)^2\right]^{-\frac{n'-1}{2n'}}\frac{\partial p_{ij}}{\partial x}\right)+$$

$$\frac{\partial}{\partial z}\left\{\frac{2n'}{2n'+1}K'^{-\frac{1}{n'}}\frac{w^{(2n'+1)/n'}}{2^{(n'+1)/n'}}\left[\left(\frac{\partial p_{ij}}{\partial x}\right)^2+\left(\frac{\partial p_{ij}}{\partial z}\right)^2\right]^{-\frac{n'-1}{2n'}}\frac{\partial p_{ij}}{\partial z}\right\}=\frac{\partial A_{ij}(x, t)}{\partial t}+\frac{2c_1 h_{ij}}{\sqrt{t-\tau(x, z)}}$$

$$\tag{5.4.13}$$

（3）岩石变形控制方程。

假设岩石是弹性变形，则由位移$u'_i$表示的岩石变形控制方程为：

$$G'\nabla^2 u_{i'}+\frac{G'}{1-2v}u_{k',k'i'}+F_{i'}=0, \quad i'、k'=1, 2 \tag{5.4.14}$$

将式(5.4.14)在$y$方向上展开即可得到裂缝面上的宽度方程为：

$$(\sigma_n)_{ij}-p_{ij}=\frac{G'}{4\pi(1-v)}\int_{\Omega_{ij}}\left[\frac{\partial}{\partial x}\left(\frac{1}{l_{ij}}\right)\frac{\partial w_{ij}}{\partial x'}+\frac{\partial}{\partial z}\left(\frac{1}{l_{ij}}\right)\frac{\partial w_{ij}}{\partial z'}\right]\mathrm{d}x'\mathrm{d}z' \tag{5.4.15}$$

对于任意一级的分支裂缝，其裂缝面上的单位法向量为：

$$\boldsymbol{n}=[\cos\beta_j\sin\theta_j, \cos\beta_j\cos\theta_j, \sin\beta_j] \tag{5.4.16}$$

则作用在裂缝面上的正应力表示为：

$$\sigma_n=\boldsymbol{n}\begin{bmatrix}\sigma_h & & \\ & \sigma_H & \\ & & \sigma_v\end{bmatrix}\boldsymbol{n}^{\mathrm{T}}=\cos^2\beta_j\cos^2\theta_j\sigma_h+\cos^2\beta_j\sin^2\theta_j\sigma_H+\sin^2\beta_j\sigma_v \tag{5.4.17}$$

式中 $F_{i'}$——表示流体压力和地应力的合力，N；

$u_{i'}$——岩石节点在$i'$方向上的位移，在$y$方向上为缝宽$w_{ij}$，m；

$\theta_j$——人造裂缝与天然裂缝的夹角，(°)；

$\beta_j$——天然裂缝倾角，(°)。

### 5.4.3.2 边界条件和初始条件

（1）裂缝入口处压裂液流量等于压裂施工排量，即在$\partial(\Omega_{ij})_p$上$-S\frac{\partial p}{\partial n}=-q_0$；

（2）缝网内每条裂缝前缘的宽度为零，即在 $\Omega_{ij}$ 上 $w=0$；

（3）缝网内每条裂缝前缘处的压裂液流量为零，即在 $\Omega_{ij}$ 上 $-S\dfrac{\partial p}{\partial n}=0$；

（4）缝网内每条裂缝缝口初始宽度为零，即 $w_j(x,\ 0,\ t)=0$。

### 5.4.4 水力裂缝与天然裂缝的交互

在只考虑水力裂缝沿天然裂缝两端同时扩展的情况下，两者交点处的流体压力需要克服压裂液从交点处到天然裂缝端部的摩阻和满足天然裂缝端部破裂的条件。

（1）交互后力学关系。

水力裂缝沿天然裂缝延伸并在端部起裂转向时需满足以下条件：

$$p_j-\Delta p_{\mathrm{nf},j}>\sigma_n+S_\mathrm{t} \tag{5.4.18}$$

由于水力裂缝在交互处被天然裂缝钝化，则交互处的流体压力为：

$$p_j=\sigma_{\min}+p_{\mathrm{net},j} \tag{5.4.19}$$

将式（5.4.18）和式（5.4.19）联立即可得到天然裂缝张开条件：

$$p_{\mathrm{net},j}>\frac{\sigma_{\max}-\sigma_{\min}}{2}(1-\cos2\theta)+S_\mathrm{t}+\Delta p_{\mathrm{nf},j} \tag{5.4.20}$$

式中　$p_j$——第 $j$ 级水力裂缝与天然裂缝交互处压裂液压力，MPa；

　　　$p_{\mathrm{net},j}$——第 $j$ 级水力裂缝与天然裂缝交互处的施工净压力，MPa；

　　　$\Delta p_{\mathrm{nf},j}$——第 $j$ 级水力裂缝与天然裂缝交点到天然裂缝端部的压降，MPa。

（2）交互后流量分配。

当水力裂缝与天然裂缝交互时，水力裂缝直接沿着天然裂缝延伸，到达天然裂缝端部后转向，忽略裂缝转向半径和地层漏失，则第 $N$ 级分支裂缝排量 $q_N$ 与泵排量 $Q$ 的关系为：

$$q_N=\frac{Q}{2^{N+1}} \tag{5.4.21}$$

### 5.4.5 缝网扩展模型的数值求解

在现场施工过程中，注入排量基本保持不变，流固耦合是通过缝内压力、宽度迭代实现。具体方法为：先计算每个时间步内的缝内压力分布；再计算缝网宽度分布和流量、能量分布；最后用能量判据判断裂缝扩展，计算结束时重新计算缝网宽度分布。每计算一时间步长，需判断水力裂缝是否与天然裂缝交互，在计算过程中，实时存储缝宽分布、流量分布、压力分布、裂缝形态等物理量。

#### 5.4.5.1 数值求解思路

（1）引入中间变量时间间隔 $\Delta t$。

假设 $t$ 时刻裂缝面 $\Omega_{ij}$ 已知，则 $\dfrac{\partial w_{ij}}{\partial t}$ 可写为：

$$\frac{\partial w_{ij}}{\partial t} = \frac{w_{ij}(t+\Delta t) - w_{ij}(t)}{\Delta t} \tag{5.4.22}$$

式中  $w_{ij}(t+\Delta t)$ ——第 $j$ 级第 $i$ 段裂缝上 $t+\Delta t$ 时刻的裂缝宽度，m；

   $w_{ij}(t)$ ——第 $j$ 级第 $i$ 段裂缝上 $\Delta t$ 时刻的裂缝宽度，m。

将式(5.4.22)代入式(5.4.11)、式(5.4.12)、式(5.4.15)，则得到含有 3 个未知函数 $p_{ij}(t)$、$w_{ij}(t)$ 和 $\Delta t$ 的 3 个基本方程：

$$\int_{\Omega_p} q_{ij}\mathrm{d}s - \int_{\Omega}(q_1)_{ij}\mathrm{d}x\mathrm{d}z - \frac{h_{ij}}{\Delta t}\int_{\Omega}[w_{ij}(t+\Delta t) - w_{ij}(t)]\mathrm{d}x\mathrm{d}z = 0 \tag{5.4.23}$$

$$(\sigma_n)_{ij} - p_{ij} = \frac{G}{4\pi(1-\nu)}\int_{\Omega}\left[\frac{\partial}{\partial x}\left(\frac{1}{r}\right)\frac{w_{ij}(t+\Delta t) - w_{ij}(t)}{x(t+\Delta t) - x(t)} + \frac{\partial}{\partial z}\left(\frac{1}{r}\right)\frac{w_{ij}(t+\Delta t) - w_{ij}(t)}{z(t+\Delta t) - z(t)}\right]\mathrm{d}x\mathrm{d}z \tag{5.4.24}$$

$$\frac{\partial}{\partial x}\left(S\frac{\partial p_{ij}}{\partial x}\right) + \frac{\partial}{\partial z}\left(S\frac{\partial p_{ij}}{\partial z}\right) = \frac{h_{ij}[w_{ij}(t+\Delta t) - w_{ij}(t)]}{\Delta t} + \frac{4c_1 h_{ij}[(t+\Delta t-\tau)^{\frac{1}{2}} - (t-\tau)^{\frac{1}{2}}]}{\Delta t} \tag{5.4.25}$$

（2）迭代求解。

以上 3 个基本方程是非常复杂的偏微分方程，求其解析解难度较大，采用数值法求解。已知 $t$ 时刻裂缝面 $(\Omega_{ij})_t$，裂缝宽度 $w_{ij}(t)$ 和压裂液压力 $p_{ij}(t)$，代替求解 $t+\Delta t$ 时刻的 $w_{ij}(t+\Delta t)$、$p_{ij}(t+\Delta t)$ 和 $\Delta t$。然后依据能量判据判断裂缝是否发生延伸。如果裂缝不延伸，则以 $t+\Delta t$ 为初始时刻，迭代求解 $t+\Delta t_1$ 时刻的 $w_{ij}(t+\Delta t_1)$、$p_{ij}(t+\Delta t_1)$ 和 $\Delta t_1$，再进行判断裂缝是否延伸。假设在 $t+\Delta t_k$ 时刻裂缝开始延伸，将得到新的裂缝面 $(\Omega_{ij})_{t+\Delta t_k}$ 以及 $t+\Delta t_k$ 时刻的裂缝宽度和此处压裂液的压力，此时需判断水力裂缝与天然裂缝是否交互；如果交互需计算压裂液在天然裂缝内的流动及在缝端的转向扩展；如果不交互，则继续按照上步骤计算水力裂缝的扩展，重复此迭代步骤就可得到整个缝网的形成过程。

（3）收敛因子。

引入收敛因子，从第二步起，用以下方法引入下一次的迭代初值，即第 $m'+1$ 次迭代初值 $w_{ij}^{m'+1}(t)$、$p_{ij}^{m'+1}(t)$ 为：

$$w_{ij}^{m'+1}(t) = \alpha w_{ij}^{m'+1}(t) + (1-\alpha)w_{ij}^{m'}(t) \tag{5.4.26}$$

$$p_{ij}^{m'+1}(t) = \alpha p_{ij}^{m'+1}(t) + (1-\alpha)p_{ij}^{m'}(t) \tag{5.4.27}$$

其中：$0.1 \leqslant \alpha \leqslant 0.3$，$m' = 0,1,2,3\cdots$

### 5.4.5.2　求解过程

（1）基本控制方程的求解。

假设压裂液为牛顿流体，将压裂液在裂缝内流动时的矢量方程，即式(5.4.6)展开得到如下方程：

$$\begin{cases} \dfrac{\partial (v_x)_{ij}}{\partial t}+(v_x)_{ij}\dfrac{\partial (v_x)_{ij}}{\partial x}+(v_y)_{ij}\dfrac{\partial (v_x)_{ij}}{\partial y}+(v_z)_{ij}\dfrac{\partial (v_x)_{ij}}{\partial z} \\[3mm] =-\dfrac{1}{\rho}\dfrac{\partial p_{ij}}{\partial x}+\dfrac{\mu}{\rho}\left[\dfrac{\partial^2 (v_x)_{ij}}{\partial x^2}+\dfrac{\partial^2 (v_x)_{ij}}{\partial y^2}+\dfrac{\partial^2 (v_x)_{ij}}{\partial z^2}\right] \\[3mm] \dfrac{\partial (v_y)_{ij}}{\partial t}+(v_x)_{ij}\dfrac{\partial (v_y)_{ij}}{\partial x}+(v_y)_{ij}\dfrac{\partial (v_y)_{ij}}{\partial y}+(v_z)_{ij}\dfrac{\partial (v_y)_{ij}}{\partial z} \\[3mm] =-\dfrac{1}{\rho}\dfrac{\partial p_{ij}}{\partial y}+\dfrac{\mu}{\rho}\left[\dfrac{\partial^2 (v_y)_{ij}}{\partial x^2}+\dfrac{\partial^2 (v_y)_{ij}}{\partial y^2}+\dfrac{\partial^2 (v_y)_{ij}}{\partial z^2}\right] \\[3mm] \dfrac{\partial (v_z)_{ij}}{\partial t}+(v_x)_{ij}\dfrac{\partial (v_z)_{ij}}{\partial x}+(v_y)_{ij}\dfrac{\partial (v_z)_{ij}}{\partial y}+(v_z)_{ij}\dfrac{\partial (v_z)_{ij}}{\partial z} \\[3mm] =-\dfrac{1}{\rho}\dfrac{\partial p_{ij}}{\partial z}+\dfrac{\mu}{\rho}\left[\dfrac{\partial^2 (v_z)_{ij}}{\partial x^2}+\dfrac{\partial^2 (v_z)_{ij}}{\partial y^2}+\dfrac{\partial^2 (v_z)_{ij}}{\partial z^2}\right] \end{cases} \tag{5.4.28}$$

假设缝高恒定，忽略压裂液在裂缝内沿宽度、高度方向上的流动以及水力裂缝与天然裂缝连接点、端部的复杂流动，将缝内压裂液的流动视为沿裂缝长度方向上的一维层流，则式(5.4.28)可简化为：

$$\frac{\partial p_{ij}}{\partial x}=\mu\frac{\partial^2 (v_x)_{ij}}{\partial y^2} \tag{5.4.29}$$

对式(5.4.29)积分求解得：

$$(v_x)_{ij}=\frac{y^2}{2\mu}\frac{\partial p_{ij}}{\partial x}+C_1 y+C_2 \tag{5.4.30}$$

把边界条件：当 $y=\pm\dfrac{w}{2}$ 时，$(v_x)_{ij}=0$，代入式(5.4.30)可得：

$$(v_x)_{ij}=\frac{4y^2-w^2}{8\mu}\frac{\partial p_{ij}}{\partial x} \tag{5.4.31}$$

再把式(5.4.31)在 $x$ 方向单位长度上沿 $z$ 方向积分得到：

$$(q_x)_{ij}=\int_{-\frac{w}{2}}^{\frac{w}{2}} v_x h_{ij}\mathrm{d}y=-\frac{h_{ij}w_{ij}^3}{12\mu}\frac{\partial p_{ij}}{\partial x} \tag{5.4.32}$$

从而得到压裂液在 $x$ 方向上的压降方程为：

$$\frac{\partial p_{ij}}{\partial x}+\frac{12\mu (q_x)_{ij}}{h_{ij}w_{ij}^3}=0 \tag{5.4.33}$$

将式(5.4.33)中牛顿流体的黏度系数 $12\mu$ 转化为非牛顿流体中幂律流体的黏度系数

$2^{(n'+1)}K'\left(\dfrac{2n'+1}{n'}\right)^{n'}\left(\dfrac{q_{ij}}{w_{ij}^2}\right)^{n'-1}$ 并引入裂缝形状因子 $\Phi(n')$ 得到压降方程：

$$\frac{\partial p_{i,j}(x,\ t)}{\partial x} = -2^{n'+1}\left[\frac{(2n'+1)q_j(x,\ t)}{n'\Phi_{i,j}(n')h_{i,j}(x,\ t)}\right]^{n'}\frac{10^{-6}K'}{w_{i,j}(x,\ 0,\ t)^{2n'+1}} \tag{5.4.34}$$

其中 $\Phi_{i,j}(n')$ 为裂缝形状因子，表达式为：

$$\Phi_{i,j}(n') = \int_{-0.5}^{0.5}\left[\frac{w_{i,j}(x,\ z,\ t)}{w_{i,j}(x,\ 0,\ t)}\right]^m \mathrm{d}\left(\frac{z_{ij}}{h_{i,j}(x,\ t)}\right),\quad m = \frac{2n'+1}{n'} \tag{5.4.35}$$

对于牛顿型压裂液，$n'=1$，$K'=\mu$，裂缝内压降公式为：

$$\frac{\Delta p_{i,j}(x,\ t)}{\Delta x} = -\frac{12\times10^{-6}\mu q_{i,j}(x,\ t)}{\Phi_{i,j}(1)h_{i,j}(x,\ t)w_{i,j}(x,\ 0,\ t)^3} \tag{5.4.36}$$

Lamb 指出流体在椭圆形裂缝内的流动压降是平行板内的 $\dfrac{16}{3\pi}$ 倍，则在椭圆形裂缝情况下 $\Phi(1)=\dfrac{16}{3\pi}$，对牛顿流体而言，缝内压降进一步写为：

$$\frac{\Delta p_{i,j}(x,\ t)}{\Delta x} = -\frac{64\times10^{-6}\mu q_{i,j}(x,\ t)}{\pi h_{i,j}(x,\ t)w_{i,j}(x,\ 0,\ t)^3} \tag{5.4.37}$$

而对非牛顿流体，在层流条件下缝内流体压降为：

$$\frac{\Delta p_{i,j}(x,\ t)}{\Delta x} = -\frac{16\times10^{-6}}{3\pi}2^{n'+1}K'\left(\frac{2n'+1}{n'}\right)^{n'}\frac{u_{sij}^{n'}}{w_{sij}^{2n'+1}} \tag{5.4.38}$$

其中

$$u_{sij} = \frac{u_{i-1,j}+u_{i,j}}{2},\quad w_{sij} = \frac{w_{i-1,j}+w_{i,j}}{2}$$

① 缝网宽度方程。

只考虑 $y$ 方向的位移，即裂缝宽度 $w_{i,j}(x,\ t)$，则式(5.4.15)可简化为：

$$w_j(0,\ t) = \frac{2(1-v^2)h_j(0,\ t)}{E}(p_j-\sigma_{\min}) \tag{5.4.39}$$

缝网中任意裂缝位置处缝宽为：

$$w_{i,j}(x,\ t) = w_j(0,\ t)\left[\frac{x}{L_j}\sin^{-1}\left(\frac{x}{L_j}\right)+\sqrt{1-\left(\frac{x}{L_j}\right)^2}-\frac{\pi}{2}\frac{x}{L_j}\right]^{\frac{1}{4}} \tag{5.4.40}$$

② 连续性方程。

将式(5.4.37)代入式(5.4.11)以上式子中联合求得水力诱导缝的控制方程：

$$\frac{G}{64(1-v)\mu h_{ij}}\frac{\partial^2 w^4(x, t)}{\partial x^2}=\frac{8c_1}{\pi\sqrt{t-\tau(x)}}+\frac{\partial w_{ij}(x, t)}{\partial t} \tag{5.4.41}$$

③ 基本条件。

初始条件：$w_j(x, 0)=0$；

边界条件：当 $x \geqslant L_j(t)$ 时，$w(x, t)=0$；$\left(\frac{\partial w_{ij}^4}{\partial t}\right)_{x=0}=-\frac{256(1-\nu)\mu}{\pi G}q$。

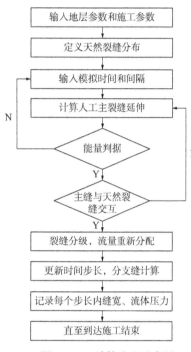

图 5.4.2　计算流程示意图

（2）求解步骤。

假设时间步长，计算水力裂缝的扩展长度、缝内压力分布和裂缝扩展长度上各处的缝宽。

利用上步中得到的数据计算能量判据中各部分能量的值，使用能量判据判断在时间步长下裂缝能否发生扩展。若能够发生扩展，则利用交互关系判断是否发生交互。若没有交互，则继续下一步；若发生交互，则判断是否能够在天然裂缝两端同时起裂。若不能够发生扩展，则改变时间步长，再次按照上步继续计算。

每一段时间步长内，需重新计算缝宽分布和判断水力裂缝是否与天然裂缝交互。

在裂缝扩展过程中，实时存储缝宽、流量、压力等物理量和裂缝形态。

（3）计算流程。

上述所建立的页岩储层缝网扩展模型模拟程序计算流程如图 5.4.2 所示。

## 5.4.6　算例分析

结合涪陵页岩示范区某井地质、施工参数，利用上述模型对复杂缝网的形成过程进行了模拟。具体参数如下：垂向应力 54.6MPa，水平最大主应力 43.7MPa，水平最小主应力 34.9MPa，岩石杨氏模量 30GPa，泊松比 0.25，岩石抗张强度 3.2MPa，岩石表面能 $5.32\times10^3 J/m^2$，压裂液黏度为 70mPa·s（可控施工参数），平均施工排量 $9m^3/min$（可控施工参数）。

### 5.4.6.1　数值模拟

利用编制的计算程序来模拟不同时刻缝网扩展的形态图，可以直观看到缝网形成过程。压裂液注入时间选定为 5min、10min、20min、30min，其他地质参数和施工参数按照上述现场数据选取，模拟结果如图 5.4.3 所示。从缝网扩展图中可以看到，随着水力裂缝的向前扩展，水力裂缝逐渐沟通天然裂缝，沟通程度随着远离井筒而逐渐减弱，在远井筒端随着水力能量的减弱，沟通天然裂缝越来越少，最终水力裂缝扩展停止。

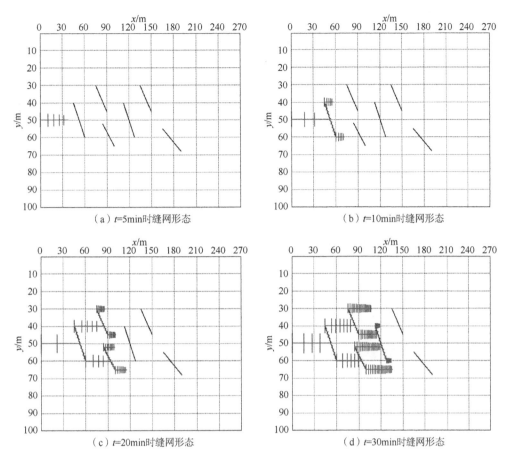

（a）$t$=5min时缝网形态        （b）$t$=10min时缝网形态

（c）$t$=20min时缝网形态        （d）$t$=30min时缝网形态

图 5.4.3　不同时刻缝网形态

### 5.4.6.2　缝网扩展过程中的能量分配

为分析在进行水力压裂过程中各部分能量随注入时间分布情况，选取压裂液注入时间为 30min 来模拟计算，结果如图 5.4.4 所示。通过软件后台提取各部分能量数值计算得到，其中克服地应力做功占总输入能量的 29.33%，压裂液缝内摩阻消耗能量占总输入能量的 24.67%，形成缝网所需的表面能占总输入能量 0.002%。可见，页岩储层进行大型水力压裂时，输入的能量主要用来克服地应

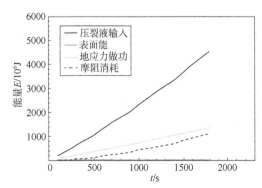

图 5.4.4　水力压裂过程中各部分能量随时间变化关系

力做功，改造储层越深，压裂过程所需要的能量就越大，其次是压裂液在缝内流动时摩阻所消耗的能量。另外，可以看到此刻还有大部分能量剩余，裂缝正是依靠这些多余能量的驱动向前扩展，当剩余能量不足以克服裂缝扩展所需要的能量时，则会出现井底压力升高，升高到一定程度时，停止压裂施工。

#### 5.4.6.3 储层改造体积(SRV)

储层改造体积指压裂过程中激活或沟通的储层面积与厚度的乘积,由上文得知,页岩储层体积压裂形成的缝网空间形态为树形椭球体,由此给出单段压裂 SRV 的计算公式:

$$\text{SRV} = \sum_{k=1}^{M} \left( \frac{4}{3}\pi \times \frac{W_k}{2} \times \frac{L_k}{2} \times \frac{H_k}{2} \right) \tag{5.4.42}$$

式中 $W_k$——第 $k$ 簇缝网宽度,m;

      $L_k$——第 $k$ 簇缝网长度,m;

      $H_k$——第 $k$ 簇缝网高度,m;

      $M$——单段压裂簇数。

利用式(5.4.42)计算单段 SRV,模拟计算结果和现场压后微地震监测到的数据见表 5.4.1,通过计算对比误差约 15%,说明本节提出的能量准则和建立的模型可信度较高。

**表 5.4.1 压裂后单段缝网几何参数**

| 缝网几何形态 | 裂缝网络延伸长度/<br>m | 缝网宽度/<br>m | 裂缝高度/<br>m | 储层改造体积/<br>$10^6\text{m}^3$ | 主干缝口最大缝宽/<br>mm |
|---|---|---|---|---|---|
| 模型模拟结果 | 320.16 | 122.0 | 60.0 | 1.22 | 7.96 |
| 微地震解释结果 | 308.53 | 111.4 | 55.5 | 1.06 | |

### 5.4.7 施工参数对缝网几何参数和 SRV 的影响

#### 5.4.7.1 施工参数对缝网几何参数的影响

(1)不同排量对缝网几何参数的影响。

为研究不同排量对缝网几何参数的影响,取排量值为 6m³/min、8m³/min、10m³/min、12m³/min、15m³/min,利用编制的软件对各排量值下缝网的几何参数进行计算,从软件后台提取与排量值对应的缝网的长度和缝口最大宽度值,绘制变化规律曲线如图 5.4.5 和图 5.4.6 所示。从图中可以看出,在其他参数一定的情况下,缝网长度和缝口最大宽度都随排量的增大而增大。

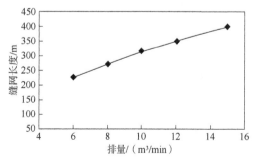

图 5.4.5 缝网长度随排量的变化规律

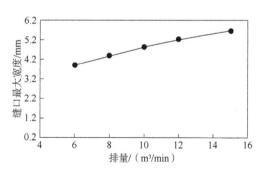

图 5.4.6 缝口最大宽度随排量的变化规律

（2）不同压裂液黏度对缝网参数的影响。

为研究不同压裂液黏度对缝网几何参数的影响，取压裂液黏度值为 10mPa·s、30mPa·s、50mPa·s、80mPa·s、100mPa·s，利用编制的软件对各黏度值下缝网的几何参数进行计算，从软件后台提取与黏度值对应的缝网的长度和缝口最大宽度值，绘制变化规律曲线如图 5.4.7 和图 5.4.8 所示。从图中可以看出，在其他参数一定的情况下，缝网长度随压裂液黏度的增大而减小，缝口最大宽度随压裂液黏度的增大而增大。

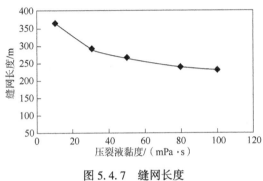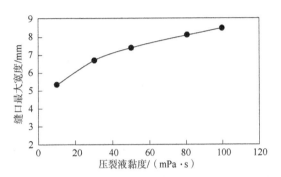

图 5.4.7　缝网长度
随压裂液黏度的变化规律

图 5.4.8　缝口最大宽度
随压裂液黏度的变化规律

### 5.4.7.2　施工参数对 SRV 的影响

为研究不同施工参数对压后储层改造体积（SRV）的影响，在研究施工排量对其影响时，分别取排量值为 6m³/min、8m³/min、10m³/min、12m³/min、15m³/min，在研究压裂液黏度对其影响时，取压裂液黏度值为 10mPa·s、30mPa·s、50mPa·s、80mPa·s、100mPa·s，利用编制的软件对各排量值和各黏度值下缝网的几何参数进行计算，从软件后台提取与各条件对应的缝网几何参数，利用式（5.4.42）计算 SRV 值，绘制变化规律曲线如图 5.4.9 和图 5.4.10 所示。从图中可以看出，在其他参数一定的情况下，SRV 随施工排量的增大而增大，随压裂液黏度的增大而减小。

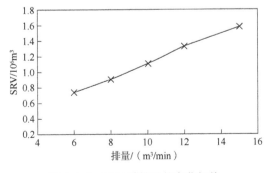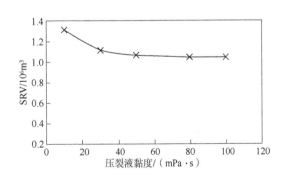

图 5.4.9　SRV 随排量的变化规律

图 5.4.10　SRV 随压裂液黏度的
变化规律

本节符号及含义：

| 符号 | 含义 | 符号 | 含义 | 符号 | 含义 |
|---|---|---|---|---|---|
| $E_k$ | 压裂液输入能量 | $l_{ij}$ | 第 $j$ 级第 $i$ 段裂缝扩展长度 | $S_t$ | 岩石抗拉强度 |
| $E_f$ | 摩阻损耗能 | SRV | 储层改造体积 | $K_{\text{IIC}}$ | II 型断裂韧性 |
| $\sigma_{\min}$ | 地层最小主应力 | $U$ | 表面能 | $E_s$ | 岩石应变能 |
| $K_{\text{IC}}$ | I 型断裂韧性 | $E_w$ | 岩石波动能 | $h_{ij}$ | 第 $j$ 级第 $i$ 段裂缝高度 |

# 5.5　缝网形态和规模

　　空间缝网是对致密油气资源储层进行体积压裂形成的独特裂缝形态，缝网规模可以采用裂缝复杂性指数(FCI，Fracture Complexity Index)来评价，FCI 是压裂改造体积范围宽度与长度的比值，表 5.5.1 给出了缝网规模定量判断依据。

表 5.5.1　缝网规模与 FCI 对应关系

| FCI 值 | 0~0.10 | 0.10~0.25 | 0.25~0.50 | 0.50~1.00 |
|---|---|---|---|---|
| 缝网规模 | 小 | 中小 | 中大 | 大 |

## 5.5.1　缝网形态和规模优化

　　水平井分段体积压裂开发技术可有效改变致密油气资源储层的裂缝形态，缝网规模与最终的裂缝导流能力息息相关，最佳压裂排量构成的适宜缝网规模对形成高导流能力支撑主缝具有必要性。本节从这些问题入手开展研究，通过建立水平井裂缝系统渗流场的有限元模型，模拟不同缝网形式(指有无支撑主缝)和不同缝网规模对产能和采收率的影响，分析适合致密砂岩开发的缝网形式与规模。

　　假定地层横向与纵向渗透率都相等，根据达西定律，渗流速度、渗透率与压降之间的关系如下：

$$v = -\frac{K}{\mu}\frac{\mathrm{d}p}{\mathrm{d}x} \tag{5.5.1}$$

对于三维稳定渗流，其数学模型为：

$$\frac{\partial^2 p}{\partial x^2} + \frac{\partial^2 p}{\partial y^2} + \frac{\partial^2 p}{\partial z^2} = 0 \tag{5.5.2}$$

对于三维八节点单元，任意点的压力值可以通过节点压力表示：

$$p = \sum_{i=1}^{8} N_i p_i \tag{5.5.3}$$

其中：

$$N_i = \frac{1}{8}(1+X_i l)(1+Y_i m)(1+Z_i n)$$

对于三维渗流方程采用伽辽金法，可以得到如下积分方程：

$$\iiint_\Omega N_i K\left(\frac{\partial^2 p}{\partial x^2}+\frac{\partial^2 p}{\partial y^2}+\frac{\partial^2 p}{\partial z^2}\right)\mathrm{d}x\mathrm{d}y\mathrm{d}z = 0 \qquad (5.5.4)$$

将方程(5.5.2)与方程(5.5.3)代入方程(5.5.4)，即可得出渗透系数矩阵：

$$\boldsymbol{K}_{ij} = \iiint_\Omega K\left(\frac{\partial N_i}{\partial x}\frac{\partial N_j}{\partial x}+\frac{\partial N_i}{\partial y}\frac{\partial N_j}{\partial y}+\frac{\partial N_i}{\partial z}\frac{\partial N_j}{\partial z}\right)\mathrm{d}x\mathrm{d}y\mathrm{d}z \qquad (5.5.5)$$

在流体渗流过程中，渗流场受井底压力和地层压力的控制，三维稳定渗流的边界条件由井底压力和地层压力给出，设定压力边界条件产生的负荷矩阵为 $\boldsymbol{F}$，则根据式(5.5.6)可以计算出节点压力。

$$\boldsymbol{Kp} = \boldsymbol{F} \qquad (5.5.6)$$

根据得到的节点压力，可以求取任意点的压力值，再由式(5.5.7)计算任意单元断面流量：

$$Q = -K\left[\frac{\partial p}{\partial x}\cos(n_0,\ x)+\frac{\partial p}{\partial y}\cos(n_0,\ y)+\frac{\partial p}{\partial z}\cos(n_0,\ z)\right]\mathrm{d}s \qquad (5.5.7)$$

式中　　$v$——平均流速，cm/s；

$K$——基质或裂缝渗透率，D；

$\mu$——地层流体黏度，mPa·s；

$p$——研究单元内压力，$10^{-1}$MPa；

$N_i$——形函数；

$p_i$——节点压力，$10^{-1}$MPa；

$X$，$Y$，$Z$——单元坐标系中 $x$，$y$，$z$ 方向坐标值，cm；

$l$——网格单元长度，cm；

$m$——网格单元宽度，cm；

$n$——网格单元高度，cm；

$\boldsymbol{K}_{ij}$——单元渗透系数矩阵；

$\boldsymbol{K}$——总体渗流矩阵；

$\boldsymbol{F}$——负荷矩阵；

$\boldsymbol{p}$——节点压力列向量；

$Q$——流量，cm³/s；

$n_0$——断面的外法向。

基于 ANSYS 中的 SOLID70 分析单元具备模拟多孔介质的非线性稳态流动的功能，同时温度场可以对渗流场进行模拟，通过 ANSYS 热力学分析板块中的 SOLID70 单元建立缝网渗流场的有限元模型。考虑到地下天然裂缝分布不规则，以与井筒平行和垂直方向天然

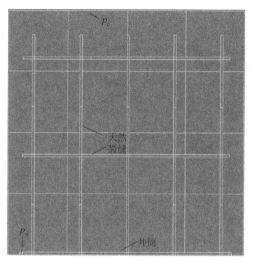

图 5.5.1　缝网模型网格划分

裂缝替代不规则天然裂缝后进行渗流模拟，通过对井筒上任意点的流量进行积分即可得到水平井模拟产能，模拟模型如图 5.5.1 所示。

（1）地层和缝网参数。

缝网系统渗流场模型的建立中使用的参数参考了华北油田二连盆地马尼特坳陷某区块致密砂岩储层地质特征，表 5.5.2 中给出了数值模拟用到的地层参数，其中考虑到主裂缝为无限导流，故取其导流能力为 $1.0 \times 10^4$ mD·m。模拟缝网规模包括中大型缝网，其缝网长度与宽度分别为 300m 和 150m（FCI = 0.5）；中小型缝网，其缝网长度与宽度分别为 300m 和 45m（FCI = 0.15）。

**表 5.5.2　模拟条件参数值**

| 储层深度/m | 2100 | 储层岩石压缩性/MPa⁻¹ | $0.8 \times 10^{-4}$ |
|---|---|---|---|
| 储层厚度/m | 15 | 气体黏度/(mPa·s) | 0.019 |
| 储层温度/℃ | 80 | 气体相对密度 | 0.6 |
| 基质渗透率/mD | 0.01 | 主裂缝导流能力/(mD·m) | $1.0 \times 10^4$ |
| 孔隙度/% | 8 | 模拟缝网大小(m×m) | 中大型，300×150 |
| 原始地层压力/MPa | 21 | | |
| 含水饱和度 | 0.3 | | 中小型，300×45 |

采用裂缝系统渗流场的有限元模型计算不同裂缝导流能力下的产能，为了使不同裂缝系统下的产能具有可对比性，将产能模拟计算结果归一化处理，称为标态产能：

$$标态产能 = \frac{不同缝网导流能力下产能}{最大缝网导流能力下产能}$$

（2）计算结果分析。

对 4 种缝网形式下的产能进行了计算，将计算结果统一到图 5.5.2 中，横坐标为缝网导流能力，纵坐标为标态产能。图 5.5.2 中曲线从上到下顺序分别表示：有主缝的中小型缝网（FCI = 0.15）、有主缝的中大型缝网（FCI = 0.5）、无主缝的中小型缝网（FCI = 0.15）、无主缝的中大型缝网（FCI = 0.5）。

按照标态产能的定义，当标态产能为 1 时，表示的是模拟中缝网导流能力最大的情

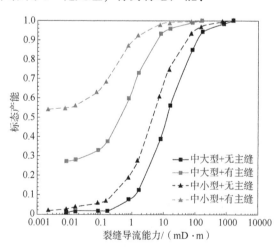

图 5.5.2　缝网标态产能与导流能力关系

况；然而由于在实际压裂作业中，支撑剂的破碎和嵌入以及未完全支撑等原因，导致缝网导流能力不可能达到最大，所以在本节中以标态产能为0.9进行分析。

从图5.5.2可以看出：

① 在有主缝条件下，当缝网导流能力最低时，采用中小型缝网的标态产能为0.54，采用大缝网的标态产能为0.27；在无主缝条件下，当缝网导流能力最低时，采用中小型缝网的标态产能为0.01，采用中大型缝网的标态产能为0.005。这说明由于支撑剂未能有效支撑等可能导致缝网压裂失败时，主裂缝对产能有决定性的影响。

② 以实现标态产能为0.9为基础条件，对有主缝中小型缝网、有主缝中大型缝网、无主缝中小型缝网、无主缝中大型缝网的导流能力要求分别为：1.1mD·m、6.4mD·m、58mD·m、120mD·m。说明有主缝时，对缝网导流能力的要求大大降低，缝网规模较小时更易实现较高的标态产能。

由于致密油气资源储层中的天然裂缝往往在压裂激活后形成剪切滑移缝而不是支撑缝，不易获得高导流能力，而且实际情况下要求的缝网导流能力越低，压裂措施越易实现，因此可采用有主缝的中小型缝网系统对致密油气资源储层进行开发。

### 5.5.2　压裂排量确定

在缝网扩展过程中，水力裂缝沟通天然裂缝，要求天然裂缝两端同时满足裂缝转向条件，天然裂缝两端同时延伸所需的压力高于裂缝准静态扩展压力，故缝网扩展需要从断裂动力学角度进行分析。从断裂动力学角度研究了缝网扩展的动力学机理，认为水力裂缝从近及远一级级沟通天然裂缝，并从天然裂缝两端扩展；在假定流体不可压缩的条件下，给出了第 $n$ 级分支缝内压力($p_1$)与第 $n$ 级分支裂缝排量($Q_n$)之间的关系：

$$p_1 = \frac{1.511\times10^{-8}\mu_1 E^3 Q_n}{\sqrt{a}\,hK_{Id}^{\ 3}} + \frac{17.257\times10^{-12}\rho Q_n^2 E^2}{ah^2\,K_{Id}^{\ 2}} \qquad (5.5.8)$$

式(5.5.8)中，右端第二项远小于第一项，忽略第二项，简化为式(5.5.9)：

$$Q_n = \frac{\sqrt{a}\,h\,K_{Id}^{\ 3}p_1}{1.511\times10^{-8}\mu_1 E^3}$$

$$\begin{cases} K_{Id} = \sqrt{\dfrac{a}{\pi}}(p_1-\sigma_n)\left[\dfrac{3\pi}{4}-\arcsin\left(\dfrac{a_2}{a}-1\right)-\dfrac{3}{2}\sqrt{1-\left(\dfrac{a_2}{a}-1\right)^2}\right] \\[2mm] \sigma_n = \sigma_h\cos^2\beta\,\sin^2\theta+\sigma_H\cos^2\beta\,\cos^2\theta+\sigma_v\sin^2\beta \\[2mm] Q_n = \dfrac{Q_1}{2^n} \end{cases} \qquad (5.5.9)$$

式中　$Q_n$——第 $n$ 级分支裂缝排量，m³/min；

　　　$a$——天然裂缝半长，m；

$h$——实际储层中裂缝高度，m；

$K_{Id}$——第一级天然裂缝端部动态断裂韧性，$MPa \cdot m^{\frac{1}{2}}$；

$p_1$——缝内压力，MPa；

$\mu_1$——压裂液黏度，$Pa \cdot s$；

$E$——地层弹性模量，MPa；

$\sigma_n$——天然裂缝所受正应力，MPa；

$a_2$——水力裂缝与天然裂缝交点与天然裂缝远端的距离，m；

$\sigma_h$——最小水平主应力，MPa；

$\sigma_H$——最大水平主应力，MPa；

$\sigma_v$——垂直应力，MPa；

$\beta$——天然裂缝倾角，（°）；

$\theta$——天然裂缝走向与井轴夹角，（°）；

$Q_1$——泵排量，$m^3/min$；

$\rho$——压裂液密度，$kg/m^3$；

$n$——裂缝级数。

式（5.5.9）说明了满足天然裂缝两端同时转向的最低排量与天然裂缝尺寸、地层弹性模量、天然裂缝产状相关，在了解致密油气藏地层条件的基础上，可对压裂排量进行优化。

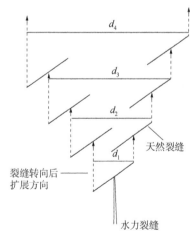

图 5.5.3 裂缝分级示意图

假定缝网宽度为 $d_n$，根据裂缝宽度与裂缝级数之间的关系式（5.5.10），可以确定裂缝级数，如图 5.5.3 所示。考虑致密油气储层的地层深度、天然裂缝产状和岩石力学参数的实际条件，并假设水力裂缝与天然裂缝交点在天然裂缝中点处，对式（5.5.9）中各参数可作如表 5.5.3 所示的假定。

$$d_n = 2^{n-1} \cdot 2a \cdot \cos\theta \qquad (5.5.10)$$

其中给定天然裂缝长度为 12m，并且天然裂缝与水力裂缝夹角为 30°，那么在缝宽方向上，一级裂缝（$n=1$）缝宽为 6m，二级（$n=2$）为 12m，三级（$n=3$）为 24m，四级（$n=4$）为 48m，此时缝宽达到了 FCI = 0.15 时的要求，如图 5.5.3 所示，所以水力裂缝需要沟通四级天然裂缝。

表 5.5.3 排量计算参数

| $a_2 = a$ | 6m | $\beta$, $\theta$ | 30°，60° |
|---|---|---|---|
| $K_{Id}$ | $1MPa \cdot m^{\frac{1}{2}}$ | $d_n$ | ≥45m |
| $\mu_1$ | $0.001Pa \cdot s$ | $n$ | 4 |
| $E$ | 40000MPa | $\sigma_h$, $\sigma_H$, $\sigma_v$ | 34.9MPa，43.7MPa，54.6MPa |

根据假定参数，结合式(5.5.10)可计算 $\sigma_n$ 为41.44MPa，$p_1$ 为42.28MPa，进而求出排量 $Q$ 为8.56m³/min，即对致密油气井采取体积压裂，为顺利形成缝网，要求最低排量为8.56m³/min。

## 5.5.3　水平井分段分簇

分段多簇射孔实施应力干扰是实现体积压裂改造的技术关键，常规水平井分段压裂采用单段压裂模式，避免缝间干扰；体积压裂采用"分段多簇"模式，利用缝间干扰，促使裂缝转向，产生复杂网状裂缝。在工艺优化设计中，首先确定簇间距，然后根据簇间距确定分簇数和每次压裂段的长度，进而根据水平段长度来确定每口井的压裂段数。簇间距（$D_x$）可根据 FCI、SRV 的关系来确定。

SRV(Stimulated Reservoir Volume)是指压裂激活的储层面积与储层厚度的乘积。根据 SRV、FCI 的定义：

$$SRV = FCI \times L^2 \times D \quad (5.5.11)$$

式中　$L$——缝长，m；

　　　$D$——储层厚度，m。

每簇 SRV 和总 SRV 之间的关系也可以通过式(5.5.11)得出：

$$每簇 SRV \times N_1 \times N_2 = 总 SRV \quad (5.5.12)$$

式中　$N_1$——簇数；

　　　$N_2$——段数。

将式(5.5.11)代入式(5.5.12)可得式(5.5.13)：

$$FCI \times L^2 \times D \times N_1 \times N_2 = 总 SRV \quad (5.5.13)$$

根据表5.5.2模拟参数进行数值模拟，得到不同簇间距下产量与模拟 SRV 的关系（图5.5.4）。

现场数据和模型模拟之间详细对比见表5.5.4。

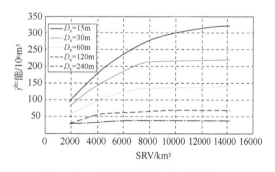

图5.5.4　产量与模拟 SRV 的关系

表5.5.4　模型模拟与现场数据对比

| 井名 | $D_x$/m | SRV/$10^3$m | 模拟产能/$10^6$m³ | 现场产能/$10^6$m³ | 误差/% |
|---|---|---|---|---|---|
| 井1 | 30 | 2292 | 199 | 187 | 6.4 |
| 井2 | 30 | 2731 | 209 | 221 | 5.4 |
| 井3 | 60 | 2884 | 137 | 146 | 6.2 |
| 井4 | 60 | 2148 | 127 | 118 | 7.6 |

如表5.5.4所示，模型模拟与现场数据吻合较好，最大误差在10%以下。考虑到压裂的成本和产能效益，总 SRV 优化为7500×$10^3$m³(图5.5.4)。由表5.5.2可知，缝网长度为

300m，储层厚度为15m，FCI=0.15，则得到：

$$N_1 \times N_2 = 37 \tag{5.5.14}$$

根据压裂现场条件，选定压裂段数之后，便可计算出最佳压裂簇数，进而根据所确定的每一段的长度来计算簇间距。

如图5.5.5所示，对于模拟的水平段长为900m，若取压裂段为9段，按照式（5.5.14），则可取簇数为4簇，从而簇间距为25m。

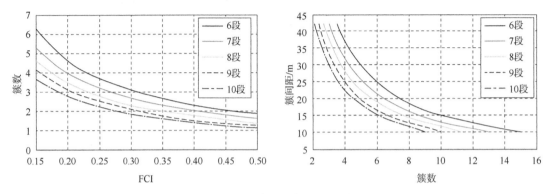

图5.5.5　FCI、簇数和簇间距的关系图

本节符号及含义：

| 符号 | 含义 | 符号 | 含义 | 符号 | 含义 |
|---|---|---|---|---|---|
| $v$ | 平均流速 | $K$ | 基质或裂缝渗透率 | $\mu$ | 地层流体黏度 |
| $p$ | 研究单元内压力 | $N_i$ | 形函数 | $p_i$ | 节点压力 |
| $X$ | 单元坐标系中$x$方向坐标值 | $Y$ | 单元坐标系中$y$方向坐标值 | $Z$ | 单元坐标系中$z$方向坐标值 |
| $l$ | 网格单元长度 | $m$ | 网格单元宽度 | $n$ | 网格单元高度 |
| $K_{ij}$ | 单元渗透系数矩阵 | $K$ | 总体渗流矩阵 | $F$ | 负荷矩阵 |
| $p$ | 节点压力列向量 | $Q$ | 流量 | $n_0$ | 断面的外法向 |
| $Q_n$ | 第$n$级分支裂缝排量 | $a$ | 天然裂缝半长 | $h$ | 实际储层中裂缝高度 |
| $K_{Id}$ | 第一级天然裂缝端部动态断裂韧性 | $p_1$ | 缝内压力 | $\mu_1$ | 压裂液黏度 |
| $E$ | 地层弹性模量 | $\sigma_n$ | 天然裂缝所受正应力 | $a_2$ | 水力裂缝与天然裂缝交点与天然裂缝远端的距离 |
| $\sigma_h$ | 最小水平主应力 | $\sigma_H$ | 最大水平主应力 | | |
| $\beta$ | 天然裂缝倾角 | $\theta$ | 天然裂缝走向与井轴夹角 | $\sigma_v$ | 垂直应力 |
| $\rho$ | 压裂液密度 | $n$ | 裂缝级数 | $Q_1$ | 泵排量 |
| $L$ | 缝长 | $D$ | 储层厚度 | $d_n$ | 缝网宽度 |
| $N_2$ | 段数 | $D_x$ | 簇间距 | $N_1$ | 簇数 |

## 参　考　文　献

[1] 雷群，杨战伟，翁定为，等. 超深裂缝性致密储集层提高缝控改造体积技术——以库车山前碎屑岩储集层为例[J]. 石油勘探与开发，2022，49(5)：1012-1024.

［2］赵凯凯.坚硬顶板区域水力压裂裂缝三维扩展机理研究［D］.北京：煤炭科学研究总院，2021.

［3］张辉.超深裂缝性碎屑岩储层天然裂缝激活研究［J］.特种油气藏，2021，28（2）：133-138.

［4］翁定为，张启汉，卢拥军，等.提高砂岩储层人工裂缝复杂度的压裂技术及其应用［J］.天然气地球科学，2014，25（7）：1085-1089，1126.

［5］吴奇，胥云，王晓泉，等.非常规油气藏体积改造技术——内涵、优化设计与实现［J］.石油勘探与开发，2012，39（3）：352-358.

［6］史宏伟.页岩气水平井压裂多裂缝扩展及裂缝网络延伸规律研究［D］.北京：中国石油大学（北京），2020.

［7］吴珊.岩石破裂声发射监测与压裂缝网形成机理研究［D］.北京：中国石油大学（北京），2020.

［8］郭静芸，王宇.水力裂缝沟通天然裂缝活化延伸的机理研究［J］.工程地质学报，2018，26（6）：1523-1533.

［9］何易东.随机天然裂缝分布下的页岩裂缝扩展模拟研究［D］.成都：西南石油大学，2018.

［10］陈乐勇.低渗透储层岩体压裂裂纹扩展机理研究［D］.成都：西南石油大学，2015.

［11］石朝龙，陈军斌，王晓明，等.页岩储层天然裂缝剪切滑移特性实验研究［J］.西安石油大学学报（自然科学版），2022，37（2）：73-80.

［12］闫浩.超临界$CO_2$压裂煤体分阶段致裂机理及裂缝扩展规律［D］.北京：中国矿业大学，2020.

［13］解经宇.龙马溪组页岩射孔井水力压裂裂缝形态模拟实验研究［D］.北京：中国地质大学，2019.

［14］董康兴.弱层理剪切诱导缝网裂缝的形成与扩展机理研究［D］.大庆：东北石油大学，2017.

［15］陈星.页岩储层水平井分段压裂裂缝延伸模拟研究［D］.成都：西南石油大学，2015.

［16］穆海林，刘兴浩，刘江浩，等.非常规储层体积压裂技术在致密砂岩储层改造中的应用［J］.天然气勘探与开发，2014，37（2）：11，56-60，63.

［17］赵海峰，陈勉，金衍.压裂井试油压差优化的实验与有限元模型［J］.石油勘探与开发，2009，36（2）：247-253.

［18］赵海峰，陈勉，金衍，等.页岩气藏网状裂缝系统的岩石断裂动力学［J］.石油勘探与开发，2012，39（4）：465-470.

［19］蒋廷学，贾长贵，王海涛，等.页岩气网络压裂设计方法研究［J］.石油钻探技术，2011，39（3）：36-40.

［20］ALHEMDI A，GU M. Method to account for natural fracture induced elastic anisotropy in geomechanical characterization of shale gas reservoirs［J］. Journal of Natural Gas Science and Engineering, 2022, 101：104478.

［21］YUAN M, LYU S F, WANG S W, et al. Macrolithotype controls on natural fracture characteristics of ultra-thick lignite in Erlian Basin, China：Implication for favorable coalbed methane reservoirs［J］. Journal of Petroleum Science and Engineering, 2022, 208：109598.

［22］WANG Y J, ZHANG Z N. Fully hydromechanical coupled hydraulic fracture simulation considering state transition of natural fracture［J］. Journal of Petroleum Science and Engineering, 2020, 190：107072.

［23］ZHOU J, JIANG T, MOU H, et al. Effect of fault zone and natural fracture on hydraulic fracture propagation in deep carbonate reservoirs［J］. IOP Conference Series：Earth and Environmental Science, 2021, 861（6）.

［24］MAXWELL S C, URBANCIC T I, STEINSBERGER N, et al. Microseismic Imaging of Hydraulic Fracture Complexity in the Barnett Shale［C］. Proceedings of the SPE Annual Technical Conference and Exhibition,

2002. SPE-77440-MS.

[25] FISHER M K, WRIGHT C A, DAVIDSON B M, et al. Integrating Fracture Mapping Technologies to Optimize Stimulations in the Barnett Shale[C]. Proceedings of the SPE Annual Technical Conference and Exhibition, 2002. SPE-77441-MS.

[26] MAYERHOFER M J, LOLON E P, YOUNGBLOOD J E, et al. Integration of Microseismic Fracture Mapping Results With Numerical Fracture Network Production Modeling in the Barnett Shale[C]. Proceedings of the SPE Annual Technical Conference and Exhibition, 2006. SPE-102103-MS.

[27] MAYERHOFER M J J, LOLON E P P, WARPINSKI N R R, et al. What is Stimulated Reservoir Volume [J]. SPE Production & Operations, 2010, 25(1): 89-98.

[28] OLSON J E, DAHI-TALEGHANI A. Modeling Simultaneous Growth of Multiple Hydraulic Fractures and Their Interaction With Natural Fractures[C]. Proceedings of the SPE Hydraulic Fracturing Technology Conference, 2009. SPE-119739-MS.

[29] RAHMAN M M, AGHIGHI A, RAHMAN S S. Interaction between Induced Hydraulic Fracture and Pre-Existing Natural Fracture in a Poro-elastic Environment: Effect of Pore Pressure Change and the Orientation of Natural Fracture[C]. Proceedings of the Asia Pacific Oil and Gas Conference & Exhibition, 2009. SPE-122574-MS.

[30] JIANCHUN G, BO G, TING Y, et al. New Design Method of Multi-Stage Hydraulic Fracturing in Shale Horizontal Well[C]. Proceedings of the Offshore Technology Conference-Asia, 2014. OTC-24817-MS.

# 第6章 煤系地层压裂

水力压裂是煤系地层储层改造的主要增产措施之一。本章简要介绍了煤岩结构、微观成分以及煤岩力学特性；重点探讨了煤层应力场变化规律、不同煤岩性质压裂模型的差异化、煤系地层合压设计理论、顶板水平井压裂裂缝扩展机理。基于流固耦合理论并分别结合 Cohesive 单元模型和 MShale 离散缝网模型，建立了暗淡型煤层三维压裂"工"形裂缝数值模型和光亮型煤层三维压裂裂缝网络的数值模型，探究了暗淡型煤层"工"形缝和光亮型煤层裂缝网络的扩展规律。基于室内实验，探究了宏观煤岩类型制约下的煤层水力裂缝扩展规律以及薄煤层群水力压裂裂缝延伸机理。

## 6.1 煤岩组成及力学特性

依据不同的观察手段，可将煤岩划分为不同的组成方法。肉眼观察方法：主要根据煤的光泽、颜色、强度、脆度、断口、形态等主要特征划分为不同的宏观煤岩成分，宏观煤岩成分组合成不同的宏观煤岩类型。显微镜观察法：指显微镜下可辨认的烟煤的有机成分。由于煤岩没有特有的晶形、固定的化学成分，因此需根据它们在显微镜下显示的反射率、颜色、形态和各向异性程度等方面的差别而加以区分。

煤岩力学性质是指煤岩在一定条件下的力学参数，其中主要包括抗拉强度、抗压强度、杨氏模量、体积模量、泊松比、内聚力、内摩擦角、脆度，断裂韧性等。本节主要介绍煤岩组成、类型及韩城区块部分煤层力学特性。

### 6.1.1 煤层结构

割理是煤结构中天然存在的裂隙，并影响煤岩的稳定性。如图 6.1.1 所示，割理分为两组，即面割理与端割理，端割理发育于面割理之间，一般相互垂直或高角度相交。相比端割理而言，面割理的连续性相对较好，若煤层中有孤立的裂缝，裂缝网络及其连通性对煤岩渗透率的影响是显著的。煤层沿面割理方向的渗透率可能比其他方向大 3~10 倍，是煤层气渗流的主要通道。

*煤层微 CT 扫描*
*三维特征展示*

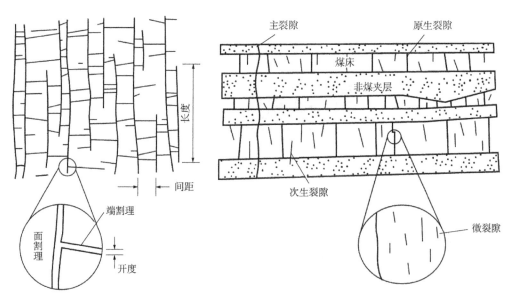

图 6.1.1　煤岩典型的割理系统

## 6.1.2　煤岩组成

### 6.1.2.1　显微煤岩组分

镜质组：植物的木质纤维组织通过凝胶化作用形成。成煤植物的组织在气流闭塞、积水较深的沼泽环境下，产生极其复杂的变化。一方面是植物组织在微生物作用下，分解、水解、化合形成新的化合物并破坏植物组织器官的细胞结构；另一方面植物组织在沼泽水的浸泡下吸水膨胀，使植物细胞结构变形、破坏乃至消失，或进一步再分解为凝胶。

壳质组：又称稳定组，是成煤植物中化学稳定性强的组织器官转化而来的。在泥炭化作用阶段，因化学稳定性强，没有遭受生物化学作用的破坏而保存在煤中，经煤化作用后转化为稳定组分。壳质组分来源于植物的皮壳组织和分泌物，以及与这些物质相关的次生物质，即孢子、角质、树皮、树脂及渗出沥青等。此类组分在分类中称壳质组或稳定组。

惰质组：又称丝质组，丝质组是通过丝炭化作用或火焚作用形成。丝炭化作用：成煤植物的组织在积水较少、湿度不足的条件下，木质纤维组织经脱水作用和缓慢的氧化作用后，又转入缺氧的环境，进一步经煤化作用后转化为丝炭化组分。

### 6.1.2.2　宏观煤岩成分

根据煤的光泽、颜色、强度、脆度、断口、形态等主要特征，将煤分为镜煤、亮煤、暗煤和丝炭四种组分。其中镜煤和丝炭是组成简单的单一成分，亮煤和暗煤是组成较复杂的混合成分。

（1）镜煤。

颜色呈黑色到深黑色，光泽强，明亮如镜，是煤中颜色最深、光泽最强的部分。其质地纯净而均匀，以贝壳状或眼球状断口和垂直的内生裂隙发育为特征，性脆，易破碎成棱角形小块。在煤层中镜煤呈透镜状或条带状，大多厚几毫米到1~2cm，有时呈线理状夹杂在亮煤或暗煤中，但有明显的分界线。在煤层中，镜煤的裂隙常垂直于层理。随着煤化度加深，镜煤的颜色由深变浅，光泽变强，内生裂隙增多。

（2）亮煤。

颜色深黑，其光泽仅次于镜煤，性较脆，内生裂隙较发育，密度较小，有时呈贝壳状断口。在煤中呈较厚的分层或透镜状出现。亮煤是最常见的宏观煤岩成分，在煤层中亮煤常组成较厚的分层，甚至组成整个煤层。

（3）暗煤。

颜色为灰黑色，光泽暗淡，致密坚硬，韧性较大，密度大，内生裂隙不发育，层理不清晰，断面粗糙，断口呈不规则状或平坦状。在煤中形成较厚的分层，甚至单独成层。在镜下观察，一般暗煤组成相当复杂，镜质组含量较少，壳质组和惰质组较多，矿物质含量较高。

（4）丝炭。

外观像木炭，颜色灰黑或暗黑，具有明显的纤维状结构和丝绢光泽，疏松多孔，性脆易碎，手捏可以染指。其致密坚硬，密度大。丝炭在煤层中一般含量不多，往往呈透镜状沿煤的层面分布，大多厚1~2mm，有时也能形成不连续的薄层。

### 6.1.2.3　宏观煤岩类型

煤岩组分宏观特征的差异，为组分间的首选分离提供了依据。不同宏观煤岩组分的组合，会表现出不同的光泽强度。按照光泽强度的大小，依次将煤分为光亮煤、半亮煤、半暗煤和暗淡煤四种基本类型（表6.1.1）。

表 6.1.1　宏观煤岩类型

| 宏观煤岩类型 | 成分比例 | 煤岩特征 |
|---|---|---|
| 光亮煤 | 镜煤+亮煤>75% | 光亮煤成分较均一，通常条带状结构不明显，具有贝壳状断口，内生裂隙发育，较脆，易破碎 |
| 半亮煤 | 50%~75%镜煤+亮煤 | 半亮煤的条带状结构明显，内生裂隙较发育，常具有棱角状或阶梯状断口。半亮煤是常见的宏观煤岩类型 |
| 半暗煤 | 25%~50%镜煤+亮煤 | 煤层中总体相对光泽较弱的类型，硬度、韧度较大 |
| 暗淡煤 | 镜煤+亮煤<25% | 煤层中总体相对光泽最弱的类型，也有个别煤田存在以丝炭为主的暗淡煤。暗淡煤通常呈块状构造，层理不明显，煤质坚硬，韧性大，密度大，内生裂隙不发育 |

以韩城区块3#、5#、11#煤层为例进行分析。韩城地区3#煤层呈黑灰色，具有似金属光泽，宏观煤岩类型以暗淡型煤、半暗型煤为主，煤岩组分主要为暗煤，其次为丝炭，含有少量镜煤线理条带，发育内生裂隙；5#煤层呈黑灰色，具有似金属光泽，宏观煤岩类型以暗淡型煤、半暗型煤为主，煤岩组分主要为暗煤，含少量丝炭与镜煤条带，外生裂隙发育较差，内生裂隙局部发育；11#煤层的宏观煤岩类型具有区域差异性，如在靠近韩城煤层气田的象山矿区，其宏观煤岩类型主要为半亮型煤，其次为暗淡型煤，而在韩城西北部

的桑树坪矿区，其宏观煤岩类型则主要为光亮型煤，其次为暗淡型煤。11#煤层裂隙发育同样具有分层性，其上部发育内生裂隙，而下部含较多丝炭，内生裂隙发育相对较差。

为方便研究，根据光亮煤和半光亮煤的厚度占煤层总厚度的比例将该地区煤层划分为两种：光亮型煤和暗淡型煤。

当(光亮煤+半光亮煤)的厚度/煤层总厚度≥50%时，认为该煤层为光亮型煤；当(光亮煤+半光亮煤)的厚度/煤层总厚度<50%时，认为该煤层为暗淡型煤。

为此，针对韩城区块煤样，开展了该地区3#、5#和11#煤层的煤岩类型划分的研究，结果如图6.1.2所示。

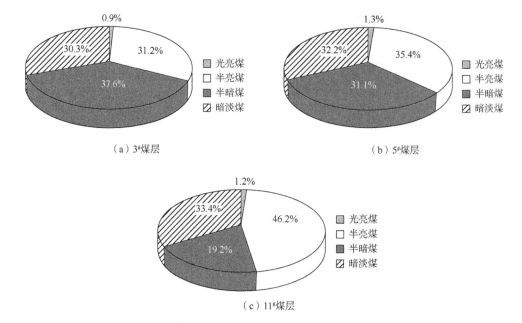

图6.1.2 韩城地区煤层类型的划分

根据图6.1.2可知，3#、5#和11#煤层中的半暗煤+暗淡煤的厚度占煤层总厚度的67.9%、63.3%、52.6%。根据以上划分标准，可认为韩城地区3#、5#和11#煤层中光亮型煤和暗淡型煤几乎各占一半，但暗淡型煤更占优势。

为了观测光亮型煤和暗淡型煤在煤岩结构上的差异，采用电镜扫描法分别观测这两种煤岩的宏观和微观结构差异，其结果如图6.1.3所示。

根据图6.1.3可知，光亮型煤的宏观结构特点呈现为黑色、光泽强、贝壳状断口、岩石密度较小、较脆，而暗淡型煤呈现为灰黑、光泽暗淡、断口呈规则状、岩石密度大、坚硬；电镜扫描结果表明，光亮型煤层的微观结构特点呈现为表面平滑、平直长裂缝发育，而暗淡型煤层呈现为表面粗糙、以微孔为主，微裂缝较短欠发育。

## 6.1.3 韩城区块煤岩力学特性

煤岩的物理力学参数与断裂韧性是决定水力裂缝延伸的基础参数。其测量在工程应用方面是极为重要的，在水力压裂、井壁稳定问题、节理性岩层稳定以及岩石钻进设备设计

（a）光亮型煤

（b）暗淡型煤

图6.1.3 不同类型煤岩电镜扫描观测煤岩微观结构

方面都有极为广泛的应用。目前国内关于岩石力学参数测定没有统一的标准，国内通用的做法是参考国际岩石力学学会推荐的测试岩石力学参数的方法（由 R. Ulusay 及 J. A. Hudson 编著）。

### 6.1.3.1 岩心的制备

由于取自现场的岩心一般形状不规则，不能直接用于实验，所以实验前需要对现场岩心进行加工。室内加工岩心的过程是：先用金刚石取心钻头在现场岩心上套取一个 $\phi25\text{mm}$ 的圆柱形试样，然后将圆柱形试样的两端车平、磨光，使岩样的长径比不小于 1.5，如图 6.1.4 所示。

图 6.1.4 岩心取样示意图

### 6.1.3.2 煤岩力学参数测试

（1）弹性模量及泊松比测试。

实验岩心在实验前后的对比图如图 6.1.5 所示。

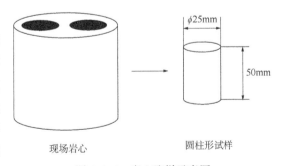

光亮煤（⊥层理）　　　　　　　　光亮煤（//层理）　　　　　　　　泥岩

暗淡煤（//层理）　　　　　　　　暗淡煤（⊥层理）

图 6.1.5　测量岩石单轴、三轴抗压强度实验小岩心

根据应力—应变曲线，可以确定岩样的弹性模量及泊松比：

弹性模量：

$$E_s = \frac{\Delta\sigma}{\Delta\varepsilon_1}$$

（6.1.1）

泊松比：

$$\nu_s = -\frac{\Delta\varepsilon_2}{\Delta\varepsilon_1}$$

（6.1.2）

抗压强度：

$$\sigma_C = \sigma_{max}$$

（6.1.3）

式中　$E_s$——岩样的弹性模量，MPa；

　　　$\nu_s$——岩样泊松比；

　　　$\Delta\sigma$——轴向应力增量，MPa；

　　　$\Delta\varepsilon_1$——轴向应变增量；

　　　$\Delta\varepsilon_2$——横向应变增量；

　　　$\sigma_C$——岩石抗压强度，MPa；

　　　$\sigma_{max}$——轴向最大应力，MPa。

由表 6.1.2 和表 6.1.3 可知，单轴无围压条件下，顶板泥岩的单轴抗压强度及弹性模量均大于煤层；垂直于煤层层理的试样(S1、K3)单轴抗压强度大于平行煤层的试样(S3、

K1）；从煤岩类型角度分析，光亮煤试样单轴抗压强度及弹性模量小于暗淡煤试样（S1，K3；S3，K1）。围压10MPa条件下，上述规律仍然存在。且从脆性指数角度分析，光亮煤脆性程度大于暗淡煤脆性指数（S2，K4；S4，K2）。

表6.1.2 岩石力学参数测试结果（无围压）

| 编号 | 岩性 | 煤岩类型 | 抗压强度/MPa | 弹性模量/GPa | 泊松比 |
|---|---|---|---|---|---|
| 泥1 | 顶板泥岩 | — | 27.99 | 10.22 | 0.16 |
| S1 | 煤（⊥层理） | 光亮煤 | 20.22 | 2.56 | 0.33 |
| K3 | 煤（⊥层理） | 暗淡煤 | 22.16 | 5.07 | 0.29 |
| S3 | 煤（∥层理） | 光亮煤 | 15.90 | 3.77 | 0.37 |
| K1 | 煤（∥层理） | 暗淡煤 | 18.80 | 4.56 | 0.34 |

表6.1.3 岩石力学参数测试结果（围压10MPa）

| 编号 | 岩性 | 煤岩类型 | 抗压强度/MPa | 弹性模量/GPa | 泊松比 | 脆性指数/% |
|---|---|---|---|---|---|---|
| 泥2 | 顶板泥岩 | — | 91.54 | 11.86 | 0.22 | — |
| S2 | 煤（⊥层理） | 光亮煤 | 74.74 | 4.43 | 0.36 | 41.57 |
| K4 | 煤（⊥层理） | 暗淡煤 | 75.74 | 4.62 | 0.30 | 30.58 |
| S4 | 煤（∥层理） | 光亮煤 | 54.58 | 4.75 | 0.40 | 43.54 |
| K2 | 煤（∥层理） | 暗淡煤 | 58.41 | 6.83 | 0.35 | 23.29 |

（2）煤岩抗拉强度及断裂韧性测试。

单轴拉伸分为直接拉伸和间接拉伸两种，由于直接拉伸实验中岩样制备困难，岩样不易于拉力机固定，而且在岩样固定处附近往往有应力集中现象等原因，所以这种方法用得不多；间接拉伸是给圆柱体岩样的直径方向施加集中载荷，使之沿着受力的直径劈裂，以求得抗拉强度，岩石间接抗拉强度计算公式为：

$$\sigma = \frac{2P}{\pi DL} \tag{6.1.4}$$

式中　$\sigma$——抗拉强度，MPa；

$P$——作用载荷，N；

$D$——试件直径，mm；

$L$——试件长度，mm。

不同类型岩样抗拉强度及断裂韧性实验如图6.1.6所示。

由表6.1.4可知，该区块煤层光亮煤及暗淡煤抗拉强度均远小于顶板泥岩抗拉强度。光亮煤及暗淡煤断裂韧性均小于顶板泥岩。

泥岩　　　　　　　　　　光亮煤　　　　　　　　　　暗淡煤

（a）抗拉强度测试后的岩心

泥岩　　　　　　　　　　光亮煤　　　　　　　　　　暗淡煤

（b）断裂韧性测试后的岩心

图 6.1.6　抗拉强度及断裂韧性测试后的岩心

**表 6.1.4　抗拉强度和断裂韧性测量结果**

| 岩性 | 煤岩类型 | 断裂韧性/$(MPa \cdot m^{\frac{1}{2}})$ | 抗拉强度/MPa |
|---|---|---|---|
| 顶板泥岩 | — | 0.89 | 4.21 |
| 煤（⊥层理） | 光亮煤 | 0.09 | 0.18 |
| 煤（//层理） | 暗淡煤 | 0.14 | 0.25 |

# 6.2　煤层应力场

　　如何准确反映地下工程中的初始地应力场是地下工程面临的一个重要课题。一方面，现场实测地应力是了解应力场最直接的途径，但是由于场地和经费等原因，不可能进行大量的现场测量；另一方面，地应力成因复杂，影响因素众多，各测点的结果在很大程度上仅反映该点的局部应力，即测量结果有一定的离散性。因此，为获得更为准确、适用较大范围的地应力场，必须针对具体工程的地质条件在实测地应力资料的基础上进行初始应力场的反演计算。

### 6.2.1　煤层地应力直接反演

#### 6.2.1.1　最小二乘法地应力反演基本原理

最小二乘法是一种新型的多元统计数据分析方法，其优点在于回归建模过程中采用了信息综合与筛选技术，不是直接考虑因变量集合与自变量集合的回归建模，而是在变量系统中提取若干对系统具有最佳解释能力的新综合变量（又称为主成分），对于解释变量多重相关性较为适合。即首先通过主成分分析方法，提取变量中代表最大信息量的主成分，降低维度；然后再利用最小二乘回归方程计算回归参数，得到残差矩阵，继续迭代运算，直到检验出的主成分足够代表原变量；最后求得主成分与因变量的关系模型，继而得出回归模型。

采用偏最小二乘回归方法，可以解决样本点个数少、自变量间具有多重相关性等问题，从而得到拟合值，用来建立自变量与因变量之间的关系。实际工程中，利用地应力的计算值与实测值，建立多元线性回归模型，进而确定实际地应力大小。

#### 6.2.1.2　煤层三维地应力反演分析步骤

地应力的分布状况与地下工程的空间位置、岩体性质、岩体自重、地质构造、地形地貌等因素有关，实测地应力就是这些因素综合作用的反映，反演地应力场就是对诸因素模拟再现的过程。测点应力值及所要反演的地应力场可以认为是下列变量的函数：

$$\sigma = f(x,\ y,\ z,\ E,\ \nu,\ G,\ T_1,\ T_2,\ \cdots) \tag{6.2.1}$$

式中　$\sigma$——初始地应力值，代表应力分量，MPa；

　　　$x$，$y$——地形和地质体各质点空间位置坐标，可由勘测资料获得；

　　　$E$，$\nu$——分别为地质体的弹性模量和泊松比，可用实验方法求得；

　　　$G$——地质体自身因素；

　　　$T_1$，$T_2$——各类地质构造因素，这些待定因素可以通过建立地质模型和给定边界条件求得。

（1）根据勘探区地形、地质和物理力学资料，建立反映实际工程区域的有限元数值模型。

（2）根据现今地应力成因理论，选定垂直方向的自重因素和水平方向的2个构造因素作为待定因素，拟定单位载荷分别进行单因素有限元计算，得到各因素在单位载荷下的有限元计算值。

（3）根据应力线性叠加的原理，以观测点处单因素的地应力有限元计算值作为自变量，观测点的地应力回归值为因变量建立多元线性回归方程，即：

$$\boldsymbol{\sigma}_k = \sum_{i=1}^{n} L_i \boldsymbol{\sigma}_k^i \tag{6.2.2}$$

式中　$\boldsymbol{\sigma}_k$——对应 $k$ 观测点的地应力回归计算值，$\boldsymbol{\sigma}_k = \{\sigma_{xk},\ \sigma_{yk},\ \sigma_{zk},\ \tau_{xyk},\ \tau_{yzk},\ \tau_{zxk}\}^{\mathrm{T}}$；

　　　$L_i$——待定回归系数，$i = 1,\ 2,\ \cdots,\ n$ 分别对应不同因素；

$\boldsymbol{\sigma}_k^i$——对应第 $i$ 因素作用下 $k$ 观测点的地应力有限元计算值，$\boldsymbol{\sigma}_k^i = \{ \sigma_{xk}^i,\ \sigma_{yk}^i,\ \sigma_{zk}^i,$ $\tau_{xyk}^i,\ \tau_{yzk}^i,\ \tau_{zxk}^i \}^{\mathrm{T}}$。

（4）根据最小二乘法原理，假定有 $m$ 个测点的资料，则地应力实测值与有限元计算地应力回归值的残差平方和方程为：

$$S = \sum_{k=1}^{m} \sum_{j=1}^{6} \left( \sigma_{jk}^* - \sum_{i=1}^{n} L_i \sigma_{jk}^i \right)^2 \tag{6.2.3}$$

式中 $\sigma_{jk}^*$——$k$ 观测点 $j$ 地应力分量的实测值；

$\sigma_{jk}^i$——第 $i$ 因素作用下 $k$ 观测点 $j$ 地应力分量的有限元计算值。

（5）求解使 $S$ 为最小值的正规方程组，得 $n$ 个回归系数 $L_i$。

（6）计算域内任一点 $P$ 的地应力回归分量，可由该点单因素作用下有限元计算值线性叠加而成，即：

$$\sigma_{jP} = \sum_{i=1}^{n} L_i \sigma_{jP}^i \tag{6.2.4}$$

其中：$j=1,\ 2,\ \cdots,\ 6$ 对应原岩地应力的 6 个应力分量。

## 6.2.2 煤层地应力间接反演

在最小二乘法反演过程中，可以发现煤层中的地质构造复杂，需要考虑的地质因素较多，且煤层力学强度相对于岩层较低，常规的 Kaiser 应力测试原理不适于煤体。因此，可分析煤层上覆岩层或底板岩层地应力大小，进而获得煤层地应力。从地质角度分析，地层间或层内的不同岩性岩石的物理特性、力学特性和地层孔隙压力异常等方面的差别造成了层间或层内地应力分布的非均匀性。地应力大小是随地层性质变化的，由于山前构造带地应力主要来源于上覆地层压力及地质构造运动产生的构力，在不同性质的地层由于其抵抗外力的变形性质不同，因而其承受构力也是不相同的。若依靠实测获得层内或层间地应力的分布规律，这是不切实际的。结合测井资料和分层地应力解释模型，可分析层内或层间地应力大小。

### 6.2.2.1 砂泥岩覆岩最大主应力和最小主应力计算

假设煤层覆岩为砂泥岩，且为均质各向同性的线弹性体，并假定在沉积后期地质构造运动过程中，地层与地层之间不发生相对位移，所有地层两水平方向的应变均为常数，则：

$$\begin{cases} \sigma_{\mathrm{H}} = \dfrac{\nu_s}{1-\nu_s}(\sigma_z - \alpha p_p) + \varepsilon_{\mathrm{H}} \dfrac{E_s H}{1+\nu_s} + \alpha p_p \\[3mm] \sigma_{\mathrm{h}} = \dfrac{\nu_s}{1-\nu_s}(\sigma_z - \alpha p_p) + \varepsilon_{\mathrm{h}} \dfrac{E_s H}{1+\nu_s} + \alpha p_p \end{cases} \tag{6.2.5}$$

式中 $\varepsilon_{\mathrm{H}}$，$\varepsilon_{\mathrm{h}}$——构造系数；

$\sigma_{\mathrm{H}}$，$\sigma_{\mathrm{h}}$，$\sigma_z$——水平最大地应力、最小地应力和上覆压力，MPa；

$p_p$——孔隙压力，MPa；

$\nu_s$——地层静态泊松比；

$E_s$——地层静态弹性模量，MPa；

$\alpha$——有效应力系数，取0.85。

由于构造系数是不确定的，所以需要利用实测数据反求出构造系数，再代入式(6.2.5)求出其他井的应力。采用Kaiser原理，结合室内实验手段是测量砂泥岩覆岩最大主应力、最小主应力的有效方式。通过对LX12井岩心进行声发射Kaiser实验(图6.2.1和图6.2.2)，得到顶板砂岩的最大水平主应力为39.19MPa，最小水平主应力为32.84MPa。

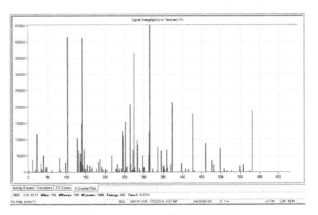

图6.2.1　LX12井声发射能谱

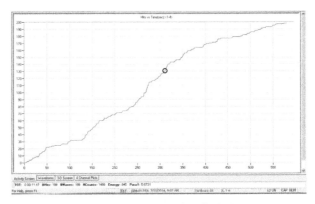

图6.2.2　LX12井声发射曲线

#### 6.2.2.2　煤层自身最大地应力和最小地应力反演

对于煤层，实际测量难度很大，利用组合弹簧模型计算地应力带来的误差很大，此时需要采取应力反演求出。地层水平应力由上覆压力以及构造作用共同产生，因此需要从这两方面分别反演水平应力分量。根据反演得到某一口井煤层的最大主应力和最小主应力之后，按照式(6.2.5)反求出煤层的构造应力系数，将其应用于整个区块，即可求得煤层应力。

（1）构造作用引起水平应力分量。

在地层构造运动中，相邻地层的构造应变是相等的，从式(6.2.6)求出的砂泥岩的应变也是煤层的应变，求得最大应变为 0.5mm，最小应变为 0.17mm。

$$\begin{cases} \varepsilon_H = \dfrac{(\sigma_H - p_p) - \nu_s(\sigma_h + \sigma_z - 2p_p)}{E_s} \\[3mm] \varepsilon_h = \dfrac{(\sigma_h - p_p) - \nu_s(\sigma_H + \sigma_z - 2p_p)}{E_s} \end{cases} \tag{6.2.6}$$

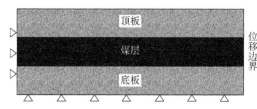

图 6.2.3　用于研究构造作用产生的
水平应力分量的模型

采取有限元反演方法，建立反演模型(图6.2.3)，给模型施加约束条件，然后求取煤层中由于构造作用产生的地应力分量。

采用有限元软件，按照图6.2.3所示方式，建立构造应力计算模型，模型左端和下部施加位移为 0 的约束，右端施加 0.5mm 和 0.17mm 的位移约束，以计算由构造作用带来的最大水平地应力和最小水平地应力，计算结果如图6.2.4和图6.2.5所示。由图6.2.4可以看出，上部和下部砂岩中，由构造作用带来的最大地应力分量为 11~13.3MPa；煤层中，由构造作用带来的最大地应力分量为 2~3MPa。由图6.2.5得出：上部和下部砂岩中，由构造作用带来的最小地应力分量为 6.4~7.4MPa；煤层中，由构造作用带来的最小地应力分量为 0.8MPa。

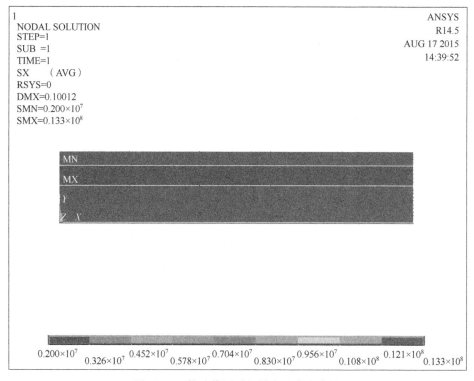

图 6.2.4　构造作用引起最大地应力分量

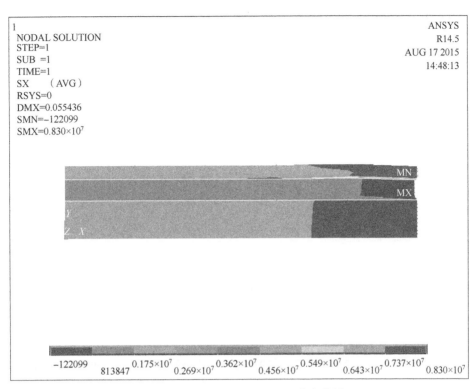

图 6.2.5 构造作用引起最小地应力分量

（2）上覆压力引起水平应力分量。

建立如图 6.2.6 所示的地层模型，给定模型左右以及下部位移为 0 的约束，在上部施加上覆压力，以计算出由上覆压力产生的水平应力，计算结果如图 6.2.7 所示，从中可知上部和下部砂岩受到的水平应力在 24～26MPa 之间；煤层受到的水平应力为 28～29MPa。

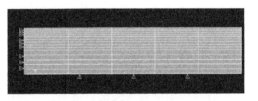

图 6.2.6 地层受力模型

综合上覆压力与构造作用引起的水平应力分量，可以得到煤层的最大水平主应力和最小水平主应力值，见表 6.2.1，通过计算可得煤层构造系数为 0.22 与 0.42。

表 6.2.1 LX2S 井构造作用及重力引起的水平应力分量

| 层位 | 深度/<br>m | 重力引起<br>应力分量/<br>MPa | 构造作用引起<br>最小地应力分量/<br>MPa | 构造作用引起<br>最大地应力分量/<br>MPa | 叠加后最小<br>地应力/<br>MPa | 叠加后最大<br>地应力/<br>MPa |
|---|---|---|---|---|---|---|
| 顶板砂岩（实测值） | 1925 | 25.50 | 7.34 | 13.69 | 32.84 | 39.19 |
| 煤层（反演值） | 1930 | 27.89 | 0.78 | 1.45 | 28.67 | 29.34 |
| 底板砂岩（实测值） | 1945 | 25.78 | 6.70 | 12.52 | 32.48 | 38.30 |

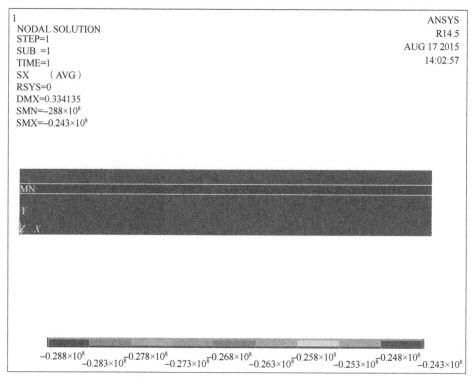

图 6.2.7　由上覆压力引起的水平应力分量

结合式(6.2.5)，将煤层构造系数代入求得煤层最小地应力的反演值为 28.67MPa、最大地应力的反演值为 29.34MPa。

## 6.2.3　地应力反演实例

结合煤层地应力间接反演结果，并运用煤层地应力直接反演的最小二乘法，进一步验证煤层应力场的可行性与准确性。

### 6.2.3.1　地质模型及网格划分

（1）以韩城煤层气区块 10 口典型井进行地应力反演，根据整个煤层气区块的井网布局和排采情况确定较适合地应力反演的区块，最终选取了单井排采生产的区块作为反演区块，如图 6.2.8 所示。

（2）建立 1000×1000×300 的地质模型（图 6.2.9），将 10 口井的坐标统一在模型内，并在模型中标注，将模型边界划分为 10 个同等大小面，作为单一应力加载面。

① 对反演模型设置边界条件约束，设 $X$ 方向为最小主应力方向，设 $Y$ 方向为最大主应力方向，将 $X$、$Y$ 方向各一侧固定；设置上覆压力平均值为 21MPa，并固定模型底侧；

② 在 $X$、$Y$ 方向未固定两个面划分的小块上依次分别加载 10MPa 的力，观测并提取模型内部各坐标点上产生的应力值；

③ 分别在 20 个小块上加载获得各井位上产生的应力值，再利用所有井位上的应力列方程反算出边界上的应力。

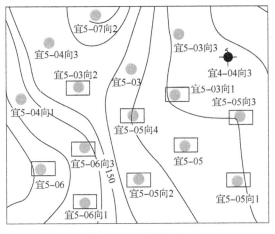

图 6.2.8 反演区块

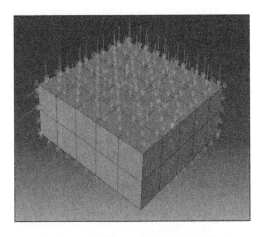

图 6.2.9 加载应力、设置边界条件图

### 6.2.3.2 反演过程

在建立的地质模型基础上，确定一个小面加载，加载后的应力以应力云图的形式呈现出来(图 6.2.10 至图 6.2.12)，其中不同颜色代表应力值的大小，从而实现确定模型内部坐标点产生的应力值。

计算过程：采用数值模型加载获得不同井位的应力值，利用该应力值与井边界应力的关系计算出边界上的应力，具体如下(两口井示例)。

宜 5-03 向 2 井：

$$-0.0273674x_1 - 0.24039x_2 - 4.54762x_3 - 1.45883x_4 - 0.0210424x_5 - 0.0461798x_6 -$$
$$0.230192x_7 - 2.46718x_8 - 0.924574x_9 - 0.0366178x_{10} = \sigma_h = 13.41 \text{MPa};$$

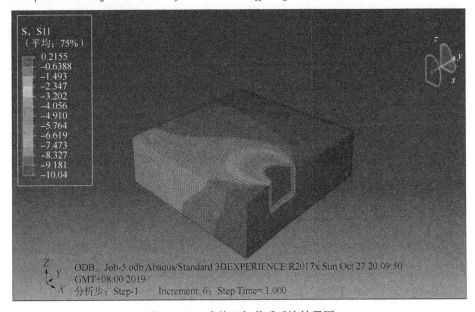

图 6.2.10 小块上加载后反演结果图

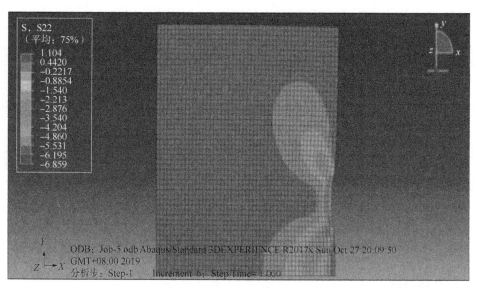

图 6.2.11　$y$ 方向应力变化图

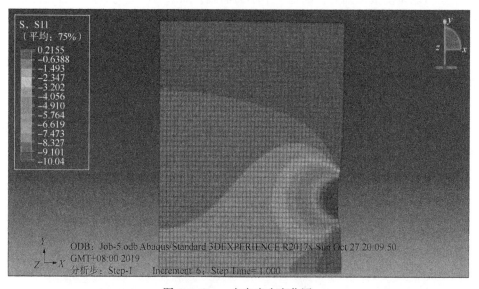

图 6.2.12　$x$ 方向应力变化图

$-2.9571y_1-1.51975y_2-0.52607y_3-0.0891448y_4-0.022599y_5-2.78958y_6-1.48885y_7-$
$0.571383y_8-0.136888y_9+0.0208819y_{10}=\sigma_{\mathrm{H}}=14.27\mathrm{MPa}$。

宜 5-03 向 1 井：

$-0.01977844x_1-0.139765x_2-2.67925x_3-1.38272x_4-0.0291564x_5-0.04380188x_6-$
$0.217131x_7-3.57049x_8-1.84296x_9-0.0749491x_{10}=\sigma_{\mathrm{h}}=11.25\mathrm{MPa}$；

$-2.89145y_1-1.44985y_2-0.484153y_3-0.0728424y_4-0.0228065y_5-2.97903y_6-$
$1.53028y_7-0.556602y_8-0.124472y_9+0.0260487y_{10}=\sigma_{\mathrm{H}}=11.42\mathrm{MPa}$。

……

共列 20 个方程采用最小二乘法求解，获得边界上的应力值。

### 6.2.3.3 反演结果

按照上述反演过程分别计算出韩城煤层气区块 10 口典型井边界上的最大主应力和最小主应力值，具体结果见表 6.2.2。

**表 6.2.2 反演结果表**

| 方向 | 加载边界单元 | 应力/MPa |
|---|---|---|
| 最大主应力方向 | 1-1 | 13.548 |
| | 1-2 | 14.536 |
| | 1-3 | 13.854 |
| | 1-4 | 12.681 |
| | 1-5 | 13.679 |
| | 1-6 | 14.672 |
| | 1-7 | 15.695 |
| | 1-8 | 13.658 |
| | 1-9 | 12.157 |
| | 1-10 | 14.954 |
| 最小主应力方向 | 2-1 | 12.561 |
| | 2-2 | 13.634 |
| | 2-3 | 13.569 |
| | 2-4 | 13.982 |
| | 2-5 | 12.638 |
| | 2-6 | 12.138 |
| | 2-7 | 14.697 |
| | 2-8 | 13.637 |
| | 2-9 | 13.258 |
| | 2-10 | 13.654 |

### 6.2.3.4 验证反演结果

将反算出来的边界应力值都代入模型中加载应力（图 6.2.13），再计算完成后得到内部各点的应力值，计算得出的应力值基本与单井计算值相符。

通过前面单井地应力计算和区块应力反演，最终能得到整个区块的边界应力（表 6.2.3），在 ABAQUS 中则能任意提取模型内部坐标点的地应力，最终构建出完整的地应力场，也说明采用该方法进行应力反演的可行

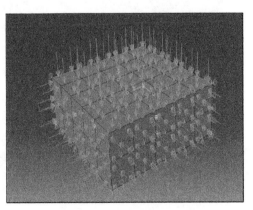

图 6.2.13 应力验证加载图

性。如图 6.2.14 和图 6.2.15 所示，最小主应力在整个区域内分布较均匀，大部分为 13～14MPa，在偏东部应力差距较大，呈块状较小地应力和较大地应力；最大主应力在北部区域较大，应力呈现北高南低的规律，且在东部区域分布差距较大。

表 6.2.3　反演结果与计算结果对比表

| 井号 | 煤层 | 深度/m | 最小主应力/MPa | | 最大主应力/MPa | |
|---|---|---|---|---|---|---|
| | | | 实验结果 | 反演计算 | 实验结果 | 反演计算 |
| 宜 5-03 向 2 井 | 11#煤 | 877.0～880.0 | 14.11 | 14.23 | 14.36 | 14.52 |
| 宜 5-03 向 1 井 | 11#煤 | 849.5～853.0 | 14.10 | 14.35 | 14.27 | 14.36 |
| 宜 5-06 向 3 井 | 11#煤 | 895.2～898.0 | 15.32 | 15.68 | 15.49 | 15.94 |

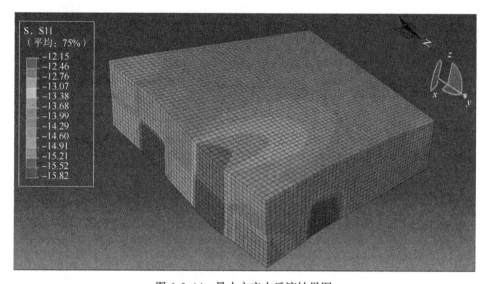

图 6.2.14　最小主应力反演结果图

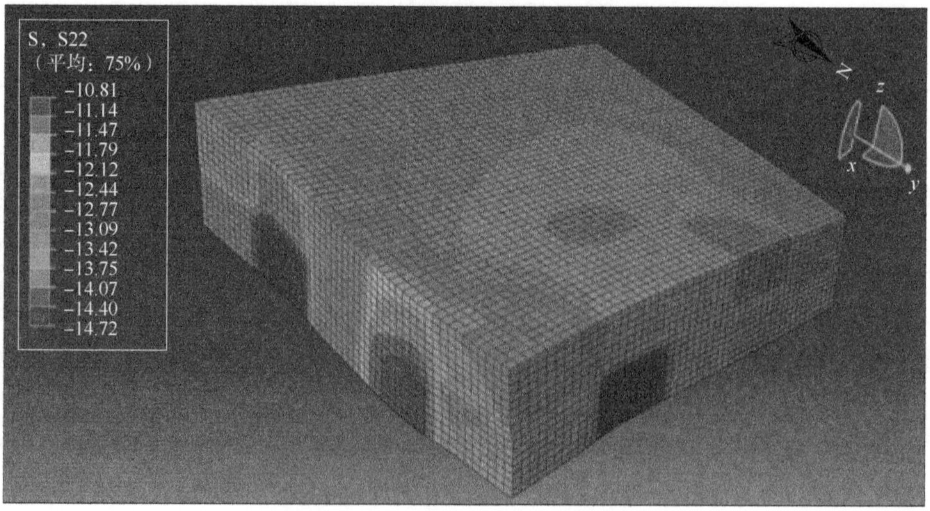

图 6.2.15　最大主应力反演结果图

本节符号及含义：

| 符号 | 含义 | 符号 | 含义 | 符号 | 含义 |
|------|------|------|------|------|------|
| $\sigma$ | 初始地应力值 | $G$ | 自身因素 | $\sigma_k$ | 地应力计算值 |
| $E$ | 弹性模量 | $T_1$，$T_2$ | 构造因素 | $\nu$ | 泊松比 |

# 6.3 煤层压裂有限元模型

不同宏观煤岩类型的煤层在岩石力学性质、微裂隙发育程度和储层可压性等方面存在显著差别，造成不同煤岩类型煤层中水力裂缝的扩展行为不同，最终形成的水力裂缝形态不同。由于不同压裂裂缝形态下的压裂设计、优化和评价方法也不同，所以弄清宏观煤岩类型对煤层水力裂缝扩展的影响十分重要，直接关系到煤层压裂效果。为此，以韩城区块浅层煤层为例，通过对煤层宏观煤岩类型的精细划分，基于流固耦合理论并分别结合Cohesive单元模型和MShale离散缝网模型，建立了暗淡型煤层三维压裂"工"形裂缝数值模型和光亮型煤层三维压裂裂缝网络的数值模型，探究了暗淡型煤层"工"形缝和光亮型煤层裂缝网络的扩展规律，并开展了暗淡型煤层和光亮型煤层压裂的评价和优化研究。最后，采用Cohesive单元法进行砂煤岩互层多层合压水力裂缝穿层扩展数值模拟，分别研究了煤层射孔和砂岩层射孔两种情况下的裂缝扩展规律。

## 6.3.1 暗淡型煤层压裂"工"形裂缝数值模拟

### 6.3.1.1 三维压裂"工"形缝数值模型建立

韩城区块H1井是我国韩城区块煤层气开采的典型井，其煤层为11#煤层的暗淡型煤层。煤层厚度约为5m，煤层顶底板均为10m以上的泥岩地层。该井射孔位置位于煤层中部。后期的矿井开挖解剖结果表明该井暗淡型煤层中形成了"粗短垂直裂缝+长水平裂缝"的"工"形缝，"工"形缝中的长水平裂缝是该井压裂增产改造的主要贡献裂缝。

基于H1井的相关信息，结合ABAQUS的Cohesive单元模型，建立图6.3.1所示的三维"工"形缝模型。三维模型的长为80m，宽为40m，高为25m（中部煤层厚度为5m，顶底板泥岩均为10m）。考虑到压裂裂缝的对称性，模型模拟单翼裂缝。模型中预设了一层垂直的Cohesive单元和两层水平的Cohesive单元，分别用于模拟沿着最大水平主应力方向延伸的垂直裂缝，以及煤层与顶底板泥岩地层间的两条水平界面裂缝。模拟裂缝的单元类型为COH3D8P单元，该单元可以模拟流体的切向流动和法向滤失。模拟岩石的单元类型为C3D8P单元，该单元可以模拟在压裂过程中的岩体三维变形和其中的流体流动。模型中的压裂液注入点位于煤层中部，见图6.3.1(a)中的黄色小点。模型的前后、上下和左边界约束法向位移和保持孔隙压力不变。通过室内实验测试、测井数据解释和现场经验确定了三维"工"形缝模型中的岩石物性参数和岩石力学参数（表6.3.1）。压裂液黏度为10mPa·s，排量为6m³/min。

煤层压裂"工"
形缝有限元模拟

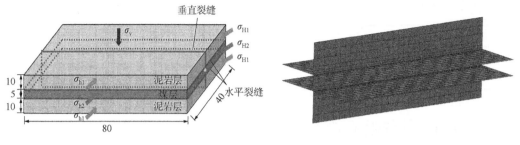

（a）模型示意图　　　　　　　　　（b）模型中嵌入的Cohesive单元

图6.3.1　三维"工"形裂缝模型

**表6.3.1　"工"形缝模型参数**

| 模型参数 | 暗淡型煤层 | 顶底板泥岩岩层 |
|---|---|---|
| 弹性模量/GPa | 5.07 | 10.22 |
| 泊松比 | 0.29 | 0.16 |
| 上覆压力/MPa | 10.3 | 12.3 |
| 最大水平主应力/MPa | 11.0 | 13.0 |
| 最小水平主应力/MPa | 10.7 | 12.7 |
| 地层压力/MPa | 5.2 | 5.2 |
| 渗透率/mD | 9.0 | 0.1 |
| 抗拉强度/MPa | 0.25 | 3.66 |
| 饱和度 | 1 | 1 |
| 孔隙度 | 0.2 | 0.1 |

图6.3.2为三维"工"形裂缝形成的动态过程。模拟过程中发现，在压裂初期会出现缝口压力的积聚，慢慢形成高压。当压力达到一定值时，垂直裂缝开始从煤层中部起裂[图6.3.2（a）]，此时缝口压力开始降低。随着压裂液的继续注入，裂缝沿着预设的垂直裂缝路径进行扩展。当垂直裂缝扩展至地层界面时[图6.3.2（b）]，缝口压力会再次憋起。当压力达到一定值时，裂缝才会突破并转向进入地层界面延伸[图6.3.2（c）]，随后压力降低。模拟发现裂缝随后将主要沿水平界面进行扩展，难以突破上部泥岩层，最终形成以水平裂缝为主的"工"形裂缝，如图6.3.3所示。

### 6.3.1.2　暗淡型煤层压裂"工"形裂缝扩展规律研究

（1）最小水平地应力差。

顶底板地层和煤层之间的最小水平地应力差是控制煤层水力裂缝垂向扩展的重要因素。中部煤层的最小水平主应力为10.7MPa，改变顶板泥岩地层的最小水平地应力，分别开展了层间最小水平地应力差（层间最小水平地应力差=顶底板泥岩最小水平地应力−煤层最小水平主应力）为−1MPa、0MPa、1MPa、2MPa和3MPa下的"工"形缝扩展规律研究。垂直裂缝和水平裂缝参数如图6.3.4所示。

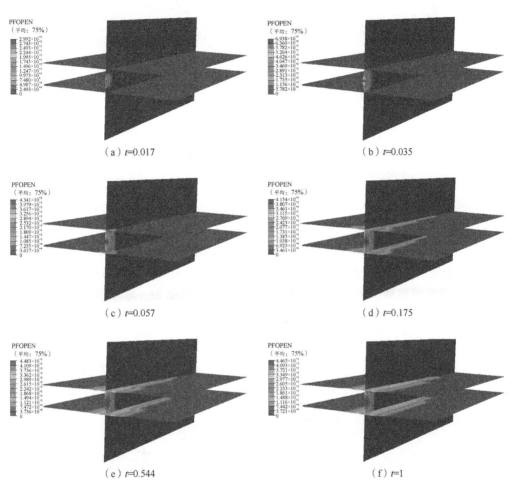

（a）t=0.017  （b）t=0.035

（c）t=0.057  （d）t=0.175

（e）t=0.544  （f）t=1

图 6.3.2 "工"形缝动态扩展过程

t 为无量纲时间，等于总时间归一化后的相对时间

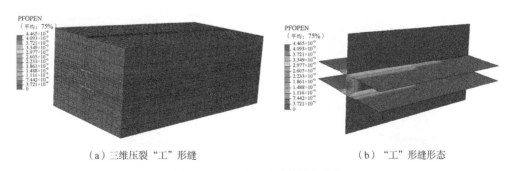

（a）三维压裂"工"形缝  （b）"工"形缝形态

图 6.3.3 水力压裂数值模拟结果

图 6.3.4 "工"形缝中垂直裂缝和水平裂缝参数示意图

从图 6.3.5 可知，在不同的层间应力差下，"工"形裂缝都难以突破上部泥岩地层向上扩展，而倾向于沿着地层界面扩展形成水平裂缝，最后形成以水平缝为主的"工"形裂缝。这与煤层与顶底板泥岩层间存在很强的力学性质差异，以及地层界面胶结性质较弱的特点是相符的。同时，从图 6.3.6 和图 6.3.7 可知，随着层间应力差的增加，"工"形缝中垂直裂缝和水平裂缝的缝宽和缝高都降低，但总体变化很小，说明层间应力差对水力裂缝宽度和高度的影响作用较弱。另一方面，随着层间应力差的增加，水平裂缝的长度在增加（图 6.3.8）。同时，从图 6.3.7 可发现水平裂缝对称位置处的缝宽并不是最大缝宽，最大缝宽在远离对称位置一定位置处，这不同于常规水力裂缝对称位置处缝宽最大的特点。

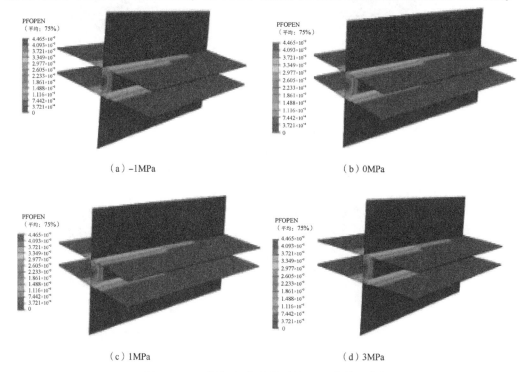

(a) -1MPa

(b) 0MPa

(c) 1MPa

(d) 3MPa

图 6.3.5 不同层间应力差下的"工"形裂缝形态

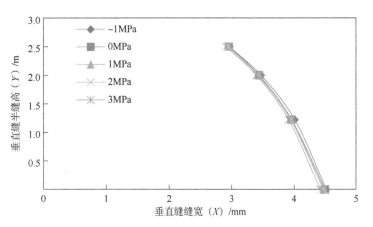

图 6.3.6 不同应力差下的垂直裂缝缝宽—缝高图

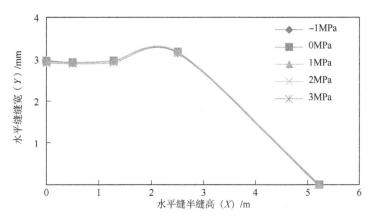

图 6.3.7 不同应力差下的水平裂缝缝高—缝宽图

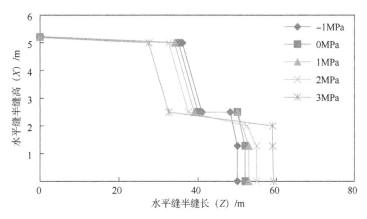

图 6.3.8 不同应力差下的水平裂缝缝长—缝高图

（2）煤层渗透率。

煤层渗透率是影响煤层压裂液滤失重要因素之一，对水力裂缝的形态和扩展有较大影响。为此，分别探究了煤层渗透率为 5mD、9mD、15mD、20mD 和 30mD 下的裂缝扩展规律，结果如图 6.3.9 至图 6.3.12 所示。

从图 6.3.10 和图 6.3.11 可知，随着煤层渗透率的增加，垂直裂缝和水平裂缝的缝宽和缝高都减小。当渗透率从 5mD 增加到 20mD 时，裂缝的缝宽和缝高的减小程度较低；而当渗透率从 20mD 增加到 30mD 时，缝宽和缝高减小幅度明显增大，说明当渗透率达到一定值时，压裂液的滤失出现急剧增加。从图 6.3.12 可知，随着渗透率的增加，水平裂缝缝长总体上增加，但缝高—缝长剖面呈现为由"短粗型"向"细长型"发展。分析认为，高煤层渗透率将导致压裂液滤失量增加，用于造缝的压裂液量减少，并且缝中难以形成压力积聚，造成水平缝缝高扩展受限。

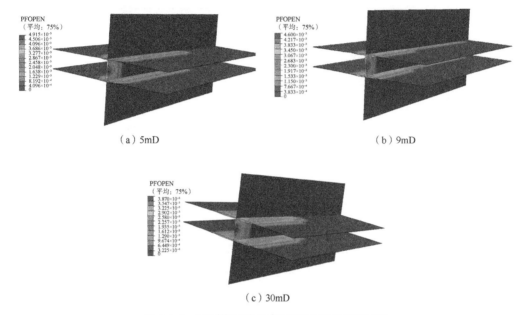

（a）5mD  （b）9mD

（c）30mD

图 6.3.9　不同煤层渗透率下的"工"形裂缝形态

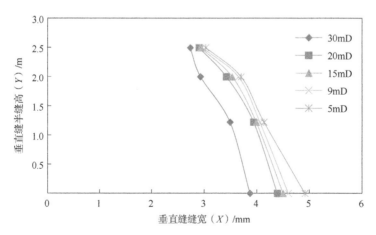

图 6.3.10　不同煤层渗透率下的垂直裂缝缝宽—缝高图

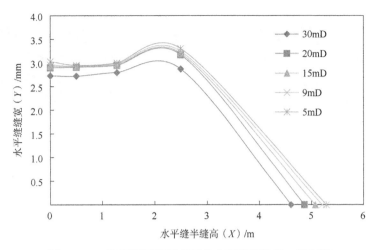

图 6.3.11　不同煤层渗透率下的水平裂缝缝高—缝宽图

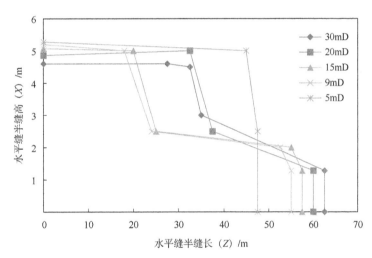

图 6.3.12　不同煤层渗透率下的水平裂缝缝长—缝高图

（3）排量。

排量对水力裂缝的形态具有重要影响。为此，分别设置排量为 $5m^3/min$、$6m^3/min$、$7m^3/min$ 和 $8m^3/min$ 进行模拟，结果如图 6.3.13 至图 6.3.16 所示。

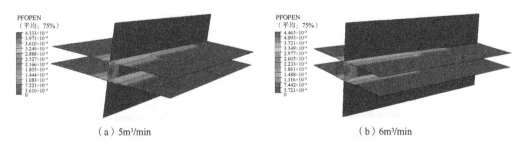

（a）$5m^3/min$　　　　　　　　　　（b）$6m^3/min$

图 6.3.13　不同排量下的"工"形裂缝形态

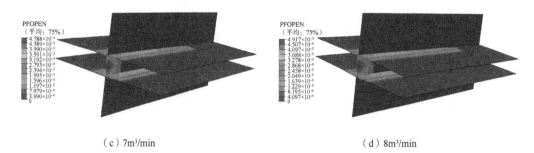

（c）7m³/min  （d）8m³/min

图 6.3.13 不同排量下的"工"形裂缝形态(续图)

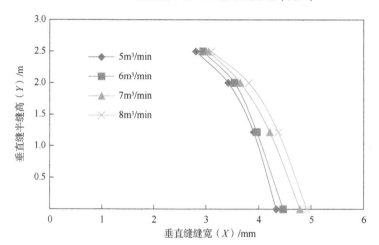

图 6.3.14 不同排量下的垂直裂缝缝宽—缝高图

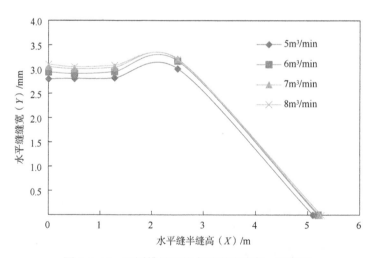

图 6.3.15 不同排量下的水平裂缝缝高—缝宽图

在研究排量下(5~8m³/min)，"工"形裂缝难以突破顶底板泥岩地层，被限制在暗淡型煤层中扩展(图 6..13)。随着排量的增加，垂直裂缝和水平裂缝的缝高和缝宽都增加，但整体上变化不大（图 6.3.14）。另一方面，排量对水平裂缝缝高—缝长剖面的影响很大（图 6.3.16）。当排量增加时，水平裂缝的缝高—缝长剖面整体上由"细长型"向"粗长型"发展；并且当排量从 6m³/min 变化到 7m³/min 时，水平裂缝缝高的阶梯型变化消失。分析认为存在某一临界排量使得水平裂缝由"细长型"向"粗长型"过渡，能够实现更好的压裂效果。为此，在暗淡型煤层压裂过程中，确定该临界排量对压裂设计和施工十分必要和重要。

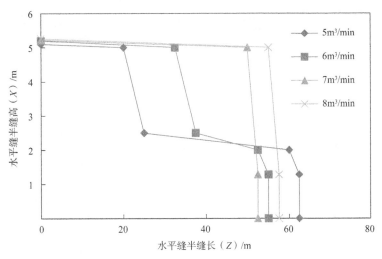

图 6.3.16　不同排量下的水平裂缝缝长—缝高图

（4）射孔位置。

考虑到常规水力压裂技术在韩城区块的暗淡型煤层的应用效果较差，现场开展了煤储层间接压裂先导性试验，其中一个重要内容就是改变射孔位置。为更深入理解射孔位置改变对暗淡型煤层压裂"工"形裂缝扩展规律影响，分别设置不同的射孔位置，即改变射孔位置与煤层中心位置距离（图 6.3.17），进行了不同射孔位置下的"工"形裂缝扩展模拟，结果如图 6.3.18 至图 6.3.23 所示。

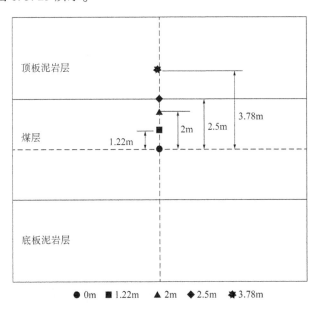

图 6.3.17　不同的射孔位置示意图（射孔位置与煤层中部位置的距离）

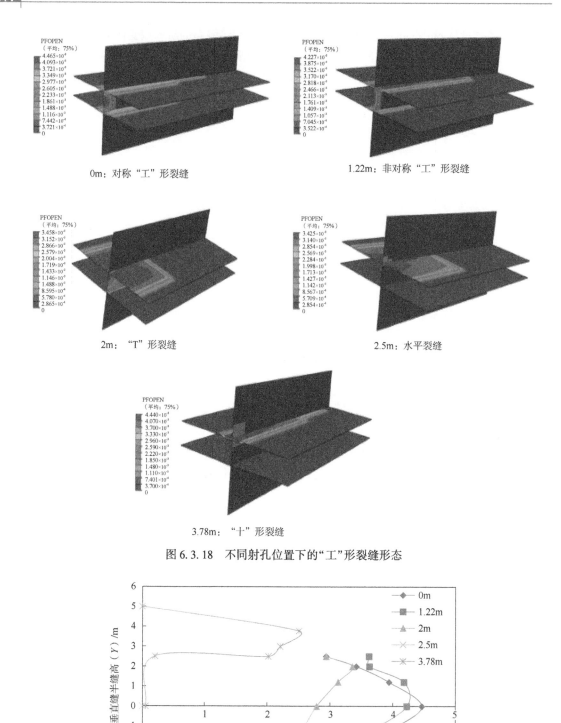

图 6.3.18　不同射孔位置下的"工"形裂缝形态

图 6.3.19　不同射孔位置下的垂直裂缝缝宽—缝高图

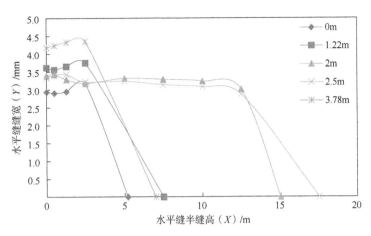

图 6.3.20　不同射孔位置下的上部水平裂缝缝高—缝宽图

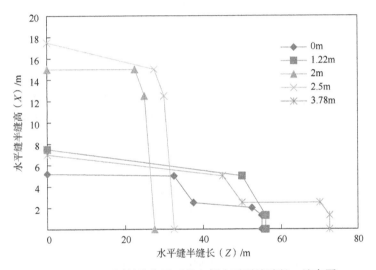

图 6.3.21　不同射孔位置下的上部水平裂缝缝长—缝高图

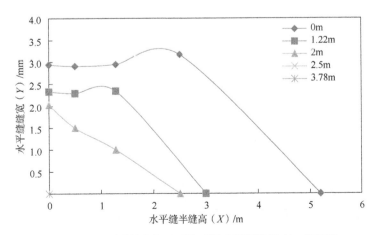

图 6.3.22　不同射孔位置下的下部水平裂缝缝高—缝宽图

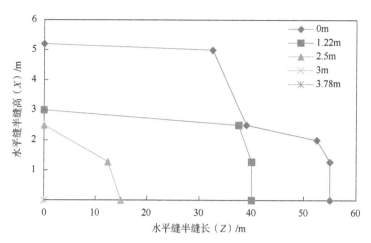

图 6.3.23　不同射孔位置下的下部水平裂缝缝长—缝高图

从图 6.3.18 可知：当射孔位置在煤层中部时，形成的是上下对称的"工"形裂缝；当射孔位置向上改变时，形成的是上下非对称的"工"形裂缝，主要表现为上部水平裂缝扩展越来越充分，下部水平裂缝扩展受到抑制，最后裂缝形态由"工"形缝过渡到"T"形缝；当射孔位置在煤层与顶板泥岩之间的地层界面时，形成的是沿地层界面充分扩展的水平裂缝[图 6.3.18(d)]；当射孔位置在上部泥岩层时，压后形成了以水平缝为主的"十"形裂缝，不过此时的水平裂缝扩展受到抑制。从图 6.3.19 可知，垂直缝缝高—缝宽剖面呈现上部大、下部小的倒锥形形态。从图 6.3.20 可知，当射孔位置在地层界面时，形成的上部水平裂缝缝高明显增加，与射孔位置在煤层中部相比，缝高增加幅度达 2.7 倍；当射孔位置在泥岩地层时，上部水平裂缝的缝高明显降低，但缝长急剧增加。当射孔位置从煤层中部位置向上改变时，下部水平裂缝的缝长、缝宽和缝高都在减小，直至为 0(图 6.3.21 至图 6.3.23)。

### 6.3.2　光亮型煤层压裂裂缝网络扩展数值模拟研究

电镜扫描结果(图 6.3.24)表明光亮型煤岩的岩石表面光滑、微裂隙发育，裂隙形态呈现平直，延伸性好；暗淡型煤岩的表面粗糙，微裂隙欠发育，微裂隙长度较短，发育少量微孔。不同类型的煤岩力学参数实验测试结果见表 6.3.2。研究表明，煤层的微裂隙系统发育程度受宏观煤岩类型影响，总体表现为光亮型煤层的微裂隙更为发育，连通性更好。图 6.3.25 为不同煤岩类型煤岩三维重构图，清晰地展示了煤岩孔裂隙、有机煤岩组分和无机矿物等在煤层中的空间展布特征。

表 6.3.2　力学参数实验测试结果

| 编号 | 岩性 | 围压/MPa | 抗压强度/MPa | 弹性模量/GPa | 泊松比 | 脆性指数/% | 抗拉强度/MPa | 断裂韧性/$(MPa \cdot m^{\frac{1}{2}})$ |
|---|---|---|---|---|---|---|---|---|
| N1 | 泥岩 | 0 | 27.99 | 10.22 | 0.16 | — | — | — |
| S1 | 光亮型煤 | 0 | 20.22 | 2.56 | 0.33 | 37.41 | — | — |
| K3 | 暗淡型煤 | 0 | 22.16 | 5.07 | 0.29 | 27.82 | — | — |
| N2 | 泥岩 | 10 | 91.54 | 11.86 | 0.22 | — | — | — |

| 编号 | 岩性 | 围压/MPa | 抗压强度/MPa | 弹性模量/GPa | 泊松比 | 脆性指数/% | 抗拉强度/MPa | 断裂韧性/(MPa·m$^{\frac{1}{2}}$) |
|------|------|----------|--------------|--------------|--------|------------|--------------|------------------------------------|
| S2 | 光亮型煤 | 10 | 74.74 | 4.43 | 0.36 | 32.55 | — | — |
| K4 | 暗淡型煤 | 10 | 75.74 | 4.62 | 0.30 | 25.60 | — | — |
| — | 泥岩 | — | — | — | — | — | 3.66 | 0.89 |
| — | 光亮型煤 | — | — | — | — | — | 0.18 | 0.09 |
| — | 暗淡型煤 | — | — | — | — | — | 0.25 | 0.14 |

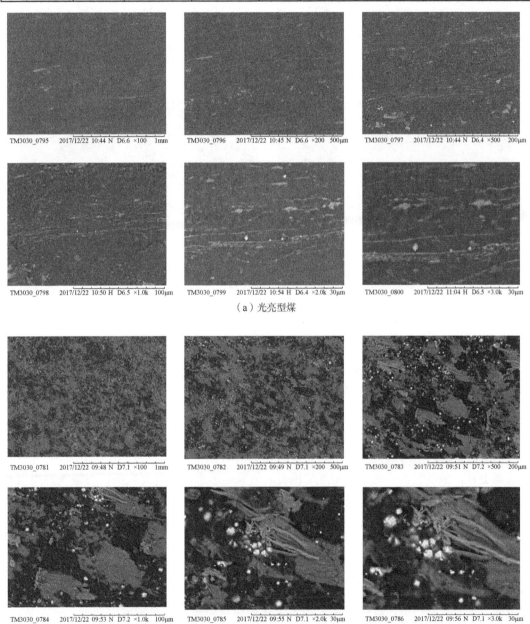

（a）光亮型煤

（b）暗淡型煤

图6.3.24 煤岩微观结构电镜扫描结果

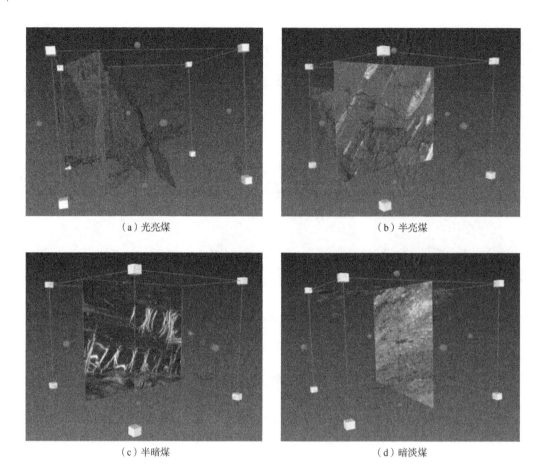

（a）光亮煤　　　　　　　　　　　（b）半亮煤

（c）半暗煤　　　　　　　　　　　（d）暗淡煤

图 6.3.25　不同煤岩类型煤岩的三维重构图
（图中灰色部分代表煤岩基质，白色部分代表矿物质，红色部分代表孔裂隙）

由图 6.3.24 和图 6.3.25 可知，光亮型煤层中的微裂缝发育，裂缝形态平直并且裂缝间具有一定连通性。在压裂过程中，光亮型煤层中微裂缝的存在会使得水力裂缝的扩展形式更加复杂。水力裂缝与天然裂缝的交互可能会发生水力裂缝沿着天然裂缝扩展、水力裂缝穿过天然裂缝扩展、水力裂缝沿着天然裂缝扩展并在裂缝端部发生转向后沿着最大水平主应力方向扩展、水力裂缝终止于天然裂缝等复杂的扩展行为，如图 6.3.26 所示。因此，从这点上看，微裂缝发育的光亮型煤层压裂后的裂缝形态是十分复杂的。与暗淡型煤层相比，光亮型煤层的脆性指数明显较高（表 6.3.2），这说明光亮型煤层具有更高的脆性。储层岩石脆性越高，压裂后形成复杂裂缝网络的可能性越高。从这点看，与暗淡型煤层相比，光亮型煤层更容易形成复杂裂缝网络。同时，光亮型煤层具有更低的断裂韧性（表 6.3.2），说明压裂裂缝在其中更容易延伸，也更容易与天然裂缝交互，最终形成复杂裂缝网络的概率越大。另一方面，光亮型煤层压裂后形成以主缝为主，多条纵横交错次级缝组成的小型裂缝网络，再次印证了光亮型煤层压裂后将形成复杂裂缝网络。综上认为，光亮型煤层压裂裂缝形态为以主缝为主的小型复杂裂缝网络。

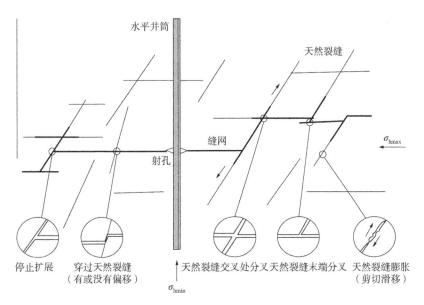

图 6.3.26　水力裂缝与天然裂缝交互形式

### 6.3.2.1　水力压裂裂缝网络数值模型建立

（1）韩城区块 H2 井概况。

韩城区块 H2 井的煤层为 $11^{\#}$ 光亮型煤层。煤层厚度约为 5m，煤层顶底板均为 10m 以上的泥岩地层。射孔方式为 90°螺旋布孔，孔密为 16 孔/m。压裂液注入方式为套管注入，排量为 $7\sim8m^3/min$，现场压裂施工曲线发现该井破裂压力不明显，并且压裂曲线呈现一定波动，这在一定程度上间接反映了该井煤层割理发育，并且压后裂缝呈现复杂形态。为了更深入研究光亮型煤层压后复杂裂缝网络的扩展规律，以韩城区块 H2 井为例建立了光亮型煤层压裂裂缝网络的数值模型，并据此开展地质因素和施工因素对裂缝网络的影响研究。

（2）光亮型煤层压裂裂缝网络数值模型。

前文研究发现光亮型煤层压裂后将形成以主缝为主的小型裂缝网络。由于光亮型煤层内既发育有内生裂缝，又发育有外生裂缝，所以煤层的微裂缝分布和走向都十分复杂，在理论模型或数值模拟过程中无法逐一精确描述。为此，依据等效裂缝密度采用正交裂缝网格对天然裂缝进行量化描述，极大地降低了描述天然裂缝的复杂程度。同时，考虑到使用有限元方法模拟复杂裂缝网络的计算量十分庞大、耗时很长，所以采用 MShale 离散元模型开展光亮型煤层的缝网压裂模拟。

为此，基于韩城区块 H2 井的地层信息和压裂施工信息，采用正交裂缝网格量化天然裂缝，结合 MShale 离散元模型建立了光亮型煤层压裂裂缝网络数值模型（图 6.3.27）。数值模型的高度为 25m，其中中部层位为 5m 厚的煤层，上、下层位分别为 10m 厚的泥岩地层。模型中采用的光亮型煤层岩石力学参数见表 6.3.2，地应力等参数通过该井测井数据反演计算得到，压裂施工参数采用 H2 井的现场实际参数，压裂液量为 650m$^3$，排量为 7m$^3$/min，压裂时间为 110min。模拟结果表明，H2 井光亮型煤层压裂后形成了水平裂缝和垂直裂缝交错的小型裂缝网络。垂直水力裂缝垂向扩展中沟通煤层的上部地层界面后，主要沿上部地层界面转向扩展形成水平主裂缝。

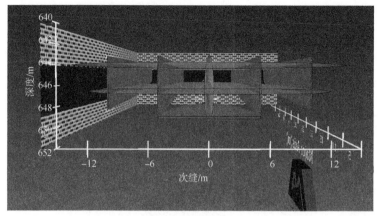

（a）压裂裂缝网络三维视图（主视图）

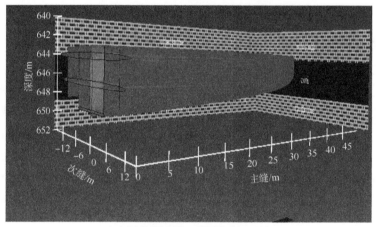

（b）压裂裂缝网络三维视图（左视图）

图 6.3.27　压裂裂缝网络数值模型

### 6.3.2.2　三维裂缝网络数值模型验证

为了验证三维裂缝网络数值模型的可靠性，开展了 H2 井数值模拟压力曲线与现场施工压力曲线的对比研究，如图 6.3.28 所示。

从图 6.3.28 中的现场压裂压力曲线可知，压力曲线中破裂压力不明显，这可能是因为光亮型煤层中微裂缝发育导致的。压裂施工过程中的压力总体上较低，并且呈现一定波动，这与前文分析的光亮型煤层具有较好可压性及压裂会形成复杂裂缝网络是符合的。同时，数值模拟压力曲线与现场压裂压力曲线的整体变化趋势一致。总体上数值模拟压力数值较实际压裂压力偏小，二者之间的压力最大差值为 6.37MPa，最大误差为 20.64%，该误差可认为在合理误差范围之内。综上，认为建立的光亮型煤层三维裂缝网络数值模型是可靠的。

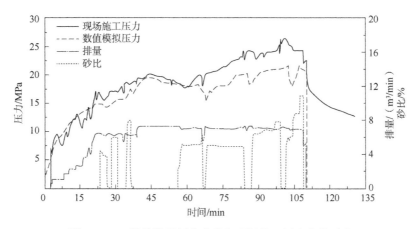

图 6.3.28　数值模拟压力曲线与现场施工压力曲线对比

### 6.3.2.3　光亮型煤层压裂裂缝网络扩展规律研究

（1）弹性模量差。

弹性模量对压裂裂缝形态，尤其是缝宽有重要影响。设光亮型煤层弹性模量为 2GPa，改变顶底板泥岩层弹性模量，分别探究了弹性模量差（弹性模量差＝泥岩层弹性模量－煤层弹性模量）为 6GPa、8GPa、10GPa、12GPa 和 14GPa 下的裂缝网络扩展过程，结果如图 6.3.29 至图 6.3.33 所示。

图 6.3.29 至图 6.3.33 中的 DFN（Discrete Fracture Network）为离散裂缝网络，离散裂缝网络表示的是整个压裂裂缝网络，包括压裂主缝和次级裂缝。随着层间弹性模量差的增加，DFN、主缝和次缝的缝宽、缝高和体积呈现先降低后增加趋势，但总体上变化不大；而缝长、导流能力和储层改造体积 SRV（Stimulated Reservoir Volume）呈现先增加后降低趋势。当弹性模量差为 10GPa 时，导流能力和 SRV 取得最大值。

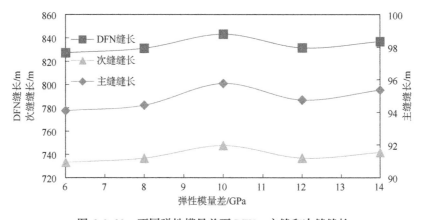

图 6.3.29　不同弹性模量差下 DFN、主缝和次缝缝长

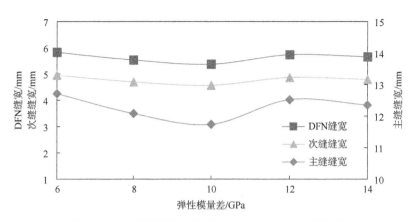

图 6.3.30　不同弹性模量差下 DFN、主缝和次缝缝宽

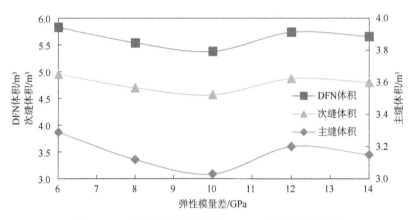

图 6.3.31　不同弹性模量差下 DFN、主缝和次缝体积

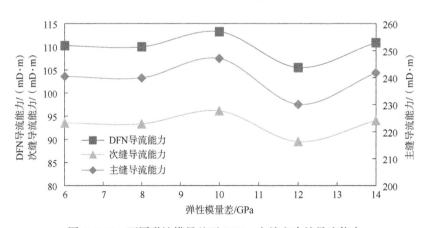

图 6.3.32　不同弹性模量差下 DFN、主缝和次缝导流能力

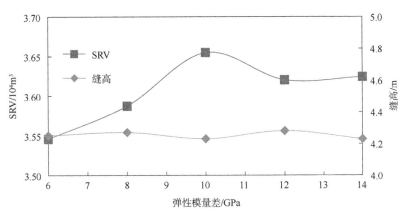

图 6.3.33 不同弹性模量差下 SRV 和缝高

（2）排量。

排量是缝网压裂优化设计的关键因素之一。基于三维裂缝网络模型，分别探究了 $6m^3/min$、$7m^3/min$、$8m^3/min$、$9m^3/min$ 和 $10m^3/min$ 等排量下的缝网参数，结果如图 6.3.34 至图 6.3.38 所示。

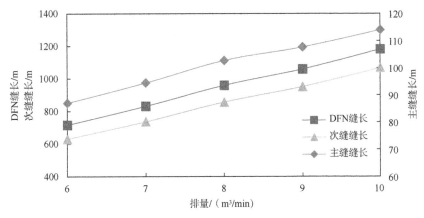

图 6.3.34 不同排量下的 DFN、主缝和次缝缝长

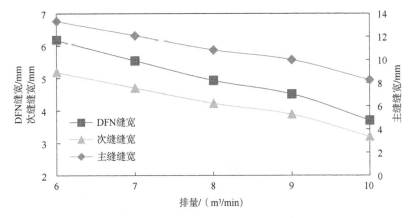

图 6.3.35 不同排量下的 DFN、主缝和次缝缝宽

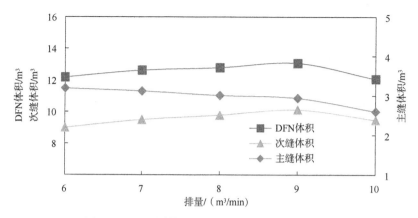

图 6.3.36　不同排量下的 DFN、主缝和次缝体积

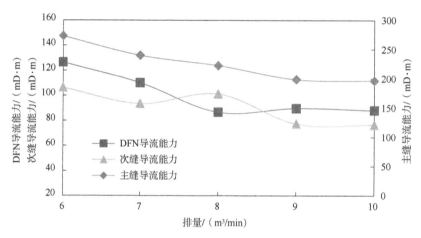

图 6.3.37　不同排量下的 DFN、主缝和次缝导流能力

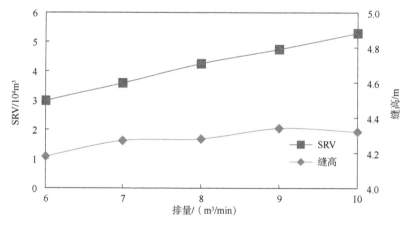

图 6.3.38　不同排量下的 SRV 和缝高

　　DFN、主缝和次缝缝长随排量增加呈近线性增加(图 6.3.34);缝宽随排量增加呈近线性降低(图 6.3.35);缝高随排量增加也呈近线性增加,但整体变化不大

（图 6.3.38），这是煤层水力裂缝受顶底板泥岩地层遮挡，在纵向上扩展受到抑制导致的。随排量增大，主缝体积减小，但次缝体积呈现先增加后降低，这也导致 DFN 体积呈现先增加后降低趋势，在排量为 9m³/min 时最大（图 6.3.36），这说明次缝体积控制着整个裂缝网络的体积。另一方面，主缝导流能力明显高于次缝和 DFN 导流能力（图 6.3.37），对整个裂缝网络的导流能力具有决定作用。SRV 随排量增加呈现近线性增加（图 6.3.38）。因此，压裂液排量对光亮型煤层裂缝网络压裂效果具有重要影响，在压裂优化设计时要重点考虑。

（3）黏度。

压裂液黏度分别设定为 1mPa·s、2.5mPa·s、12mPa·s、20mPa·s、30mPa·s、50mPa·s、80mPa·s 和 100mPa·s，模拟结果如图 6.3.39 至图 6.3.43 所示。

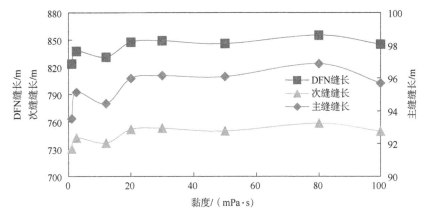

图 6.3.39　不同黏度的 DFN、主缝和次缝缝长

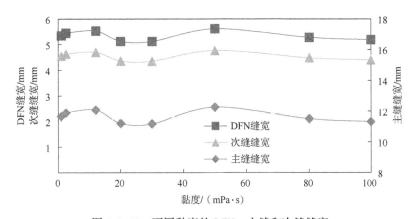

图 6.3.40　不同黏度的 DFN、主缝和次缝缝宽

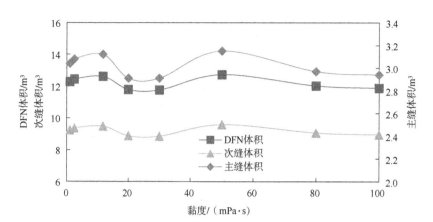

图 6.3.41　不同黏度的 DFN、主缝和次缝体积

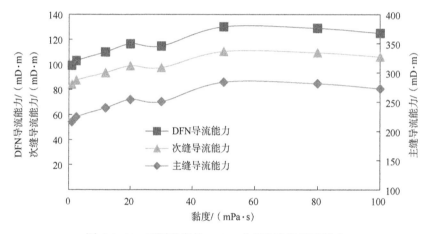

图 6.3.42　不同黏度的 DFN、主缝和次缝导流能力

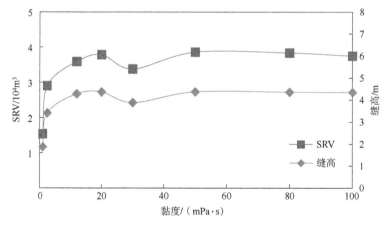

图 6.3.43　不同黏度的 SRV 和缝高

当黏度低于 20mPa·s 时，DFN、主缝和次缝缝长随黏度增加而总体增加(先增后降)；当黏度在 20~80mPa·s 时，随黏度增加，缝长变化不大；当黏度大于 80mPa·s，随黏度

增加，缝长反而降低(图6.3.39)。分析认为，压裂液黏度影响压裂液的滤失量和在裂缝中的流动阻力。当黏度较小时，压裂液能快速补充到裂缝前缘，促进缝长的增加；当黏度过大时，虽然压裂液滤失量低，有利于缝中憋压，但高黏压裂液在裂缝中的流动阻力占主导作用，裂缝向前扩展受到抑制，缝长减小。裂缝网络体积随黏度增加呈现波动变化，但整体变化不大(图6.3.41)。裂缝导流能力随黏度增加总体呈现近线性增加(图6.3.42)。缝高和SRV在压裂液黏度从1mPa·s增加到2.5mPa·s时，急剧增加，随后变化平稳；并且黏度在20mPa·s时，SRV和缝高取得最大值(图6.3.43)。因此，优选合适的压裂液黏度是十分重要的。

#### 6.3.2.4 光亮型煤层压裂裂缝网络的评价和优化

光亮型煤层压裂后形成的是以主缝为主的小型裂缝网络。对小型裂缝网络的评价主要看裂缝体积、SRV和裂缝导流能力等参数，另一方面又要考虑小型裂缝网络中主缝参数和次缝参数之间的协调。6.3.2.3节中已详细研究了各个因素对不同压裂裂缝参数的影响，从中可以发现，排量、压裂液黏度和射孔位置等施工因素对裂缝体积、SRV和导流能力的影响较大。在裂缝网络压裂设计过程中要重点设计和优化这些因素，以使主要目标裂缝参数达到最优。同时，对于小型裂缝网络中主缝参数和次缝参数之间的协调，可通过设置权重系数来实现[式(6.3.1)]，具体加权系数可根据经验并结合现场实际确定。

$$V_f = \omega_m V_m + \omega_s V_s \qquad (6.3.1)$$

其中

$$\omega_m + \omega_s = 1$$

式中  $V_f$——加权后的裂缝网络的等效裂缝参数；

$V_m$，$V_s$——分别表示主缝参数、次缝参数；

$\omega_m$，$\omega_s$——分别表示主缝参数和次缝参数的加权系数，可根据经验确定。

下面以6.3.2.3节中研究的"压裂液黏度"为例，采用提出的小型裂缝网络评价优化方法来优化压裂液黏度。压裂液黏度分别为1mPa·s、2.5mPa·s、12mPa·s、20mPa·s、30mPa·s、50mPa·s、80mPa·s和100mPa·s，模拟结果见表6.3.3。

表6.3.3 不同黏度下的裂缝网络主缝和次缝的裂缝体积、导流能力和SRV

| 黏度/ mPa·s | 裂缝体积/m³ | | 导流能力/(mD·m) | | SRV/ 10⁴m³ |
|---|---|---|---|---|---|
| | 主缝 | 次缝 | 主缝 | 次缝 | |
| 1.0 | 3.04 | 9.24 | 216.22 | 84.12 | 1.54 |
| 2.5 | 3.08 | 9.37 | 224.57 | 87.37 | 2.90 |
| 12.0 | 3.12 | 9.48 | 239.92 | 93.34 | 3.59 |
| 20.0 | 2.91 | 8.88 | 254.35 | 98.95 | 3.78 |
| 30.0 | 2.91 | 8.85 | 250.59 | 97.49 | 3.38 |
| 50.0 | 3.15 | 9.58 | 283.98 | 110.48 | 3.86 |
| 80.0 | 2.97 | 9.06 | 281.39 | 109.47 | 3.84 |
| 100.0 | 2.94 | 8.95 | 272.87 | 106.16 | 3.75 |

根据韩城区块煤层压裂工程实践和相关经验，取主缝参数的加权系数为 0.8，次缝参数的加权系数为 0.2。采用式(6.3.1)计算可得到加权后的裂缝网络的等效裂缝体积和等效导流能力(表 6.3.4)。

表 6.3.4 裂缝网络的等效裂缝体积和等效裂缝导流能力

| 黏度/(mPa·s) | 等效裂缝体积/m³ | 等效导流能力/(mD·m) |
|---|---|---|
| 1.0 | 4.28 | 189.80 |
| 2.5 | 4.34 | 197.13 |
| 12.0 | 4.39 | 210.60 |
| 20.0 | 4.10 | 223.27 |
| 30.0 | 4.10 | 219.97 |
| 50.0 | 4.44 | 249.28 |
| 80.0 | 4.19 | 247.01 |
| 100.0 | 4.14 | 239.53 |

从表 6.3.4 可知，当压裂液黏度达到 50mPa·s 时，裂缝网络的等效裂缝体积和等效导流能力是最高的。同时，此时的 SRV 也是最大的(表 6.3.3)。但是，50mPa·s 的压裂液在现场的应用是难以实现的。另一方面，可发现另一个最优值是 20mPa·s，此时的裂缝网络等效裂缝体积、等效导流能力和 SRV 是相对较大的，并且现场也较容易实施。因此，采用加权方法优化得到的最优压裂液黏度为 20mPa·s。

### 6.3.3 砂煤岩互层多层合压水力裂缝扩展数值模拟

临兴区块位于鄂尔多斯盆地东缘，前期的勘探表明，区块内同时存在致密砂岩气和煤层气资源的开采潜力，为节约成本、提高采收率，考虑进行多储层的联合压裂作业，实现煤层气和致密砂岩气的合采。但是地层垂向上岩石性质差异很大，地应力状态不同，从煤岩层起裂和从砂岩层起裂裂缝的形态可能会有很大的差别。多储层联合压裂作业主要关注射孔层位，裂缝在层间的扩展形态及其影响因素。煤岩具有弹性模量小，泊松比大，基质渗透率小，抗拉强度小，并且节理裂隙发育，压裂过程中滤失量大等特点，与砂泥岩岩性具有显著的差别，并且构造作用产生的水平主应力煤层也显著小于砂岩层。

本部分基于有限元平台，依据室内实验测得的岩石参数及现场测井数据建立全三维的裂缝扩展模型，对砂煤岩互层中的裂缝进行了模拟研究，考虑了分层地应力、岩性差异、界面效应、施工参数的影响，分别研究了煤层射孔和砂岩层射孔两种情况下裂缝的扩展形态，优选了射孔层位，并针对煤层为射孔层位的情况，探讨了地应力差、砂岩层抗拉强度、弹性模量、渗透率，以及压裂液排量和黏度对裂缝形态的影响规律。总结出可以进行联合压裂的条件，并就压裂液参数进行了优化。对于现场施工具有一定的指导作用。

#### 6.3.3.1 三维水力裂缝扩展模型的建立

以临兴区块 XX 井为例建立模型，XX 井目标煤层为 1954~1967.4m，层厚 13.4m，上下部都是厚度 15m 左右的砂岩层，基于有限元计算平台建立三层层厚均为 15m 的三维地层模型，总高度45m，模型的长200m，宽100m。模型考虑了裂缝传播至界面处沿着界面扩展形成"T"形缝的可能性，预设了垂直方向贯穿三层的垂直裂缝和地层界面处的横向裂缝。采用 Cohesive 单元模拟裂缝的扩展，在预设的裂缝扩展路径上建立一层三维的 Cohesive 单元，垂直方向上煤层中 Cohesive 单元的阈值应力为 0.8MPa，砂岩层中为 6.12MPa，上下界面处设置为过渡材料，Cohesive 单元的阈值应力设置为4MPa。在射孔处定义两个初始张开的单元。模型示意图如图6.3.44所示。垂直井筒位于模型右侧面中间位置，在中间层位的中部进行射孔。模拟分为两种情况：一种中间层位设置为煤层，上下层位设置为砂岩层；另一种将中间层位设置为砂岩，上下层位设置为煤岩。岩石的弹性模量、泊松比采用岩石三轴孔隙压力伺服实验系统测量，其他参数均以现场测井信息为准，统计参数见表6.3.5。

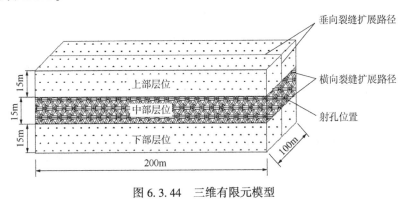

图6.3.44 三维有限元模型

表6.3.5 模型参数

| 参数 | 煤岩层 | 砂岩层 |
| --- | --- | --- |
| 弹性模量/GPa | 6.06 | 24.60 |
| 泊松比 | 0.310 | 0.24 |
| 抗拉强度/MPa | 0.80 | 6.12 |
| 初始渗透率/mD | 0.24 | 0.44 |
| 初始孔隙压力/MPa | 19.208 | 19.200 |
| 上覆压力/MPa | 47.8 | 47.8 |
| 最小水平主应力/MPa | 30.68 | 32.75 |
| 最大水平主应力/MPa | 45.1 | 46.2 |
| 滤失系数/$(mm/min^{\frac{1}{2}})$ | 11.3 | 1.0 |
| 含水饱和度 | 1 | 1 |
| 孔隙比 | 0.15 | 0.10 |

### 6.3.3.2 砂煤岩互层多层合压水力裂缝扩展规律研究

（1）砂岩层射孔裂缝形态分析。

模型将中间层位设置为砂岩层，上下层位设置为煤层，压裂液排量为5m³/min，黏度50mPa·s，作业时间12min，其他参数见表6.3.5，模拟得到的裂缝形态如图6.3.45

所示。

图 6.3.45　砂岩层射孔裂缝形态

裂缝并未沿着地层界面扩展，形成的是垂直缝。裂缝在缝高方向上迅速扩展，达到了42.9m，几乎贯穿了整个模型，砂岩层中的缝长为20.8m，煤层中的缝长为26.5m，缝高相对于缝长过大，实际压裂过程中，达不到深穿透储层的目的，这与现场从砂岩层起裂，缝高方向过度延伸的结果是一致的，因此，在砂煤岩联合压裂的施工中不建议采取在砂岩层射孔起裂的方式。

（2）煤层射孔裂缝形态分析。

将中间层位设置为煤岩层，上下层位设置为砂岩层。压裂液排量 7m³/min，黏度50mPa·s，作业时间30min，其他参数见表6.3.5，裂缝最终形态如图6.3.46所示。

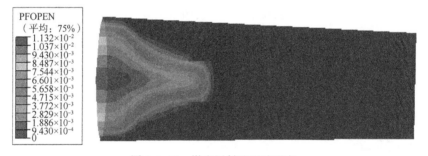

图 6.3.46　煤岩层射孔裂缝形态

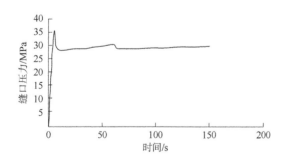

图 6.3.47　缝口处压力变化趋势

缝长达到 123m，缝高为 43.6m，缝长相对于缝高大了两倍，缝宽由射孔位置开始沿着缝高和缝长方向逐渐降低，可以满足压裂深穿透的目的。建议采取从煤岩层射孔的方式。观察模型的整个计算过程发现，初期计算缓慢，后期速度明显加快，表明了在压裂初期的近井筒地带裂缝的扩展较后期慢，裂缝的扩展能力主要与缝内压力相关，为此，提取缝口处150s内的压力，如图6.3.47所示。

分析认为,在裂缝的扩展过程中,裂缝尖端压力随着压裂液的注入迅速增加,形成憋压,满足单元的起裂准则后单元损伤开始产生裂缝,压力下降,之后在下一个裂缝尖端位置形成憋压,当裂缝扩展到一定距离后,缝内压力逐渐平稳。根据现场施工压力曲线计算得到的井底煤层的破裂压力为41MPa,模拟得到的煤层破裂压力为35.5MPa,误差为13.4%,验证了数值模型的正确性。

(3)煤岩层射孔条件下裂缝形态的影响因素分析。

砂煤互层联合压裂作业时,在砂岩层射孔形成的缝难以满足深穿透的目的,下文着重研究了煤岩层射孔条件下,地层因素和施工因素包括地应力差、砂岩层抗拉强度、弹性模量、渗透率,以及压裂液排量和黏度对裂缝形态的影响规律。

① 地应力差对裂缝形态的影响规律。

水平地应力由上覆压力和构造运动产生的水平地应力两部分构成,构造运动在砂岩层产生的地应力要高于煤岩层。砂岩层与煤岩层最小水平主应力的差值分别设置为1MPa,2MPa,3MPa,4MPa,5MPa,压裂液排量7m³/min,黏度1mPa·s,其他参数见表6.3.5,研究地应力差值对裂缝形态的影响规律,结果如图6.3.48和图6.3.49所示。

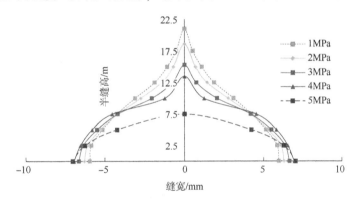

图6.3.48 不同地应力差值下的缝高剖面

随着地应力差值的增大,缝高逐渐减小,当应力差达到5MPa时,裂缝被完全限制在煤层中,煤层中的缝长在稳步增长。煤层中缝宽与砂岩层缝宽的变化趋势刚好相反,分析认为,当砂岩层地应力增大时,造出同样宽度的裂缝需要更多的能量,然而压裂液的黏度与排量并未变化,缝宽随之减小,与此同时,用于在煤层中造缝的压裂液量增大,因此煤层的缝宽和

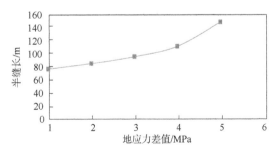

图6.3.49 不同地应力差值下的缝长

缝长会增大。可见,高砂岩层地应力会阻碍裂缝向砂岩层扩展,对煤层中缝长的增长有很明显的促进作用。因此,对于从砂岩层向煤层扩展的情况,地应力是产生裂缝在缝高方向迅速扩展的一个关键地质因素。

② 砂岩层抗拉强度对裂缝形态的影响规律。

抗拉强度作为岩石固有的参数对裂缝的起裂以及形态有很重要的影响。将砂岩的抗拉强度分别定义为 4MPa，4.5MPa，5MPa，7MPa，8MPa，压裂液排量 7m³/min，黏度 1mPa·s，其他参数见表 6.3.5，得到裂缝在煤岩和砂岩中的形态如图 6.3.50 和图 6.3.51 所示。

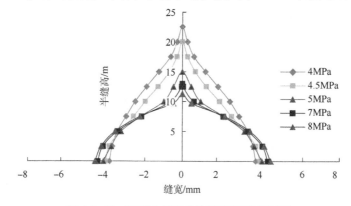

图 6.3.50　不同砂岩层抗拉强度下缝高剖面

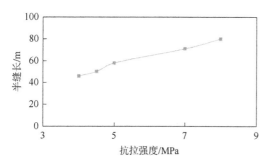

图 6.3.51　不同砂岩层抗拉强度下的缝长

随着砂岩层抗拉强度的增加，缝高减小，缝长和缝宽逐渐增加。当砂岩层抗拉强度为 4MPa 时，裂缝穿透了砂岩层，半缝高达到了 22.5m，当变为 8MPa 时，半缝高只有 12m，减小了将近一半。可见，低抗拉强度的砂岩层会使裂缝在缝高方向迅速扩展。分析认为，在模拟压裂过程中，低抗拉强度的砂岩更容易满足二次应力准则而起裂，除此，煤层中的缝宽更小，流体在缝内流动的阻力更大，易造成缝口处压力的积聚，从而更容易在缝高方向上突破扩展。

③ 砂岩层弹性模量对裂缝形态的影响规律。

压裂液排量为 6m³/min，黏度 1mPa·s，其他参数见表 6.3.5，砂岩层的弹性模量分别设置为 18GPa，26GPa，30GPa，40GPa，得到的裂缝的形态如图 6.3.52 和图 6.3.53 所示。

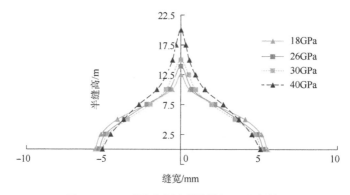

图 6.3.52　不同砂岩层弹性模量下缝高剖面

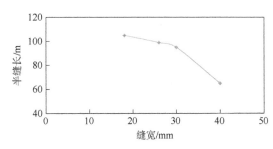

图 6.3.53 不同砂岩层弹性模量下的缝长

随着砂岩层弹性模量的增大，裂缝缝高方向的剖面变得愈加"瘦高"，缝宽逐渐减小，缝高增大，与此同时，缝长方向有很明显的减小趋势。分析认为：弹性模量大的砂岩层限制了缝宽的增长，缝宽越小，压裂液在缝内流动阻力越大，在缝长方向的裂缝尖端压力越小，越难在缝长方向上扩展，相反更容易在缝口处形成憋压。除此，弹性模量与应力强度因子呈正相关，应力强度因子越大，裂缝越容易扩展，从而在缝高方向上突破砂岩层扩展。

④ 砂岩层渗透率对裂缝形态的影响规律。

地下岩石的渗透率具有各向异性，在模拟过程中压裂液的滤失在 Cohesive 单元的法向即垂直于缝宽的方向描述，而缝长和缝高方向的渗透率对滤失的影响很小，因此，模拟过程中改变的渗透率指的是缝宽方向的渗透率。设置压裂液排量为 $6m^3/min$，黏度 $1mPa \cdot s$，其他参数见表 6.3.5，砂岩层的渗透率分别设置为 5mD，15mD，30mD，45mD，55mD，得到的裂缝形态如图 6.3.54 和图 6.3.55 所示。

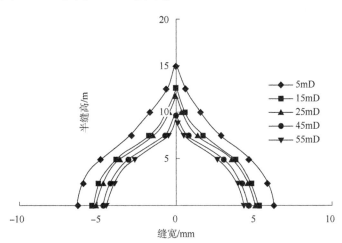

图 6.3.54 不同砂岩层渗透率下缝高剖面

随着砂岩层渗透率的增加，缝高和缝宽逐渐变小，缝长略有增长，但变化不大。原因在于砂岩层中压裂液的滤失量随着渗透率的增加而增加，压裂液的利用效率降低，用于造缝的压裂液量减少，同时，随着渗入地层的压裂液量的增大，难以形成压力的积聚，因此，整体上裂缝的尺寸变小。

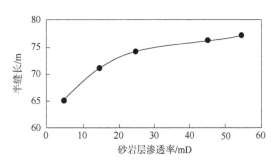

图 6.3.55 不同砂岩层渗透率下的缝长

⑤ 压裂液排量对裂缝形态的影响规律。

由构造作用产生的水平地应力砂岩层大于煤岩层,最小水平地应力差设置为4MPa,压裂液排量分别设置为 3m³/min,4m³/min,5m³/min,6m³/min,6.7m³/min,黏度1mPa·s,其他参数见表6.3.5,裂缝形态如图6.3.56和图6.3.57所示。

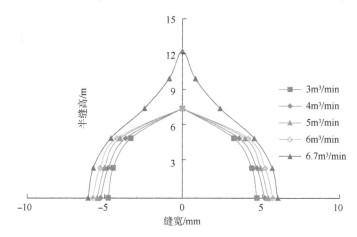

图 6.3.56 不同压裂液排量下缝高剖面

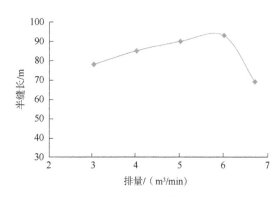

图 6.3.57 不同压裂液排量下的缝长

当排量小于6.7m³/min时,裂缝并未突破砂岩层,缝长和缝宽随着压裂液排量的增大逐渐增大,当排量达到6.7m³/min后,缝高和缝宽有显著的突增过程,同时,煤层中的缝长减小。分析认为,在裂缝体积一定的情况下,排量越大,越多的压裂液动能转化为驱动裂缝扩展的能量。存在某一临界排量,达到临界排量后,缝高方向会突破砂岩层并在砂岩层造出相当规模的裂缝。针对不同情况的地层,要首先确定其临界的施工排量,再根据施工目的选择合适的排量进行压裂作业。

⑥ 压裂液黏度对裂缝形态的影响。

模拟过程中压裂液黏度分别为10mPa·s,30mPa·s,50mPa·s,70mPa·s,90mPa·s,排量5.5m³/min,其他参数见表6.3.5,研究黏度对裂缝形态的影响规律,结果如图6.3.58和图6.3.59所示。

当黏度为10mPa·s时,裂缝半缝高达到7.5m,并未突破砂岩层,此时裂缝完全在煤层中扩展,缝长相对长。当黏度增大至30mPa·s时,裂缝已经突破了砂岩层,砂岩层缝高和缝长在增加,但是增长幅度越来越小。随着压裂液黏度增加,煤层中的缝长在逐渐减小。观察缝高方向剖面,当裂缝扩展至砂岩层后,有一下凹趋势,表明缝宽有一个较为明显的加速减小过程,原因是砂岩层的弹性模量较煤岩层大很多,弹性模量与缝宽呈负相关的关系,符合实际情况。分析认为,除了高黏度的压裂液滤失少,用于造缝的液量大之外，高黏度压裂液在缝内压降梯度大，流动阻力大，更易引起缝口处压力的积聚，从而在裂缝根部突破砂岩层。因此，高黏度的压裂液有助于裂缝突破砂岩层，增加到一定程度后黏度对裂缝的形态影响程度逐渐减弱。

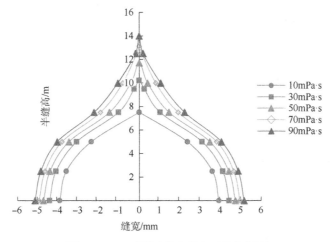

图 6.3.58　不同压裂液黏度下缝高剖面

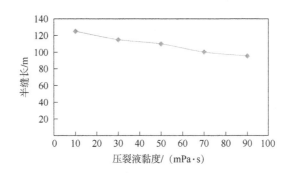

图 6.3.59　不同压裂液黏度下的缝长

## 6.4　煤系地层合压设计

煤系各岩层物性和力学性质差异大，射孔层位和射孔段高度选择不当会导致合压裂缝对各层的非均衡改造，表现为煤层段裂缝及其导流能力呈优势增长且改造充分，而致密砂岩段裂缝性质受限及改造有限。开展煤系地层射孔层位和射孔高度的优化，对实现各层裂缝均衡发育十分重要。此外，煤系各类储层生产机理不同，如煤层气需降压解吸才能产出，砂岩气可直接开采。由此，导致生产时会出现层间干扰，影响气井生产。基于多层合压模型，建立煤层气合压共采模型，如图 6.4.1 所示。

### 6.4.1　煤层合压射孔优化方法

鉴于上述原因，需要加大煤层缝高以实现气井多层快速合采。为此，提出以各层裂缝面积（支撑缝长 $L_i$ 与支撑缝高 $H_i$ 的乘积）和导流能力（$K_f W_f)_i$ 的乘积[定义为"裂缝面积导流

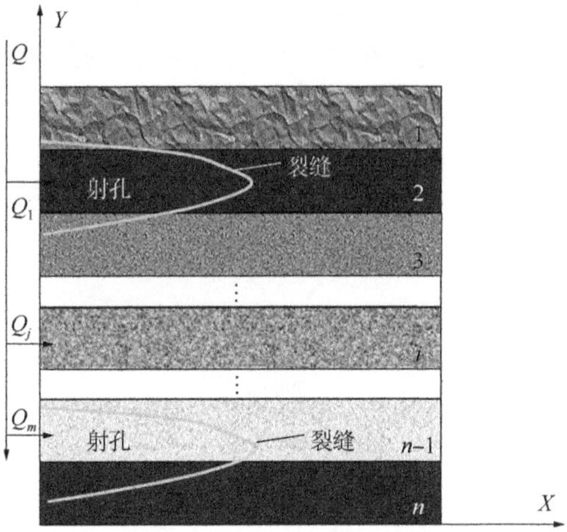

图 6.4.1　煤层合压改造示意图

能力"，记为 $w_i$，计算见式(6.4.1)]之和为评价因素，结合模糊综合评判理论并采用专家估测加权法考虑煤系地层各层物性差异和生产特性以保证煤层裂缝具有更高性质，得到多层合压射孔优化的方法。

$$w_i = L_i \times H_i \times (K_f W_f)_i \qquad (6.4.1)$$

式中　$i$——第 $i$ 储层。

采用模糊数学综合评判理论进行合压射孔优化方法的具体步骤为：

（1）优化评价因素为各层的"裂缝面积导流能力" $w_i$；射孔优化评价对象为不同射孔参数下的射孔方案 $P_k (k=1, 2, \cdots)$。

（2）基于多层水力压裂三维模型，结合 MFrac 数值模拟求得 $L_i$、$H_i$ 和 $(K_f W_f)_i$，并结合式(6.4.1)得到不同射孔方案下的各层"裂缝面积导流能力" $w_i$，建立各个射孔方案下的 $w_i$ 的特征向量矩阵 $Y$，见式(6.4.2)。

$$Y = \begin{bmatrix} w_{11} & w_{12} & \cdots & w_{1i} \\ w_{21} & w_{22} & \cdots & w_{2i} \\ \cdots & \cdots & \cdots & \cdots \\ w_{k1} & w_{k2} & \cdots & w_{ki} \end{bmatrix} \qquad (6.4.2)$$

式中　$w_{ki}$——第 $k$ 个射孔方案的第 $i$ 储层的"裂缝面积导流能力"。

（3）采用梯形分布函数式(6.4.3)确定 $w_i$ 的隶属度函数并进行归一化处理，建立 $w_i$ 的隶属度矩阵 $R$，见式(6.4.4)。

$$r(w_i) = \frac{w_i - (w_i)_{\min}}{(w_i)_{\max} - (w_i)_{\min}} \qquad (6.4.3)$$

$$R = \begin{bmatrix} r_{11} & r_{12} & \cdots & r_{1i} \\ r_{21} & r_{22} & \cdots & r_{2i} \\ \cdots & \cdots & \cdots & \cdots \\ r_{k1} & r_{k2} & \cdots & r_{ki} \end{bmatrix} \qquad (6.4.4)$$

式中　$w_i$, $(w_i)_{\min}$, $(w_i)_{\max}$——分别为矩阵 $Y$ 第 $i$ 列的某值、最小值和最大值；

　　　　$r_{ki}$——第 $k$ 射孔方案的第 $i$ 储层"裂缝面积导流能力"的隶属度。

（4）采用专家估测法原理确定各储层的 $w_i$ 指标权重，见式(6.4.5)。建立 $w_i$ 的权重矩阵 $A$，见式(6.4.6)。在专家估测评分时，应根据地层特征和邻井生产情况，对煤层赋予较大的权值，确保煤层获得更大的"裂缝面积导流能力"以保证煤层快速排水降压，更好实现多层共采。

$$\alpha_i = \frac{1}{m}\sum_{h=1}^{m}\alpha_{ih}, \quad i = 1,2,\cdots \qquad (6.4.5)$$

式中　$m$——专家人员数量；

　　　$\alpha_i$——第 $i$ 储层的权重值；

　　　$\alpha_{ih}$——第 $h$ 个专家对第 $i$ 储层的权重评分。

$$A = \begin{bmatrix} \alpha_1 & \alpha_2 & \cdots & \alpha_i \end{bmatrix}^T \qquad (6.4.6)$$

（5）采用加权平均法求得优属度数值 $B$，见式（6.4.7）。基于最大隶属度原则，矩阵 $B$ 中最大隶属度数值对应的射孔方案即为最优射孔方案。

$$B = RA = \begin{bmatrix} r_{11} & r_{12} & \cdots & r_{1i} \\ r_{21} & r_{22} & \cdots & r_{2i} \\ \cdots & \cdots & \cdots & \cdots \\ r_{k1} & r_{k2} & \cdots & r_{ki} \end{bmatrix}\begin{bmatrix} \alpha_1 \\ \alpha_2 \\ \cdots \\ \alpha_i \end{bmatrix} \qquad (6.4.7)$$

### 6.4.2　煤层合压射孔案例分析

L井是我国煤系地层煤层气/砂岩气/页岩气三气共采先导性试验研究井。该井合压目的储层为本溪组两段砂岩层（1992.2～1993.4m，1994.4～1995.3m）和一段煤层（2000.3～2006.0m），中间为泥页岩隔层，合压储层总跨度为13.8m。合压层段基本参数见表6.4.1。

**表6.4.1　煤系地层各层基本参数**

| 深度/m | 地层 | 最小主应力/MPa | 杨氏模量/GPa | 泊松比 | 断裂韧性/($MPa \cdot m^{\frac{1}{2}}$) | 破裂压力/MPa |
|---|---|---|---|---|---|---|
| 1987.3～1992.2 | 泥页岩 | 36.12 | 23.91 | 0.25 | 0.700 | 47.2 |
| 1992.2～1993.4 | 砂岩层 | 32.76 | 17.87 | 0.26 | 0.500 | 43.1 |
| 1993.4～1994.4 | 泥页岩 | 32.92 | 18.28 | 0.26 | 0.700 | 44.6 |
| 1994.4～1995.3 | 砂岩层 | 32.65 | 17.34 | 0.26 | 0.500 | 43.5 |
| 1995.3～2000.3 | 泥页岩 | 34.01 | 14.62 | 0.28 | 0.700 | 45.2 |
| 2000.3～2006.0 | 煤层 | 29.51 | 3.37 | 0.30 | 0.005 | 41.4 |
| 2006.0～2012.0 | 泥页岩 | 38.22 | 19.60 | 0.26 | 0.800 | 48.3 |

L井煤系地层多层合压射孔优化发现，射孔层位和射孔高度对合压效果有重要影响。为此，基于合压层段岩性组合和力学性质等设计合压射孔方案（表6.4.2），开展射孔层位，射孔密度为16孔/m，射孔采用60°相位螺旋射孔。

表 6.4.2  几组射孔方案

| 射孔方案 | 射孔层位 | 射孔段长度 |
|---|---|---|
| 1# | 全部砂岩层+全部煤层 | 8.8m(1992.2~1995.3m, 2000.3~2006m) |
| 2# | 全部砂岩层+部分煤层 | 4.1m(1992.2~1995.3m, 2000.3~2001.3m) |
| 3# | 全部砂岩层 | 3.1m(1992.2~1995.3m) |
| 4# | 全部砂岩层+高应力隔层 | 5.1m(1992.2~1997.3m) |

基于多层三维水力裂缝模型,采用 MFrac 数值模拟计算 4 个射孔方案下的合压效果,其合压裂缝形态如图 6.4.2 所示。1#方案采用"只将目的储层全部射开"的常规射孔思路,结果图 6.4.2(a)表明,上部砂岩段未形成裂缝,下部煤层段裂缝延伸充分,煤层充分改造,未能实现多层合压改造。2#方案只射 1m 煤层,图 6.4.2(b)表明煤层裂缝延伸受到抑制,上部砂岩段形成与煤层缝长相当的裂缝,合压效果较 1#明显增加,但由于砂岩段缝宽窄,支撑剂进入困难以及支撑剂的重力沉降,造成砂岩段无支撑剂,裂缝闭合,合压失败。3#方案只射砂岩层,图 6.4.2(c)显示合压裂缝向下贯穿合压层段,垂向上实现合压,但横向上砂岩层的有效缝长较短,缝宽偏窄,导流能力有限,同时由于中部高应力隔层的缝宽小,支撑剂向下运移阻力大,易发生砂堵,影响下部煤层支撑剂分布和导流能力。为此,将 3#方案中射孔段向下延伸到中部高应力隔层段,即为 4#方案。图 6.4.2(d)表明,中部高应力隔层段的缝宽和上部砂岩段的支撑缝长和缝宽均增加,垂向上实现合压,砂岩层和煤层的支撑剂分布较好,合压裂缝在各层的几何形态和导流能力较好。因此,确定优化的射孔层位为上部砂岩层和部分中部高应力隔层。

于是得到煤系地层合压射孔层位优化的原则:

(1) 应避免在煤层射孔或在煤层少射孔,以降低煤层裂缝的优势扩展;

(2) 应对高应力层段,适当射孔以保证合压施工顺利和合压效果;

(3) 考虑到支撑剂的重力沉降,合压裂缝尽可能从合压层段上部起裂;

(4) 在满足前三点的基础上尽可能多射开目的储层,增加目的储层压裂效果。

按照最优方案 4,L 井进行了现场合压射孔压裂施工,实际射孔位置为 1992.32~1999.50m(高 7.18m),与设计射孔位置(1992.2~1999.3m,高 7.1m)基本一致。压后井温测井表明,合压垂直裂缝范围为 1992.4~2005.0m,与射孔方案 4 模拟裂缝范围(1992.4~2005.89m)基本一致,符合设计合压裂缝效果。L 井排采曲线(图 6.4.3)表明,该井初期只排水不产气,这是因为下部煤层排水降压导致上部砂岩层可能发生"水倒灌";排水降压期较短暂,说明使煤层具有高"裂缝面积导流能力"能够降低排水时间,促进煤系地层快速合采;排水期之后气量稳步上升并且基本稳定,说明该煤系地层中各储层实现稳定产气,多层合压共采效果理想。

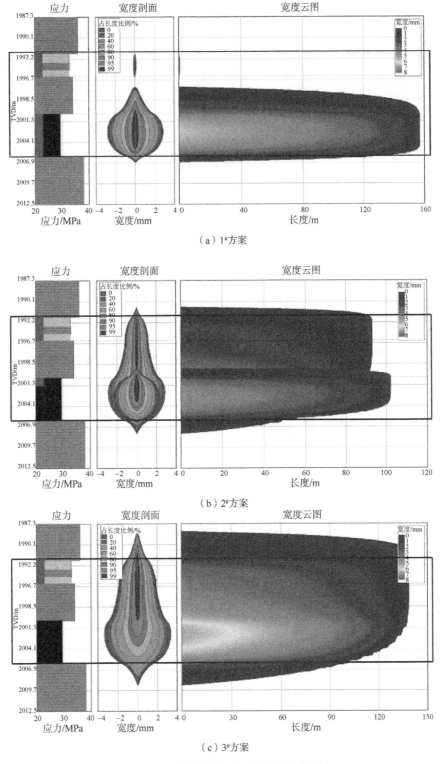

（a）1#方案

（b）2#方案

（c）3#方案

图 6.4.2 不同射孔方案下的裂缝几何形态

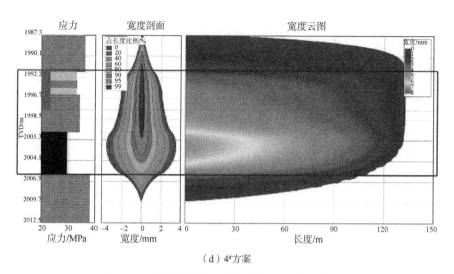

（d）4#方案

图 6.4.2　不同射孔方案下的裂缝几何形态（续图）

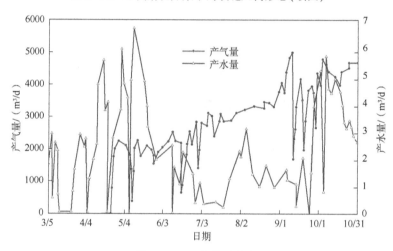

图 6.4.3　L 井排采曲线

本节符号及含义：

| 符号 | 含义 | 符号 | 含义 | 符号 | 含义 |
|---|---|---|---|---|---|
| $L_i$ | 支撑缝长 | $H_i$ | 支撑缝高 | $\boldsymbol{B}$ | 优属度数值 |
| $i$ | 第 $i$ 储层 | $w_{ki}$ | 第 $k$ 个射孔方案的第 $i$ 储层的"裂缝面积导流能力" | $r_{ki}$ | 第 $k$ 射孔方案的第 $i$ 储层"裂缝面积导流能力"的隶属度 |
| $(w_i)_{\min}$ | 矩阵 $\boldsymbol{Y}$ 第 $i$ 列的最小值 | $(w_i)_{\max}$ | 矩阵 $\boldsymbol{Y}$ 第 $i$ 列的最大值 | $\alpha_i$ | 第 $i$ 储层的权重值 |
| $w_i$ | 裂缝面积导流能力 | $m$ | 专家人员数量 | | |
| $\alpha_{ih}$ | 第 $h$ 个专家对第 $i$ 储层的权重评分 | $K_fW_f$ | 导流能力 | | |

## 6.5 顶板水平井压裂

碎软煤层具有地质构造复杂及煤体结构破碎等特征，直接在碎软煤层射孔压裂，压裂液快速滤失会造成支撑剂堆积在井眼周围难以形成沟通范围较广的长裂缝，且易发生砂堵现象；且在压裂改造和煤层气排采过程中产生大量煤粉，煤粉伴随煤层气的运移会在孔喉处聚集，导致不可逆的煤层伤害，极大降低煤层气产能和开采效益。通过煤层顶板进行间接压裂，实现煤层的垂向沟通是解决碎软煤层压裂的一种可行的方法。本节以韩城区块 5# 碎软煤层为研究对象，基于流固耦合理论和 Cohesive 单元模型，建立三维煤层顶板水平井压裂数值模型，分析地质因素(层间最小水平主应力差和煤层渗透率)和施工因素(压裂液排量、黏度和射孔位置)对顶板压裂水力裂缝扩展规律的影响。

### 6.5.1 数学模型建立

碎软煤层顶板水平井压裂三维裂缝扩展模型假设如下：

(1) 垂向应力大于水平地应力值，裂缝为垂直裂缝；

(2) 裂缝呈准静态延伸且裂缝形态假设为对称双翼缝；

(3) 裂缝中的压裂液流动为层流且滤失满足 Cater 方程；

(4) 压裂液造缝(考虑缝长、缝高三维流动造缝)；

(5) 由于缝宽尺度较小，假设缝宽方向流速为 0，即不存在压降。

根据上述条件，建立顶板水平井裂缝扩展数学模型(顶板起裂—煤层—底板)，如图 6.5.1 和图 6.5.2 所示。

图 6.5.1 和 6.5.2 中 $x$、$y$、$z$ 分别为缝宽、缝长、缝高方向，$H$ 值为煤层厚度；$d$ 为顶板与煤层的间距；$h_u$、$h_d$ 分别为上缝高与下缝高；其他参数见表 6.5.1。

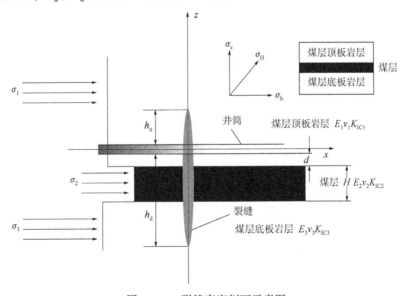

图 6.5.1 裂缝高度剖面示意图

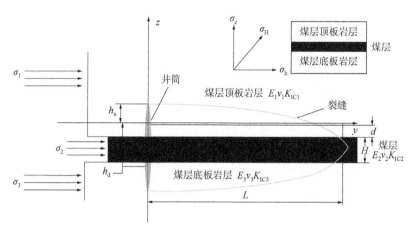

图 6.5.2　单一裂缝剖面示意图

**表 6.5.1　顶板水平井不同储层岩石力学参数**

| 位置 | 弹性模量 | 泊松比 | 断裂韧性 | 最小主应力 |
|---|---|---|---|---|
| 煤层顶板 | $E_1$ | $\nu_1$ | $K_m$ | $\sigma_1$ |
| 煤层 | $E_2$ | $\nu_2$ | $K_M$ | $\sigma_2$ |
| 煤层底板 | $E_3$ | $\nu_3$ | $K_W$ | $\sigma_3$ |

考虑顶板水平井压裂全三维裂缝岩石变形与压裂液不同方向上(缝长、缝高)的渗流,建立压裂液连续性方程、压降方程、裂缝尺寸(缝长、缝高)控制方程。

### 6.5.1.1　裂缝中流体的连续性方程

由质量守恒方程可知,压裂液流量 = 压裂液造缝 + 压裂液滤失地层中,得到式(6.5.1):

$$qt = V(t) + V_f(t) \tag{6.5.1}$$

式中　　$q$——泵入排量,$m^3/min$;

$t$——泵注时间,min;

$V(t)$——$t$ 时刻裂缝总体积,$m^3$;

$V_f(t)$——$t$ 时刻的总滤失体积,$m^3$。

取缝长方向 $y$ 处的裂缝单元($A_y$),则设该处的液体体积流量为 $q(y, t)$。由压裂液质量守恒可知,裂缝 $y$ 方向的流量变化 = 单位缝长的滤失速率 + 垂向剖面面积变化率,即为压裂液流动的连续性方程,得到式(6.5.2):

$$-\frac{\partial q(y, t)}{\partial y} = \lambda(y, t) + \frac{\partial A(y, t)}{\partial t}$$

$$\lambda(y, t) = \frac{2[h_u(y, t) + h_d(y, t)] + C_t(y, t)}{\sqrt{t - \tau(y)}} \tag{6.5.2}$$

$$A(y, t) = \int_{-b}^{a} w(y, z, t)\,\mathrm{d}z$$

式中  $A(y, t)$——$t$ 时刻 $y$ 处裂缝的横截面积，$m^2$；

$\tau(y)$——液体到达缝内 $y$ 处所需的时间，min；

$h_u(y, t)$、$h_d(y, t)$——$t$ 时刻 $y$ 处的上、下缝高，m。

$q(y, t)$——$t$ 时刻流过 $y$ 处裂缝横截面的体积流量，$m^3/min$；

$w(y, z, t)$——$t$ 时刻 $y$ 处横截面上的 $z$ 处宽度分布，m；

$C_t(y, t)$——$t$ 时刻 $y$ 处的综合滤失系数，$m/min^{\frac{1}{2}}$；

$\lambda(y, t)$——$t$ 时刻 $y$ 处滤失速率，$m^2/min$。

### 6.5.1.2　裂缝宽度方程

顶板水平井压裂全三维裂缝宽度为净压力、缝高的函数。由于顶板、煤层及底板不同层位的应力差、岩石力学性质不同，则垂向不同位置的裂缝宽度有所差异，裂缝剖面可近似为偏心椭圆。对于偏心椭圆，England 与 Green 给出裂缝宽度方程，如下：

$$w(y, z, t) = -16 \frac{1-\nu^2}{E} \int_{|z|}^{\frac{h_u+h_d}{2}} \frac{F(\tau) + zG(\tau)}{\sqrt{\tau^2 - z^2}}$$

$$F(\tau) = -\frac{\tau}{2\pi} \int_0^\tau \frac{f(z)\,\mathrm{d}z}{\sqrt{\tau^2 - z^2}} \qquad (6.5.3)$$

$$G(\tau) = -\frac{1}{2\pi\tau} \int_0^\tau \frac{zg(z)\,\mathrm{d}z}{\sqrt{\tau^2 - z^2}}$$

式中  $w(y, z, t)$——$t$ 时刻缝内 $y$ 处剖面上缝高 $z$ 处的缝宽，m；

$E(z)$——$z$ 处储层弹性模量，MPa；

$\nu(z)$——$z$ 处储层泊松比；

$\tau$——沿缝高方向的位置变量，m。

### 6.5.1.3　压降方程

裂缝面上的奇、偶分布应力函数为 $g(z)$、$F(z)$，应力函数与最小水平主应力和压力梯度有关，且两者之和为净压力 $p(z)$，如下：

$$p(z) = g(z) + F(z), \quad h_u < z < -h_d \qquad (6.5.4)$$

压裂液在缝长、缝高方向存在压降。此外，由于裂缝剖面为近椭圆状，结合椭圆管道中流体压降方程和平行板缝中流体流动的压降方程，引入管道形状因子 $\phi(n)$ 得到裂缝中心沿缝长方向 $y$ 处的压降方程。

$$\frac{\partial p(y, t)}{\partial y} = -2^{n+1} \left[ \frac{(2n+1)q(y, t)}{60n\phi(n)h(y, t)} \right]^n \frac{10^{-6}K}{w(y, 0, t)^{2n+1}} \qquad (6.5.5)$$

$$\phi(n) = \int_{-\frac{1}{2}}^{\frac{1}{2}} \left[ \frac{n(y, z, t)^{2n+1}}{n(y, 0, t)^{2n+1}} \right]^m \mathrm{d}\left(\frac{z}{h(y, t)}\right) m = \frac{2n+1}{n} \qquad (6.5.6)$$

式中 $p(y, t)$——$t$ 时刻缝内 $y$ 处的流体压力，MPa；

$q(y, t)$——$t$ 时刻缝内 $y$ 处的压裂液体积流量，m³/min；

$h(y, t)$——$t$ 时刻缝内 $y$ 处的缝高，m；

$y, z$——分别为缝长、缝高坐标，m；

$n$——压裂液的流态指数；

$K$——压裂液的稠度系数，Pa·s$^n$；

$w(y, 0, t)$——$t$ 时刻缝内 $y$ 处剖面上中心处的缝宽，m；

$w(y, z, t)$——$t$ 时刻缝内 $y$ 处剖面上缝高 $z$ 处的缝宽，m。

压裂液在缝高方向渗流时，由于缝高方向存在压降，则压降引起缝高方向尺寸的限制。若忽略缝高压降引起裂缝高度的变化，则缝高预测误差较大。因此，引入缝高方向的压降梯度，如下：

$$p(z) = p(y, 0) + g_v z \qquad (6.5.7)$$

式中 $p(z)$——沿裂缝高度方向的净压力，MPa；

$p(y, 0)$——裂缝中心处的净压力，MPa；

$g_v$——缝高压降梯度，MPa/m；

$z$——裂缝高度方向上某点的坐标值。

### 6.5.1.4 裂缝高度方程

根据岩石断裂力学，当裂缝上、下两端的应力强度因子 $K$ 值大于地层的断裂韧度 $K_{Ic}$，则裂缝沿垂向扩展。因此，判断裂缝是否垂向延伸的主要依据是裂缝尖端的强度因子。Riec 定义的强度因子如下：

$$K = \frac{1}{\sqrt{\pi(h_u + h_d)/2}} \int_{-h_d}^{h_u} [p - \sigma_h(z)] \sqrt{\frac{\dfrac{(h_u + h_d)}{2}}{\dfrac{(h_u + h_d)}{2} - z}} \, dz \qquad (6.5.8)$$

由于裂缝起裂于煤层顶板，则不同时刻裂缝扩展到煤层及底板的程度不一样，则裂缝尖端的应力强度因子也不同，可分为以下三种：

（1）当 $h_d < d$，裂缝扩展的程度较小时，即裂缝未扩展到煤层时，裂缝强度因子如下：

$$K_{top} = K_{bot} = \frac{1}{\sqrt{\pi(h_u + h_d)/2}} \int_{-h_d}^{h_u} [p - \sigma_h(z)] \sqrt{\frac{\dfrac{(h_u + h_d)}{2} + z}{\dfrac{(h_u + h_d)}{2} - z}} \, dz = \frac{(p - \sigma_1)}{\sqrt{\dfrac{(h_u + h_d)}{2\pi}}}$$

$$= 2(p - \sigma_1)\sqrt{\frac{h_d}{\pi}} \qquad (6.5.9)$$

式中 $K_{\text{top}}$，$K_{\text{bot}}$——分别为裂缝顶端、底端的应力强度因子；

    $p$——缝内压力，MPa；

    $\sigma_{\text{h}}(z)$——沿缝高方向的最小水平主应力，MPa。

由裂缝内净压力分布、依据扩展准则得到其缝高方程，如下：

$$K_{\text{IC1}} = 2(p-\sigma_1)\sqrt{\frac{h_{\text{d}}}{\pi}} \tag{6.5.10}$$

（2）当 $d<h_{\text{d}}<d+H$，裂缝扩展的程度中等时，即压裂裂缝进入煤储层，但未扩展进入煤层底板时，裂缝上顶端和底端分别位于顶板及煤层中。由于煤层顶板及煤层的力学特征的差异，裂缝顶端认为是线弹性断裂，裂缝底端需考虑碎软煤层的塑形特征的影响。因此需对裂缝尖端的塑性区进行修正，考虑塑性断裂，裂缝端部强度因子公式如下：

$$K_{\text{top}} = \frac{1}{\sqrt{\pi(h_{\text{u}}+h_{\text{d}})/2}} \int_{-h_{\text{u}}}^{h_{\text{u}}} \left[p - \sigma_{\text{h}}(z)\right] \sqrt{\frac{\frac{(h_{\text{u}}+h_{\text{d}})}{2}+z}{\frac{(h_{\text{u}}+h_{\text{d}})}{2}-z}} \,\mathrm{d}z = \frac{(p-\sigma_1)}{\sqrt{\frac{h_{\text{u}}+h_{\text{d}}}{2\pi}}}$$

$$K_{\text{bot}} = \frac{1}{\sqrt{\pi(h_{\text{u}}+h_{\text{d}})/2}} \int_{H-h_{\text{d}}}^{-h_{\text{u}}} \left[p - \sigma_{\text{h}}(z)\right] \sqrt{\frac{h_{\text{u}}+h_{\text{d}}+z}{h_{\text{u}}+h_{\text{d}}-z}} \,\mathrm{d}z$$

$$= \frac{(p-\sigma_2) + \frac{2}{\pi}(\sigma_2-\sigma_1)\arccos\left(\frac{H}{h_{\text{u}}+h_{\text{d}}}\right)}{\sqrt{\frac{h_{\text{u}}+h_{\text{d}}}{2\pi}}} \tag{6.5.11}$$

缝高方程如下：

$$\frac{K_{\text{IC1}}+K_{\text{IC2}}}{\sqrt{\pi(h_{\text{u}}+h_{\text{d}})/2}} = 2p - \frac{2g_{\text{v}}(\sigma_1+\sigma_2)}{\pi} + 2g_{\text{s}}(h_{\text{u}}-h_{\text{d}}) - (\sigma_1+\sigma_2)$$

$$+ \frac{2\sigma_1}{\pi}\arcsin\left(\frac{H-h_{\text{u}}+h_{\text{d}}}{h_{\text{u}}+h_{\text{d}}}\right) + \frac{2\sigma_2}{\pi}\arcsin\left(\frac{H+h_{\text{u}}-h_{\text{d}}}{h_{\text{u}}+h_{\text{d}}}\right) - \frac{K_{\text{top}}+K_{\text{bot}}}{\sqrt{\pi\frac{h_{\text{u}}+h_{\text{d}}}{2}}} \frac{K_{\text{IC1}}-K_{\text{IC2}}}{\sqrt{\pi(h_{\text{u}}+h_{\text{d}})/2}}$$

$$= \frac{-\sigma_1}{\pi(h_{\text{u}}+h_{\text{d}})}\sqrt{(h_{\text{u}}-H)(h_{\text{d}}+H)} + \frac{-\sigma_2}{\pi(h_{\text{u}}+h_{\text{d}})}\sqrt{(h_{\text{u}}+H)(h_{\text{d}}-H)}$$

$$+ \frac{(g_{\text{s}}-g_{\text{p}})(h_{\text{u}}+h_{\text{d}})}{2} - \frac{K_{\text{top}}-K_{\text{bot}}}{\sqrt{\pi\frac{h_{\text{u}}+h_{\text{d}}}{2}}} \tag{6.5.12}$$

式中 $g_{\text{s}}$，$g_{\text{v}}$，$g_{\text{p}}$——分别为地应力梯度、缝高压降梯度、重力引起的压降梯度，MPa/m。

（3）当裂缝扩展的程度充足时，即压裂裂缝进入煤储层底板，裂缝上顶端和底端分别位于煤层顶板、煤层底板。由于顶底板岩石力学特征的差异，其应力强度因子是不同的，如下：

$$K_{\text{top}} = \frac{1}{\sqrt{\pi(h_u + h_d)/2}} \int_{-h_d}^{h_u} [p - \sigma_h(z)] \sqrt{\frac{\frac{(h_u + h_d)}{2} + z}{\frac{(h_u + h_d)}{2} - z}} \mathrm{d}z = \frac{(p - \sigma_1)}{\frac{h_u + h_d}{2\pi}}$$

$$K_{\text{bot}} = \frac{1}{\sqrt{\pi(h_u + h_d)/2}} \int_{-h_d}^{h_u} [p - \sigma_h(z)] \sqrt{\frac{h_u + h_d + z}{h_u + h_d - z}} \mathrm{d}z = \frac{(p - \sigma_3)}{\sqrt{\frac{h_u + h_d}{2\pi}}} \quad (6.5.13)$$

缝高方程如下：

$$\frac{K_{\text{IC1}} + K_{\text{IC3}}}{\sqrt{\pi(h_u + h_d)/2}} = 2(p - p_0) - \frac{2 g_v(h_u + h_d)}{\pi} + 2 g_s(h_u - h_d) - (\sigma_1 + \sigma_3)$$

$$+ \frac{2 \sigma_1}{\pi} \arcsin\left(\frac{H - h_u + h_d}{h_u + h_d}\right) + \frac{2 \sigma_2}{\pi} \arcsin\left(\frac{H + h_u + h_d}{h_u + h_d}\right) \quad (6.5.14)$$

$$\frac{K_{\text{IC1}} - K_{\text{IC3}}}{\sqrt{\pi(h_u + h_d)/2}} = \frac{-\sigma_1}{\pi(h_u + h_d)} \sqrt{(h_u - H)(h_d + H)} + \frac{\sigma_3}{\pi(h_u + h_d)} \sqrt{(h_u + H)(h_d - H)}$$

$$+ \frac{(g_s - g_p)(h_u + h_d)}{2}$$

上述三种不同裂缝扩展情况的裂缝高度方程为隐式方程，将顶板水平井压裂裂缝全三维控制方程联立，简写如下：

流体连续性方程：$\dfrac{\partial q(y, t)}{\partial y} = f_2[h_u(y, t), h_d(y, t), C_t(y, t), A(y, t)]$

缝内流体压降方程：$\dfrac{\partial p(y, t)}{\partial y} = f_3[w(y, z, t), h_u(y, t), h_d(y, t), q(y, t)]$

$$p(z) = p(y, 0) + g_v z$$

裂缝宽度方程：$w(y, z, t) = f_4[p(y, t), h_u(y, t), h_d(y, t)]$

裂缝高度方程：$p(y, t) = f_5[h_u(y, t), h_d(y, t), H, \Delta\sigma, K_{\text{IC}}]$

裂缝扩展判据：$p(y, t) = f_1[h_u(y, t), h_d(y, t)]$ \quad (6.5.15)

初始条件：

$$q(0, t)_{t=0} = 0$$

$$h(0, t)\big|_{t=0} = 0 \quad (6.5.16)$$

边界条件：

$$q(y,\ t)\big|_{y=0}=\dfrac{Q}{2}$$

$$q(y,\ t)\big|_{y=y_{\mathrm{L}}}=0$$

$$h_{\mathrm{u}}(y,\ t)\big|_{y=y_{\mathrm{L}}}=0$$

$$h_{\mathrm{d}}(y,\ t)\big|_{y=y_{\mathrm{L}}}=0 \tag{6.5.17}$$

式中　$Q$——单翼裂缝入口排量，$\mathrm{m^3/min}$。

本小节考虑断裂力学、流体力学等多种基础学科理论，建立碎软煤层顶板水平井裂缝扩展数学模型。所建立的控制方程考虑了煤层顶底板不同岩石力学特征，偏微分方程较为复杂。不同方程之间相互制约、隐含，若利用解析解进行求解较为困难，需考虑数值迭代计算进行求解。

## 6.5.2　数值模型建立

基于太原组 5# 煤层区块 A1 井基本情况，建立碎软煤层顶板压裂裂缝扩展模型，模型具体参数如图 6.5.3 所示。三维顶板压裂模型中嵌入了一层垂直的黏聚力单元和两层水平的黏聚力单元，分别用于模拟水力裂缝沿垂向应力方向延伸过程，以及储层煤岩与顶底板砂岩间的两条水平界面裂缝扩展过程。

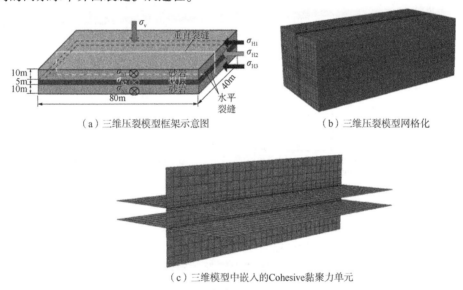

（a）三维压裂模型框架示意图　　　（b）三维压裂模型网格化

（c）三维模型中嵌入的Cohesive黏聚力单元

图 6.5.3　顶板水平井压裂三维数值模型

通过室内单轴、三轴压裂实验测试分析和现场压裂施工经验确定了三维"士"形缝模型中所需的岩石力学等参数。其中顶板砂岩和储层煤岩的岩石力学参数采用表 6.5.2 的实验结果数据。压裂液黏度为 15mPa·s，压裂液排量为 $3\mathrm{m^3/min}$。数值模型中的压裂液注入点位于顶板距煤层上部界面 2.5m 处。煤岩层三向应力分别为垂向应力 11.4MPa、最大水平主应力 7.7MPa、最小水平主应力 6.9MPa，孔隙度设置为 0.2，煤层渗透率为 9mD；砂岩层三向应力分别设置为垂向应力 13.4MPa、最大水平主应力 9.7MPa、最小水平主应力 8.9MPa，孔隙度设置为 0.1，砂岩层渗透率为 0.1mD，压裂模型饱和度整体设限制为 1。

表6.5.2 岩石力学参数测试结果表

| 编号 | 地层位置 | 岩性 | 围压/MPa | 抗压强度/MPa | 弹性模量/GPa | 泊松比 | 抗拉强度/MPa | 断裂韧性/$(MPa \cdot m^{\frac{1}{2}})$ |
|------|---------|------|---------|-------------|-------------|--------|-------------|-------------|
| 2-4 | 5#顶板 | 砂岩 | 0 | 27.99 | 9.86 | 0.16 | — | |
| 5-1 | 5#煤层 | 煤岩 | 0 | 15.51 | 3.76 | 0.32 | — | |
| 2-5 | 5#顶板 | 砂岩 | 5.5 | 85.24 | 10.86 | 0.22 | — | |
| 5-2 | 5#煤层 | 煤岩 | 5.5 | 32.46 | 5.38 | 0.37 | — | |
| L1 | 5#顶板 | 砂岩 | — | — | — | — | 3.66 | |
| L2 | 5#煤层 | 煤岩 | — | — | — | — | 0.22 | |
| D1 | 5#顶板 | 砂岩 | — | — | — | — | | 0.92 |
| D3 | 5#煤层 | 煤岩 | — | — | — | — | | 0.11 |

通过压裂模型odb运算文件导出注液点压力变化数据，由于在现场压裂施工过程中，统计的压力数据为地面注液泵泵口压力，需将数值模拟结果的注液点压力转换成地面注液泵泵口压力；将数值模拟运算的泵口压力曲线与现场压裂施工泵口压力曲线进行对比分析，以此验证顶板压裂"士"形缝扩展模型的可行性。

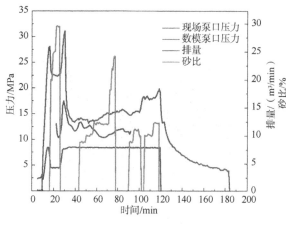

图6.5.4 A1井数模泵口压力曲线与现场泵口压力曲线对比图

由图6.5.4可得：现场泵口压力初始阶段急剧增大，达到峰值后，泵口压力急剧下降，可知此时砂岩层发生破裂，水力裂缝在垂直方向上进行延伸扩展；泵口压力下降到一定值后又快速增加，达到泵口压力最大值31.34MPa又急剧下降，这表明水力裂缝扩展至煤岩层界面并穿透煤层继续扩展；此后现场泵口压力发生小幅度波动但整体来说较为平稳，根据现场泵口压力曲线和数模运算泵口压力曲线对比，可知此压裂时间段内水力裂缝主要在煤岩层进行延伸扩展，裂缝沟通效果较为充分。当水力裂缝在煤岩层延伸扩展时，对比现场泵口压力曲线和数模运算泵口压力曲线，可得两者曲线变化趋势较为接近，现场泵口压力与数模泵口压力的平均差值是2.68MPa，平均误差是17.98%，因为在顶板压裂三维模型中没有加砂因素，且现场实际地层分布较为复杂，在空间分布上存在叠置组合情况，而数值模拟是将顶板砂岩和储层煤岩简化成均质岩性进行模拟分析，所以数值模拟误差结果在合理区间之内。综合以上分析，建立的碎软煤层顶板压裂裂缝扩展模型具有可行性。

## 6.5.3 碎软煤层顶板压裂"士"形裂缝延伸扩展规律研究

### 6.5.3.1 层间最小水平主应力差

顶底板砂岩层和煤层之间的最小水平主应力差是控制顶板起裂水力裂缝垂向扩展的关

键因素。储层煤岩的最小水平主应力为 6.9MPa，通过改变顶板砂岩层的最小水平主应力，研究层间最小水平主应力差(等于顶底板砂岩最小水平主应力减去储层煤岩最小水平主应力)为 -1MPa、0MPa、1MPa、2MPa 和 3MPa 的裂缝扩展规律。

如图 6.5.5 所示，"士"形缝由顶板垂直缝、煤层垂直缝、上水平缝及下水平缝组成。为探究顶板压裂"士"形缝扩展形态规律，对数值模型进行如图 6.5.6 标注，X 轴为垂直缝缝宽及水平缝缝高方向，Y 轴为垂直缝缝高及水平缝缝宽方向，Z 轴为垂直缝缝长及水平缝缝长方向。

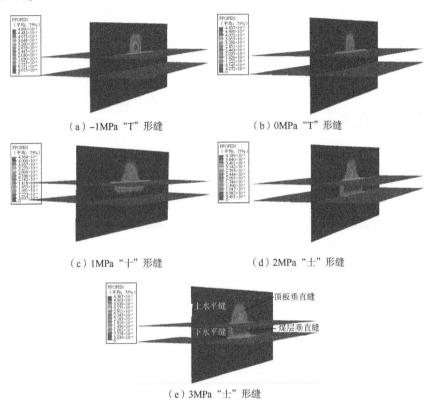

（a）-1MPa "T" 形缝　　　　　（b）0MPa "T" 形缝

（c）1MPa "十" 形缝　　　　　（d）2MPa "士" 形缝

（e）3MPa "士" 形缝

图 6.5.5　"士"形缝扩展形态(改变层间最小水平主应力差)

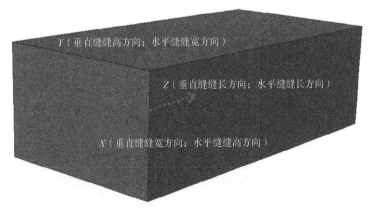

图 6.5.6　不同方向上裂缝参数标注图

由图 6.5.5 可知，随着层间最小水平主应力差不断增大，水力裂缝扩展形态由"T"形缝过渡到"十"形缝，层间最小水平主应力差从 1MPa 变化至 2MPa 时，水力裂缝由"十"形缝过渡到"士"形缝，最后形成以垂直缝+水平缝为主的"士"形裂缝网络。这是因为顶板砂岩层与煤层之间岩石力学性质存在较大差异性，在不同应力组合下会产生不同的裂缝形态。同时，从图 6.5.7(a)、图 6.5.7(b)可知，随着层间最小水平主应力差由 -1MPa 变化至 2MPa 时，煤层垂直裂缝缝高和缝宽逐渐增大，形成垂直裂缝发育完善的"士"形裂缝网络，层间最小水平主应力差由 2MPa 变化至 3MPa 时，煤层垂直裂缝缝高和缝宽变化不明显，但煤层垂直缝缝长有变小趋势；对于层间最小水平主应力差由 2MPa 变化至 3MPa 时，由图 6.5.7(a)可知煤层垂直裂缝缝高和缝宽变化不明显，由图 6.5.7(b)可知煤层垂直缝半缝长有减小趋势，且由图 6.5.7(c)、图 6.5.7(d)可知层间最小水平主应力差由 2MPa 变化至 3MPa 时，上水平缝缝宽均有减少趋势。因此，水力裂缝扩展形态在层间最小水平主应力差为 2MPa 时延伸扩展最为充分。

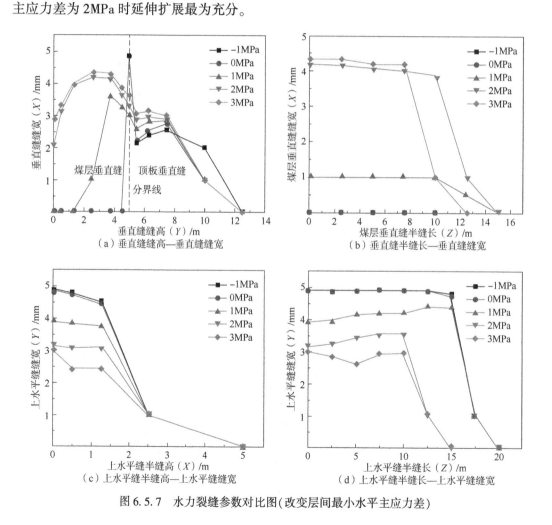

图 6.5.7 水力裂缝参数对比图(改变层间最小水平主应力差)

### 6.5.3.2　煤层渗透率

煤层渗透率是影响压裂施工过程中压裂液进入煤层扩展延伸能力的关键因素之一。为此，在压裂数值模拟研究中，分别设置煤层渗透率为 5mD、9mD、15mD、20mD 和 30mD 时，观察水力裂缝延伸扩展形态，结果如图 6.5.8 所示。

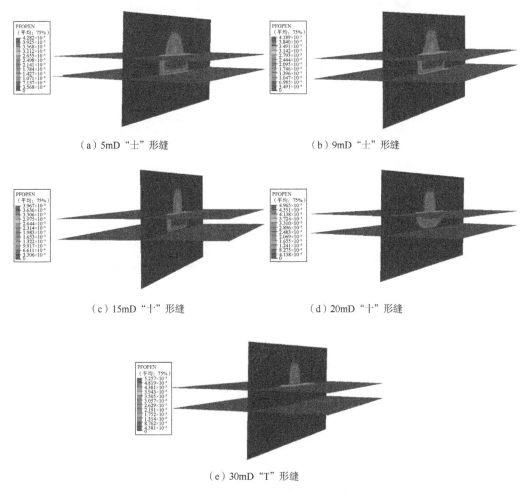

（a）5mD "士" 形缝　　　　　　　　　　（b）9mD "士" 形缝

（c）15mD "十" 形缝　　　　　　　　　（d）20mD "十" 形缝

（e）30mD "T" 形缝

图 6.5.8　"士" 形缝扩展形态（改变煤层渗透率）

从图 6.5.8 和图 6.5.9 可知，煤层渗透率从 5mD 增加到 15mD 时，水力裂缝形态由"士"形缝过渡至"十"形缝，且煤层垂直裂缝缝高和缝宽逐渐减小，压裂液主要在上部水平煤层界面扩展，煤层内水力裂缝沟通范围逐渐减小；当煤层渗透率从 15mD 增加到 30mD 时，煤层垂直裂缝缝宽和缝高减小幅度明显增大，水力裂缝形态由"十"形缝过渡至"T"形缝，压裂液难以充分渗流至煤储层，在上部水平煤层界面滤失严重，造成水力裂缝在煤层上部水平缝界面缝高、缝宽和缝长最大化，无法突破煤层界面垂向延伸扩展。分析认为，煤层渗透率高过一定值时，导致压裂液在上部煤层水平界面滤失量增加，压裂液大量渗流至煤层中对裂缝延伸扩展贡献率不高，造成水力裂缝在煤储层中沟通范围不充分。

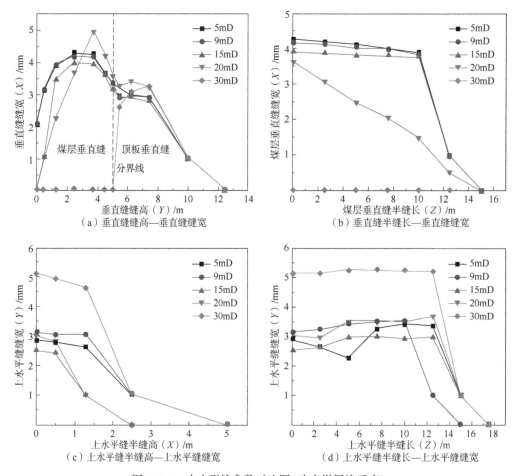

图 6.5.9　水力裂缝参数对比图(改变煤层渗透率)

### 6.5.3.3　压裂液排量

压裂液排量在现场压裂施工过程中对水力裂缝的扩展形态具有重要影响。因此，分别设置压裂液排量为 $1m^3/min$、$2m^3/min$、$3m^3/min$、$4m^3/min$ 和 $5m^3/min$ 时，观察裂缝延伸形态并进行分析，具体结果如图 6.5.10 所示。

由图 6.5.10 和图 6.5.11 可知，当压裂液排量由从 $1m^3/min$ 变化到 $3m^3/min$ 时，水力裂缝延伸扩展形态从"T"形缝先过渡至"十"形缝，随着排量的继续增大水力裂缝形态变化成"士"形缝，且煤层中垂直裂缝缝宽、缝长和缝高明显增大，水力裂缝"士"形缝在煤层中沟通范围逐渐增大；当压裂液排量从 $3m^3/min$ 变化到 $5m^3/min$ 时，"士"形裂缝上部水平裂缝界面缝高和缝长存在明显增大现象，压裂液排量增大后主要在煤层上部水平裂缝界面延伸扩展；当压裂液排量从 $3m^3/min$ 变化到 $5m^3/min$ 时，煤层中垂直裂缝缝宽、缝长有减小趋势。因此，在煤层顶板压裂现场施工过程中，确定出临界压裂液排量对压裂施工方案优化具有关键性作用。

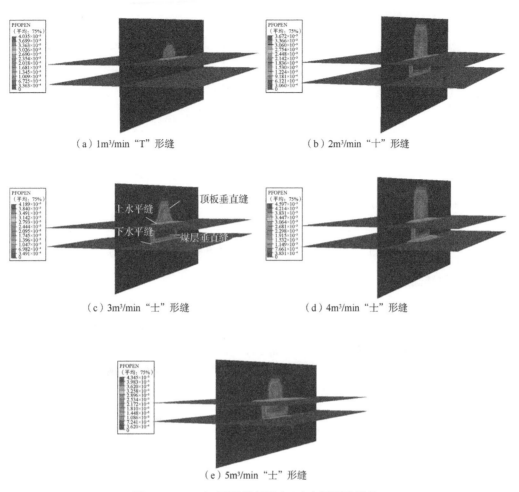

（a）1m³/min "T" 形缝　　　　　（b）2m³/min "十" 形缝

（c）3m³/min "士" 形缝　　　　　（d）4m³/min "士" 形缝

（e）5m³/min "士" 形缝

图 6.5.10　"士"形缝扩展形态(改变压裂液排量)

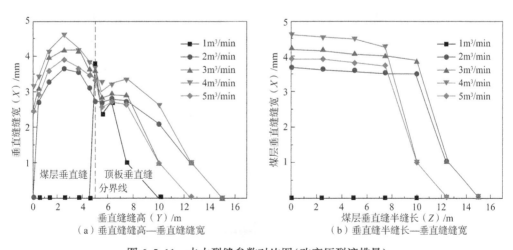

（a）垂直缝缝高—垂直缝缝宽　　　　　（b）垂直缝半缝长—垂直缝缝宽

图 6.5.11　水力裂缝参数对比图(改变压裂液排量)

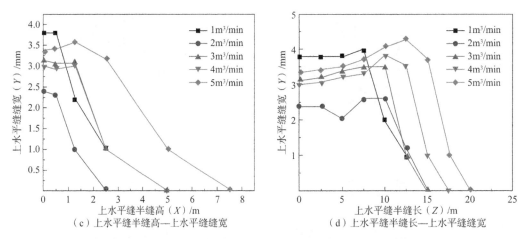

（c）上水平缝半缝高—上水平缝缝宽　　　　　（d）上水平缝半缝长—上水平缝缝宽

图6.5.11　水力裂缝参数对比图（改变压裂液排量）（续图）

#### 6.5.3.4　压裂液黏度

压裂液黏度对压裂液的滤失量和水力压裂过程中的裂缝延伸扩展能力具有重要影响。因此，分别设置压裂液黏度为 5mPa·s、10mPa·s、15mPa·s、20mPa·s 和 30mPa·s，观察水力压裂"士"形缝的延伸扩展规律，结果如图 6.5.12 所示。

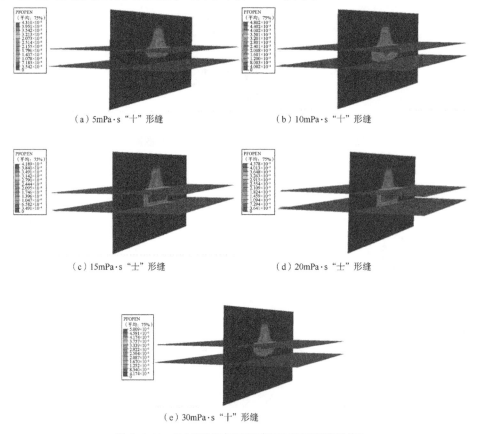

（a）5mPa·s "十"形缝　　　　　　　（b）10mPa·s "十"形缝

（c）15mPa·s "士"形缝　　　　　　　（d）20mPa·s "士"形缝

（e）30mPa·s "十"形缝

图6.5.12　"士"形缝扩展形态（改变压裂液黏度）

由图6.5.12和图6.5.13可知，压裂液黏度从5mPa·s增大至15mPa·s时，水力裂缝形态由"十"形缝过渡至"士"形缝，煤层垂直裂缝缝宽和缝高逐渐增大，煤层上部水平裂缝缝高明显增大；当压裂液黏度从15mPa·s增大至30mPa·s时，水力裂缝形态由"士"形缝过渡至"十"形缝，煤层垂直裂缝缝高和缝宽显著减小，煤层上部水平裂缝缝高和缝长也有减小趋势，在压裂液黏度为15mPa·s时"士"形缝在煤层中沟通扩展范围达到最大值。分析总结认为，当压裂液黏度较小时，伴随着压裂液黏度的不断增大，压裂过程中的滤失情况逐渐削弱，对水力裂缝垂向延伸扩展具有促进作用，"士"形缝在煤层沟通范围逐渐增大；当压裂液黏度达到一定临界值时，压裂液黏度持续增大，虽然滤失情况继续削弱，但水力裂缝延伸扩展过程中摩阻增大，造成裂缝难以向前延伸。

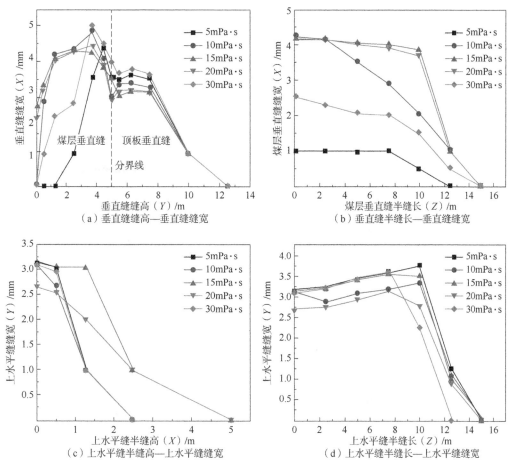

图6.5.13 水力裂缝参数对比图(改变压裂液黏度)

### 6.5.3.5 射孔位置

在现场压裂施工过程中，不同的射孔位置对水力压裂"士"形缝裂缝扩展形态影响结果差异性很大，探究不同射孔位置影响下的"士"形缝裂缝延伸扩展模拟效果。由于在建立三维压裂模型时，为减小模型运算量对网格划分进行了过渡化处理，煤层上下水平界面处网格划分较密集,顶底板网格较为疏松。因此依次选择靠近煤层上水平界面的节点来作为射孔点,射孔位置(为射孔位置至煤层上部水平界面的距离)分别为 0.5m、1.25m、2.5m、5.0m,如图 6.5.14 所示,压裂数值模拟结果如图 6.5.15 所示。

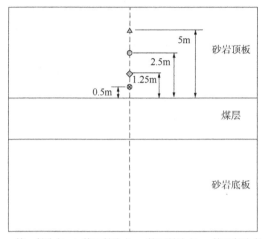

⊗第一射孔点  ◇第二射孔点  ●第三射孔点  △第四射孔点

图 6.5.14  不同射孔位置示意图

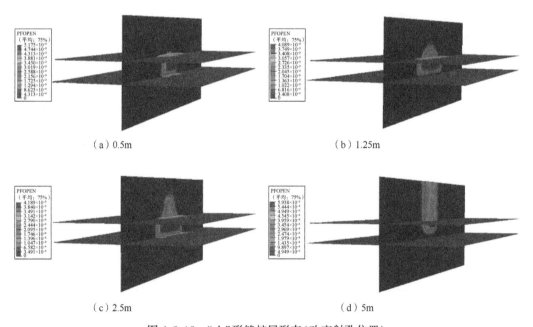

(a) 0.5m

(b) 1.25m

(c) 2.5m

(d) 5m

图 6.5.15  "士"形缝扩展形态(改变射孔位置)

由图 6.5.15 和图 6.5.16 可知,当射孔位置在距煤层上部水平界面 0.5m 处时,形成的裂缝接近于"工"形缝,煤层上下水平界面缝不对称,顶板裂缝扩展距离较短,在顶板层没有形成较为完善的水力裂缝;当射孔位置由 1.25m 变化成 2.5m 时,水力裂缝形态由"十"形缝过渡至"士"形缝,且煤储层裂缝网络发育完善;当射孔位置持续增大至 5m 时,水力裂缝形态以垂直缝为主,水力裂缝在煤层中扩展较少。在煤层垂直裂缝缝宽—缝高剖面中，射孔位置为0.5m和2.5m时煤储层裂缝网络发育最为完善，但当射孔位置为0.5m时，煤层中垂直缝缝长较射孔位置为2.5m的垂直缝缝长减少10.02m，且在上部水平裂缝缝长方面较射孔位置为2.5m时的水平缝缝长减少5.03m，因此结合压裂数值模拟结果，优选在射孔位置为2.5m时进行压裂。

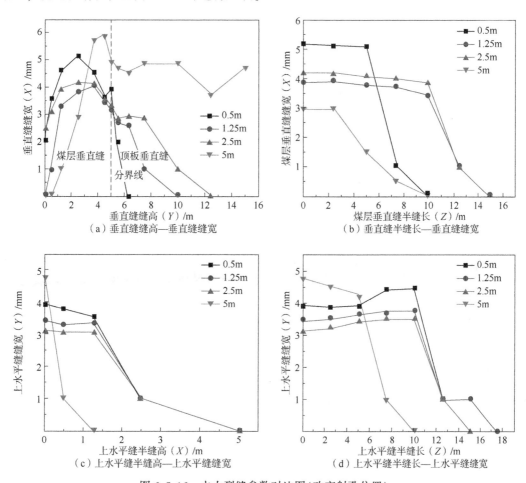

图6.5.16 水力裂缝参数对比图(改变射孔位置)

本节符号及含义：

| 符号 | 含义 | 符号 | 含义 |
|---|---|---|---|
| $K_{top}$ | 裂缝顶端的应力强度因子 | $q$ | 泵入排量 |
| $K_{bot}$ | 裂缝底端的应力强度因子 | $t$ | 泵注时间 |
| $p$ | 缝内压力 | $V(t)$ | $t$时刻裂缝总体积 |
| $g_s$ | 地应力梯度 | $V_f(t)$ | $t$时刻的总滤失体积 |
| $g_v$ | 缝高压降梯度 | $A(y, t)$ | $t$时刻$y$处裂缝的横截面积 |
| $g_p$ | 重力引起的压降梯度 | $\tau(y)$ | 液体到达缝内$y$处所需的时间 |
| $E_1$，$E_2$，$E_3$ | 弹性模量 | $h_u(y, t)$，$h_d(y, t)$ | 分别为$t$时刻$y$处的上、下缝高 |

续表

| 符号 | 含义 | 符号 | 含义 |
|---|---|---|---|
| $u_1$, $u_2$, $u_3$ | 泊松比 | $q(y, t)$ | $t$ 时刻流过 $y$ 处裂缝横截面的体积流量 |
| $K_m$, $K_M$, $K_W$ | 断裂韧性 | $w(y, z, t)$ | $t$ 时刻 $y$ 处横截面上的 $z$ 处宽度分布 |
| $\sigma_1$, $\sigma_2$, $\sigma_3$ | 最小主应力 | $C_t(y, t)$ | $t$ 时刻 $y$ 处的综合滤失系数 |
| $w(y, z, t)$ | $t$ 时刻缝内 $y$ 处剖面上缝高 $z$ 处的缝宽, m | $\lambda(y, t)$ | $t$ 时刻 $y$ 处滤失速率 |
| $\tau$ | 沿缝高方向的位置变量 | $E(z)$ | $z$ 处储层弹性模量 |
| $p(y, t)$ | $t$ 时刻缝内 $y$ 处的流体压力 | $v(z)$ | $z$ 处储层泊松比 |
| $h(y, t)$ | $t$ 时刻缝内 $y$ 处的缝高 | $q(y, t)$ | $t$ 时刻缝内 $y$ 处的压裂液体积流量 |
| $n$ | 压裂液的流态指数 | $y$, $z$ | 分别为缝长、缝高坐标 |
| $K$ | 压裂液的稠度系数 | $w(y, 0, t)$ | $t$ 时刻缝内 $y$ 处剖面上中心处的缝宽 |
| $p(z)$ | 沿裂缝高度方向的净压力 | $p(y, 0)$ | 裂缝中心处的净压力 |
| $z$ | 裂缝高度方向上某点的坐标值 | | |

# 6.6 煤层压裂物理模拟实验

大型真三轴水力压裂物理模拟实验是研究煤层压裂裂缝扩展规律的重要手段。为深入理解宏观煤岩类型对煤层水力裂缝扩展的影响，以韩城区块煤层为对象，分别开展了宏观煤岩类型精细划分下的煤岩水力压裂物模实验和薄煤层群水力压裂物模实验，重点探究了宏观煤岩类型制约下的煤层水力裂缝扩展规律以及薄煤层群水力压裂裂缝延伸机理，为韩城区块煤层气井高效压裂改造提供参考。

煤层压裂真三
轴大物模实验

## 6.6.1 煤岩类型制约下的煤层水力压裂实验研究

### 6.6.1.1 水力压裂实验装置

在实际的地层中，地下岩体承受着三个方向上的地应力。一般情况下，这三个应力的大小不等。为模拟真实的地层应力条件，在水力压裂实验过程中对岩体施加的三向应力也应存在差异，其大小由地下岩体地应力大小决定。为此，采用真三轴水力压裂物理模拟实验装置进行煤层压裂实验。同时，为实施考虑加砂的水力压裂实验，对该实验设备进行了适当改进。改进后的实验设备(图 6.6.1)由真三轴试验架、伺服控压系统、携砂液泵注系统、数据采集及处理系统等组成。

### 6.6.1.2 实验方案设计

(1) 水力压裂实验方案。

研究表明不同宏观煤岩类型煤层的孔裂隙发育和力学性质等存在显著差异，其对煤层压裂裂缝扩展具有重要影响，为此开展宏观煤岩类型对煤层水力压裂影响研究十分必要。同时，大量现场压裂实践和相关研究发现韩城区块煤层为低渗透软煤，导致压裂裂缝从煤层中部射孔位置起裂后，裂缝在缝长方向上扩展困难，形成短缝长的水力裂缝，最后的压

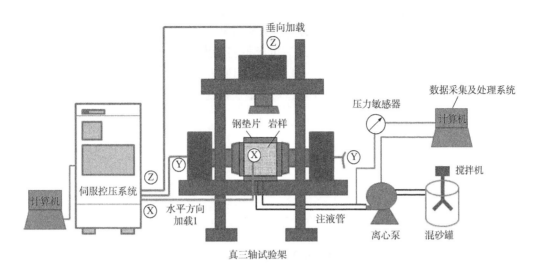

图 6.6.1 水力压裂实验装置示意图

裂改造效果差。针对该问题，现场前期进行了煤层间接压裂的先导性试验研究，即将射孔位置选择在煤层与顶（底）板的地层界面附近［此时射孔同时射开部分煤层和顶（底）板地层，不同于只射煤层的传统射孔方式］，然后再进行压裂施工。间接压裂中，水力裂缝在地层界面附近起裂后将主要沿着地层界面延伸，形成具有高导流能力的水平裂缝，能够大幅度地提高低渗透软煤中的水力裂缝长度，显著改善了煤层压裂增产改造效果。为更深理解间接压裂技术对韩城区块低渗透软煤压裂改造效果的影响，有必要开展间接压裂射孔位置对煤层水力裂缝扩展行为的影响研究。因此，设计了四组水力加砂压裂实验（表 6.6.1）来重点研究宏观煤岩类型和间接压裂射孔位置对煤层压裂效果的影响。

表 6.6.1 水力压裂实验方案

| 方案 | 射孔位置 | 煤层类型 | 三向应力/MPa | 排量/(mL/min) | 压裂液黏度/(mPa·s) |
|---|---|---|---|---|---|
| 1# | 煤层中部 | 光亮型煤 | 5.1/5.8/5.5 | 60 | 8 |
| 2# | 煤层中部 | 暗淡型煤 | 5.1/5.8/5.5 | 60 | 8 |
| 3# | 煤层顶界面 | 光亮型煤 | 5.1/5.8/5.5 | 60 | 8 |
| 4# | 煤层顶界面 | 暗淡型煤 | 5.1/5.8/5.5 | 60 | 8 |

注：三向应力从左至右依次为垂向应力、水平最大地应力、水平最小地应力。

（2）压裂实验参数确定。

压裂实验参数采用柳贡慧等提出的压裂实验相似准则进行确定。该压裂实验相似准则考虑了几何相似准则、运动相似准则和动力相似准则，并可结合现场压裂数据确定室内压裂模拟实验条件，主要包括围压、注入排量、注入时间、模拟井筒尺寸、射孔方案、压裂液滤失系数、压裂液黏度和重度等。现场压裂数据采用韩城区块某典型井的 11# 煤层数据。该井 11# 煤层的垂向应力、水平最大地应力和水平最小地应力分别为 10.3MPa、11.0MPa 和 10.7MPa，地层压力为 5.2MPa，压裂施工时间为 105min，排量为 7m³/min，平均砂比 8.96%，支撑剂粒径为 20/40 目，压裂液黏度为 8mPa·s。

基于水力压裂实验相似准则，可确定室内水力压裂实验参数。假设实验时间为 5.2min，通过前期数模研究和现场压后资料分析可知煤层中压裂裂缝缝长为 40m，于是可以计算出 $c_L$ 和 $c_T$，进而可以得到 $c_Q$，最后可求得实验排量 $Q$，详见式 (6-6-1)。最终压裂实验参数计算结果见表 6.6.1。同时，基于几何相似理论确定支撑剂粒径，经计算确定采用 400 目的白色金刚砂。考虑到输砂离心泵的输送砂比能力，实验砂比确定为 8%。

$$\begin{cases} c_L^3/(c_Q c_T) = 1 \\ c_{K_L}\sqrt{c_L/c_Q} = 1 \\ (c_\eta c_Q)/(c_L^3 c_p) = 1 \\ c_{\sigma_{zz}^0}/c_{E_e} = c_p/c_{E_e} = c_{p_f}/c_{E_e} = 1 \\ (c_L c_{E_e}^2)/c_{K_{IC}}^2 = 1 \\ (c_{\rho_{Fy}} c_L)/c_{E_e} = 1 \end{cases} \tag{6.6.1}$$

其中，$c_V$ 为相似比例系数，表征室内模拟实验与现场实际之间的同一物理量的比值。相似比例系数的计算见式 (6.6.2)。

$$c_V = V_{实验室}/V_{现场} \tag{6.6.2}$$

式中　$V$——某一物理量，代表以下物理量：$L$，$E_e$，$Q$，$T$，$K_L$，$\eta$，$p$，$p_f$，$\sigma_{zz}^0$，$\rho_{Fy}$，$K_{IC}$；

　　　　$L$——缝长，m；

　　　　$Q$——排量，$m^3/s$；

　　　　$T$——时间，s；

　　　　$K_L$——综合滤失系数，$m/s^{\frac{1}{2}}$；

　　　　$\eta$——黏度，$Pa \cdot s$；

　　　　$\sigma_{zz}^0$——地应力，Pa；

　　　　$p$——井眼压力，Pa；

　　　　$p_f$——裂缝压力，Pa；

　　　　$E_e$——等效弹性模量，Pa；

　　　　$K_{IC}$——断裂韧性，$Pa \cdot m^{\frac{1}{2}}$；

　　　　$\rho_{Fy}$——液体重度，$N/m^3$。

$$\begin{cases} c_L^3/(c_Q c_T) = 1 \\ c_L = \dfrac{L_{实验室}}{L_{现场}} = \dfrac{0.3}{40} = 7.5 \times 10^{-3} \\ c_T = \dfrac{T_{实验室}}{T_{现场}} = \dfrac{5.2}{105} = 0.05 \\ c_Q = \dfrac{Q_{实验室}}{Q_{现场}} = \dfrac{Q_{实验室}}{7} \end{cases} \Rightarrow c_Q = \dfrac{c_L^3}{c_T} \Rightarrow Q_{实验室} = 60(mL/min) \tag{6.6.3}$$

$$c = \frac{w_f}{w_1} = \frac{d_f}{d_1} \qquad (6.6.4)$$

式中  $c$——相似理论比例常数;

　　　$w_f$——现场压裂裂缝宽度,mm;

　　　$w_1$——室内压裂实验的裂缝宽度,mm;

　　　$d_f$——现场压裂施工中的支撑剂直径,mm;

　　　$d_1$——室内压裂实验中的支撑剂直径,mm。

（3）压裂试样制作。

实验煤样取自韩城区块象山煤矿中 11# 煤岩,包括光亮型煤和暗淡型煤。为研究不同射孔位置对煤层压裂效果影响,采用多层岩样组合试件(图 6.6.2)模拟地下煤层和其顶底板地层的实际情况。压裂试样的中间层位为煤层(200mm×200mm×100mm),煤层层理平行于地层界面;上、下层分别为模拟顶底板泥岩的水泥薄板(200mm×200mm×50mm);并将煤层薄板与水泥薄板胶结,然后外部再用混凝土将制作好的组合试件包裹成 300mm×300mm×300mm 的标准压裂试样。最后在固化后的试样中心位置采用直径为 26mm 的空心钻头钻取深度为 160mm(射孔位置在煤层中部的情况)或 110mm(射孔位置在煤层顶界面的情况)的孔眼模拟钻井井眼;再将外径为 22mm,内径为 10mm 的模拟井筒安装在井眼中,模拟井筒深度为 150mm(射孔位置在煤层中部的情况)或 100mm(射孔位置在煤层顶界面的情况),井筒下方为 10mm 的裸眼段。

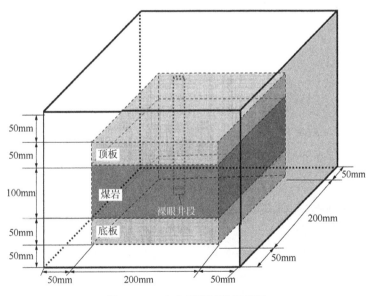

图 6.6.2　水力压裂试样示意图

（4）压裂实验过程。

首先将压裂试样放置到试验架上的三轴加载腔内,然后将扁千斤顶放置到试样各面,接着将主压力仓用螺栓密封,随后施加围压。在对试样施加三向应力过程中,为防止由于各方向上应力加载不均衡可能导致的试样破坏,首先将垂向应力、最大水平主应力和最小水平主应力同步增加到 5.1MPa，然后再继续同步施加最大水平主应力和最小水平主应力至 5.5MPa，最后再继续将水平最大主应力增加至 5.8MPa，并稳定至少 30 min 以保证试样内部完全实现应力平衡。在完全实现应力平衡后，可开展压裂实验。压裂实验过程中随时间变化的注入压力和排量由数据采集处理系统进行采集。当压力曲线发生急剧下降并且观察到有压裂液渗出时，结束实验并记录相关实验数据。最后取出压裂后的试样，并沿缝面剖开进行分析。

### 6.6.1.3　物理模拟实验结果分析

（1）压裂裂缝形态分析。

1#至 4#压裂试样在压裂实验后剖开的主要压裂裂缝形态如图 6.6.3 所示。同时为了更好地展示光亮型煤层的压裂效果，对 1#和 3#试样进行了局部展示，如图 6.6.4 所示。

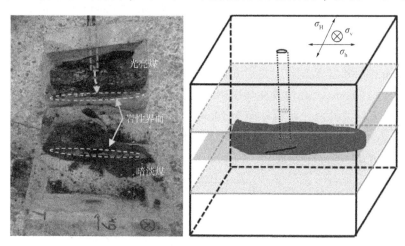

（a）1#试样压裂后实物图及裂缝扩展示意图

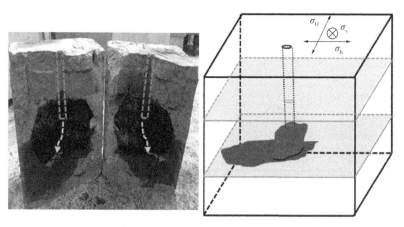

（b）2#试样压裂后实物图及裂缝扩展示意图

图 6.6.3　1#至 4#试样水力主裂缝的形态

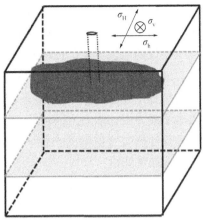

（c）3#试样压裂后实物图及裂缝扩展示意图

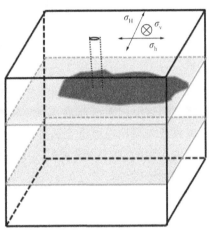

（d）4#试样压裂后实物图及裂缝扩展示意图

垂直水力裂缝　　■水平层理裂缝　　⫴井筒　　垂直裂缝扩展轨迹　　水平裂缝扩展轨迹

图 6.6.3　1#至 4#试样水力主裂缝的形态（续图）

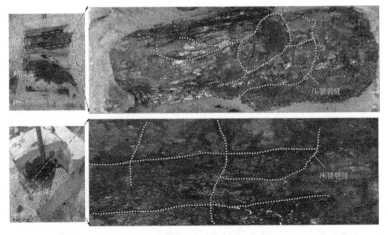

图 6.6.4　1#和 3#光亮型煤局部图

1#试样主要为光亮型煤，下部有部分暗淡型煤，存在光亮型煤和暗淡型煤的岩性界面。从图6.6.3可知，1#试样中垂直水力主裂缝从煤层中部起裂后，在垂向扩展中沟通下部的光亮煤与暗淡煤的岩性界面，此时水力主裂缝发生转向并主要沿岩性界面延伸，最后形成的水力主裂缝为以水平缝为主的空间缝。同时观察图6.6.4可知，1#压裂试样的上部光亮型煤层中的裂缝形态复杂，存在多条相互连通、交叉的裂缝，形成了复杂的裂缝网络。虽然与以水平缝为主的水力空间主缝相比，这些裂缝网络的规模相对较小，但却很好地证实了光亮型煤层压裂裂缝的复杂性。因此，在对光亮型煤层进行压裂设计和优化时，有必要考虑裂缝网络的影响。

2#试样为暗淡型煤，垂直水力裂缝从煤层中部起裂后，水力裂缝呈现沿试样底部优势垂向扩展的趋势，当水力裂缝垂直扩展至煤层下部地层界面后转向沿地层界面进行水平延伸，形成"垂直水力裂缝+平行层理缝"的"T"形弯曲裂缝。

3#试样为光亮型煤，水力主裂缝从煤层顶界面附近位置起裂后，受弱面影响，水力主裂缝主要沿着地层界面延伸，最后形成了沿地层界面扩展的水平主裂缝。从图6.6.4的3#试样局部展示可知，光亮型煤层中可见多条纵横交错并相互连通的水力裂缝，形成了小型的复杂裂缝网络。

4#试样为暗淡型煤，岩样中水力裂缝从煤层顶界面附近位置起裂后，主要沿地层界面延伸形成水平缝，但裂缝面粗糙曲折。

综上，可以发现光亮型煤层压裂后形成以主缝为主的小型裂缝网络，而暗淡型煤层压裂后形成以水平缝为主的"T"形缝(或"工"形裂缝)。

(2) 压裂裂缝的铺砂分布。

考虑到压裂实验中所使用的支撑剂粒径小，并且在实际压裂实验过程中，注入岩样内部的支撑剂总量较少，故难以统计1#和3#光亮型煤层的裂缝网络中的少量支撑剂分布情况。因此，这里只分析了1#至4#试样的水力主裂缝中的支撑剂运移和分布情况。图6.6.5为四组试样压裂后的水力主裂缝中的支撑剂运移和分布情况。

1#试样中，支撑剂主要铺设在光亮型煤和暗淡型煤之间的水平主缝中(即岩性界面上)。支撑剂并没有均匀分布在整个水平裂缝表面上，主要集中在近井筒附近范围内水平裂缝中，水平裂缝的远端并没有发现支撑剂的存在。

2#试样中，支撑剂主要堆积在"T"形裂缝的转向位置(地层界面处)，加砂效果不理想。分析认为，一方面是因为裂缝出现大角度的转向，支撑剂运移阻力大，另一方面是暗淡型煤层中形成的裂缝粗糙弯曲，这两方面导致支撑剂的运移阻力大，运移距离受限。

3#试样中，支撑剂分布在一定范围内的水平裂缝中，并且支撑剂分布量沿着缝长方向呈现逐渐减小的变化趋势，总体上铺砂效果较好。

## 6.6.2　薄煤层群水力裂缝延伸机理物模实验研究

我国鄂尔多斯盆地韩城区块煤系地层存在大量薄煤岩层和砂岩层互层沉积现象。但由于韩城地区构造运动频繁导致煤层普遍破碎，造成单独开采某一煤层技术难度大且经济效益差，因此多层联合压裂开采是解决该区块开发难题的主要技术方案。但薄煤层群联合压

图 6.6.5　$1^{\#}$ 至 $4^{\#}$ 试样水力主裂缝中的支撑剂分布

裂时，由于煤岩和砂岩之间的弱胶结性质、煤体破碎及薄互层特性等复杂因素，导致裂缝在垂向延伸被束缚，压裂裂缝扩展规律较为复杂。本压裂实验主要是模拟和探究韩城区块薄煤层群煤系多储层直井压裂过程中不同产层起裂、不同注入排量和不同压裂液黏度条件下，水力裂缝在多层储层之间的扩展及穿层行为。提出更适合薄煤层群压裂的措施并优选压裂施工参数，为现场压裂提供一定的理论参考。

### 6.6.2.1　实验设计

（1）实验装置。

实验装置如图 6.6.1 所示。

（2）实验方案。

基于韩城区块 H1 井薄煤层群和 H2 井薄煤层群，分别探究了五层薄煤层群（砂岩—煤岩—砂岩—煤岩—砂岩，煤岩—砂岩—煤岩—砂岩—煤岩）两种组合形式下，水力裂缝穿层扩展的行为。水力压裂实验方案见表 6.6.2。

（3）试样准备。

砂煤岩五层组合试样制作的具体流程如图 6.6.6 所示。

① 制作薄板：将砂岩、煤岩加工成一定厚度的薄板。

② 组合试件：将砂岩薄板与煤岩薄板胶结，组成 20cm×20cm×20cm 的立方块。

表 6.6.2  水力压裂实验方案

| 方案 | 岩样组合 | 射孔位置 | 三向应力/MPa | 排量/(mL/min) | 压裂液黏度/(mPa·s) |
|---|---|---|---|---|---|
| 1 | 砂岩—煤岩—砂岩—煤岩—砂岩 | 砂岩 | 11.4/7.7/6.9 | 12 | 15.0(清洁液) |
| 2 | | | | 20 | 15.0(清洁液) |
| 3 | | | | 20 | 2.5 |
| 4 | | | | 12 | 2.5 |
| 5 | | | | 20 | 1.5 |
| 6 | 煤岩—砂岩—煤岩—砂岩—煤岩 | 煤岩 | | 12 | 15.0(清洁液) |
| 7 | | | | 20 | 15.0(清洁液) |
| 8 | | | | 20 | 2.5 |
| 9 | | | | 12 | 2.5 |
| 10 | | | | 20 | 1.5 |

注：三向应力从左至右依次为垂向应力、水平最大地应力、水平最小地应力。

③ 包裹试样：用混凝土将制作好的立方块均匀包裹成 30cm×30cm×30cm 的模拟试样。

④ 钻沉孔：在包裹好的试样侧面上沿长度方向钻出长为 15cm 的沉孔。

⑤ 安装井筒：将长为 19cm 的模拟井筒固结在井眼中(预留 1cm 的裸眼段)，并让起裂点分别位于所设起裂层。

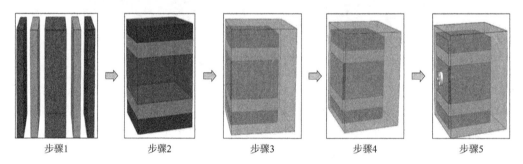

步骤1　　　　步骤2　　　　步骤3　　　　步骤4　　　　步骤5

图 6.6.6  压裂试样制作流程图

### 6.6.2.2  多层压裂实验裂缝形态分析

水力裂缝在中间层中的起裂及扩展实验结束后，沿着裂缝面将试件劈裂，观察水力裂缝的起裂及扩展形态。Model A 砂岩起裂 1#至 5#试样裂缝如图 6.6.7 所示，Model B 煤岩起裂 6#至 10#试样裂缝如图 6.6.8 所示。

(1) 砂岩起裂。

① 1#试样水力裂缝从砂岩层起裂后，在垂向扩展过程中向上穿透顶板煤层并向上 45°角扩展，缝长 120mm，但未穿透煤层上部砂岩；向下穿透底板煤层，但未穿透煤层下部砂岩，在砂岩层与底板煤层界面处扩展，长度约 56mm。此外在砂岩顶板处形成 80mm 界面裂缝，在砂岩底板处形成 50mm 界面裂缝，最终为"Z"形裂缝。

② 2#试样水力裂缝从砂岩层起裂后，在垂向扩展过程中向上穿透顶板煤层并在煤层中扩展形成 180mm 长裂缝，向下穿透底板煤层并在煤层中形成 100mm 长水平裂缝，呈"工"形缝。

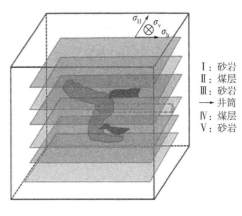

（a）1#试样压裂后实物图及裂缝扩展示意图

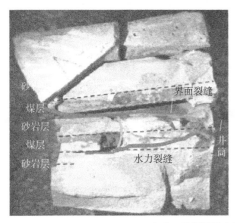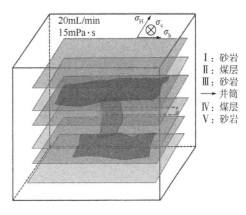

（b）2#试样压裂后实物图及裂缝扩展示意图

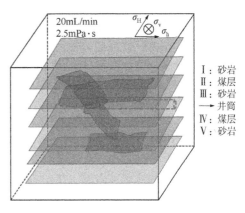

（c）3#试样压裂后实物图及裂缝扩展示意图

图 6.6.7　砂岩—煤岩—砂岩—煤岩—砂岩组合水力裂缝形态和示意图

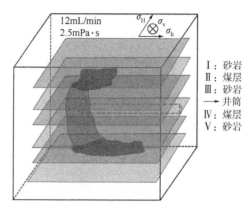

（d）4#试样压裂后实物图及裂缝扩展示意图

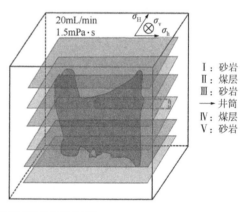

（e）5#试样压裂后实物图及裂缝扩展示意图

图6.6.7 砂岩—煤岩—砂岩—煤岩—砂岩组合水力裂缝形态和示意图（续图）

③ 3#试样水力裂缝从砂岩层起裂后，在垂向扩展过程中向上并穿透顶板煤层，但未穿透上部砂岩层，且在砂岩顶板界面处形成120mm界面缝；向下部扩展中未能穿透底板煤层，同时在界面处扩展最终形成60mm界面裂缝。最后形成"土"形裂缝。

④ 4#试样水力裂缝从砂岩层起裂后，在垂向扩展过程中向上并穿透顶板煤层，但未穿透上部砂岩层，向下未穿透底板煤层，最后形成单一的垂直水力裂缝。

⑤ 根据断裂试样中荧光粉示踪剂的颜色，分析了断裂的起裂、扩展。由图6.6.7（e）可知，5#试样的水力裂缝从砂岩层起裂，裂缝垂直向上扩展，穿透砂岩层上、下煤层。水力裂缝部分向上穿透远端砂岩层，最终形成垂直单缝，其特征是垂直延伸距离长。

（2）煤岩起裂。

① 6#试样垂直水力裂缝从煤层起裂后，垂向扩展过程中分别沟通煤层顶板界面与底板界面，并沿地层界面延伸，界面缝长分别为100mm和50mm。并未突破进入顶底板砂岩层，最终形成了"垂直水力裂缝+水平界面缝"的"工"形裂缝。

② 7#试样水力裂缝从煤层中部起裂后，垂向扩展过程中分别沟通煤层顶板界面与底板

界面，并沿地层界面延伸，界面缝长分别为 180mm 和 60mm。并未突破进入顶底板砂岩层，最终形成"垂直水力裂缝+水平界面缝"的"工"形裂缝。

③ 8#试样水力裂缝从煤层中部起裂后，向上未穿透顶板砂岩，从界面延伸扩展，向下在煤层中形成两条与垂向呈夹角 45°斜裂缝，长度分别为 110mm 与 90mm，扩展至底板砂岩与煤岩界面后沿界面扩展，形成界面缝长为 80mm。压裂最终形成的是"两条 45°斜水力裂缝+水平界面缝"的"Y"形裂缝。

④ 9#试样水力裂缝从煤层中部起裂后，在垂向扩展过程中沟通了煤层中的一条发育层理面，随后垂直水力裂缝转向沿该层理面扩展，形成水平层理裂缝，缝长为 80mm。

⑤ 由图 6.6.8(e)裂缝形貌分析可知，10#试样水力压裂从煤层中部开始后，裂缝仅在煤层中发育，并未穿透砂岩层(煤层的顶板和底板)。复杂的裂缝形态为体积裂缝网络，穿层能力较差。

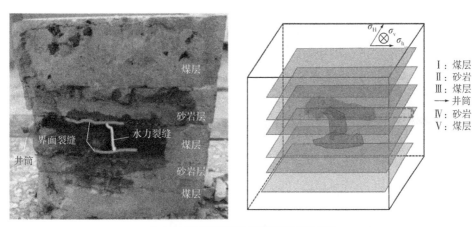

（a）6#试样压裂后实物图及裂缝扩展示意图

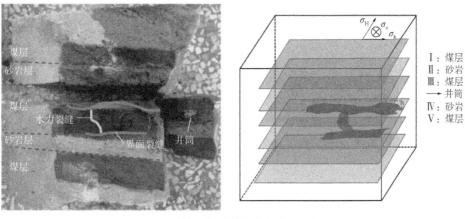

（b）7#试样压裂后实物图及裂缝扩展示意图

图 6.6.8　煤岩—砂岩—煤岩—砂岩—煤岩组合水力裂缝形态和示意图

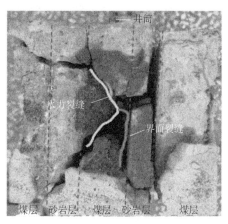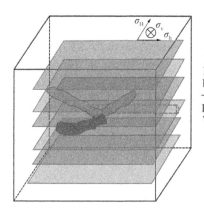

（c）8#试样压裂后实物图及裂缝扩展示意图

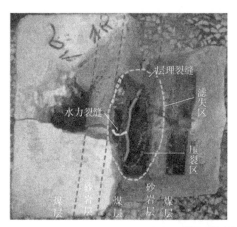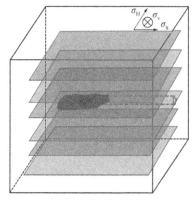

（d）9#试样压裂后实物图及裂缝扩展示意图

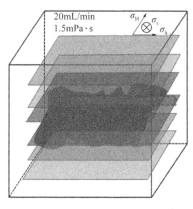

（e）10#试样压裂后实物图及裂缝扩展示意图

图6.6.8　煤岩—砂岩—煤岩—砂岩—煤岩组合水力裂缝形态和示意图(续图)

将10块试样裂缝扩展特点总结分类，见表6.6.3。

表 6.6.3 多层裂缝扩展分类表

| 方案 | 射孔位置 | 排量/(mL/min) | 压裂液黏度/(mPa·s) | 裂缝形态 |
|---|---|---|---|---|
| 1# | 砂岩 | 12 | 15.0 | "Z"形缝 |
| 2# | | 20 | 15.0 | "工"形缝 |
| 3# | | 20 | 2.5 | "士"形缝 |
| 4# | | 12 | 2.5 | 弯曲"C"形缝 |
| 5# | | 20 | 1.5 | 垂直缝 |
| 6# | 煤岩 | 12 | 15.0 | "工"形缝 |
| 7# | | 20 | 15.0 | "工"形缝 |
| 8# | | 20 | 2.5 | "Y"形缝 |
| 9# | | 12 | 2.5 | 垂直缝 |
| 10# | | 20 | 1.5 | 体积缝 |

### 6.6.2.3 多层压裂实验裂缝扩展规律

薄煤层群压裂时，水力裂缝能否穿透上、下层主要受射孔位置的影响。主要表现为在射孔位置形成垂向水力裂缝，在垂向扩张过程中沿地层界面或层理等薄弱面转向扩张，形成复杂的空间裂缝。

若有多层薄煤夹砂岩，可优先选择砂岩中的射孔位置。当压裂液穿过界面时，水力能量突然释放，产生的压力脉冲对煤岩中发育的裂缝薄弱面有一定的活化作用，促进了复杂裂缝的形成。若射孔位置在煤层内，水力压裂易受煤层顶底板限制，不易穿透相邻顶(底)砂岩层延伸，不能与其他煤储层沟通。

压裂液排量越大，水力裂缝越容易形成分支裂缝或激活天然裂缝，形成较大规模复杂裂缝。此外，低黏度流体更有利于增加裂缝扩展，以最大限度地提高地层中水力裂缝的复杂性。

## 参 考 文 献

[1] 边利恒，熊先钺，王伟，等．韩城区块煤体结构分布规律及射孔优化方法[J]．煤炭学报，2017，42(S1)：209-214．

[2] 曹瑞琅，贺少辉，郭炎伟，等．地质强度指标的模糊综合评判法[J]．岩石力学与工程学报，2013，32(S2)：3100-3108．

[3] 陈勉，金衍，张广清．石油工程岩石力学[M]．北京：科学出版社，2008．

[4] 陈祥，孙进忠，张杰坤，等．黄岛地下水封石油洞库场区地应力场模拟分析[J]．岩土工程学报，2009，31(5)：713-719．

[5] 赵金洲，彭瑀，李勇明，等．考虑垂向摩阻的裂缝拟三维延伸模型[J]．中国石油大学学报(自然科学版)，2016，40(1)：69-78．

[6] 陈章华，陈磊，纪洪广．基于偏最小二乘法的地应力场拟合[J]．北京科技大学学报，2013，35(1)：1-7．

[7] 陈震，仝瑶，陈璐，等．基于最小二乘法的预应力混凝土简支梁现存预应力识别[J]．华北水利水电

大学学报（自然科学版），2021，42（5）：4.

[8] 房媛，汤达祯，许浩，等. 韩城矿区煤岩类型对微裂隙发育的控制机理[J]. 新疆石油地质，2014，35（5）：526-530.

[9] 赵磊. 重复压裂技术[M]. 东营：中国石油大学出版社，2008.

[10] 江丙友，林柏泉，吴海进，等. 煤岩超微孔隙结构特征及其分形规律研究[J]. 湖南科技大学学报（自然科学版），2010，25（3）：15-18，28.

[11] 蒋斌松. 原始地应力及力学参数的测定[J]. 山东矿业学院学报，1993（3）：250-253.

[12] 金业权，周创兵. 滑动最小二乘法深部地层应力场模拟计算中的应用研究[J]. 岩石力学与工程学报，2004（23）：4028-4032.

[13] 李福文，叶勤友，许建国，等. 吉林油田水平井射孔段长度确定[J]. 钻采工艺，2008（3）：73-74，83，154-155.

[14] 李玲，汤达祯，许浩，等. 中煤阶煤岩控制下的煤储层孔裂隙结构特征——以柳林矿区为例[J]. 中国科技论文，2015，10（9）：1058-1065.

[15] 李守巨，刘迎曦，王登刚，等. 岩体初始应力场识别的随机方法[J]. 岩土力学，2000（2）：126-129.

[16] 李五忠，孙斌，孙钦平，等. 以煤系天然气开发促进中国煤层气发展的对策分析[J]. 煤炭学报，2016，41（1）：67-71.

[17] 李勇明，赵金洲，郭建春. 考虑缝高压降的裂缝三维延伸数值模拟[J]. 钻采工艺，2001（1）：34-37.

[18] 梁冰，石迎爽，孙维吉，等. 中国煤系"三气"成藏特征及共采可能性[J]. 煤炭学报，2016，41（1）：167-173.

[19] 刘文剑，吴湘滨，王东. 水压致裂法测量裂隙岩体的地应力研究[J]. 煤田地质与勘探，2007（3）：42-46.

[20] 刘玉龙，汤达祯，许浩，等. 基于核磁共振不同煤岩类型储渗空间精细描述[J]. 高校地质学报，2016，22（3）：543-548.

[21] 刘玉龙，汤达祯，许浩，等. 基于X-CT技术不同煤岩类型煤储层非均质性表征[J]. 煤炭科学技术，2017，45（3）：141-146.

[22] 马平华，金留青，何俊，等. 黔西地区高煤阶煤储层测井综合解释[J]. 煤炭工程，2017，49（4）：112-116.

[23] 孟尚志，侯冰，张健，等. 煤系"三气"共采产层组压裂裂缝扩展物模试验研究[J]. 煤炭学报，2016，41（1）：221-227.

[24] 秦勇，申建，沈玉林. 叠置含气系统共采兼容性——煤系"三气"及深部煤层气开采中的共性地质问题[J]. 煤炭学报，2016，41（1）：14-23.

[25] 赵石虎，于腾腾，何云超，等. 基于测井的柿庄地区宏观煤岩类型划分[J]. 中国矿业，2017，26（S1）：382-384.

[26] 申颖浩，葛洪魁，程远方，等. 水力压裂拟三维模型数值求解新方法[J]. 科学技术与工程，2014，14（26）：219-223.

[27] 孙伟，熊远贵，王倩，等. 煤系地层多层合压射孔层位及高度的优化[J]. 天然气地球科学，2019，30（4）：566-573.

[28] 唐淑玲，汤达祯，陶树，等. 基于X-CT技术的沁水盆地南部煤储层精细描述[J]. 煤炭科学技术，2016，44（12）：167-172.

[29] 王波，吴鹏，赵刚，等．临兴区块煤系地层多层合压可行性研究[J]．煤炭工程，2022，54(6)：151-157．

[30] 王鸿勋，张士诚．水力压裂设计数值计算方法[M]．北京：石油工业出版社，1998．

[31] 吴翔，吴建光，张平，等．沁源区块2号煤层煤相展布特征及对含气量的控制[J]．煤炭科学技术，2017，45(4)：117-122．

[32] 徐峰，杨春和，郭印同，等．水力加砂压裂试验装置的研制及应用[J]．岩土工程学报，2016，38(1)：187-192．

[33] 杨奇林．数学物理方程与特殊函数[M]．北京：清华大学出版社，2004．

[34] 易同生，周效志，金军．黔西松河井田龙潭煤系煤层气—致密气成藏特征及共探共采技术[J]．煤炭学报，2016，41(1)：212-220．

[35] 张梅花，高谦，翟淑花．高地应力围岩流变特性及竖井长期稳定性分析[J]．力学学报，2010，42(3)：474-481．

[36] 张明慧．大庆外围砂煤互层压裂工艺技术研究[J]．当代化工，2016，45(10)：2363-2366，2369．

[37] 张琪．采油工程原理与设计[M]．东营：石油大学出版社，2003．

[38] 张涛，王玉斌，胡广军，等．射孔参数对水力压裂效果的影响实例分析[J]．钻采工艺，2010，33(2)：138，144-147．

[39] 赵金洲，陈曦宇，李勇明，等．水平井分段多簇压裂模拟分析及射孔优化[J]．石油勘探与开发，2017，44(1)：117-124．

[40] ZENG F，GUO J，MA S，et al. 3D observations of the hydraulic fracturing process for a model non-cemented horizontal well under true triaxial conditions using an X-ray CT imaging technique[J]. Journal of Natural Gas Science and Engineering，2018，52：128-140．

[41] ZHANG Z，QIN Y，BAI J，et al. Evaluation of favorable regions for multi-seam coalbed methane joint exploitation based on a fuzzy model：A case study in southern Qinshui Basin，China[J]. Energy Exploration & Exploitation，2016，34(3)：400-417．

[42] ZHAO H，WANG X，LIU Z. Experimental investigation of hydraulic sand fracturing on fracture propagation under the influence of coal macrolithotypes in Hancheng block，China[J]. Journal of Petroleum Science and Engineering，2019，175：60-71．

[43] ZHAO J，TANG D，QIN Y，et al. Experimental study on structural models of coal macrolithotypes and its well logging responses in the Hancheng area，Ordos Basin，China[J]. Journal of Petroleum Science and Engineering，2018，166：658-672．

[44] ZHAO H，WANG X，LIU Z，et al. Investigation on the hydraulic fracture propagation of multilayers-commingled fracturing in coal measures[J]. Journal of Petroleum Science and Engineering，2018，167：774-784．

[45] CLIFTON R J，ABOU-SAYED A S. A Variational Approach To The Prediction Of The Three-Dimensional Geometry Of Hydraulic Fractures[C]. Proceedings of the SPE/DOE Low Permeability Gas Reservoirs Symposium，1981. SPE-9879-MS．

[46] LAM K Y，CLEARY M P，BARR D T. A Complete Three-Dimensional Simulator for Analysis and Design of Hydraulic Fracturing[C]. Proceedings of the SPE Unconventional Gas Technology Symposium，1986. SPE-15266-MS．

[47] LIN C，DENG J，LIU Y，et al. Experiment simulation of hydraulic fracture in colliery hard roof

control[J]. Journal of Petroleum Science and Engineering, 2016, 138: 265-271.

[48] LIU Z, JIN Y, CHEN M, et al. Analysis of Non-Planar Multi-Fracture Propagation from Layered-Formation Inclined-Well Hydraulic Fracturing[J]. Rock Mechanics and Rock Engineering, 2016, 49(5): 1747-1758.

[49] NOLTE K G. Fracture Design Considerations Based on Pressure Analysis[C]. Proceedings of the SPE Cotton Valley Symposium, 1982. SPE-10911-MS.

[50] OLSEN T N, BRATTON T R, DONALD A, et al. Application of Indirect Fracturing for Efficient Stimulation of Coalbed Methane[C]. Proceedings of the Rocky Mountain Oil & Gas Technology Symposium, 2007. SPE-107985-MS.

[51] OLSEN T N, BRENIZE G, FRENZEL T. Improvement Processes for Coalbed Natural Gas Completion and Stimulation[C]. Proceedings of the SPE Annual Technical Conference and Exhibition, 2003. SPE-84122-MS.

[52] PALMER I D, CARROLL H B JR. Three-Dimensional Hydraulic Fracture Propagation in the Presence of Stress Variations[J]. Society of Petroleum Engineers Journal, 1983, 23(6): 870-878.

[53] QIN L, ZHAI C, LIU S, et al. Mechanical behavior and fracture spatial propagation of coal injected with liquid nitrogen under triaxial stress applied for coalbed methane recovery[J]. Engineering Geology, 2018, 233: 1-10.

[54] Morales R H, Abou-Sayed A S. Microcomputer Analysis of Hydraulic Fracture Behavior With a Pseudo-Three-Dimensional Simulator[J]. SPE Production Engineering, 1989, 4(1): 69-74.

[55] TAN P, JIN Y, HAN K, et al. Analysis of hydraulic fracture initiation and vertical propagation behavior in laminated shale formation[J]. Fuel, 2017, 206: 482-493.

[56] TAN P, JIN Y, HAN K, et al. Vertical propagation behavior of hydraulic fractures in coal measure strata based on true triaxial experiment[J]. Journal of Petroleum Science and Engineering, 2017, 158: 398-407.

[57] XU H, TANG D, MATHEWS J P, et al. Evaluation of coal macrolithotypes distribution by geophysical logging data in the Hancheng Block, Eastern Margin, Ordos Basin, China[J]. International Journal of Coal Geology, 2016, 165: 265-277.

[58] XU H, TANG D, ZHAO J, et al. Geologic controls of the production of coalbed methane in the Hancheng area, southeastern Ordos Basin[J]. Journal of Natural Gas Science and Engineering, 2015, 26: 156-162.

# 第7章 碳酸盐岩酸化压裂

酸化压裂是实现碳酸盐岩高效经济开发的重要手段，本章主要围绕酸蚀裂缝扩展及裂缝与溶洞交互等行为展开介绍，主要内容如下：（1）基于双尺度数学模型模拟循缝找洞酸化的酸液流动路径；（2）基于天然裂缝和溶洞建立适合缝洞型油藏的应力—流动—酸岩反应耦合控制方程研究酸蚀裂缝扩展路径；（3）在室内条件下探究碳酸盐岩酸压临界排量、酸压裂缝的扩展规律及缝洞交互行为；（4）基于应力监测原理研究缝洞型储层压裂前后不同断裂处的应力分布规律，分析压裂过程中诱导应力的变化规律。

## 7.1 酸化溶蚀数学模型及其数值解法

为提高酸液利用率及酸化效果，研究酸蚀规律是十分重要的。明确酸蚀裂缝的延伸路径及循着天然裂缝沟通溶洞的方位和数量，便于判断酸蚀裂缝沟通井眼周围潜在缝洞油气储集体的能力，从而指导缝洞型碳酸盐岩储层酸化工程方案的制定。本节主要通过给含随机天然裂缝、多溶洞的碳酸盐岩储层地质模型赋予能够描述厘米级至微米级多孔介质的双尺度数学模型(达西尺度模型和孔隙尺度模型)，并对方程组进行数值求解，计算酸液在天然裂缝内的流动及与碳酸盐岩的反应，模拟循缝找洞酸化的酸液流动路径，用于碳酸盐岩储层酸化工程设计。

双尺度连续模型由达西尺度的模型和孔隙尺度的模型组成，模型区域如图 7.1.1 所示。该模型假设：

（1）酸液在多孔介质中的流动为单相流；

（2）不考虑源汇项，满足质量守恒定律；

（3）忽略酸岩流动反应过程中产生的热量对温度的变量参数的影响，例如黏度、反应速度等；

（4）忽略酸岩反应过程中产生的气体的影响；

（5）忽略酸岩反应过程中的沉淀物。

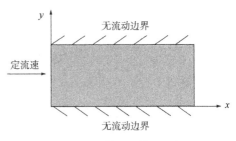

图 7.1.1 模型区域(二维)

### 7.1.1　达西尺度模型

达西尺度模型用于描述厘米级至微米级多孔介质的模型，酸液在厘米级至微米级多孔介质内为达西渗流。达西尺度的模型描述了溶质在多孔介质中的流动、传输和反应消耗，以及孔隙度随溶蚀反应的变化。

（1）基质中的酸液流动。

酸液以一定速度注入地层，酸液中的氢离子在流体中的宏观运动（对流作用）和浓度梯度（扩散作用）下，由孔隙介质流体中传质到碳酸盐岩表面发生反应，进而改变地层孔隙度和渗透率。

① 运动方程。

酸液在基质地层中的流动由达西定律控制：

$$U = -\frac{K}{\mu}\nabla p \tag{7.1.1}$$

式中　$U$——达西速度矢量，m/s；

　　　$K$——地层渗透率，m$^2$；

　　　$\mu$——酸液黏度，Pa·s；

　　　$p$——酸液压力，Pa。

② 连续性方程。

流体压力分布由不可压缩流体的连续性方程控制：

$$\frac{\partial \phi}{\partial t} + \nabla \cdot U = 0 \tag{7.1.2}$$

式中　$\phi$——地层孔隙度；

　　　$t$——反应时间，s。

③ 对流扩散方程。

氢离子在流体中的浓度分布由对流扩散方程控制，其中对流扩散方程分两种情况，情况一为酸液未将岩石完全溶蚀（$\phi<1$），情况二为酸液将岩石完全溶蚀（$\phi=1$）。

酸液未将岩石完全溶蚀（$\phi<1$）情况下的对流扩散方程，需考虑氢离子在岩石表面的消耗和孔隙度的改变：

$$\begin{cases} \dfrac{\partial(\phi C_f)}{\partial t} + \nabla \cdot (U C_f) = \nabla \cdot (\phi D_e \cdot \nabla C_f) - k_c a_v (C_f - C_s) \\[2mm] \dfrac{\partial \phi}{\partial t} = \dfrac{k_c a_v (C_f - C_s)\alpha}{\rho_s} \end{cases} \tag{7.1.3}$$

酸液将岩石完全溶蚀（$\phi=1$）情况下的对流扩散方程，不需考虑氢离子在岩石表面的消耗和孔隙度的改变：

$$
\begin{cases}
\dfrac{\partial(\phi C_f)}{\partial t} + \nabla \cdot (UC_f) = \nabla \cdot (\phi \boldsymbol{D}_e \cdot \nabla C_f) \\[3mm]
\dfrac{\partial \phi}{\partial t} = 0
\end{cases}
\tag{7.1.4}
$$

式中　$C_f$——岩石孔隙中的酸液浓度，$mol/m^3$；

　　　$\boldsymbol{D}_e$——酸液扩散张量，$m^2/s$；

　　　$k_c$——酸液局部传质系数，$m/s$；

　　　$a_v$——单位体积岩石具有的孔隙面积，$m^2/m^3$；

　　　$C_s$——岩石表面的酸液浓度，$mol/m^3$；

　　　$\alpha$——单位摩尔的酸液所能溶蚀的岩石质量，$kg/mol$；

　　　$\rho_s$——岩石密度，$kg/m^3$。

（2）裂缝中的酸液流动。

酸液在天然裂缝中的流动与在基质中的流动对应着不同的机理，天然裂缝中流动为自由流，基质中的流动为达西定律控制的多孔介质渗流。酸液在天然裂缝中的流动根据等效渗透率的概念将天然裂缝看作渗透率较大的区域，利用上述数学模型，研究酸液在裂缝性地层中的溶蚀现象，并将对压力场影响较大的天然裂缝进行网格加密，加快计算速度并保证计算的收敛性。

### 7.1.2　孔隙尺度模型

通过孔隙尺度模型可计算渗透率、孔隙半径、比表面积、孔隙度、扩散张量和传质系数，并将其代入到达西尺度模型中，获取酸液随渗透时间变化溶蚀岩石的孔隙度、渗透率变化情况。

（1）岩石物性参数与孔隙结构关系。

地层渗透率、孔隙半径、比表面积大小与孔隙度直接相关，采用经验公式描述地层渗透率、孔隙半径、比表面积与孔隙度之间的关系为：

$$
\frac{K}{K_0} = \frac{\phi}{\phi_0}\left[\frac{\phi(1-\phi_0)}{\phi_0(1-\phi)}\right]^{2\beta}
$$

$$
\frac{r_p}{r_0} = \left[\frac{\phi(1-\phi_0)}{\phi_0(1-\phi)}\right]^{\beta}
$$

$$
\frac{a_v}{a_0} = \frac{\phi}{\phi_0}\left[\frac{\phi_0(1-\phi)}{\phi(1-\phi_0)}\right]^{\beta}
\tag{7.1.5}
$$

式中　$\phi$——孔隙度，$0<\phi<1$；

　　　$K$——渗透率，$mD$；

　　　$r_p$——孔隙半径，$m$；

　　　$a_v$——比表面积，$cm^2/cm^3$；

$\phi_0$——初始孔隙度；

$K_0$——初始渗透率，mD；

$r_0$——初始孔隙半径，m；

$a_0$——初始比表面积，$cm^2/cm^3$；

$\beta$——与孔隙结构有关的常数，取 $\beta=1$。

一般情况下，酸液在地层中的流动速度很小，可以看作是层流运动，可将裂缝看作较细的圆管，利用圆管层流公式来考察流量：

$$Q = \frac{\Delta p \pi D^4}{128\mu L} = \frac{\Delta p A}{\mu L} \cdot \frac{D^2}{32} \tag{7.1.6}$$

式中　$Q$——流量，$cm^3/s$；

$\Delta p$——驱动压差，0.1MPa；

$D$——裂缝直径，cm；

$A$——截面积，$cm^2$；

$\mu$——流体黏度，Pa·s；

$L$——裂缝长度，cm。

利用达西公式计算得到的流量如下：

$$Q = \frac{\Delta p A}{\mu L} K \tag{7.1.7}$$

取缝宽为 0.2cm 时，基于式(7.1.6)、式(7.1.7)计算得到天然裂缝对应的等效渗透率为：$K_e = D^2/32 = 125mD$。

令天然裂缝孔隙度 $\phi_{max} = 0.999(\phi_0 = 0.05、K_0 = 0.32)$，代入式(7.1.5)得渗透率 $K$：

$$K = K_0 \frac{\phi}{\phi_0} \left[ \frac{\phi(1-\phi_0)}{\phi_0(1-\phi)} \right]^{2\beta} = 121mD \tag{7.1.8}$$

$K_e$ 与 $K$ 是同一个数量级，即从流动阻力的角度考虑，将宽度为 0.2cm 的天然裂缝等效为孔隙度为 0.999 的基质是合理的。对于缝宽超过 0.2cm 的天然裂缝，由于天然裂缝相对于基质其渗透率已相当高，此时缝宽不是限制裂缝导流能力(渗透率与缝宽的乘积)的因素，所以将天然裂缝等效为缝宽 0.2cm 的裂缝处理即可。

(2) 扩散系数。

由于地层的沉积压实作用使孔隙结构在横、纵方向上不同，所述扩散张量包括水平扩散张量 $\boldsymbol{D}_{eX}$ 和垂向扩散张量 $\boldsymbol{D}_{eT}$。扩散张量与分子扩散系数 $D_m$、孔隙结构、流动速度等有关，其中佩克莱特数是表示对流与扩散比值的无量纲数：

$$Pe_p = \frac{|\boldsymbol{U}|2r_p}{\phi D_m} \tag{7.1.9}$$

扩散张量分为水平扩散张量 $\boldsymbol{D}_{eX}$ 和垂向扩散张量 $\boldsymbol{D}_{eT}$，其计算公式为：

$$D_{eX} = (\alpha_{os} + \lambda_X Pe_p) D_m \tag{7.1.10}$$

$$D_{eT} = (\alpha_{os} + \lambda_T Pe_p) D_m \tag{7.1.11}$$

式中 $D_{eX}$——在 $x$ 方向的有效扩散系数张量，$m^2/s$；

$D_{eT}$——在 $y$ 方向的有效扩散系数张量，$m^2/s$；

$\alpha_{os}$——与孔隙结构相关的常数，取 $\alpha_{os} = 0.5$；

$\lambda_X$——岩石的横向孔隙结构系数，由岩心扩散实验得到 $\lambda_X = 0.5$；

$\lambda_T$——岩石的纵向孔隙结构系数，由岩心扩散实验得到 $\lambda_T = 0.1$；

$D_m$——氢离子扩散系数，$m/s^2$；

$Pe_p$——佩克莱特数，表示对流与扩散相对比例。

下标 $X$ 和 $T$ 分别表示酸液注入方向及与之垂直的横向方向，在三维直角坐标系下 $X$ 方向表示 $x$ 方向，$T$ 方向表示 $y$，$z$ 方向（$x$，$y$，$z$ 为直角坐标系坐标分量）；在三维径向坐标系下，$X$ 方向表示 $r$ 方向，$T$ 方向表示 $\theta$，$z$ 方向（$r$，$\theta$，$z$ 为径向坐标系坐标分量）。$\lambda_X$ 和 $\lambda_T$ 是与孔隙结构有关的数值常数（对球形填充模型来说，$\lambda_X = 0.5$，$\lambda_T = 0.1$）。

（3）传质系数。

酸溶质在孔隙内从液相中传输至液固界面的速度通过传质系数 $k_c$ 来表示。

对于给定的酸液，传质系数有着重要的作用，因为它的大小决定着化学反应是处于动力控制阶段还是传质控制阶段。传质系数与孔隙结构、反应速度以及流体流动速度有关。有关传质系数 $k_c$ 的计算方法为：

$$k_c = \frac{D_m \cdot Sh}{2r_p} = \frac{D_m}{2r_p} \left[ Sh_\infty + 0.35 \left( \frac{2r_p Re_p}{x} \right)^{\frac{1}{2}} Sc^{\frac{1}{3}} \right]$$

$$Re_p = \frac{\rho |U| 2r_p}{\mu}, \quad Sc = \frac{\mu}{\rho D_m} \tag{7.1.12}$$

式中 $Sh$——舍伍德数；

$Sh_\infty$——渐进舍伍德数；

$Re_p$——孔隙尺度雷诺数；

$Sc$——施密特数。

### 7.1.3 数值解法

将双尺度模型退化到一维，依据 7.1.1 节中公式可得到如下式子：

$$U_x = -\frac{K}{\mu} \frac{\partial p}{\partial x} \tag{7.1.13}$$

$$\frac{\partial \phi}{\partial t} + \frac{\partial U_x}{\partial x} = 0 \tag{7.1.14}$$

$$\frac{\partial (\phi C_f)}{\partial t} + \frac{\partial}{\partial x} (U_x C_f) = \frac{\partial}{\partial x} \left( \phi D_e \frac{\partial C_f}{\partial x} \right) - k_c a_v (C_f - C_s) \tag{7.1.15}$$

$$k_c(C_f - C_s) = R(C_s) = k_s C_s \tag{7.1.16}$$

$$\frac{\partial \phi}{\partial t} = \frac{k_s C_s \alpha a_v}{\rho_s} \tag{7.1.17}$$

式中　$\phi$——地层孔隙度；

　　　$k_s$——酸岩反应速率常数；

　　　$R(C_s)$——酸岩反应速率，$mol/m^3$。

将式(7.1.14)放到渗流场考虑；将式(7.1.17)进行离散，在每个时间步对孔隙度进行更新；将式(7.1.15)作为化学场控制方程，对其进行离散求解，可以得到有限元求解方程：

$$A\dot{C} + DC = H \tag{7.1.18}$$

其中：

$$A = \phi \begin{bmatrix} \dfrac{l_1 + l_3}{3} & \dfrac{l_1}{6} & \dfrac{l_3}{6} \\[3mm] \dfrac{l_1}{6} & \dfrac{l_1 + l_2}{3} & \dfrac{l_2}{6} \\[3mm] \dfrac{l_3}{6} & \dfrac{l_2}{6} & \dfrac{l_2 + l_3}{3} \end{bmatrix} \tag{7.1.19}$$

$$D_1 = -\frac{1}{2}\frac{K}{\mu} \begin{bmatrix} -\dfrac{\partial p_1}{\partial l_1} - \dfrac{\partial p_3}{\partial l_3} & -\dfrac{\partial p_1}{\partial l_1} & -\dfrac{\partial p_3}{\partial l_3} \\[3mm] \dfrac{\partial p_1}{\partial l_1} & \dfrac{\partial p_1}{\partial l_1} - \dfrac{\partial p_2}{\partial l_2} & -\dfrac{\partial p_2}{\partial l_2} \\[3mm] \dfrac{\partial p_3}{\partial l_3} & \dfrac{\partial p_2}{\partial l_2} & \dfrac{\partial p_2}{\partial l_2} + \dfrac{\partial p_3}{\partial l_3} \end{bmatrix} \tag{7.1.20}$$

$$D_2 = \phi D_e \begin{bmatrix} \dfrac{1}{l_1} + \dfrac{1}{l_3} & -\dfrac{1}{l_1} & -\dfrac{1}{l_3} \\[3mm] -\dfrac{1}{l_1} & \dfrac{1}{l_1} + \dfrac{1}{l_2} & -\dfrac{1}{l_2} \\[3mm] -\dfrac{1}{l_3} & -\dfrac{1}{l_2} & \dfrac{1}{l_2} + \dfrac{1}{l_3} \end{bmatrix} \tag{7.1.21}$$

$$D_3 = \frac{k_s k_c a_v}{(k_c + k_s)} \begin{bmatrix} \dfrac{l_1 + l_3}{3} & \dfrac{l_1}{6} & \dfrac{l_3}{6} \\[3mm] \dfrac{l_1}{6} & \dfrac{l_1 + l_2}{3} & \dfrac{l_2}{6} \\[3mm] \dfrac{l_3}{6} & \dfrac{l_2}{6} & \dfrac{l_2 + l_3}{3} \end{bmatrix} \tag{7.1.22}$$

则 $D$ 矩阵可以写为：

$$D=D_1+D_2+D_3=-\frac{1}{2}\frac{K}{\mu}\begin{bmatrix}-\dfrac{\partial p_1}{\partial l_1}-\dfrac{\partial p_3}{\partial l_3} & -\dfrac{\partial p_1}{\partial l_1} & -\dfrac{\partial p_3}{\partial l_3}\\[2ex]\dfrac{\partial p_1}{\partial l_1} & \dfrac{\partial p_1}{\partial l_1}-\dfrac{\partial p_2}{\partial l_2} & -\dfrac{\partial p_2}{\partial l_2}\\[2ex]\dfrac{\partial p_3}{\partial l_3} & \dfrac{\partial p_2}{\partial l_2} & \dfrac{\partial p_2}{\partial l_2}+\dfrac{\partial p_3}{\partial l_3}\end{bmatrix}$$

（7.1.23）

$$+\phi D_e\begin{bmatrix}\dfrac{1}{l_1}+\dfrac{1}{l_3} & -\dfrac{1}{l_1} & -\dfrac{1}{l_3}\\[2ex]-\dfrac{1}{l_1} & \dfrac{1}{l_1}+\dfrac{1}{l_2} & -\dfrac{1}{l_2}\\[2ex]-\dfrac{1}{l_3} & -\dfrac{1}{l_2} & \dfrac{1}{l_2}+\dfrac{1}{l_3}\end{bmatrix}+\frac{k_s k_c a_{v0}(1-\phi)}{(k_c+k_s)(1-\phi_0)}\begin{bmatrix}\dfrac{l_1+l_3}{3} & \dfrac{l_1}{6} & \dfrac{l_3}{6}\\[2ex]\dfrac{l_1}{6} & \dfrac{l_1+l_2}{3} & \dfrac{l_2}{6}\\[2ex]\dfrac{l_3}{6} & \dfrac{l_2}{6} & \dfrac{l_2+l_3}{3}\end{bmatrix}$$

本节符号及含义：

| 符号 | 含义 | 符号 | 含义 | 符号 | 含义 |
|---|---|---|---|---|---|
| $U$ | 达西速度矢量 | $K$ | 地层渗透率 | $\mu$ | 酸液黏度 |
| $p$ | 酸液压力 | $\phi$ | 地层孔隙度 | $t$ | 反应时间 |
| $C_f$ | 岩石孔隙中的酸液浓度 | $D_e$ | 酸液扩散张量 | $a_v$ | 单位体积岩石具有的孔隙面积 |
| $C_s$ | 岩石表面的酸液浓度 | $\alpha$ | 单位摩尔的酸液所能溶蚀的岩石质量 | $\rho_s$ | 岩石密度 |
| $r_p$ | 孔隙半径 | $\phi_0$ | 初始孔隙度 | $K_0$ | 初始渗透率 |
| $r_0$ | 初始孔隙半径 | $a_0$ | 初始比表面积 | $\beta$ | 与孔隙结构有关的常数 |
| $Q$ | 流量 | $\Delta p$ | 驱动压差 | $D$ | 裂缝直径 |
| $A$ | 截面积 | $L$ | 裂缝长度 | $D_{eX}$ | 水平扩散张量 |
| $D_{eT}$ | 垂向扩散张量 | $\alpha_{os}$ | 与孔隙结构相关的常数 | $D_m$ | 分子扩散系数 |
| $Pe_p$ | 佩克莱特数 | $Sh_\infty$ | 渐进舍伍德数 | $Re_p$ | 孔隙尺度雷诺数 |
| $Sc$ | 施密特数 | $R(C_s)$ | 酸岩反应速率 | $k_s$ | 酸岩反应速率常数 |

## 7.2 缝洞型碳酸盐岩酸压控制方程及其数值解法

酸压是实现碳酸盐岩高效经济开发的重要手段，但现有的酸压数值模拟方法一般采用常规均质油藏的数学模型，本节基于天然裂缝和溶洞建立了适合缝洞型油藏的应力—流动—酸岩反应耦合控制方程，采用扩展有限元法对控制方程进行离散，得到扩展有限元离散方程。

缝洞型酸化
压裂数值模拟

### 7.2.1 应力—流动—酸岩反应耦合控制方程

（1）应力平衡方程。

其实质为岩石骨架受力方程，对其采用应力平衡方程进行描述：

$$\nabla \cdot \boldsymbol{\sigma} + \rho_1 \boldsymbol{g} = \nabla \cdot (\boldsymbol{\sigma}' - \alpha_\mathrm{m} \boldsymbol{I}_\mathrm{m} p_\mathrm{m}) + \rho_1 \boldsymbol{g} = 0 \tag{7.2.1}$$

式中　$\nabla \cdot$——散度算子；

　　　$\boldsymbol{\sigma}$——柯西应力张量，Pa；

　　　$\rho_1$——流体密度，$\mathrm{kg/m^3}$；

　　　$\boldsymbol{g}$——重力加速度向量，$\mathrm{m/s^2}$；

　　　$\boldsymbol{\sigma}'$——有效应力，Pa；

　　　$\alpha_\mathrm{m}$——Biot 系数；

　　　$\boldsymbol{I}_\mathrm{m}$——单位张量，二维情况下为 $[1 \quad 1 \quad 0]^\mathrm{T}$，三维情况下为 $[1 \quad 1 \quad 1 \quad 0 \quad 0 \quad 0]^\mathrm{T}$；

　　　$p_\mathrm{m}$——岩石基质孔隙流体压力，Pa。

（2）渗流控制方程。

基质岩体中流体渗流连续性方程为：

$$\left(\frac{\alpha_\mathrm{m} - \phi_\mathrm{m}}{K_\mathrm{s}} + \frac{\phi_\mathrm{m}}{K_1}\right)\frac{\partial p_\mathrm{m}}{\partial t} + \alpha_\mathrm{m} \boldsymbol{I}_\mathrm{m} \frac{\partial \boldsymbol{\varepsilon}}{\partial t} + \frac{1}{\rho_1} \nabla \cdot \left[\rho_1 \frac{\boldsymbol{K}_\mathrm{m}}{\mu}(-\nabla p_\mathrm{m} + \rho_1 \boldsymbol{g})\right] + Q = 0 \tag{7.2.2}$$

式中　$\phi_\mathrm{m}$——岩石基质孔隙度；

　　　$K_\mathrm{s}$——固体岩石体积模量，Pa；

　　　$K_1$——流体体积模量，Pa；

　　　$p_\mathrm{m}$——岩石基质孔隙流体压力，Pa；

　　　$t$——时间，s；

　　　$\boldsymbol{\varepsilon}$——应变张量；

　　　$\boldsymbol{K}_\mathrm{m}$——基质渗透率张量，D；

　　　$\mu$——流体黏度，$\mathrm{Pa \cdot s}$；

　　　$Q$——汇源项。

（3）酸液传质及反应控制方程。

在裂缝壁面上建立局部坐标系，用 $x$ 表示沿裂缝长度方向，用 $y$ 表示沿裂缝高度方向，裂缝宽度较小，忽略沿垂直于裂缝壁面方向上的流动，裂缝内流体流动的连续性方程表示为：

$$\frac{\partial(v_x w)}{\partial x} + \frac{\partial(v_y w)}{\partial y} = -\frac{\partial w}{\partial t} \tag{7.2.3}$$

式中　$v_x$——某点酸液沿 $x$ 方向的流速，$\mathrm{m/s}$；

　　　$v_y$——某点酸液沿 $y$ 方向的流速，$\mathrm{m/s}$；

　　　$w$——裂缝宽度，m；

$t$——注酸时间，s。

$$v_x = -\frac{w^2}{12\mu}\frac{\partial p_f}{\partial x}$$

$$v_y = -\frac{w^2}{12\mu}\frac{\partial p_f}{\partial y} \tag{7.2.4}$$

式中　$p_f$——裂缝内流体压力，Pa。

将式(7.2.4)代入式(7.2.3)，得到：

$$\frac{1}{12\mu}\frac{\partial}{\partial x}\left(\frac{\partial p_f}{\partial x}w^3\right) + \frac{1}{12\mu}\frac{\partial}{\partial y}\left(\frac{\partial p_f}{\partial y}w^3\right) = \frac{\partial w}{\partial t} \tag{7.2.5}$$

酸蚀裂缝内酸液浓度方程为：

$$\frac{\partial(C_a v_x w)}{\partial x} + \frac{\partial(C_a v_y w)}{\partial y} + 2k_g(C_a - C_s) = -\frac{\partial(C_a w)}{\partial t} \tag{7.2.6}$$

裂缝壁面上局部反应方程可用溶蚀速度 $R_r(C_s)$ 表示为：

$$k_g(C_a - C_s) = R_r(C_s) \tag{7.2.7}$$

其中：

$$R_r(C_s) = x_1 e^{\frac{x_2}{RT}}C_a^{x_3} \tag{7.2.8}$$

式中　$C_a$——裂缝内酸液浓度，$mol/m^3$；

$\quad\quad C_s$——裂缝壁面酸液浓度，$mol/m^3$；

$\quad\quad k_g$——传质系数，m/s；

$\quad\quad R$——气体常数，$R = 8.317\ J/(K \cdot mol)$；

$\quad\quad T$——温度，K；

$\quad\quad p_f$——裂缝内流体压力，Pa；

$\quad\quad x_1$，$x_2$，$x_3$——对于不同的岩石矿物，取不同的值。

酸蚀裂缝宽度变化方程为：

$$\sum_{i=1}^{2} 2\frac{\beta_i}{\rho_i(1-\phi)}R_r(C_s) = \frac{\partial w}{\partial t} \tag{7.2.9}$$

式中　$\beta_i$——酸液对白云岩/石灰岩的溶解能力，下标 $i$ 分别表示白云岩/石灰岩；

$\quad\quad \rho_i$——白云岩/石灰岩的密度，$kg/m^3$；

$\quad\quad \phi$——孔隙度；

$\quad\quad R_r(C_s)$——酸液对白云岩/石灰岩的溶蚀速度，$mol/(m^2 \cdot s)$。

(4) 条件方程。

初始时刻位移、孔隙流体压力通过初始条件给出：

$$u = u^0$$

$$p_m = p_m^0 \qquad\qquad (7.2.10)$$

式中 $u$——位移，m；

$u^0$——初始时刻位移，m，

$p_m$——孔隙流体压力，Pa；

$p_m^0$——初始时刻孔隙流体压力，Pa。

边界上的位移、流体压力、应力、流量、酸液浓度通过强制边界条件给出：

$$u(x) = \overline{u} \qquad\qquad \forall x \in \Gamma_u$$

$$p_m(x) = \overline{p_m} \qquad\qquad \forall x \in \Gamma_p$$

$$\sigma(x)\,n = \bar{t} \qquad\qquad \forall x \in \Gamma_\sigma$$

$$C(x) = \overline{C} \qquad\qquad \forall x \in \Gamma_q$$

$$\left[ -\frac{K_m}{\mu} \nabla p_m(x) \right] \cdot n = \frac{\tilde{q}}{\rho_1} \qquad\qquad \forall x \in \Gamma_q \qquad\qquad (7.2.11)$$

式中 $u$——位移，m；

$\overline{u}$——位移边界，m；

$p_m$——孔隙流体压力，Pa；

$\overline{p_m}$——流体压力边界，Pa；

$\sigma$——应力，Pa；

$n$——裂缝壁面向量；

$\bar{t}$——应力边界上施加的已知力，Pa；

$K_m$——基质渗透率张量，D；

$\mu$——流体黏度，Pa·s；

$\tilde{q}$——流体流量边界上施加的已知流量，$m^3/s$；

$\rho_1$——流体流量边界上已知的流体密度，$kg/m^3$；

$C$——酸液浓度，$mol/m^3$；

$\overline{C}$——酸液浓度边界，$mol/m^3$；

$\Gamma_u$——位移边界，m；

$\Gamma_p$——流体压力边界，Pa；

$\Gamma_\sigma$——应力边界，Pa；

$\Gamma_q$——流体流量边界，$m^3/s$。

裂缝表面受到裂缝内的压力为：

$$\sigma(x) \cdot n_{\Gamma_f^+} = p_f^+ \cdot n_{\Gamma_f^+} \qquad\qquad\qquad \forall x \in \Gamma_f^+$$

$$\sigma(x) \cdot \boldsymbol{n}_{\varGamma_{\bar{f}}} = -p_{\bar{f}}^{-} \cdot \boldsymbol{n}_{\varGamma_{\bar{f}}} \qquad \forall x \in \varGamma_{f}^{-} \qquad (7.2.12)$$

式中 $\sigma$——应力，Pa；

$\quad$ $p_f$——裂缝内流体压力，Pa；

$\quad$ $\boldsymbol{n}_{\varGamma_f^+}$，$\boldsymbol{n}_{\varGamma_{\bar{f}}}$——裂缝两个壁面垂向单位向量；

$\quad$ $\varGamma_f^+$，$\varGamma_f^-$——裂缝两个壁面。

裂缝边界处的孔隙流体压力连续，在裂缝边界与基质之间存在流体交换：

$$p_m(x) = p_f(x) \qquad \forall x \in \varGamma_f$$

$$\left[ -\frac{\boldsymbol{K}_m}{\mu} \nabla p_m(x) \right] \cdot \boldsymbol{n}_{\varGamma_f^+} = \frac{\tilde{q}^+}{\rho} \qquad \forall x \in \varGamma_f^+$$

$$\left[ -\frac{\boldsymbol{K}_m}{\mu} \nabla p_m(x) \right] \cdot \boldsymbol{n}_{\varGamma_{\bar{f}}} = \frac{\tilde{q}^-}{\rho} \qquad \forall x \in \varGamma_f^- \qquad (7.2.13)$$

$$\left[ -\frac{\boldsymbol{K}_f}{\mu} \nabla p_f(x) \right] \cdot \boldsymbol{n}_{\varGamma_f^+} = \frac{\tilde{q}^+}{\rho} \qquad \forall x \in \varGamma_f^+$$

$$\left[ -\frac{\boldsymbol{K}_f}{\mu} \nabla p_f(x) \right] \cdot \boldsymbol{n}_{\varGamma_{\bar{f}}} = \frac{\tilde{q}^-}{\rho} \qquad \forall x \in \varGamma_f^-$$

## 7.2.2 数值解法

(1) 等效积分弱形式。

采用加权余量法将控制方程、边界条件结合，得到控制方程的等效积分弱形式。基质岩体中流体渗流连续性方程(7.2.2)的等效积分"弱"形式为：

$$\int_{\varOmega} \boldsymbol{w}_p^{\mathrm{T}} \left( \frac{\alpha_m - \phi_m}{K_s} + \frac{\phi_m}{K_w} \right) \frac{\partial p_m}{\partial t} \mathrm{d}\varOmega + \int_{\varOmega} \boldsymbol{w}_p^{\mathrm{T}} \alpha_m \boldsymbol{I}_m \frac{\partial \boldsymbol{\varepsilon}}{\partial t} \mathrm{d}\varOmega + \int_{\varOmega} (\nabla \boldsymbol{w}_p)^{\mathrm{T}} \left( \frac{\boldsymbol{K}_m}{\mu} \nabla p_m \right) \mathrm{d}\varOmega$$

$$+ \int_{\varOmega} \boldsymbol{w}_p^{\mathrm{T}} Q \mathrm{d}\varOmega + \int_{\varGamma_f^+} \boldsymbol{w}_p^{\mathrm{T}} \frac{\tilde{q}^+}{\rho} \mathrm{d}\varGamma + \int_{\varGamma_{\bar{f}}} \boldsymbol{w}_p^{\mathrm{T}} \frac{\tilde{q}^-}{\rho} \mathrm{d}\varGamma + \int_{\varGamma_q} \boldsymbol{w}_p^{\mathrm{T}} \frac{\tilde{q}}{\rho} \mathrm{d}\varGamma = 0 \qquad (7.2.14)$$

式中 $\boldsymbol{w}_p$——裂缝宽度，m；

$\quad$ $\alpha_m$——Biot 系数；

$\quad$ $\phi_m$——岩石基质孔隙度；

$\quad$ $K_s$——固体岩石体积模量，Pa；

$\quad$ $K_w$——流体体积模量，Pa；

$p_m$——岩石基质孔隙流体压力，Pa；

$t$——时间，s；

$\boldsymbol{I}_m$——单位张量，二维情况下为$[1 \quad 1 \quad 0]^T$，三维情况下为$[1 \quad 1 \quad 1 \quad 0 \quad 0 \quad 0]^T$；

$\boldsymbol{\varepsilon}$——应变张量；

$\boldsymbol{K}_m$——基质渗透率张量，D；

$\mu$——流体黏度，Pa·s；

$Q$——汇源项，m³/s；

$\rho$——流体密度，kg/m³；

$\widetilde{q}$——流体流量边界上施加的已知流量，m³/s。

裂缝内流体流动连续性方程(7.2.5)的等效积分"弱"形式表示为：

$$\int_{\Gamma_f} \boldsymbol{w}_p^T \frac{\partial w}{\partial t} d\Gamma + \int_{\Gamma_f} \frac{w^3}{12\mu}\left(\frac{\partial \boldsymbol{w}_p}{\partial x'} + \frac{\partial \boldsymbol{w}_p}{\partial y'}\right)^T\left(\frac{\partial p_f}{\partial x'} + \frac{\partial p_f}{\partial y'}\right)d\Gamma - \int_{\Gamma_f^+} \boldsymbol{w}_p^T \frac{\widetilde{q}^+}{\rho}d\Gamma - \int_{\Gamma_f^-} \boldsymbol{w}_p^T \frac{\widetilde{q}^-}{\rho}d\Gamma = 0$$

$$(7.2.15)$$

式中 $p_f$——裂缝内孔隙流体压力，Pa。

将基质岩体中流体渗流连续性方程的等效积分弱形式(7.2.14)和裂缝内流体流动连续性方程的等效积分弱形式(7.2.15)相加，以消除基质和裂缝之间的流体交换项，得到：

$$\int_{\Omega} \boldsymbol{w}_p^T\left(\frac{\alpha_m - \phi_m}{K_s} + \frac{\phi_m}{K_w}\right)\frac{\partial p_m}{\partial t}d\Omega + \int_{\Omega} \boldsymbol{w}_p^T \alpha_m \boldsymbol{I}_m^T \frac{\partial \boldsymbol{\varepsilon}}{\partial t}d\Omega + \int_{\Omega}(\nabla \boldsymbol{w}_p)^T\left(\frac{\boldsymbol{K}_m}{\mu}\nabla p_m\right)d\Omega$$

$$+ \int_{\Omega} \boldsymbol{w}_p^T Q d\Omega + \int_{\Gamma_q} \boldsymbol{w}_p^T \frac{\widetilde{q}}{\rho}d\Gamma + \int_{\Gamma_f} \boldsymbol{w}_p^T \frac{\partial w}{\partial t}d\Gamma + \int_{\Gamma_f} \frac{w^3}{12\mu}\left(\frac{\partial \boldsymbol{w}_p}{\partial x'} + \frac{\partial \boldsymbol{w}_p}{\partial y'}\right)^T\left(\frac{\partial p_f}{\partial x'} + \frac{\partial p_f}{\partial y'}\right)d\Gamma = 0$$

$$(7.2.16)$$

（2）扩展有限元离散。

采用扩展有限单元法近似逼近，其中位移可表示为：

$$\boldsymbol{u}^h(\boldsymbol{x}) = \sum_{i \in S} N_i(\boldsymbol{x})\boldsymbol{u}_{ai} + \sum_{j=1}^{n_c}\sum_{i \in S_{Hj}} \boldsymbol{u}_{bi,j}N_j(\boldsymbol{x})[H_j(\boldsymbol{x}) - H_j(\boldsymbol{x}_i)]$$

$$+ \sum_{j=1}^{n_t}\sum_{i \in S_{Cj}^*} N_k(\boldsymbol{x})R^{\alpha}{}_j(\boldsymbol{x})\left\{\sum_{l=1}^4 \boldsymbol{u}_{ci,j}^l[\psi_j^l(\boldsymbol{x}) - \psi_j^l(\boldsymbol{x}_i)]\right\} + \sum_{k \in N^c} N_h(\boldsymbol{x})R(\boldsymbol{x})\boldsymbol{u}_{dk}$$

$$(7.2.17)$$

式中 $\boldsymbol{u}$——位移，m；

$N_i$，$N_j$，$N_k$，$N_h$——插值函数；

$u_a$——常规位移节点自由度；

$u_b$——裂纹面贯穿单元节点的额外位移自由度；

$u_c$——裂纹前缘单元节点的额外位移自由度；

$u_d$——溶洞加强节点的额外位移自由度。

$H(x)$为裂纹面函数：

$$H(x) = \begin{cases} 1，位于裂纹面一侧 \\ -1，位于裂纹面另一侧 \end{cases} \qquad (7.2.18)$$

线增函数 $R^\alpha(x)$ 定义为：

$$R^\alpha(x) = \sum_{j \in k^*} N_i(x) \qquad (7.2.19)$$

溶洞加强函数 $R(x)$ 定义为：

$$R(x) = \begin{cases} 1，溶洞中 \\ 0，溶洞外 \end{cases} \qquad (7.2.20)$$

位移表达式(7.2.17)中的函数 $\psi(x)$ 定义为：

$$[\psi_\alpha(r, \theta)，\alpha = 1，2，3，4] = \left[ \sqrt{r}\sin\frac{\theta}{2}，\sqrt{r}\cos\frac{\theta}{2}，\sqrt{r}\sin\frac{\theta}{2}\sin\theta，\sqrt{r}\cos\frac{\theta}{2}\sin\theta \right]$$

$$(7.2.21)$$

(3) 扩展有限元离散方程。

将扩展有限元位移场逼近模式代入虚功方程，离散得到应力平衡扩展有限元控制方程：

$$Ku = F \qquad (7.2.22)$$

式中　$K$——整体刚度矩阵；

$F$——等效载荷列阵；

$u$——位移，m。

同理可得到孔隙压力的加强模式：

$$p(x) = \sum_{i \in S} \overline{N}_i(x)p_{ai} + \sum_{j=1}^{n_c} \sum_{i \in S_{Hj}} p_{bi, j} \overline{N}_j(x) [H_j(x) - H_j(x_i)]$$

$$+ \sum_{j=1}^{n_t} \sum_{i \in S_{Cj}^*} \overline{N}_k(x) R^\alpha{}_j(x) \left\{ \sum_{l=1}^4 p_{ci, j}^l [\psi_j^l(x) - \psi_j^l(x_i)] \right\} \qquad (7.2.23)$$

式中　$p$——孔隙压力，Pa；

$N_i$，$N_j$，$N_k$——插值函数；

$p_a$——常规压力节点自由度；

$p_b$——裂纹面贯穿单元节点的额外压力自由度；

$p_c$——裂纹前缘单元节点的额外压力自由度；

$H(x)$——裂纹面函数；

$R^{\alpha}(x)$——线增函数。

将扩展有限元压力场模式代入基质—裂缝渗流的等效积分"弱"形式，则流体渗流的扩展有限元控制方程为：

$$(H_m + H_f)p + (D_m + D_f)\dot{p} = F \tag{7.2.24}$$

式中　$H_m$——基质流体整体渗流矩阵；

　　　$H_f$——裂缝流体整体渗流矩阵；

　　　$D_m$——基质整体压缩性矩阵；

　　　$D_f$——裂缝整体压缩性矩阵；

　　　$p$——压力矩阵；

　　　$F$——等效载荷列阵。

水力裂缝宽度 $w$ 的表达式为：

$$w = TN_c d \tag{7.2.25}$$

式中　$w$——水力裂缝宽度，m；

　　　$T$——局部坐标和整体坐标的转换矩阵；

　　　$N_c$——节点的形函数；

　　　$d$——单元节点参数矩阵。

本节符号及含义：

| 符号 | 含义 | 符号 | 含义 | 符号 | 含义 |
|---|---|---|---|---|---|
| $\nabla \cdot$ | 散度算子 | $\boldsymbol{\sigma}$ | 柯西应力张量 | $\rho_l$ | 流体密度 |
| $\boldsymbol{g}$ | 重力加速度向量 | $\boldsymbol{\sigma}'$ | 有效应力 | $\alpha_m$ | Biot 系数 |
| $\boldsymbol{I}_m$ | 单位张量 | $p_m$ | 岩石基质孔隙流体压力 | $\phi_m$ | 岩石基质孔隙度 |
| $K_s$ | 固体岩石体积模量 | $K_l$ | 流体体积模量 | $\varepsilon$ | 应变张量 |
| $v_y$ | 沿 $y$ 方向流体速度 | $\boldsymbol{K}_m$ | 基质渗透率张量 | $\mu$ | 流体黏度 |
| $p_f$ | 裂缝内流体压力 | $Q$ | 汇源项 | $v_x$ | 沿 $x$ 方向流体速度 |
| $k_g$ | 传质系数 | $w$ | 裂缝宽度 | $t$ | 时间 |
| $\beta_i$ | 酸液对白云岩/石灰岩的溶解能力 | $C_a$ | 裂缝内酸液浓度 | $C_s$ | 裂缝壁面酸液浓度 |
| $R_r(C_s)$ | 酸液对白云岩/石灰岩的溶蚀速度 | $R$ | 气体常数 | $T$ | 温度 |
| $p_m^0$ | 初始时刻孔隙流体压力 | $\rho_i$ | 白云岩/石灰岩的密度 | $\phi$ | 孔隙度 |
| $n$ | 裂缝壁面向量 | $u$ | 位移 | $u^0$ | 初始时刻位移 |
| $\tilde{q}$ | 流体流量边界上施加的已知流量 | $\bar{u}$ | 位移边界 | $\overline{p_m}$ | 流体压力边界 |
| $\Gamma_u$ | 位移边界 | $\bar{t}$ | 应力边界上施加的已知力 | $\boldsymbol{K}_m$ | 基质渗透率张量 |

| 符号 | 含义 | 符号 | 含义 | 符号 | 含义 |
|---|---|---|---|---|---|
| $\Gamma_q$ | 流体流量边界 | $\rho_1$ | 流体流量边界上已知的流体密度 | $C$ | 酸液浓度 |
| $q$ | 流量 | $\Gamma_p$ | 流体压力边界 | $\Gamma_\sigma$ | 应力边界 |
| $u_b$ | 裂纹面贯穿单元节点的额外位移自由度 | $n_{\Gamma_f^+}$, $n_{\Gamma_f^-}$ | 裂缝两个壁面垂向单位向量 | $\Gamma_f^+$, $\Gamma_f^-$ | 裂缝两个壁面 |
| $K$ | 整体刚度矩阵 | $N_i$, $N_j$, $N_k$, $N_h$ | 插值函数 | $u_a$ | 常规位移节点自由度 |
| $p_b$ | 裂纹面贯穿单元节点的额外压力自由度 | $u_c$ | 裂纹前缘单元节点的额外位移自由度 | $u_d$ | 溶洞加强节点的额外位移自由度 |
| $R^\alpha(\boldsymbol{x})$ | 线增函数 | $F$ | 等效载荷列阵 | $p_a$ | 常规压力节点自由度 |
| $D_m$ | 基质整体压缩性矩阵 | $p_c$ | 裂纹前缘单元节点的额外压力自由度 | $H(\boldsymbol{x})$ | 裂纹面函数 |
| $N_c$ | 节点的形函数 | $H_m$ | 基质流体整体渗流矩阵 | $H_f$ | 裂缝流体整体渗流矩阵 |
| $d$ | 单元节点参数矩阵 | $D_f$ | 裂缝整体压缩性矩阵 | $T$ | 局部坐标和整体坐标的转换矩阵 |

## 7.3 碳酸盐岩酸化压裂物理模拟方法

针对碳酸盐岩酸溶性的储层特点，酸化压裂是这类储层提高产能的重要改造方式。酸液与岩石基质发生酸岩反应，一方面降低储层破裂压力，促进裂缝的起裂、延伸；另一方面可提高酸蚀裂缝表面的不均匀性，提高裂缝的导流能力。碳酸盐岩孔洞作为油气的主要储集空间，探究目标区块不同酸液体系的适用性筛选、注酸排量大小对裂缝扩展情况及激活孔洞行为研究显得尤为重要。本节主要在室内条件下探究碳酸盐岩酸压临界排量、酸压裂缝的扩展规律及缝洞交互行为。

### 7.3.1 碳酸盐岩酸压临界排量实验

为考虑压裂效果以及经济效益，常采用小排量压裂。由于酸液的滤失及酸液在井筒底部与地层岩石之间的酸岩反应，存在井口压裂液的注入量小于压裂液的滤失与酸液在井筒底部溶蚀基质扩大的孔洞空间之和的问题，导致在井底无法形成憋压。为解决此问题，需要探究酸化压裂的最低临界排量。

#### 7.3.1.1 碳酸盐岩酸蚀孔洞增长机理

（1）酸蚀孔洞的增长。

假设孔隙为圆柱形，则圆柱形孔隙中任一的轴向位置的酸液平均浓度为：

$$\pi R^2 \bar{v} \frac{\partial \bar{C}_A}{\partial z} = -2\pi R K_M (\bar{C}_A - C_A^W) \tag{7.3.1}$$

式中　$\pi R^2 \bar{v}$——体积流量，$m^3/min$；

　　　$2\pi R$——孔隙周长，$mm$；

　　　$K_M$——层流条件下酸向孔隙壁的传递速率；

　　　$C_A^W$——孔隙壁面处的酸液浓度；

　　　$\bar{C}_A$——酸液在孔隙中的平均浓度。

由于酸液传递到孔隙表面的传递速率等于酸岩反应速率，则对应的化学反应动力学方程为：

$$K_M (\bar{C}_A - C_A^W) = E_f C_A^W \tag{7.3.2}$$

将 $C_A^W$［式（7.3.2）推导得到］代入式（7.3.1）中积分得到：

$$\bar{C}_A(l) = C_0 \exp\left[ -\frac{2K_M E_f l}{Rv(K_M + E_f)} \right] \tag{7.3.3}$$

式中　$E_f$——正向反应速率（常数）；

　　　$l$——孔隙长度，$mm$；

　　　$C_0$——酸流入时的浓度。

则流进孔隙中发生酸岩反应的酸液体积系数为：

$$[C_0 - \bar{C}_A(l)]/C_0 \tag{7.3.4}$$

设酸液溶解岩石的能力系数为 $X$，则单位时间酸液溶解岩石的体积为：

$$V = A\bar{X}v[C_0 - \bar{C}_A(l)]/C_0 \tag{7.3.5}$$

（2）酸液的滤失。

同理，假设酸蚀孔洞为半径为 $R$、长度为 $l$ 的圆柱形。当酸液与岩样基质接触时间较短时，酸蚀孔洞在单位长度上的滤失量 $q_l$ 为：

$$q_l = u_r (2\pi r_1) = \left( \frac{2\pi^2 K}{\mu_f} \right) \left( \frac{p_1 - p_0}{\sqrt{t_0}} \right) \tag{7.3.6}$$

$$t_0 = \frac{Kt}{\mu_f \phi K_f r_1^2} \cong \frac{K_t}{\mu_f \phi K_f R^2} \tag{7.3.7}$$

式中　$u_r$——酸液的滤失流量，$m^3/min$；

　　　$r_1$——酸液侵入基质半径，$m$；

　　　$K$——地层渗透率，$mD$；

　　　$K_t$——$t$ 时刻地层渗透率，$mD$；

　　　$K_f$——某种储层流体向孔隙壁传递速率；

$\mu_f$——地层中流体黏度，mPa·s；

$p_1$——储层内压裂液和地层流体之间的界面处的压力，MPa；

$p_0$——注酸前地层流体压力，MPa；

$t_0$——无量纲时间；

$\phi$——地层孔隙度。

（3）井底憋压起裂条件：

$$QT = V_1 + V_2 + V_3 \tag{7.3.8}$$

式中 $Q$——最低临界排量，$m^3/min$；

$T$——泵注时间，min；

$V_1$——溶解岩石体积，$m^3$；

$V_2$——酸液溶失体积，$m^3$；

$V_3$——井底憋压体积，$m^3$。

由于流体压缩性小，当单位时间注入井筒的酸液用于井底憋压起裂时的体积 $V_3$ 大于零时，则会在井底开始憋压时形成起裂压力（图 7.3.1）。因此，研究在井底形成起裂压力时的最低临界排量 $Q$ 对酸化压裂施工具有重要意义。

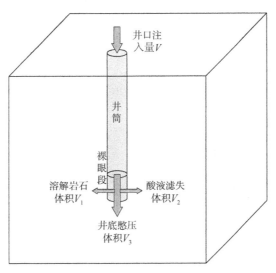

图 7.3.1 压裂液在井底分配示意图

本节通过开展室内实验，探究不同浓度的胶凝酸、自生酸和固体酸在室内条件下的临界排量，得到三种现场用酸在室内的酸化压裂临界排量范围。应用水力压裂相似准则计算对应于现场条件的排量，为现场酸化压裂作业注液排量的设定提供参考。

**7.3.1.2 实验方案设计**

（1）试样制备。

以水泥：碳酸钙粉末：石英砂按照 4∶3∶1 配比基础上，应用模具制作 300mm×300mm×300mm 的人工试样，选用不锈钢材质加工成内径 10mm，外径 18mm，长度 190mm

的井筒，试样示意图和实物图如图7.3.2所示。

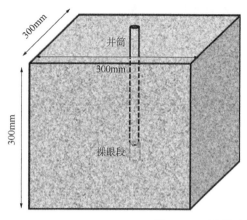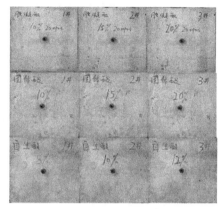

图7.3.2 试样示意图和实物图

（2）酸液设计。

实验所用的酸液为应用于现场酸化压裂作业的胶凝酸、固体酸和自生酸，其基体配方如下（图7.3.3）：

胶凝酸：X%盐酸+缓蚀剂+稠化剂+破乳剂+铁离子稳定剂。

固体酸：X%固体颗粒+稠化剂+缓蚀剂。

自生酸：X%的胶凝酸+Y%的固体酸1∶1混合。

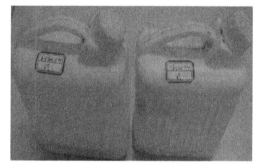

（a）胶凝酸　　　　　　　　（b）固体酸　　　　　　　　（c）自生酸

图7.3.3 室内实验用酸

（3）实验方案。

实验方案见表7.3.1。

表7.3.1 临界排量实验方案

| 试样号 | 酸液种类 | 酸液浓度/% | 酸液黏度/(mPa·s) | 三向应力($\sigma_v$/$\sigma_H$/$\sigma_h$)/MPa | 常规理论破裂压力/MPa |
|---|---|---|---|---|---|
| JN1 | 胶凝酸 | 10 | 20 | 15/10/8 | 18 |
| JN2 | | 15 | 20 | 15/10/8 | |
| JN3 | | 20 | 20 | 15/10/8 | |

续表

| 试样号 | 酸液种类 | 酸液浓度/% | 酸液黏度/(mPa·s) | 三向应力($\sigma_v/\sigma_H/\sigma_h$)/MPa | 常规理论破裂压力/MPa |
|---|---|---|---|---|---|
| GT1 | 固体酸 | 10 | | 15/10/8 | |
| GT2 | | 15 | | 15/10/8 | 19 |
| GT3 | | 20 | | 15/10/8 | |
| ZS1 | 自生酸 | 8 | | 15/10/8 | |
| ZS2 | | 10 | | 15/10/8 | 20 |
| ZS3 | | 12 | | 15/10/8 | |

### 7.3.1.3 临界排量探究实验结果分析

（1）不同浓度胶凝酸临界排量分析（图7.3.4）。

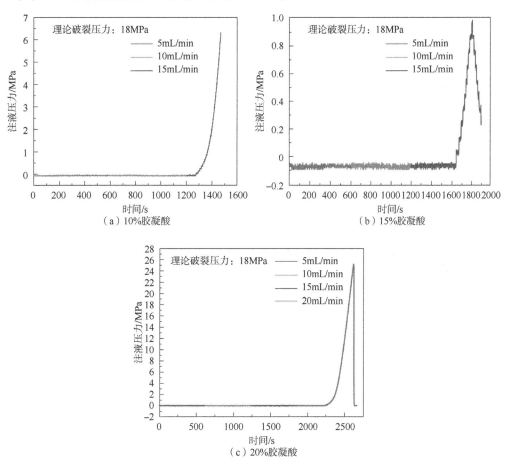

图 7.3.4 胶凝酸临界排量探究曲线

从10%胶凝酸最低临界排量探究曲线可知，以5mL/min和10mL/min的注液排量向试样中注液各10min，井底没有形成憋压；等梯度调整注液排量为15mL/min，注液80s（此时间为5mL/min和10mL/min各10min之后的时间，即1280s，后同）之后开始在井底形成憋压，压力上升的速度快，有达到试样破裂压力的趋势。因此认为，在实验室条件下，对于10%的胶凝酸，酸化压裂的最低临界排量范围为10~15mL/min之间更接近10mL/min的某一个排量值。

从15%胶凝酸的临界排量探究曲线可知，在以5mL/min和10mL/min注液排量向试样中注液均10min后，井底没有出现憋压，同样以等梯度调节注液排量为15mL/min时，480s之后，开始在井底憋压，压力开始小幅值阶梯式上升。当压力上升至近1MPa时，压力突然降低，同时发现压裂液从井筒壁面渗流出来，没有在试样内形成高压使试样破裂。因此认为，以15mL/min的排量向试样中注入15%的胶凝酸时，由于酸液的滤失以及酸岩反应使井底空间的扩大，导致难以在井底憋起高压。因此，对于15%的胶凝酸而言，室内实验注液排量的最小临界值应为15~20mL/min且更接近20mL/min的某一个排量值。

从20%胶凝酸临界排量的探究曲线可知，在以5mL/min、10mL/min和15mL/min的排量向试样中注液各10min后，都没有在井底形成憋压，压力曲线一直在-0.08MPa附近波动。调整注液排量为20mL/min，注液约450s之后，压力开始上升，且在井底形成的最大压力达到25MPa之后，压力出现断崖式下降，试样内部形成裂缝。因此认为，在以浓度为20%胶凝酸作为酸化压裂的压裂液时，室内条件下，实验的注液排量应为15~20mL/min且更接近20mL/min某一个排量值。

（2）不同浓度固体酸临界排量分析（图7.3.5）。

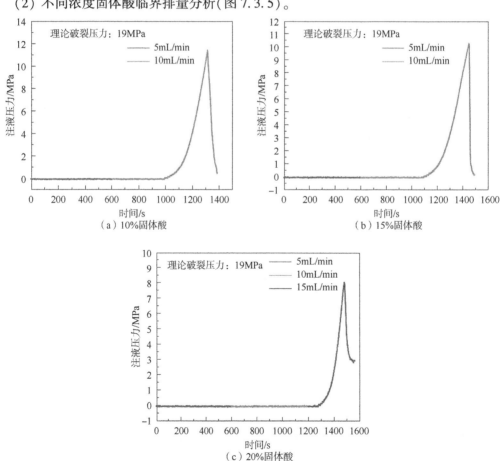

图7.3.5　固体酸临界排量探究曲线

从10%固体酸临界排量探究曲线可知，在以5mL/min排量向井筒注液10min之后，井底没有形成压力，调整注液排量为10mL/min，持续注液400s之后，井底开始憋压，压力值达到11.5MPa时，试样破裂出现瞬时的泄压。因此认为，对于10%的固体酸，在室内进行物模实验时，实验排量应为5~10mL/min且接近10mL/min的某一排量值。

从15%固体酸临界排量探究曲线可知，在以5mL/min的排量注液时，井底难以形成憋压；调整为10mL/min时，注液500s之后，压力开始上升，直到达到峰值压力10.3MPa之后出现瞬时的压力下降，表明在试样内部形成了酸压裂缝。通过实验认为，在室内采用15%固体酸作为压裂液开展酸化压裂实验，最低的注入排量应为5~10mL/min且更接近10mL/min的某一个排量值。

从20%固体酸临界排量探究曲线可知，在以5mL/min和10mL/min的注液排量注液时，难以在井底形成压力；当以15mL/min注液时，100s之后，压力出现上升，压力最大值达到8MPa之后泄压，即认为试样内部形成了人造裂缝。通过以上实验过程，认为在室内，20%固体酸的酸化压裂的最低临界排量应为10~15mL/min且更接近10mL/min的某一个排量值。

（3）不同浓度自生酸临界排量分析（图7.3.6）。

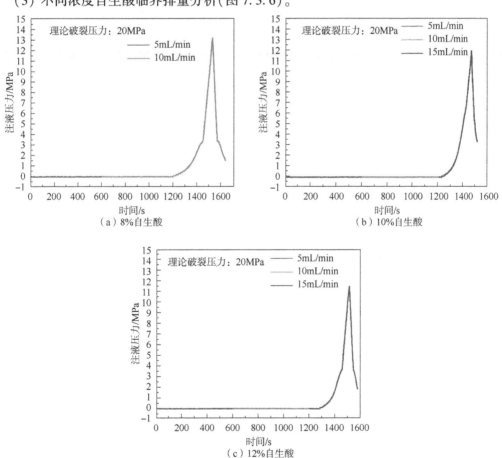

图7.3.6　自生酸临界排量探究曲线

从 8% 自生酸临界排量探究曲线可知，在以 5mL/min 的排量注液时，10min 之后，压力曲线没有出现变化，表明此排量下，难以在井底形成压力；当以 10mL/min 的排量向井筒注液时，10min 之后，压力开始上升，当压力达到 13.2MPa 时，压力出现下降。因此认为，8% 的自生酸在室内实验时的最低注入排量大于 5mL/min 且更加接近 10mL/min 的某一排量值。

从 10% 自生酸临界排量探究曲线可知，在 5mL/min 和 10mL/min 的注液排量下，注液 10min 之后，压力曲线没有起伏变化；调整排量为 15mL/min 时，30s 之后，压力由 0 开始逐渐上升，在达到 11.9MPa 时，压力迅速下降，即试样的破裂压力为 11.9MPa。因此认为，对于 10% 自生酸，在室内实验时，15mL/min 的注液排量可以形成憋压起裂，室内酸化压裂的排量应在 10~15mL/min 且更接近 10mL/min 的某一排量值。

从 12% 自生酸临界排量探究曲线可知，在以注液排量为 5mL/min 和 10mL/min 依次注液 10min 之后，在井底没有形成憋压；调整注液排量为 15mL/min，100s 之后压力开始变为正值，随着压裂液持续注入，压力上升的速率越来越大，压力最大值达到 11.5MPa 之后出现骤降。综上，在以 12% 自生酸作为压裂液开展室内物模实验时，应选择的最低临界排量应为 10~15mL/min 且更接近 15mL/min 的某一个排量值。

依据三种酸液体系在变浓度条件下探究临界排量的实验过程可知，当以等梯度增量改变注液排量，以某一排量注液一段时间后，在井底开始憋压甚至达到试样破裂压力。依据调整注液排量之后，在井底憋压所需的时间长短，来判定该压裂液在室内条件下的临界排量范围，得到如表 7.3.2 所示的临界排量结果。

**表 7.3.2　现场酸化压裂临界排量**

| 酸液种类 | 酸液浓度/% | 室内排量/(mL/min) | 现场排量/(m³/min) |
|---|---|---|---|
| 胶凝酸 | 10 | 10~11 | 6.3~6.9 |
|  | 15 | 16~18 | 10~11.3 |
|  | 20 | 18~20 | 11.3~12.6 |
| 固体酸 | 10 | 8~9 | 5.0~5.6 |
|  | 15 | 9~10 | 5.6~6.3 |
|  | 20 | 10~12 | 6.3~7.5 |
| 自生酸 | 8 | 10~11 | 6.3~6.9 |
|  | 10 | 11~12 | 6.9~7.5 |
|  | 12 | 12~13 | 7.5~8.2 |

## 7.3.2　碳酸盐岩缝洞交互酸压实验

### 7.3.2.1　实验方案设计

（1）实验参数的确定。

在开展室内酸化压裂实验时，由于室内实验与现场实际存在尺度上的差异，需对现场地质参数和施工参数进行修正，使室内参数和现场参数存在对应关系，提高实验结果的可信性。在此应用柳贡慧等提出的压裂实验相似准则，推导计算室内实验参数，包括地应力加载、注液排量、酸液黏度以及制样孔洞尺寸等。

塔河油田缝洞型碳酸盐岩储层属于高温高压低渗透储层，按6500m井深计算，选取弹性模量50GPa，泊松比0.25；上覆岩层压力为140MPa，水平方向最大应力为110MPa，最小应力为100MPa；孔隙压力为72MPa，地层破裂压力为115MPa，现场施工排量为8～11m³/min；压裂液选用黏度为20mPa·s胶凝酸和不同浓度的自生酸和固体酸，现场作业压裂的裂缝缝长为75m。通过测定室内试样的岩石力学参数得到试样的弹性模量为15GPa，泊松比为0.19，试样的最大尺寸为0.3m，为使室内实验与现场参数存在对应关系，计算室内实验参数见表7.3.3。

表7.3.3 实验参数与现场参数对照表

| 参数 | 现场 | 实验 |
|---|---|---|
| 地应力 | $\sigma_v/\sigma_H/\sigma_h = 150/120/110(MPa)$ | $\sigma_v/\sigma_H/\sigma_h = 15/10/8(MPa)$ |
| 排量 | $6/8/10(m^3/min)$ | $30/45/60(mL/min)$ |

（2）试样制作方案。

① 孔洞的模拟。

缝洞型储层中，油气主要储存在圈闭的孔洞之中。实际地质情况下，孔洞中存在一定的内压，实验中用直径为75mm的渗水球模拟孔洞，在渗水球中填充以瓜尔胶和胶凝剂按一定比例配制的混合物为溶质，用50℃热水溶解成胶体状物质模拟真实地层孔洞中填充物，实物图如图7.3.7所示。

 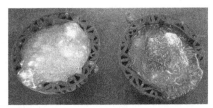

图7.3.7 模拟孔洞渗水球

② 实验试样的制备。

人工试样采用水泥：碳酸钙粉末：石英砂按照4：3：1的制样配比，结合室内设备条件，制作300mm×300mm×300mm的立方体试样模拟缝洞体储层，在试样内部放置如图7.3.8所示内部填充有胶体物质的渗水球模拟溶洞。

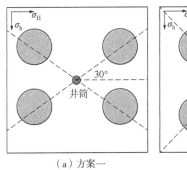 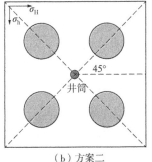 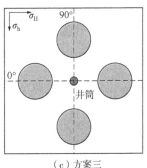

（a）方案一　　　　　　（b）方案二　　　　　　（c）方案三

图7.3.8 缝洞体试样制备示意图

酸压实验方案见表 7.3.4。

表 7.3.4 酸化压裂实验方案

| 试样号 | 酸液种类 | 浓度/% | 黏度/(mPa·s) | 注液排量/(mL/min) | 三向应力($\sigma_v/\sigma_H/\sigma_h$)/MPa | 制样方案 |
|---|---|---|---|---|---|---|
| 1 | | 10 | 20 | 45 | 15/10/8 | 方案一 |
| 2 | | 15 | 20 | 45 | 15/10/8 | 方案一 |
| 3 | | 20 | 20 | 45 | 15/10/8 | 方案一 |
| 4 | 胶凝酸 | 20 | 20 | 30 | 15/10/8 | 方案一 |
| 5 | | 20 | 20 | 60 | 15/10/8 | 方案一 |
| 6 | | 20 | 20 | 45 | 15/10/8 | 方案三 |
| 7 | | 20 | 20 | 45 | 15/10/8 | 方案二 |
| 8 | | 10 | | 45 | 15/10/8 | 方案一 |
| 9 | 固体酸 | 15 | — | 45 | 15/10/8 | 方案一 |
| 10 | | 20 | | 45 | 15/10/8 | 方案一 |
| 11 | | 8 | | 45 | 15/10/8 | 方案一 |
| 12 | 自生酸 | 10 | — | 45 | 15/10/8 | 方案一 |
| 13 | | 12 | | 45 | 15/10/8 | 方案一 |

#### 7.3.2.2 酸化压裂实验结果

（1）变浓度胶凝酸酸化压裂分析(图 7.3.9)。

从 10%胶凝酸酸压裂缝扩展示意图可知，裂缝从井底起裂之后，首先沿最大主应力方向在井筒两侧延伸，扩展过程中出现向孔洞靠近的趋势。在井筒左侧形成与最大主应力方向成 20°的转向裂缝，裂缝到达孔洞时激活 1 号孔洞；在酸液填满孔洞之后，裂缝突破孔壁继续沿原来的扩展路径延伸，直到到达试样的表面；在井筒右侧，主裂缝在延伸过程中出现分叉，形成与最大主应力方向分别约为 30°和 15°的分支缝，裂缝扩展过程中激活 2 号、3 号孔洞并被孔洞截止。观察裂缝表面，发现裂缝面上存在白色晶体颗粒，认为是酸液与碳酸钙粉末反应之后遗留下来的石英砂颗粒；同时裂缝表面存在酸液刻蚀形成的虫孔；试样选用的是 10%胶凝酸，酸液浓度较低，裂缝面较光滑。

从 15%胶凝酸酸压裂效果图可知，人造裂缝在井底起裂之后，沿水平最大主应力方向延伸，在井筒右侧逼近 2 号孔洞的过程中裂缝出现转向，形成与最大主应力方向成 25°的转向缝，裂缝沟通孔洞后继续沿扩展方向延伸，直至压裂液漏出试样表面，实验结束。同样认为裂缝在延伸过程中会出现向孔洞一侧转向是因为孔洞对裂缝吸引作用强于应力差对裂缝的引导作用。

从 20%胶凝酸实验结果图可知，裂缝起裂时在井筒底部裂缝的走向主要受水平应力差主导，裂缝沿最大主应力方向扩展，在井底形成长×高约为 10cm×20cm 的垂直主裂缝。随后，由于孔洞的存在，裂缝发生转向，沿与最大主应力方向呈 30°角扩展，在扩展中激活 2 号孔洞。随着压裂液的持续注入，预制孔洞并没有对裂缝的扩展趋势截止，裂缝穿过孔洞沿原来扩展路径继续扩展；当裂缝延伸到试样表面时，压裂液从试样表面渗出，导致泄

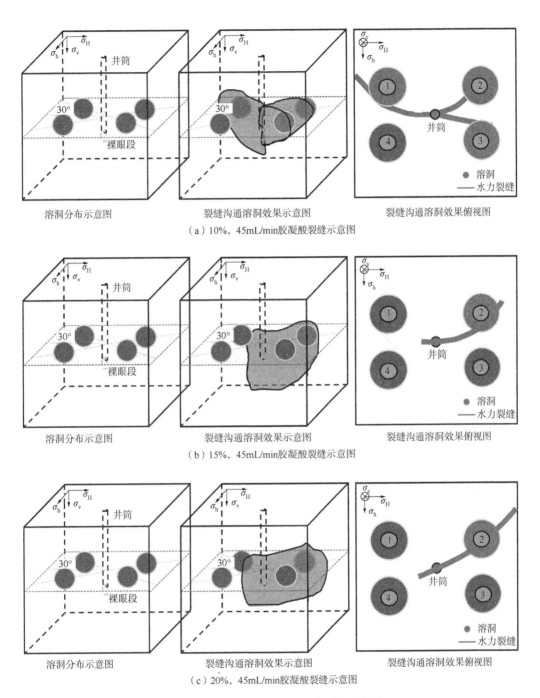

（a）10%，45mL/min胶凝酸裂缝示意图

（b）15%，45mL/min胶凝酸裂缝示意图

（c）20%，45mL/min胶凝酸裂缝示意图

图 7.3.9 不同酸液浓度胶凝酸裂缝示意图

压，实验结束。观察酸对裂缝表面的刻蚀情况，发现相比前两种浓度的实验结果，裂缝表面更加粗糙，裂缝表面存在更多凹凸不平的起伏，认为是随着酸液浓度增大，酸对裂缝壁面的刻蚀更严重。

从裂缝扩展示意图可知，增加酸液浓度，胶凝酸酸压裂缝面积减小，激活孔洞数目减少，所以认为小浓度胶凝酸改造储层效果较好。

（2）变排量胶凝酸酸化压裂分析（图 7.3.10）。

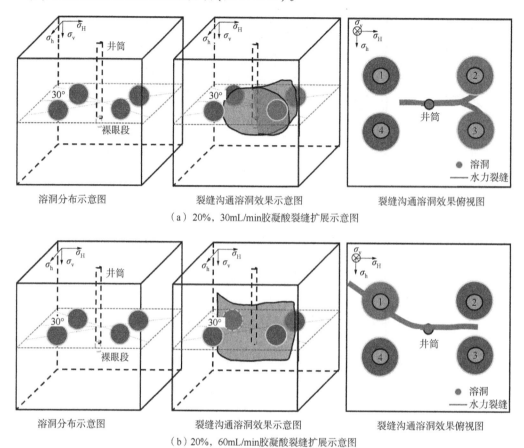

（a）20%，30mL/min胶凝酸裂缝扩展示意图

（b）20%，60mL/min胶凝酸裂缝扩展示意图

图 7.3.10　不同酸液排量胶凝酸裂缝扩展示意图

从 30mL/min 注液排量实验结果可知，酸化压裂裂缝在井底起裂之后沿最大主应力方向扩展，形成了椭圆状的垂直主裂缝。在试样中心位置，裂缝的走向由水平应力差主导，随着裂缝扩展到预制孔洞附近，此时孔洞对裂缝的吸引作用强于应力差主导作用，裂缝在孔洞附近出现分叉，形成水平放置的"Y"形裂缝，裂缝转向角度为与最大主应力方向成 20°夹角。裂缝转向之后激活了试样中预制的 2 号、3 号孔洞，裂缝被孔洞捕获之后，裂缝扩展截止。分析原因，由于注液排量小，在同等酸液浓度条件下，压裂液在孔洞内部积聚能量慢，在积聚能量过程中酸液向壁面渗透削弱壁面强度使孔洞内憋压困难。观察主裂缝面，发现在井筒两侧分布有逐渐减少的白色晶体颗粒，即酸液与裂缝面反应之后遗留下来的石英砂颗粒。

从 60mL/min 酸化压裂试样可知，在大排量注液时，裂缝在井底起裂之后首先在应力差主控下形成长×高约为 20cm×20cm，沿最大主应力方向的垂直主裂缝；裂缝在井筒左侧出现转向，沿与最大主应力成 30°方向扩展，扩展路径中激活预制的 1 号孔洞，裂缝激活孔洞之后并没有截止扩展，裂缝突破孔洞沿原来扩展路径继续延伸至试样表面。

（3）变浓度固体酸化压裂分析(图 7.3.11)。

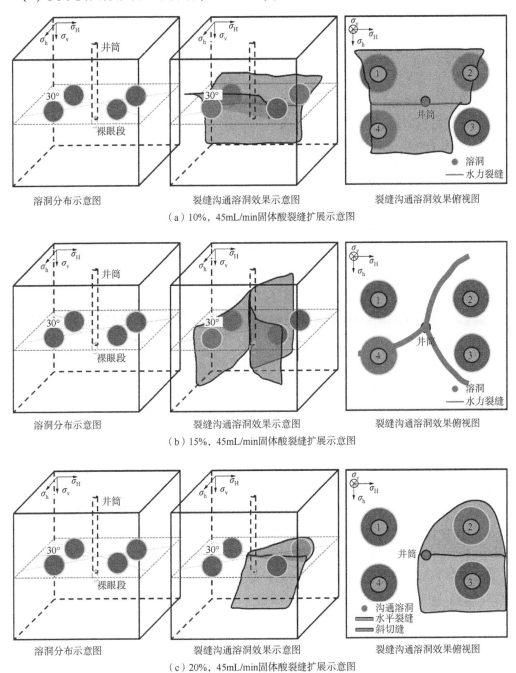

（a）10%，45mL/min 固体酸裂缝扩展示意图

（b）15%，45mL/min 固体酸裂缝扩展示意图

（c）20%，45mL/min 固体酸裂缝扩展示意图

图 7.3.11　不同酸液浓度固体酸裂缝扩展示意图

从 10%固体酸化压裂实验结果可知，人造裂缝在井底起裂形成 20cm×15cm 的沿最大主应力方向的垂直主裂缝；裂缝向上延伸，在井底往上 15cm 处出现分支，在井筒两侧形

成与水平面夹角为30°的斜切缝，形成"Y"形裂缝：向试样正前方分支的斜切缝在扩展过程中激活4号孔洞；向试样正后方扩展的斜切缝激活了2号孔洞。分析出现斜切缝的原因是预制孔洞时，孔洞分布平面偏试样上部，在井筒底部附近的垂直主裂缝没有受到孔洞吸引作用影响；在裂缝向上延伸过程中，当裂缝逼近预制孔洞时，孔洞开始起吸引作用，在两种主导因素共同作用下裂缝出现分支，形成斜切缝。观察裂缝表面，发现井筒周围存在大量的颗粒，并随着裂缝扩展，固体颗粒分布密度逐渐减小，认为这些固体颗粒是固体酸颗粒和酸液与裂缝壁面基质反应之后遗留下来的石英砂颗粒的混合物。

从15%固体酸裂缝扩展结果可知，在试样的左半部分，有一支与最大主应力方向成20°夹角的垂直裂缝在扩展过程中激活了4号孔洞，裂缝激活孔洞之后继续沿扩展路径延伸；在试样的右半部分，裂缝起始扩展方向与最大主应力方向呈近60°夹角，在裂缝扩展过程中，由于水平低应力差和孔洞的双重主导作用，裂缝的延伸方向出现向最大主应力方向偏转，最终形成裂缝末端与最大主应力方向夹角约为45°的转向缝。分析在试样右半部出现大角度裂缝的原因是在井底存在与最大主应力方向成角度的弱面。

从20%固体酸酸化压裂结果图可知，裂缝从井底起裂之后形成一个与水平面成70°夹角的斜切缝，面积约为15cm×15cm，斜切裂缝向上延伸到预制孔洞的中心界面处，斜切裂缝倾斜角度逐渐过渡为水平裂缝；水平裂缝被孔洞吸引激活了2号孔洞。分析出现斜切缝和水平缝的原因是随着固体酸酸液浓度的增大，即酸液中的固体颗粒越多，这些固体颗粒起到了暂堵的作用，这时的裂缝走向由水平应力差、起暂堵作用的固体颗粒和预制孔洞对裂缝的吸引作用三种因素控制。裂缝从井底起裂之后，在水平应力差和右上角孔洞吸引两个作用下形成了斜切缝；斜切缝向斜上方扩展，在孔洞附近，由于2号孔洞的吸引以及在井筒附近积聚了大量的固体酸颗粒，阻止裂缝继续向斜上方扩展，最终形成了水平裂缝。

（4）变浓度自生酸化压裂分析（图7.3.12）。

从8%自生酸压裂结果来看，裂缝在井底起裂之后，沿最大主应力方向扩展，形成面积约为10cm×15cm的垂直主裂缝；裂缝在沿水平主应力方向延伸过程中，在预制孔洞附近出现逐渐的转向，激活了试样内部1号和3号孔洞。

从10%自生酸压裂效果图可知，人造裂缝在井底起裂之后，形成沿最大主应力方向的垂直主裂缝；裂缝沿主应力方向扩展过程中出现转向，激活4号孔洞，裂缝激活孔洞之后沿原来扩展路径穿过孔壁约束，继续扩展直至裂缝延伸至试样表面。分析裂缝转向的原因，裂缝在井筒起裂时由水平应力差控制裂缝的扩展方向，当裂缝扩展接近预制孔洞时，裂缝的走向由预制孔洞对裂缝的吸引作用和水平应力差共同作用，孔洞的吸引作用起主导作用。

从12%自生酸压裂效果图可知，裂缝从井底起裂之后，首先形成最大主应力方向的垂直主裂缝，其长×宽约为10cm×20cm。主裂缝沿最大主应力方向延伸，在井筒两侧预制孔洞附近发生转向，裂缝向孔洞存在的方向偏转形成转向裂缝；随着裂缝转向扩展，试样左侧的转向裂缝转向角度小，因此试样内部的裂缝先沟通4号孔洞，当压裂液填满之后，试样内部憋压，裂缝在井筒右侧转向扩展，激活了扩展路径上的2号孔洞。

从裂缝扩展示意图可知，酸液浓度增大，裂缝越容易横穿孔洞继续向前扩展。自生酸

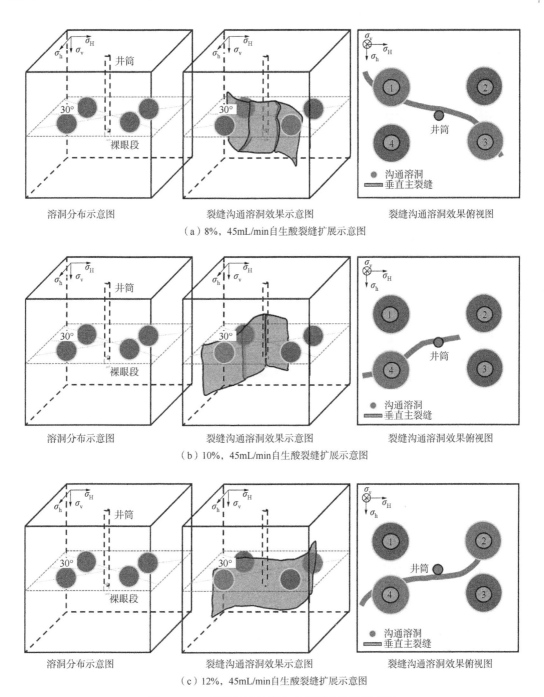

（a）8%，45mL/min自生酸裂缝扩展示意图

（b）10%，45mL/min自生酸裂缝扩展示意图

（c）12%，45mL/min自生酸裂缝扩展示意图

图 7.3.12 不同酸液浓度自生酸裂缝扩展示意图

裂缝扩展面积较大，激活预制孔洞的可能性较大，所以认为自生酸酸压改造效果较理想。

（5）不同酸压方案压裂曲线分析（图 7.3.13）。

从图 7.3.13（a）变浓度泵压曲线可以看出，随着酸液浓度的增大，试样的破裂压力减小，压力曲线上升的斜率变小，井底起压所需的注液时间更长，压裂曲线出现的"峰谷"数

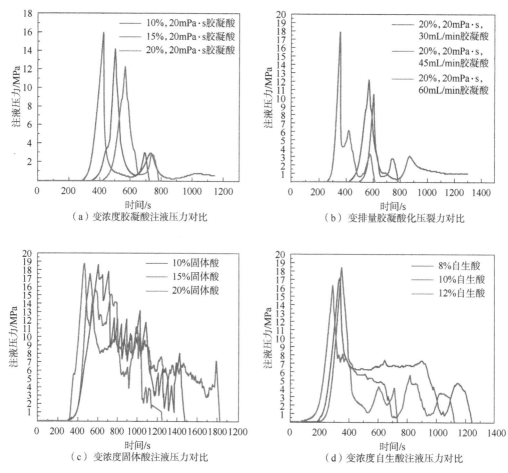

图 7.3.13　不同酸压方案压裂曲线分析

量减小。分析认为，试样破裂压力降低是因为酸液注入井底之后，与井底基质发生酸岩反应使基质的强度削弱，从而导致所需的破裂压力下降；压力曲线上升的斜率减小也是同样的原因；随着酸液浓度的增加，在相同的注液排量下，试样起裂所需的注液时间有所增加，这是因为酸液浓度增大时，酸岩反应速率更大，相同时间内，井底反应掉的基质体积更大，井底因为酸蚀形成的溶蚀空间更大；持续注入酸液，溶蚀空间内注入的酸液量大于因为酸岩反应溶蚀基质导致体积的增大量时，在井底开始憋压。

对比三种浓度压力曲线的第二个峰值，发现三种浓度下，压力曲线的第二个峰值基本相同，即酸液突破孔洞壁面所需的压力相近。分析认为，随着酸液在裂缝中的运移，酸液与裂缝壁面反应之后浓度都有一定程度的降低，但酸液浓度越大，浓度降低范围越大，当酸液在孔洞内积聚时，三种酸液浓度值接近；观察压力曲线的"峰谷"，发现压裂液填充孔洞的时间接近，即酸液与孔洞壁面反应的时间相近，孔洞壁面的岩石强度同等程度减弱，因此当酸液要突破壁面时所需的压力相近。

从图 7.3.13(b)胶凝酸变排量注液曲线可知，随着注液排量的增大，试样的破裂压力增大，井筒底部憋压越快，酸化压裂实验时间越短。分析这些现象，认为大排量注液，进入试样内部的压裂液大于压裂液向试样基质中的滤失量。观察压裂试样的裂缝扩展图可以看出，小排量注液时，裂缝激活孔洞数量较多；随着注液排量的增大，试样内部形成的主裂缝面积增大，裂缝激活孔洞之后，突破孔洞壁面的约束继续沿原来扩展路径延伸的可能性增大；综合认为，对于胶凝酸酸化压裂储层改造，注液排量不宜太大。

从图7.3.13(c)变浓度固体酸注液压力曲线和裂缝扩展效果示意图可知，随着酸液浓度的增大，裂缝扩展的面积减小，沟通的孔洞数量减小，这与压裂时间长短一致对应；从泵压曲线可以看出，三种浓度的试样破裂压力基本接近，这是因为固体酸需要在120℃恒温25min之后酸性才能完全释放，三种浓度酸液酸性相近；随着酸液浓度的增大，压力曲线的波动幅度变大，这与固体酸酸化压裂机理相对应：固体酸浓度增大，酸液中的固体颗粒越多，在将酸液中固体颗粒注入试样过程中，与裂缝壁面产生较大的运移摩阻，从而导致压力曲线出现大幅值波动。

从图7.3.13(d)变浓度自生酸注液压力曲线可知，随着酸液浓度的增加，试样的破裂压力减小；酸液激活孔洞之后，由于酸液浓度增大，积聚在孔洞内部的酸液对孔壁因为刻蚀和溶蚀作用导致孔壁强度减小得越严重，裂缝穿透孔洞壁面约束所需的穿破压力减小；随着酸液浓度增大，压裂实验进行的时间越短，分析同样是因为酸液与试样的反应削弱了试样强度，裂缝延伸扩展越快。

### 7.3.2.3 缝洞交互酸压裂缝扩展规律

通过上文详细的分析，不同酸液体系、不同注液排量对裂缝扩展规律和激活预制孔洞情况均有影响，得到以下总结：

(1) 在设计实验条件下，裂缝从井筒起裂时裂缝的走向开始受水平主应力差主导，裂缝沿最大主应力方向扩展；当裂缝扩展到预制孔洞附近时，裂缝走向主要受孔洞的吸引作用主导，裂缝会向靠近孔洞的方向偏转，进而提高激活预制孔洞的可能性。

(2) 酸液浓度增大，裂缝表面越粗糙，裂缝面积越小，激活孔洞可能性减小。

(3) 当酸液激活孔洞之后，裂缝是否会突破孔壁束缚继续扩展，与酸液浓度和酸液在孔洞内积聚的时间以及注液排量有关：酸液浓度增大，酸液与裂缝壁面发生反应削弱试样强度越严重，裂缝越容易横穿孔洞；酸液在孔洞积聚时间越长，对孔洞同样削弱越严重，裂缝越容易穿孔；注液排量越小，酸液在孔洞内部积聚能量越慢，孔洞越不易被穿透；增大注液排量，孔洞能量积聚迅速，裂缝更容易横穿孔洞。

(4) 对于酸岩反应速率，胶凝酸大于固体酸，固体酸大于自生酸；在同等排量下，胶凝酸更容易横穿被激活的孔洞，固体酸次之，自生酸穿透能力最弱；同一酸液体系，酸液浓度增大，横穿被激活孔洞的可能性更大。

本节符号及含义：

| 符号 | 含义 | 符号 | 含义 | 符号 | 含义 |
|---|---|---|---|---|---|
| $\pi R^2 \bar{v}$ | 体积流量 | $2\pi R$ | 孔隙周长 | $C_A^W$ | 孔隙壁面处的酸液浓度 |
| $\overline{C}_A$ | 酸液在孔隙中的平均浓度 | $K_M(\overline{C}_A - C_A^W)$ | 酸液向孔壁传递速率 | $l$ | 孔隙长度 |

| 符号 | 含义 | 符号 | 含义 | 符号 | 含义 |
|---|---|---|---|---|---|
| $C_0$ | 酸流入时的浓度 | $X$ | 参加反应的单位体积酸液所能溶解的单位体积岩石的能力 | $R$ | 酸蚀孔洞半径 |
| $t_0$ | 无量纲时间 | $u_\tau$ | 酸液的滤失流量 | $r_1$ | 酸液侵入基质半径 |
| $K$ | 地层渗透率 | $\mu_f$ | 地层中流体黏度 | $p_1$ | 储层内压裂液和地层流体之间的界面处的压力 |
| $p_0$ | 注酸前地层流体压力 | $\phi$ | 地层孔隙度 | | |

# 7.4 诱导应力实验监测方法

本部分基于应力监测原理研究缝洞型储层压裂前后不同断裂处的应力分布规律,分析压裂过程中诱导应力的变化规律。缝洞型碳酸盐岩油藏是世界范围内重要的原油储层,沿大型断裂带分布的天然裂缝和溶洞是该类油藏主要的储集体,而酸化压裂是提高缝洞型储层单井产能的主要技术手段。缝洞型储层的储集特征要求压裂改造时裂缝需要沟通缝洞储集体,才能获得明显的改造效果。但是分布在基岩中的断层、溶洞及天然裂缝使储层地应力分布十分复杂,复杂的地应力场制约水力裂缝扩展方向和形态,在缝洞储集体沟通中起决定性作用。

对断层、溶洞不同区域的应力场大小和方向进行精确描述是一项基础工作,具有十分重要的意义。本节提出了一种测量压裂过程中诱导应力的方法。基于真三轴水力压裂模拟实验系统,对预制断层和溶洞的人造碳酸盐岩试样开展了水力压裂裂缝扩展模拟实验,制样中采用创新性方法将高精度的应变传感器置于岩样内部不同位置,从而实现压裂过程应力场的实时物理测量。分别测得初始应力分布及压后应力分布,压裂后应力分布减去初始应力分布即为压裂裂缝产生的诱导应力场,由诱导应力场可进行裂缝走向的分析。

## 7.4.1 实验方案

用于模拟碳酸盐岩地层的岩样模型由碳酸钙粉末、水泥和砂混合制成,碳酸钙粉末、水泥和砂的比例为2∶1∶2。地层中的断层用泡沫纸板模拟,溶洞用石膏球模拟。设置了2种断层溶洞地质组合,分别是平行断层和溶洞、交叉断层和溶洞,应力实验测点位置包括断层侧面、端部及交叉位置,溶洞侧面,远离断裂,如图7.4.1所示。

## 7.4.2 应力监测结果及分析

(1)初始应力分布。

初始应力分布是指压裂开始前,在远场边界地应力作用下溶洞、断层附近不同区域的应力分布,获取该应力分布对井位优选、裂缝走向预判具有重要意义。在初始边界地应力逐步加载完成并保持稳定后,通过应变片读数计算出初始应力场,如图7.4.2和图7.4.3中(b)所示。

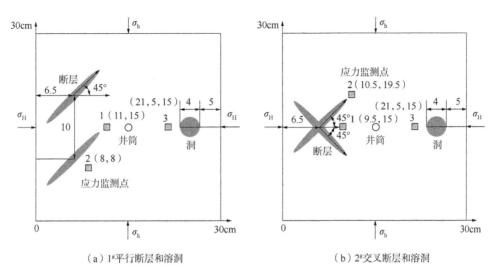

（a）1#平行断层和溶洞　　　　　　　　（b）2#交叉断层和溶洞

图 7.4.1　两组试样方案示意图

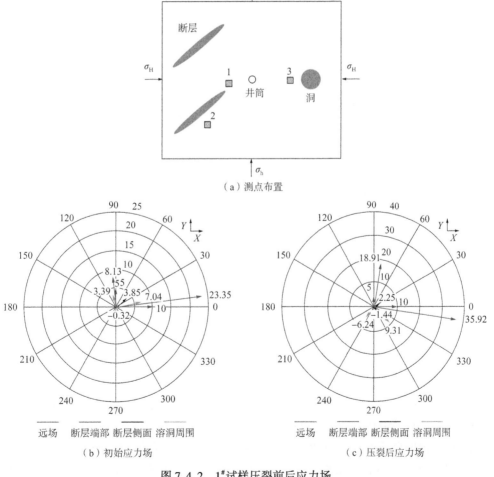

图 7.4.2　1#试样压裂前后应力场

1#试样为两条平行断层和单一溶洞的组合，由应力监测实验结果可发现，初始状态时断层端部位置的应力分布与1#试样相似，存在高应力集中(23MPa和8MPa)，应力的非均匀性有所增强但应力偏转方向也是趋于与断层平行；断层侧面应力在垂直断层面方向很低，平行断层方向主应力也有大幅度下降，说明断层侧面同样存在明显的应力释放，应力主方向与断层走向一致。溶洞周边的测点3最大地应力和最小地应力均有所下降(7.04MPa，3.39MPa)，且应力主方向发生偏转，应力偏转有与溶洞相切(应力场绕过溶洞)的趋势。

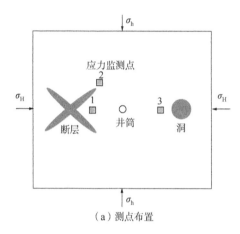

（a）测点布置

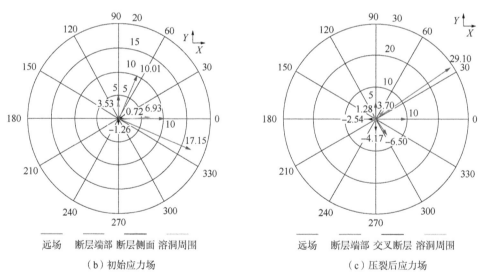

（b）初始应力场　　　　　　　　　　（c）压裂后应力场

图 7.4.3　2#试样压裂前后应力场

2#试样为两条交叉断层和单一溶洞的组合，断层端部位置存在明显的应力集中现象，最大应力近17MPa，最小应力超10MPa，且应力偏转方向趋于断层交叉的中间方向；而测点2即断层交叉位置的应力明显小于初始应力，最大地应力和最小地应力分别是1.26MPa和0.72MPa，说明断层交叉处应力释放比较彻底。溶洞周边的测点3最大地应力和最小地应力均有所下降(6.93MPa，3.53MPa)，应力主方向同样有与溶洞相切(应力场绕过溶洞)

的趋势。

（2）压裂后应力分布。

压裂后应力分布是指压裂完成停止注液时刻，在远场边界地应力及水力裂缝联合作用下溶洞、断层附近不同区域的应力分布，如图 7.4.2 和图 7.4.3 中（c）所示，压裂后应力分布减去初始应力分布即为压裂裂缝产生的诱导应力场，由诱导应力场可进行裂缝走向的分析。

1#试样为两条平行断层和单个溶洞的组合，由应力监测实验结果可发现，压裂后断层端部位置应力集中大幅度提高（最大应力由 23MPa 上升到 35MPa，最小由 8MPa 上升到 18MPa），可以预见裂缝在扩展到该处遇到很高的阻力；断层侧面应力在垂直断层面方向和平行断层方向主应力变化都不大，提示裂缝可能没有与断层发生交互，断层侧面没有明显的应力改变。溶洞周边的测点 3 水平面内受力由二向压缩状态变为二向拉伸状态，且应力主方向发生偏转，提示溶洞内产生内压作用于壁面，溶洞被水力裂缝沟通。

2#试样为两条交叉断层和单一溶洞的组合，压裂后断层端部位置应力集中仍然存在，而且应力非均匀性增大，最大应力近 29MPa，最小应力降低到 6.5MPa，最大地应力方向发生逆时针 55°偏转；而测点 2 即断层交叉位置的应力变化剧烈，最大地应力和最小地应力分别是 4.17MPa 和−2.54MPa，说明断层交叉遭遇了裂缝扩展。溶洞周边的测点 3 地应力大小变化不大（6.5MPa，3.7MPa，均为压缩状态），但应力主方向发生顺时针 60°的大范围偏转，提示水力裂缝可能没有沟通溶洞而发生大范围偏转。

### 7.4.3 验证：应力测量结果与实际裂缝扩展方向的分析

（1）诱导应力。

分别对 1#和 2#试样，由初始应力矩阵及压裂后应力矩阵相减得到诱导应力矩阵。计算诱导应力场的主方向和主应力，图 7.4.4 是不同测点对应的诱导应力大小和方向。

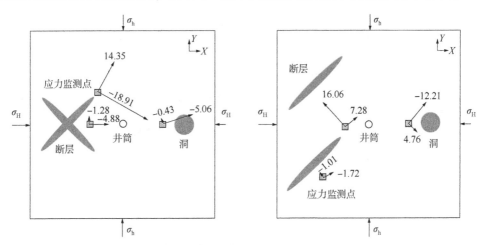

图 7.4.4 测点处的诱导应力分布

由于压裂裂缝产生的诱导应力主要沿着垂直裂缝壁面方向，所以诱导应力主方向与裂缝扩展方向垂直。下面进行实验观测的裂缝扩展方向和诱导应力主方向对比。

（2）实验观察的裂缝扩展方向。

1#岩样为一个溶洞和两条平行断层的组合，由物理模拟实验结果可发现，压裂过程中形成了沿水平最大主应力方向扩展的垂直水力裂缝。该垂直水力裂缝扩展过程中一端沟通溶洞，并从该侧贯穿岩样，压裂结束。水力裂缝没有沟通断层。分析认为断层端部高应力集中阻碍了裂缝延伸，这一点可从应力场结果体现，使得水力能量聚积到裂缝另一侧，从而沟通了另一侧的溶洞。同时还可发现，在没有预制溶洞一侧，水力裂缝大范围扩展；而在另一侧水力裂缝扩展范围有限，分析认为这与沟通溶洞后液体大量流入洞内有关。

2#岩样为一个溶洞和两条交叉断层的组合，由物理模拟实验结果可发现，压裂过程中形成了沿水平最大主应力方向扩展的垂直水力裂缝。该垂直水力裂缝扩展过程中一端沟通了交叉断层，而水力裂缝的另一端发生偏转未沟通溶洞。分析认为交叉断层的交叉处对裂缝具有强的吸引作用，裂缝沟通交叉断层后液体能量降低，导致另一侧水力裂缝不能沟通溶洞发生绕流现象。

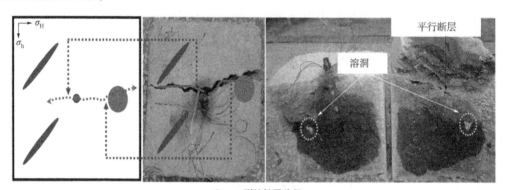

（a）1#试样

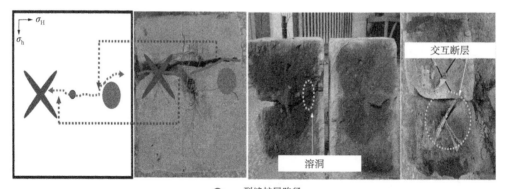

（b）2#试样

图7.4.5　实验观察的裂缝可扩展形态

由1#和2#不同组合情况的断溶体岩样压裂实验结果，可以得到断溶体不同区域裂缝扩展路径，如图7.4.5和图7.4.6所示。由图7.4.5和图7.4.6可见，2个试样中实验观察到的实际裂缝扩展方向与应力测量分析得出的诱导应力场方向基本保持垂直，这充分验证了应力测量的可靠性。

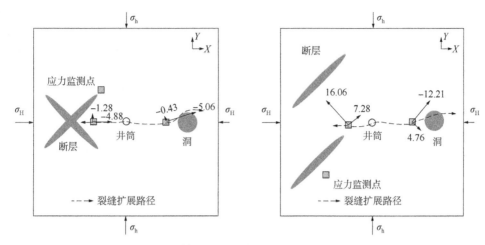

图 7.4.6 断溶体不同区域诱导应力分布及裂缝扩展路径

# 参 考 文 献

[1] 曾凡辉，刘林，林立世，等. 碳酸盐岩储层加砂压裂改造的难点及对策[J]. 天然气工业，2009，29(12)：56-58，144.

[2] 李林地，张士诚，张劲，等. 缝洞型碳酸盐岩储层水力裂缝扩展机理[J]. 石油学报，2009，30(4)：570-573.

[3] 刘丕养. 酸蚀碳酸盐岩反应流蚓孔生成数值模拟研究[D]. 青岛：中国石油大学(华东)，2017.

[4] 王兴文，杨建英，任山，等. 堵塞球选择性分层压裂排量控制技术研究[J]. 钻采工艺，2007，30(1)：75-76，86，148.

[5] 王燚钊，侯冰，张鲲鹏，等. 碳酸盐岩储层酸压室内真三轴物理模拟实验[J]. 完整版科学通报，2020，5(3)：412-419.

[6] 王毓杰，张振南，牟建业，等. 缝洞型碳酸盐岩油藏洞体与水力裂缝相互作用[J]. 地下空间与工程学报，2019，15(S1)：175-181.

[7] 翁振，张耀峰，伍轶鸣，等. 储层溶洞对水力裂缝扩展路径影响的实验研究[J]. 油气藏评价与开发，2019，9(6)：42-46.

[8] 吴恒川. 模拟缝洞材料酸化压裂过程中裂缝扩展特征与机理研究[D]. 绵阳：西南科技大学，2021.

[9] 杨斌，张浩，刘其明，等. 超深层裂缝性碳酸盐岩力学特性及其主控机制[J]. 天然气工业，2021，41(7)：107-114.

[10] 杨敏，张烨. 缝洞型油藏超大规模酸压技术[J]. 地质科技情报，2011，30(3)：89-92.

[11] 禹晓珊. 天然裂缝对酸蚀蚓孔扩展规律的影响研究[D]. 北京：中国石油大学(北京)，2017.

[12] 周大伟. 缝洞型岩石体积压裂试验模拟研究[D]. 北京：中国石油大学(北京)，2016.

[13] 周会强. 碳酸盐储层酸压难点及应对措施[J]. 中国石油和化工标准与质量，2013(21)：133.

[14] 周建平，郭建春，季晓红，等. 水平井分段酸压投球封堵最小排量确定方法[J]. 新疆石油地质，2016，37(3)：332-335.

[15] ALJAWAD M S, SCHWALBERT M P, MAHMOUD M, et al. Impacts of natural fractures on acid fracture design: A modeling study[J]. Energy Reports, 2020, 6: 1073-1082.

[16] ARZUAGA-GARCíA I, EINSTEIN H. Experimental study of fluid penetration and opening geometry during hydraulic fracturing[J]. Engineering Fracture Mechanics, 2020, 230: 106986.

[17] BUIJSE M A. Understanding wormholing mechanisms can improve acid treatments in carbonate formations[J]. SPE Production & Facilities, 2000, 15(3): 168-175.

[18] CHENG L, LUO Z, YU Y, et al. Study on the interaction mechanism between hydraulic fracture and natural karst cave with the extended finite element method[J]. Engineering Fracture Mechanics, 2019, 222: 106680.

[19] CHEONG S, KWON O. Analysis of a crack approaching two circular holes in[0n90m]s laminates[J]. Engineering fracture mechanics, 1993, 46(2): 235-244.

[20] Murad A A, Benjamin L, David E. Enhanced Geothermal Systems(EGS): Hydraulic fracturing in a thermo-poroelastic framework[J]. Journal of Petroleum Science and Engineering, 2016, 146: 1179-1191.

[21] HAIFENG Z, MIAN C, YAN J, et al. Rock fracture kinetics of the facture mesh system in shale gas reservoirs[J]. Petroleum exploration and development, 2012, 39(4): 498-503.

[22] HENG S, LIU X, LI X, et al. Experimental and numerical study on the non-planar propagation of hydraulic fractures in shale[J]. Journal of Petroleum Science and Engineering, 2019, 179: 410-426.

[23] HOU B, ZHANG R, CHEN M, et al. Investigation on acid fracturing treatment in limestone formation based on true tri-axial experiment[J]. Fuel, 2019, 235: 473-484.

[24] HOU B, ZHANG R, ZENG Y, et al. Analysis of hydraulic fracture initiation and propagation in deep shale formation with high horizontal stress difference[J]. Journal of Petroleum Science and Engineering, 2018, 170: 231-243.

[25] HE C M, MING H C, FU D G, et al. Parameter-Variable Experiments for Conductivity of Acid Etched Fractures[J]. IOP Conference Series: Earth and Environmental Science, 2020, 526(1): 012092.

[26] JIANG T, ZHANG J, WU H. Experimental and numerical study on hydraulic fracture propagation in coalbed methane reservoir[J]. Journal of Natural Gas Science and Engineering, 2016, 35: 455-467.

[27] LI N, DAI J, LIU P, et al. Experimental study on influencing factors of acid-fracturing effect for carbonate reservoirs[J]. Petroleum, 2015, 1(2): 146-153.

[28] LI N, ZHANG S, WANG H, et al. Effect of thermal shock on laboratory hydraulic fracturing in Laizhou granite: An experimental study[J]. Engineering Fracture Mechanics, 2021, 248: 107741.

[29] LIU B, JIN Y, CHEN M. Influence of vugs in fractured-vuggy carbonate reservoirs on hydraulic fracture propagation based on laboratory experiments[J]. Journal of Structural Geology, 2019, 124: 143-150.

[30] LIU Z, LU Q, SUN Y, et al. Investigation of the influence of natural cavities on hydraulic fracturing using phase field method[J]. Arabian Journal for Science and Engineering, 2019, 44(12): 10481-10501.

[31] LIU Z, PENG S, ZHAO H, et al. Numerical simulation of pulsed fracture in reservoir by using discretized virtual internal bond[J]. Journal of Petroleum Science and Engineering, 2019, 181: 106197.

[32] LIU Z, WANG S, ZHAO H, et al. Effect of random natural fractures on hydraulic fracture propagation geometry in fractured carbonate rocks[J]. Rock Mechanics and Rock Engineering, 2018, 51(2): 491-511.

[33] LUO Z, ZHANG N, ZHAO L, et al. An extended finite element method for the prediction of acid-etched fracture propagation behavior in fractured-vuggy carbonate reservoirs[J]. Journal of Petroleum Science and